中国石化员工培训教材

炼油油品化验分析技术

中国石化员工培训教材编审指导委员会　组织编写
本书主编　邵柯迪

中国石化出版社

内 容 提 要

《炼油油品化验分析技术》为《中国石化员工培训教材》系列之一，本教材共有32章，编录了156个炼油企业常用的分析方法，每种分析方法都从适用范围、测定原理、影响因素及注意事项等四个方面进行介绍。在教材编写时，对相近分析项目的分析方法归类列于同一章，以便读者进行比较，根据不同的样品性质和测定要求选择使用合适的分析方法。在本教材每个分析方法的"影响因素及注意事项"中对分析方法的要点进行了细化，并介绍了相关单位多年工作中遇到的技术问题及解决方案。

本教材为分析化验人员进行员工技能培训的必备教材，也是专业技术人员必备的参考书。

图书在版编目(CIP)数据

炼油油品化验分析技术／邵柯迪主编．—北京：中国石化出版社，2017.6
中国石化员工培训教材
ISBN 978-7-5114-4508-7

Ⅰ.①炼…　Ⅱ.①邵…　Ⅲ.①石油产品-分析-技术培训-教材　Ⅳ.①TE626

中国版本图书馆CIP数据核字(2017)第130960号

中国石化出版社出版发行

地址：北京市朝阳区吉市口路9号
邮编：100020　电话：(010)59964500
发行部电话：(010)59964526
http://www.sinopec-press.com
E-mail:press@sinopec.com
北京柏力行彩印有限公司印刷

*

787×1092毫米16开本19.75印张486千字
2017年7月第1版　2017年7月第1次印刷
定价：58.00元

中国石化员工培训教材
编审指导委员会

序

中国石化是上中下游一体化能源化工公司，经营规模大、业务链条长、员工数量多，在我国经济社会发展中具有举足轻重的作用。公司的发展，基础在队伍，关键在人才，根本在提高员工队伍整体素质。员工教育培训是建设高素质员工队伍的先导性、基础性、战略性工程，是加强人才队伍建设的重要途径。

当前，我们已开启了建设世界一流能源化工公司的新航程，加快转变发展方式的任务艰巨而繁重，这对进一步做好员工教育培训工作提出了新的更高要求。我们要以中国特色社会主义理论为指导，紧紧围绕企业改革发展、队伍建设和员工成长需要，以提高思想政治素质为根本，以能力建设为重点，积极构建符合中国石化实际的培训体系，加大重点和骨干人才培训力度，深入推进全员培训，不断提高教育培训的质量和效益，为打造世界一流提供有力的人才保证和智力支持。

培训教材是员工学习的工具。加强培训教材建设，能够有效反映和传递公司战略思想和企业文化，推动企业全员学习，促进学习型企业建设。中国石化员工培训教材编审指导委员会组织编写的这套系列教材，较好地反映了集团公司经营管理目标要求，总结了全体员工在实践中创造的好经验好做法，梳理了有关岗位工作职责和工作流程，分析研究了面临的新技术、新情况、新问题等，在此基础上进行了完善提升，具有很强的实践性、实用性和较高的理论性、思想性。这套系列培训教材的开发和出版，对推动全体员工进一步加强学习，进而提高全体员工的理论素养、知识水平和业务能力具有重要的意义。

学习的目的在于运用，希望全体员工大力弘扬理论联系实际的优良学风，紧密结合企业发展环境的新变化、新进展、新情况，学好用好培训教材，不断提高解决实际问题、做好本职工作的能力，真正做到学以致用、知行合一，把学习培训的成果切实转变为推进工作、促进改革创新的实际行动，为建设世界一流能源化工公司作出积极的贡献。

前 言

根据中国石化发展战略要求，为加强培训资源建设、推进全员培训的深入开展，集团公司人事部组织梳理了近些年培训教材开发成果，调研了企业培训教材需求，开展了中国石化员工培训课程体系研究。在此基础上，按职业素养、综合管理、专业技术、技能操作、国际化业务、新员工等六类，组织编写覆盖石油石化主要业务的系列培训教材，初步构建起中国石化特色的培训教材体系。这套系列教材围绕中国石化发展战略、队伍建设和员工成长的需要，以提高全体员工履行岗位职责的能力为重点，把研究和解决生产经营、改革发展面临的新挑战、新情况、新问题作为重要目标，把全体员工在实践中创造的好经验好做法作为重要内容，具有较强的实践性、针对性。这套培训教材的开发工作由中国石化员工培训教材编审指导委员会组织，集团公司人事部统筹协调，总部各业务部门分工负责专业指导和质量把关，主编单位负责组织培训教材编写。在培训教材开发和编写的过程中，上下协同、团结合作，各级领导给予了高度重视和支持，许多管理专家、技术骨干、技能操作能手为培训教材编写贡献了智慧、付出了辛勤的劳动。

《炼油油品化验分析技术》为员工培训类型的教材，本教材分为产品篇和分析方法篇。在产品篇中，着重介绍了产品的用途，产品的每一个分析项目的测定意义和该产品特有的分析方法的影响因素和注意事项；在分析方法篇中，把相近的分析方法列于同一章，介绍每个分析方法的影响因素和注意事项，以便于读者清晰地掌握相近分析方法的异同点，根据不同的分析需求选择合适的分析方法，同时收录了部分企业正在使用的内部标准。

《炼油油品化验分析技术》教材由中国石化炼油事业部牵头，镇海炼化负责组织编写，参加编写的单位有镇海炼化、高桥石化、齐鲁石化、茂名石化、金陵石化等。教材由中国石化人事部审定通过，主审尹彤华，参加审定的人员有林荣兴、靳昕、张亚芬、袁仁良、王珏、岑惠君、梁东、温瑞梅、章连荣、沈伟云、张振、郭景云、黄河柳、蒋才林，审定工作得到了济南石化、胜利石化总厂、九江石化、金陵石化、燕山石化、荆门石化、高桥石化、广州石化、茂名石化等单位的大力支持。本教材在编写过程中还得到了部分分析方法起草专家的技术支持，中国石化出版社对教材的编写和出版工作给予了大力支持，在此一并表示感谢。

本教材中以编写时的最新版分析方法为准，教材中“适用范围”、“影响因素及注意事项”与结果报告相关的内容等可能会由于标准的改版而与最新版标准稍有差异。教材中附年代号的标准和分析方法指针对于该年代号的版本，未附年代号的标准和分析方法适用于最新有效版本，未标标准号的分析方法为部分企业自编的分析方法，用于交流学习。

本教材主编邵柯迪，参加编写的有梁东、林远芳、杨星明、刘锦凤、李海焕、王泽勋、曹毅春、杨治华、戴建芳、丁蕴、桑国翠、裘剑蓉、蒋才林、张亚芬、高静媛、袁仁良、贾闯、顾光辉、王婷、岑惠君、倪玉兰。

由于本教材涵盖的内容较多，不同企业之间也存在应用差别，编写难度较大，不足之处在所难免，敬请各使用单位及个人对教材提出宝贵意见和建议，以便教材修订时补充更正。

目　录

第一部分　产品篇

第二部分　分析方法篇

第一章 采 样

从大量物品或材料中抽取少量有代表性物料作为样品的过程称为采样，采样的目的是为了用样品的信息来表征整个物料。从采来的样品中再取出少量有代表性的物料进行分析检验的过程称为取样(为了与检验标准的名称一致，本教材引用术语时仍按标准中的称谓为“取样器”)。

采样和取样是分析检验最基本又是最重要的一个步骤，是维系待分析物料和实验室检验过程之间的一条纽带。通常情况下，采样和取样环节对最终测定结果准确与否的影响因素远多于检验环节，因此，在任何时候判断某一个检验结果是否代表物料本身的值时，首先应从采样和取样方案、采样和取样设施、环境因素等方面全面检查采、取样环节，检查采样和取样环节是否得到有代表性的物料。

采样和取样是一个复杂的过程，物料的物理形态、物料的检测目的、物料所处的环境、物料的储存方式等，都作为设计采样方案的重要考虑因素，需采用合适的采样器具和采样方式。对于炼油企业生产过程控制的样品采取，采样系统的设计尤为重要，应根据需采样物料的物理、化学性质、物料的流速、压力、温度等确定合适的采样口引出线位置，适宜的采样设施和样品贮存容器。在某些特定情况下，无法采取到有代表性的样品，虽然通过特殊的采样手段把有代表性的样品采集到样品容器中，但在取样环节中，由于取样时不可避免的样品温度和/或压力的变化，使取到的样品不能代表采到的样品，产生系统误差。例如，通过使用压力钢瓶可以采集到气液二相的样品，但在取样时，由于压力的释放，取到的样品的性质已不能代表采到的样品；又如在不同压力(温度)下待检测组分在样品中有不同溶解度，而检验环节又必须保证样品在常温常压条件下，这种压力(温度)的变化都会使待检测组分的测得值偏离实际值。因此，分析检验过程中的样品代表性由采样和取样两个环节共同构成，为了获得一个有代表性的分析数据，应综合考虑采样和取样两个因素，选择恰当的技术方案、硬件设施，在检验环节获得有代表性样品，仅仅考虑采样环节的代表性而忽视甚至牺牲取样环节的代表性的做法是不科学的，当经技术确认后，无法获得物料的一个有代表性的样品时，检验人员应与相关方沟通，选择双方都能接受的采、取样方案，以及由此采、取样方案获得的检验结果。总之，为了保证样品尽可能地代表被采样的物料，并适用于要求的试验，采样人员应详细掌握所采样的特性、样品储存容器、样品批量、样品的状态、样品需检验的项目等相关信息，选择合适的采样方案、样品储存容器等，确保样品在生命周期的整个过程中都能够代表待检物料，得到有代表性的检验结果。

第一节 采取的样品分类

样品的采取大体可以按以下方式分类：

以样品的物理状态分，可以分为气体样品、气液两相样品、液体样品、固体样品的采样。

以物料储存的场所分，可以分为从输送的管道、压力容器、油罐、槽车、船、铁桶、露天堆场等场所采样，物料的储存方式不同，为了采集有代表性样品，需要采用不同的采样方式。

以受环境影响大小分，可分为受采样环境影响大和几乎不受采样环境影响两大类样品的采样，对于前一类样品来说，采样过程、采样容器的选择甚至是样品转移环节都需采取特殊的防护措施，尽可能消除环境对样品待测项目的影响，可以在现场直接测定的项目原则上应直接测定，使用在线分析仪测定是该类分析最优选择。

以测定项目的结果大小分，可分为常量分析和微量分析样品的采样。对于微量分析的样品采样，对采样容器更应进行严格清洗，脱除有可能影响的污染物，同时还需特别关注采样设施、采样容器及取样器具的材质、清洗剂的组成等因素，避免其污染样品，影响测定结果的准确性。

对于任何一种采、取样类型，必须根据样品本身的物理、化学性质，采样点所在的场所等实际情况，采取合适的安全防护措施，确保采样过程的安全性，应严格禁止对没有任何可用于判断其安全性信息的样品进行采、取样和检验。在石油和石油化工产品的过程物料和最终产品采样时，应严格执行《中国石化炼油企业采样管理办法》，并选择合适的采样技术标准，常见采样技术标准如下：

GB/T 4756《石油液体手工取样法》

GB/T 6679《固体化工产品取样通则》

SH/T 0233《液化石油气采样法》

SH/T 0313《石油焦检验法》

SH/T 0229《固体和半固体石油产品取样法》

GB/T 11147《沥青取样法》

GB/T 27867《石油液体管线自动取样法》

GB/T 6681《气体化工产品采样通则》

JTGE 20—2011 T0601《沥青取样法》

第二节　气体样品的采样

一、气体样品的特点

在工艺管道、容器中，大部分的气体物料一般都通过加压、降温等措施，使其液化后进行输送或储存，本文所指的气体样品是指在常温、常压下为气态的样品，在石油和石化行业中，气体样品的采样非常普遍。

气体通常具有压力，易于渗透，易被污染和难以储存，它容易通过扩散和湍流而混合均匀，在实际过程中，气体样品的采取和分析存在较多困难，是最容易在采(取)样环节中受温度和压力变化、引起样品代表性变化的样品，如液化石油气样品在采样环节中，使用以钢瓶为储存瓶的密闭采样器，可以保证采样代表性，而在测定色谱组成时，若样品中的组分碳数差异较大，在取样环节中，由于降压和加热汽化时，样品中各组分可能存在汽化歧视，色谱定量管中样品的组成与钢瓶中的会有微量差异。理论上讲，采用足够高的汽化温度可以消除汽化歧视。

二、气体采样的常用设备

气体试样的采样设备一般由预处理装置、调节压力或流量装置、导管、吸气器和抽气泵、样品容器等组合而成。对接触气体样品的设备材料有如下要求：对样品气不渗透、不吸收、在采样温度下无化学活性，不起催化作用，机械性能良好，容易加工连接。

1. 导管

导管通常为不锈钢管、炭钢管、铜管、铝管、特制金属软管、玻璃管、塑料管和橡胶管等，导管的外径一般为 $\phi 6 \sim 8mm$。高纯气体一般应采用不锈钢管或铜管，管间用硬焊或活动连接，但必须紧密连接并通过泄漏测试证实无泄漏，乳胶管、橡胶管、塑料管因有一定渗透性，不能作为高纯气体的采样导管。

2. 样品容器

气体样品的样品容器要求密封性能好，容器的耐压能力满足要求，容器内壁不与样品中的影响测定结果的组分发生化学反应或物理吸附，根据样品的特点，采样容器还会配备适当的安全附件，如防爆片、金属网罩等，常见的气体样品容器如下：

(1) 玻璃容器　两头带考克的玻璃采样管(见图 1-1)，带金属三通的玻璃注射器(见图 1-2)，普通注射器(见图 1-3)。

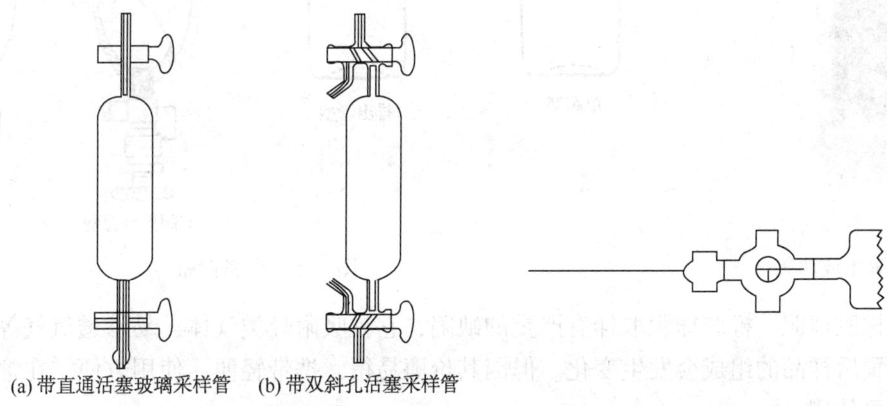

图 1-1　玻璃采样管　　　图 1-2　带金属三通的玻璃注射器

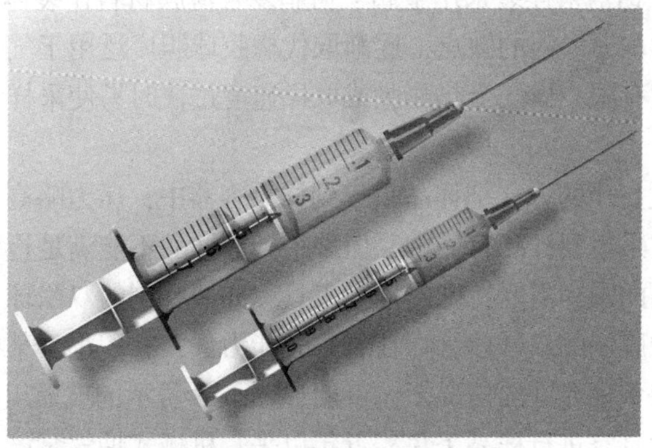

图 1-3　普通注射器

（2）耐压玻璃瓶　耐压玻璃瓶为覆盖一层保护网的直形耐压玻璃瓶，为了保证安全，最外层还加装有金属防护套。耐压玻璃瓶的上端带一只用丝扣与瓶体连接的螺帽，螺帽中间开孔，螺帽与耐压玻璃瓶本体之间用硅胶垫密封，耐压玻璃瓶具有重量轻、样品外观可视、采样方便的特点，常用于气液二相物料的物料采样，图 1-4 为一款典型的耐压玻璃瓶。

（3）金属钢瓶　金属钢瓶有不锈钢瓶、碳钢瓶和铝合金瓶等。常用的金属钢瓶，容积为 0.1～5L。需分析微量硫化氢或微量水等的样品不宜用钢瓶长期储存，建议钢瓶专瓶专用。钢瓶必须定期作强度试验和气密性试验。见图 1-5，双阀金属钢瓶较常用，可分为带吹扫管型、带内插排出管型和普通型三种，排出管型钢瓶内部的一端装有适当长度的排出管，采样后钢瓶内排出管所处位置为气相样品空间。

图 1-4　耐压玻璃瓶

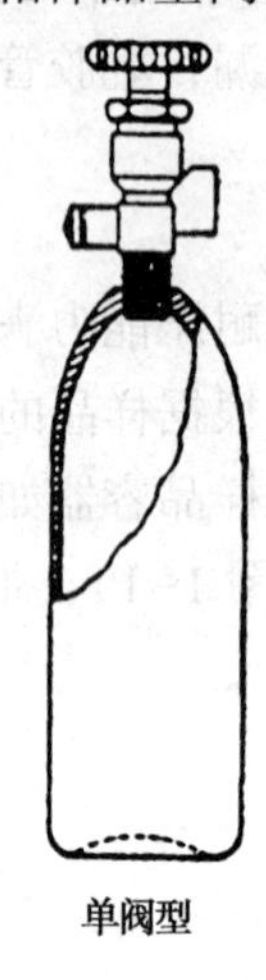

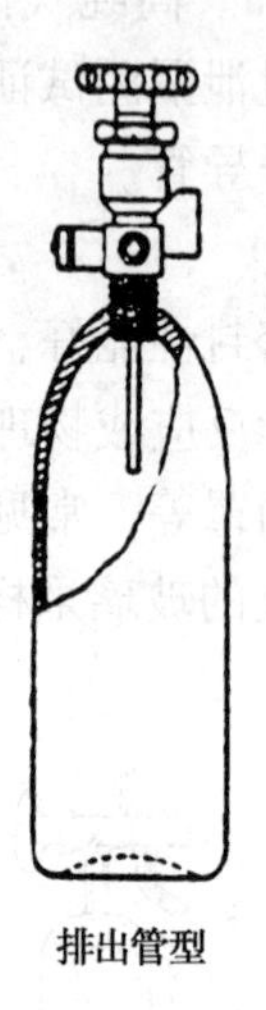

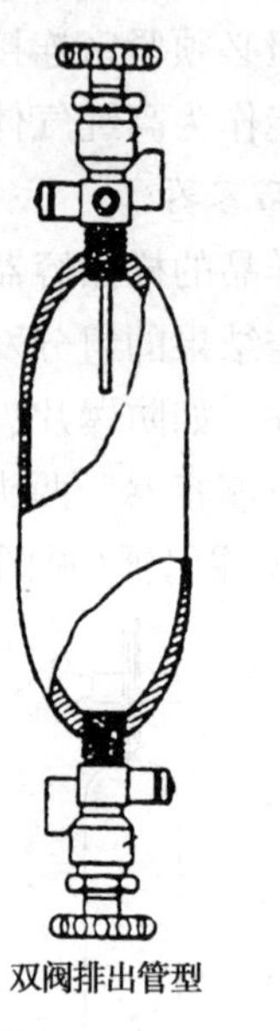

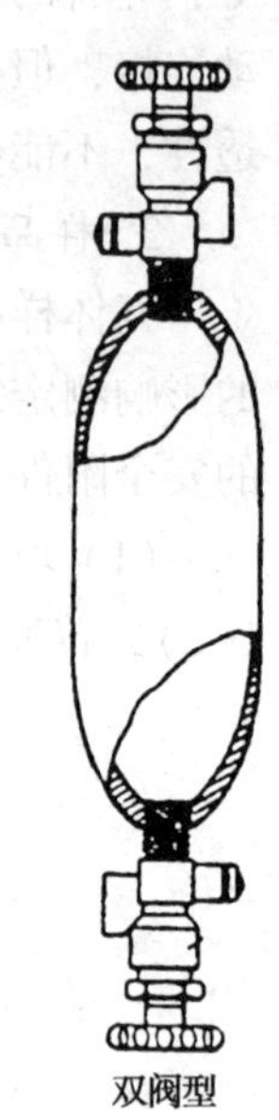

图 1-5　金属钢瓶

（4）橡胶球胆　橡胶球胆取样有严重的缺陷，它易吸附烃类气体，易渗透氢气等小分子气体，放置后样品的组成会发生变化。但因其价廉易得，携带轻便、使用方便，在常量组成分析时仍可使用。

（5）铝箔采样袋　铝箔采样袋采用金属、树脂复合薄膜材料作袋体，铝箔采样袋克服了橡胶球胆保存样品易吸附、易渗透的缺点，逐渐取代橡胶球胆广泛用于气体样品的采取，铝箔采样袋主要存在可膨胀性有限，样气受热膨胀或取样速度过快时易使采样袋受压破损的缺陷。

3. 负压采样工具

负压样品不能通过自压的方式把样品采集到样品容器中；压力略高于一个大气压的样品虽然可以通过自压的方式采集到样品容器中，但采集到的样品不能满足检验环节中仪器置换等需要的样品量，这些样品的采样需要特殊的抽吸工具，如橡胶制的双联球、吸气瓶、水流抽吸器和机械式真空泵等。橡胶制的双联球，存在着排气能力低，容积小，某些气体与橡胶作用易使双联球腐蚀等问题；在条件允许的情况下，可用如图 1-6 所示的玻璃组成的吸气瓶或水流抽引器，能方便地产生中度真空进行样品采集。近年以来，机械式抽气泵已取代前三者作为常用的采样工具，它能产生较高的真空进行采样，在易燃、易爆地区必须使用防爆型抽气泵。

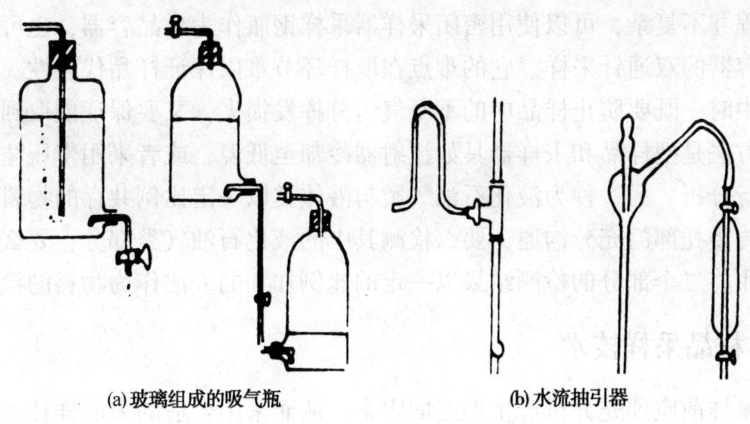

图 1-6 吸气瓶和水流抽引器

三、石化行业中常见气体物料的种类、采样设施和采样方法

石化行业常见需要采样的气体物料按储存设施内的状态可分为两大类：一类为在储存设施中以气态形式存在的物料，其组分一般包括氢、甲烷、一氧化碳等，三个碳原子及以上的烃类组分不会大量存在于此类物料中，俗称为不凝气；另一类为在储存设施中以液态形式存在的物料，其组分一般为二个碳原子及以上的烃类组分，但也有低温储存的液态非烃类物料，如液氧、液氮等。

气体类样品采集需要根据物料的状态，采集样品的分析目的来选择合适的采样设施和采样方法，石化企业中常见的气体类样品及采样方式如下：

1. 不凝气

不凝气一般包括富含氢气的物料如新氢、循环氢等；富含一至二碳原子烃类的物料如炼厂干气、低压瓦斯气、高压瓦斯气等，常用的采样设施为采样针型阀连一外径为 $\phi 6 \sim 8$mm 的不锈钢短节，常用的样品容器为复合膜气体采样袋和橡胶球胆，在采取硫化氢含量较高的样品时，应采用密闭置换设施。对于高纯气体和富含氢气的样品，不能使用橡胶球胆作为样品容器，因为氢气分子会在较短时间内通过橡胶的分子间隙渗透至外界，使氢气含量测定结果变小；高纯气体样品会因渗透作用，产生较大的测定误差。

2. 低温气体

炼油装置的工艺物料中，常见的低温气体主要是空分装置的过程气和产品，如液氧、液氮和液氩等，在工艺过程中该类气体处于极低的温度下而成为液态。这些物料的采样设施和采样容器同不凝气相同，从采样口采取气化以后的气体样品，采样过程中要防止低温冻伤。

3. 液化石油气类

该类样品是石化企业中最常见、最重要的气体样品，丙烯、液化石油气都属于这一类样品。对于生产装置过程控制测定常量组成的样品，多数仍采用与不凝气相同的采样方法，把物料气化后，用铝箔采样袋或橡胶球胆采样。对于最终产品类样品，多见于使用密闭采样系统，用钢瓶作为样品容器。

4. 气液二相类

气液二相类物料通常有二种。一种为不凝气与液化石油气类以一定比例共存的物料，该类物料采样过程并不复杂，可以使用密闭采样器采样钢瓶作为样品容器，也可以采用带压玻璃瓶作为样品容器的双通针采样。它的难点在取样环节难以保证样品代表性。从样品容器取样到分析设备中时，既要防止样品中的不凝气组分挥发损失，又要保证能取到样品中的液态组分，常用的方法是把样品和采样器具如注射器冷却至低温，或者采用带压注射器，取液化以后的样品进行分析。另一种为液化石油气类与液体类以一定比例共存的物料，此类物料的采样和检验要与委托部门充分沟通，要么检测其中的液化石油气类部分，要么检测其中液体部分，不能采用将二个部分的检测结果以一定的比例加和的方法作为物料的检测结果。

四、气体样品采样技术

气体样品采样前应预先分析产生误差的因素，从而采用合适的采取样技术方案使误差减少到最低程度。气体样品采取样过程中难以消除的误差主要有①采、取样过程中气化不均匀；②采、取样过程中的轻组分挥发损失；③采、取样过程中空气中的某些组分如氧、水、二氧化碳等渗透而污染样品；④样品中的微量组分被吸附；⑤采、取样过程中彻底置换难度大，空气中的组分影响样品代表性。

常见气体类样品的采样设备有负压采样设备采样、短节式采样、双通针式采样、非密闭式钢瓶采样和密闭采样器采样五种。

负压或常压采样目前常用机械式抽气泵，偶有使用双联球(见图1-7)，水流式抽气装置已被淘汰。使用机械抽气泵时，把抽气泵连接至采样口引出线，或者用连接抽气泵的金属延长管插入至需采样设备中(如安全作业前的容器、管道等样品采集)，打开抽气泵电源，对采样系统进行置换后，把球胆或铝箔采样袋连接至抽气泵排气口，进行置换和采样，使用机械式抽气泵时要观察采样场所，避免大量的固体颗粒或水被吸入抽气泵，堵塞或损坏抽气泵。双联球的上球的入口处和下球的入口处都有一单向阀，气体只能流向下球的出口。取样时，把双联球入口与采样口连接，应确保连接紧密无泄漏，出口与样品容器连接，连续挤压上球，样品气体从上球鼓向下球同时，设备内的气体通过单向阀流入上球。双联球使用前应通过封闭上球入口，挤压上球使上球呈扁平状，几秒钟后观察上球，若逐渐鼓起则表明双联球泄漏，此双联球不能作为采样工具。

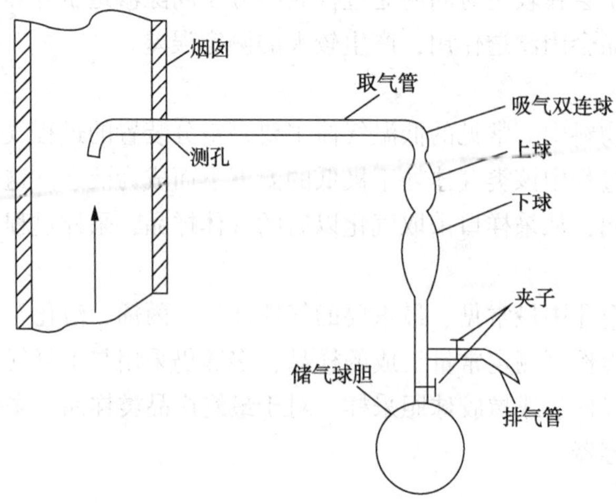

图1-7 双联球采样方式

短节式采样常用橡胶球胆或铝箔采样袋作为样品容器，采样时先打开采样口一次阀，再打开二次阀，排放置换一段时间后，关闭二次阀，连接橡胶球胆或铝箔采样袋至采样口，缓慢打开二次阀，使样品气体进入球胆或铝箔采样袋一定量，关闭采样口二次阀，取样球胆或铝箔采样袋，采用从尾端卷曲至进气端的方法排尽气体，采用同样的办法连续置换三次以上后，打开采样口二次阀采样，取样量一般以球胆不呈圆球状、铝箔采样袋不紧绷为标准，预留出一定的膨胀空间，采样结束后对折夹住进气乳胶管密封样品。使用铝箔采样袋采样时，铝箔采样袋的尾端有一排气头，可先将排气头旋帽松开二、三圈，然后将采样袋与采样口连接，适度打开装置采样阀门，样品气体进入袋体后从排气口排气对铝箔采样袋进行置换，当采取受空气中组分干扰大的样品时，不建议采样此方法对采样袋进行置换。为了进一步提高采样代表性，减少置换时空气中的组分对样品的污染，可采用如图 1-8 所示的采样口。

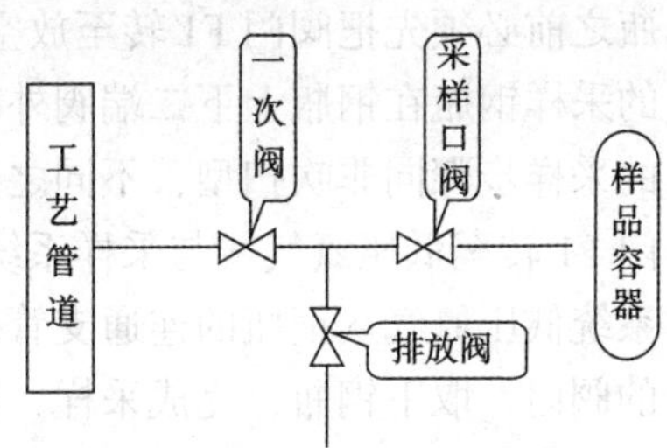

图 1-8　带置换排放口的采样口

置换橡胶球胆或铝箔采样袋时，连接橡胶球胆或铝箔采样袋至采样口，打开采样口一次阀，打开采样口阀，使样品气体进入到样品容器中至一定量后，关闭一次阀打开排放阀，卷曲挤压样品容器，样品容器中的置换气体通过排放口排出，置换结束后，关闭排放阀打开一次阀，即可进行采样，无须从采样口取下样品容器排放废气。

双通针加耐压玻璃瓶采样，要实现双通针采样，采样口必须为一只中间开孔的螺帽，用丝扣与采样支管连接，螺帽与采样口支管之间用硅胶垫密封。采样时，用双通针刺穿采样口硅胶垫，打开采样口一次阀和二次阀，使采样口的样品置换为有代表性的样品，关闭采样口二次阀，用双通针的另一端刺穿耐压玻璃瓶的隔垫，打开二次阀，使样品充满耐压玻璃瓶三分之一，关闭采样口二次阀，拔出耐压玻璃瓶，用另一双通针刺穿耐压玻璃瓶隔垫，排放耐压玻璃瓶内的样品，连续充放三次使耐压玻璃瓶充分置换后，用留于采样口的双通针采取约为耐压玻璃瓶三分之二的样品作为分析样，关闭采样口一次阀和二次阀。使用该方法采样前，要预先确认好双通针是否堵塞，对采样口的硅胶垫要定期检查更换。在现场采样时，当采样口二次阀有足够开度后仍未见样品从双通针流出，应立即关闭采样口阀门，检查双通针是否堵塞，绝不可以继续增加采样口阀门的开度，避免压力超过硅胶垫受压，样品冲破硅胶垫引发安全事件。

非密闭式钢瓶采样。采样时，用丝扣把钢瓶与采样口引出线连接，缓慢打开采样口一次阀和二次阀，约 1min 后，关闭采样口二次阀，打开钢瓶另一端阀门，排放钢瓶内样品进行置换，连续充放置换 3~5 次后采样。采完样后，顺序关闭采样口一次阀、二次阀和钢瓶入口阀，拆下采样钢瓶。使用非预留容积管型式钢瓶时，打开钢瓶另一端阀门，排放至钢瓶内液体约为钢瓶容积三分之二时，关闭阀门；使用预留容积管型采样钢瓶时，将钢瓶垂直竖立，使预留容积管在上面，轻轻地打开连通预留容积管阀门，排出过多的液体样品，当观察到排出的液体变成气体，表示排出量达到规定的预留容积量时，立即关闭钢瓶阀门。使用非密闭式钢瓶采样时，采样口和钢瓶置换时都需要在现场直接排放，不利于安全和环保，目前已逐渐被密闭采样器取代。

使用密闭采样器采样已成为一种趋势，采样系统和采样容器的置换可以在密闭状态下进行，气体样品的密闭采样器分为允许物料微量释放至大气的非吹扫型密闭采样器和不允许微量释放的吹扫型密闭采样器，见图1-9。非吹扫型密闭采样器的采样步骤为：确认所有阀门处于关闭状态，连接采样钢瓶与采样器上下接口，打开钢瓶两端阀门(f_s和f_x)，将阀门F1转至循环采样位置，打开阀门F2，样品从介质入口通过阀门F1进入到钢瓶中再通过阀门F2从介质出口返回至工艺管道，待钢瓶内充满代表性样品后关闭钢瓶两端阀门(f_s和f_x)，将阀门F1转至放空位置，待压力表值稳定后，将阀门F1转至关闭位置，关闭阀门F2，脱开钢瓶与采样器的连接，取下钢瓶完成取样。使用该方法采样时，若使用了带内插排出管型的钢瓶时，带内插管一端应与采样器上部接口相连，使钢瓶内的样品不超过固定容积。在拆下钢瓶之前必须先把阀门F1转至放空位置，否则因系统憋压不能拆下钢瓶。吹扫型密闭采样器的采样钢瓶在钢瓶上下二端阀外有一连通支管，用于采样结束后的吹扫，吹扫型密闭采样器的采样步骤同非吹扫型，不同之处在于钢瓶内充满代表性样品后关闭钢瓶两端阀门后，将阀门F1转至低压氮气线与采样系统相连位置，将阀门F2转至采样系统与瓦斯系统相连位置，系统低压氮气从钢瓶的连通支管对采样管路进行吹扫，吹扫结束后，关闭系统与采样器相连的阀门，取下钢瓶，完成采样，带吹扫型钢瓶吹扫时，必须关闭钢瓶两端阀门，否则钢瓶内样品会充入吹扫氮气。

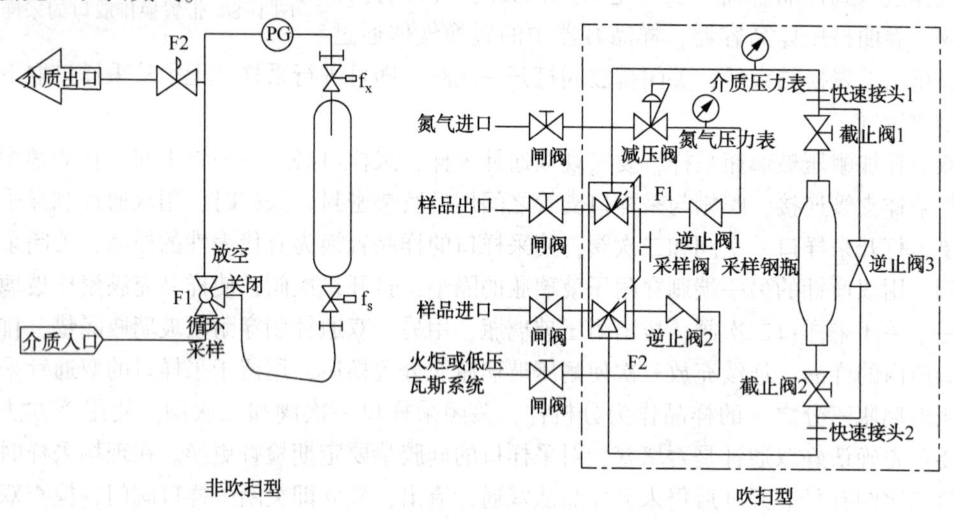

图1-9 密闭采样器

五、气体类样品采样的注意事项

在直径较大的管道或容器中，流动速度较低的气体混合物常发生分层，各点的组成可能不同，采样点设置在管道湍流源的下游采样最有利。应避免在气体静止点采样(如靠近锐孔的下游、尖端障碍物的器壁处)，在工艺管道中，采样管线应插入至管道中部，开口迎向液体流动方向。设置密闭采样器时其入口与出口压差至少0.2MPa，使物料能顺利流通置换。用钢瓶作为测定微量组分含量的样品容器时，需专样专用，如果微量组分可能被器壁吸附或与器壁反应，应对钢瓶的内壁作特殊的涂覆处理。当钢瓶采过不合格样品后，应对钢瓶用干燥氮气彻底置换等方法进行处理。为了使采到的样品能满足分析环节的置换和取样需要，使用钢瓶作为样品容器时，钢瓶入口压力应高于0.4MPa。对高压气体采样时，应通过减压设施将介质压力调整至低于采样容器允许的压力，采样钢瓶应定期进行耐压试验。在采集含有微量水分的样品时，要确保所有采样连接部件不泄漏，气路管线应无死体积，气路引出管和采样管道应采用不锈钢管或壁厚不小于 1mm 的聚四氟乙烯管线，不允许使用乳胶管、普通橡胶管等管线。采样容器与采样管线连接前，可用干燥滤纸小心擦拭接口部位，清除微量水分，必要时，可用干燥氮气保护采样管线和采样容器，使其尽可能与空气隔离。在《液化石油气球形储罐及附属设施设计规定》中要求尽可能减少球罐本体上的开口，因此，通常情况下在球罐本体上不开口设置上、中、下部采样口引出线，把采样口引出线设置在球罐下部的出料管线或循环管线靠近球罐本体的位置上。当球罐内物料的组成差异较大时无法采集到代表整罐物料性质的代表性样品，如储罐中碳五及以上组分含量较高时，罐底部物料的密度会大于上部物料，采取的样品中的碳五及以上组分含量会高于储罐物料的平均值，球罐采样时，可用采样引出线外部结露程度作为是否置换彻底的标志之一。

第三节　液体样品的采集

一、液体样品的特点

液体石油样品，是指在常温常压下，无确定形状的样品。在石化行业中，从常压工艺设备中采取的样品都可以认为是液体样品，是碳原子分布最宽的样品，如汽油、煤油、柴油、润滑油、渣油等均属于液体。

二、液体样品采样设施及采样方法

采集液体石油样品的设备根据其使用场所和目的不同有很多种，在 GB/T 4756—2015 中定义了取样笼、配重取样桶、区间/液芯取样器、底部取样器、残渣/沉积物取样器、例行取样器、全层取样器、受限和密闭系统取样器、桶听取样器、管线取样器等，本教材中仅介绍较为常用的以下几种：

1. 密闭采样器/罐外取样器

近年以来，密闭采样器/罐外采样器越来越普遍地应用于液体石油产品采样过程中，只要满足采、取样技术要求，新建生产装置和油罐的采样设施均安装密闭采样器/罐外采样器，取代以往短节式采样口和罐上采样。密闭采样器用于工艺过程介质采样，属于管线取样器的一种，由采样引出管线、采样返回管线和采样系统构成，根据所采介质温度和压力条件，密闭采样器也有不同的型式，主要区别在采样器是否配置降温和降压设施或对于常温下易凝固的样品，配备有保温设施和吹扫设施。罐外采样器用于油品储罐采样，比密闭采样器复杂很多，在罐内需要安装有随罐内液面浮动的采样机构，罐外配驱动泵提供采样管线内液体置换的动力和上部样、中部样、下部样的采样口，根据需要还可以配置出口液面样、底部样的采样口。

密闭采样器采样时应使用配套的采样瓶，常见的密闭采样器采用双针式采样口，一针为物料进入口，另一针为瓶内气体排出口。采样时，双针同时刺穿采样瓶瓶口的隔垫，样品进入采样瓶同时，瓶内气体从另一根针排出。常见的密闭采样器为固定容积瓶型密闭采样器和非固定容积瓶型密闭采样器，操作步骤如下：

带吹扫固定容积瓶型密闭采样器，此类采样器带一只固定容器的钢瓶，一次采样所得到的样品量不大于钢瓶的容积。采样时，打开介质入口阀和介质出口阀，将阀门 F1、F2 转至循环位置，让介质通过钢瓶内从介质入口至出口进行循环置换。循环 10~15s 后，将阀门 F1 转至关闭几秒钟使钢瓶内充满液体，随后将 F2 开启至取样位置，将阀门 F1 转至低压氮气把钢瓶内的液体匀速地压进采样玻璃瓶，并对钢瓶内壁和取样针头进行吹扫，清除残留物料。玻璃瓶内气体通过另一根针排出，经吸附罐吸附烃类蒸气后，排至大气。取样结束后，将阀门 F1、F2 打到关闭位置，取走玻璃瓶。如图 1-10 所示。

带吹扫非固定容积瓶型密闭采样器，采样时，打开介质入口阀和介质出口阀，将阀 F1 旋至“循环”位置，样品从介质入口至介质出口进行循环，数秒后将阀 F1 旋至“采样”位置，介质入口与采样口连通，样品从介质入口自压流入采样瓶，玻璃瓶内气体通过另一根针排出，经吸附罐吸附烃类蒸气后，排至大气，待采样瓶内充满足够的液体后，将阀门 F1 旋至“关闭”位置，开启氮气吹扫阀 F2 若干秒，把采样针等配件内的残留液体吹入采样瓶，保证下次采样时的样品不受污染。如图 1-11 所示。

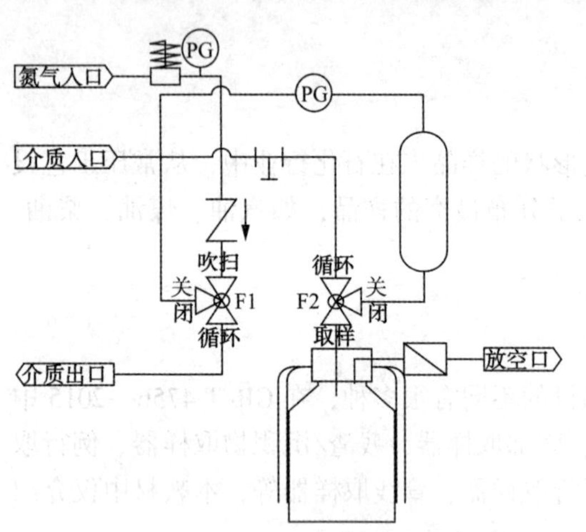

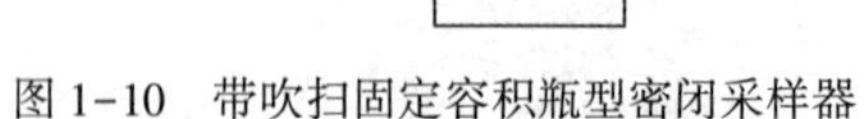

图 1-10 带吹扫固定容积瓶型密闭采样器

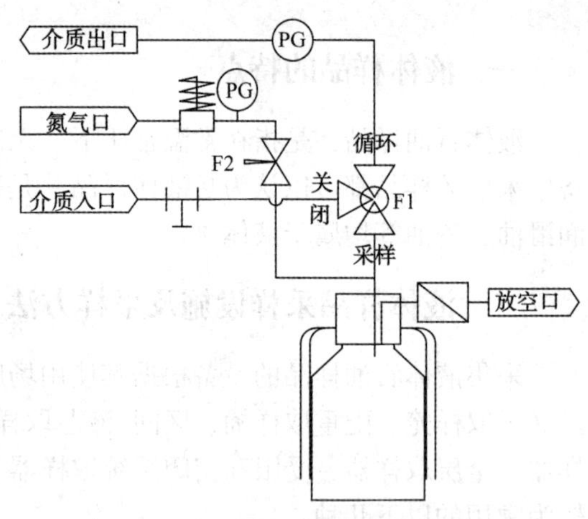

图 1-11 带吹扫非固定容积瓶型密闭采样器

罐外采样器采样可以分别取上部、中部、下部等点样，以取上部样为例，在上部采样口安装好采样瓶，采样时把标识为上部样的循环阀转至循环状态，开启采样箱内气动开关，启动气动泵(或人工转动手摇泵转杆)，进入采样循环状态，循环一段时间后使与上部采样口相连的所有管线内油品全部置换为新鲜样品，关闭循环泵，把取样阀旋至取样状态，采取小于采样瓶容积 80%的样品后，把取样阀旋至吹扫状态，打开净化风(或氮气)阀门，把取样阀后的采样针等配件内的残留液体吹入采样瓶内，保证下次采样时的样品不受污染。罐内上、中、下各采样口所处的静压头不相同，采样管道长度不同，当置换泵动力不足时，会使某一采样管线内的物料不能充分循环置换，因此不宜采用同时打开上、中、下循环阀，对上、中、下物料同时置换，如图 1-12 所示。

使用密闭采样器或罐外采样器应注意以下事项：

设置密闭采样器时物料入口与出口压差至少 0.2MPa，使物料能顺利流通置换。吹扫用氮气(净化风)压力必须经调节阀调整到≤0.1MPa，使用固定容积密闭采样器时钢瓶体积应不大于采样瓶体积的 80%；使用非固定容积密闭采样器或罐外采样器时，样品的采样量应

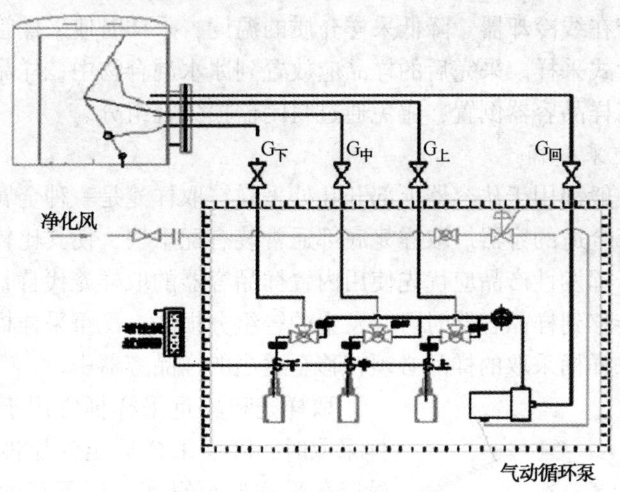

图 1-12 罐外采样器示意图

小于采样瓶容积的 80%，密闭采样器和罐外采样器不能够像短节式采样器一样可以对采样瓶进行置换清洗，带到现场的采样瓶应确保干净。采取高纯度物料时的采样瓶应专样专用。

罐外采样器安装后，应检查确认罐内的采样管线系统能代表管内的上、中、下各点的物料，采样管线与浮动部件牢固固定，罐内上、中、下、出口液面采样管线引出线与罐各采样口位置标识相一致。使用罐外采样器采样时，首先要确认动力源(气动泵或隔膜泵)处于正常状态，采样置换时，动力源能够正常启动。一般情况下，动力源正常工作时，会发出特有的声响。罐外采样器首次投用时，应采用适当的手段对罐外采样器每个采样部件的置换次数进行验证。曾发生浮顶罐的罐外采样器在使用一段时间后，采样器与浮顶的连接点脱落的情况，当发现采到的上部样经常有明水，或者油罐分层时，上部和下部样的密度差值仍在不分层的范围内时，应判断为罐外采样器与罐顶连接件脱落，不能作为采样设施使用。

2. 短节式采样口

短节式采样口属于管线取样器，历史上，短节式采样口是石化企业用于馏出口样品采样常用的采样器，具有结构简单、操作方便的特点，但有非密闭排放、不利于安全环保的缺点。采样器结构为采样针形阀加一外径为 $\phi 6 \sim 8$mm 的不锈钢管，根据需采样介质的温度、压力等参数，对采样口采取减压、降温或保温设施，使其符合安全采样条件。这类采样器正在逐渐被密闭采样器所取代，但对于某些常温下易凝固或黏度较高的样品或者工艺净化以后的水样，却是一种非常简单有效的采样设施。装配有短节式采样口的场所，最好在采样口附近放置废液回收桶，或在采样口下方设置与地下污油罐相连的污油回收漏斗。使用短节式采样口时，打开采样口一次阀后，缓慢打开采样口二次针形阀，排放至采样口的样品具有代表性后，用样品容器接取少量样品，荡洗样品容器 2~3 次后，采取分析所需的样品，关闭二次阀，关闭一次阀。采样过程中，当二次阀开启至正常开度后，仍未见物料流出时，不可轻易地加大阀门开启度，应先检查阀门或采样口是否有堵塞，避免开度过大，工艺管道内物料突破堵塞点后，从采样口迅速大量排出，引发着火、伤人等事故。使用短节式取样器时需检测与样品挥发性有关的项目如蒸气压、闪点、密度等，必须尽可能做到避免轻组分挥发损失，必要时使用一个在线冷却器。降低采样介质的温度，采样时使采样管线伸入到样品容器的底部，以进行浸没式采样。采完后的样品应放置到冰水混合物中，样品容器要密闭，运输和储存样品时，可将样品容器倒置，避免通过封闭器损失轻组分。

3. 取样笼和配重采样桶

这二类取样器一般都用于从容器上部开孔处采样，取样笼是一种金属或塑料材质的固定架，可固定瓶或桶等合适的容器。取样笼底部通常装有配重块，使其比较容易地沉入到被采样的物料之中。对于挥发性产品应优先使用内置样品容器的取样笼代替其他单点取样法，可避免样品从取样器转移到样品容器时可能发生的轻组分损失。配重采样桶通常是一个铜制的采样容器，从配重采样桶采取的样品必须转移至适当的样品容器中。

图 1-13 急拉开塞的采样绳连接方式

取样笼和配重采样桶常用于油罐采样，油罐点样采取时，降落采样器至油层液面，记下高度，继续降落采样器至罐底，记下高度，两个高度之差即为油层厚度。由此计算出下部样、中部样和上部样的降落高度，采取试样时，取样笼和配重采样桶沉入容器内液体的指定部位后，可采用急拉的方式打开塞子，采用如图 1-13 所示的采样绳连接方式，当打开瓶塞时，受力点从瓶塞转移至采样器把手，因采样器把手与采样绳连接处有一松弛段，可明显感受到打开瓶塞瞬间采样器对采样绳拉力消失，待油层表面不再冒气泡后，提出采样器。油罐全层样采取时，在打开瓶塞后，匀速拉动绳子，在没有停顿的情况下，提升取样器返回至液体表面，当从液体表面收回固定容积的全层取样器时，如果充满不到 90%，则假定取样器在通过罐内液体期间，油品从所有深度流入了取样器，如果充满至 90% 以上，则样品可能不具代表性，应废弃所取样品。

4. 桶听采样器

它常用于从桶或听中取样，是一种由玻璃、金属或塑料材质制成的管子，采样时，应根据物料的性质选择合适材质的桶听采样器，采取高芳烃类物料时不宜使用塑料材质；采取酸碱等腐蚀性物料时不宜使用金属材质。当所采样的物料不存在轻组分损失的风险或轻组分的损失在可接受范围内时，可用抽气泵或虹吸装置采样，严格禁止用嘴去虹吸物料。

桶听采样器取样时用拇指封闭清洁、干燥的采样管上端，把它伸进油中约 300mm 深，移开拇指，让油自压进入采样管后用拇指封闭上端，从油中抽出采样管顺时针旋转 90°，使采样管接近水平状态并将其转动，使油品在采样管内表面转动一段时间后，旋转采样管至管口向下，舍弃冲洗油，用这样的方法清洗采样管的内表面三次以上，清洗结束后不得接触采样管在采样期间浸没到油中的任何部分。采取点样时，用拇指封闭采样管上端，再把管子插进油中指定位置，松开拇指，当管子内液面平衡时，用拇指封闭采样管顶端，迅速抽出管子，把油样转移至样品容器中；采取全层样时，敞开采样管上端，匀速插入至物料中，当管子到达底部时，用拇指封闭顶端，迅速抽出管子，把油样转移至样品容器中。

5. 底部采样器

底部采样器是一种放到储罐底部，通过接触储罐底板打开阀门，提升时阀门自行关闭的容器，见图 1-14。有些采样器具有可伸长的“脚”，允许采样器刚好在一层沉淀物的上面取样。

底部采样器用于储罐底部物料的采样，放下底部采样器，直到其垂直静止于罐底之上，阀门随之打开，液体注入采样器内。在提出采样器后，应严格检查其渗漏情况，如发现渗漏，应放弃此样品，清洗采样器重新采样。

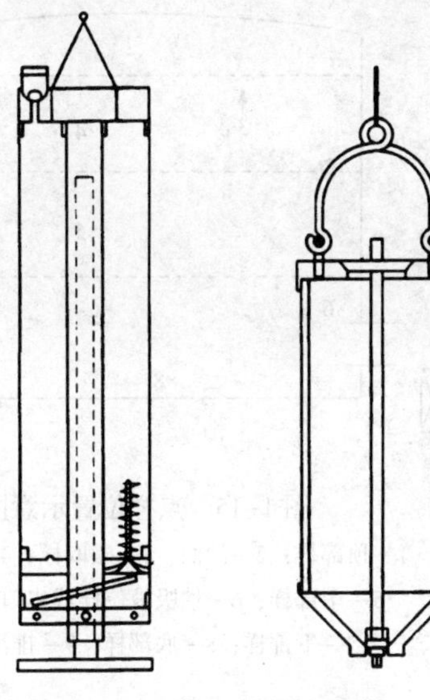

图 1-14 底部采样器示例

三、样品容器和容器封闭器

根据样品的理化性质和检验项目的要求，液体石油产品的装样容器可以是玻璃瓶、适用的塑料瓶、有金属包皮的瓶或听、不锈钢杯或桶等。

玻璃瓶是液体石油产品常用的装样设备，瓶身颜色可分为棕色和白色，瓶盖一般有磨砂、非磨砂或带内塞三种。易挥发样品或样品需检验挥发性指标如蒸气压、闪点时，应选择带内塞的罗口玻璃瓶。玻璃瓶作为留样容器，应选用棕色瓶，避免光线照射使样品变质，某些特殊分析项目不宜用玻璃瓶作为样品容器，如用玻璃瓶作为喷气燃料储存容器时，喷气燃料的电导率会很快下降，使电导率测得值变小，铜制采样器不能用于采集诱导期、实际胶质分析用样品等。塑料瓶(壶)有不易碎的特点，因不符合安全规定的要求和存在高芳烃样品易溶胀的缺陷，现已基本不用作油品的采样和储存容器。塑料瓶(壶)多用于水样的样品容器，测定微量硅含量的水样必须用塑料瓶采样和储存，玻璃容器中含有较高的硅元素，会污染样品。金属包皮的桶或听常用于样品远途运输时的装样容器，具有密闭性好，样品不易受光、热等自然影响的特点。不锈钢杯或桶具有热传导性好、容易清洗的特点，常用于室温下基本凝固的物料如沥青、渣油、蜡油等物料的样品容器。不锈钢桶常用于喷气燃料样品的装样容器，以避免电导率损失。

对于固定容积的样品容器，可使用软木塞、塑料或金属螺纹盖作为容器封闭器，不应使用橡胶塞，容器封闭器应保证使容器内的样品完全密闭，其本体或配件如密封圈不能与容器内的物料发生化学反应、溶胀等作用。

四、GB/T 4756 对样品类型的定义

全层样：取样器仅沿一个方向通过除游离水以外的整个液体高度，期间通过累积液体所获得的样品。

底部样：从油罐或容器的底部或靠近底部的产品中采集的点样(见图 1-15)。

底水样：在罐内油品下部采集的游离水的点样。

构样：在自由流动的流体路径中放置构或其他采集容器，按与固定流速对应的时间间隔或与流速成比例变化的时间间隔，在最大横截面积流的位置采集一定体积产品所获得的点样。

泄水样：从储罐泄水阀上所获得的样品。

浮顶样：为测定浮地浮顶的液体的密度，在液面稍下位置采集的点样。

下部样：在液面下六分之五液深位置采样的点样(见图 1-15)。

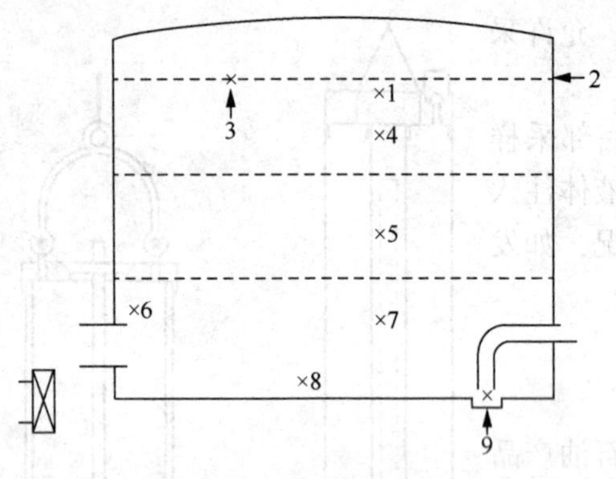

图 1-15　点样位置示意图

1—顶部样；2—油面；3—撇取样；4—上部样；5—中部样；6—抽吸液位样或出口液面样；7—下部样；8—底部样；9—排污池样

中部样：在液面下二分之一液深位置采集的点样(见图 1-15)。

上部样：在顶部液面下六分之一液深位置采集的点样(见图 1-15)

撇取样：从液体表面采集的点样(见图 1-15)。

顶部样：从顶部液面下 150mm 位置获得的点样(见图 1-15)(注：应注意与浮顶样、撇取样的位置区别)。

例行样：取样器沿两个方向通过除游离水以外的整个液体高度，期间通过累积液样所获得的样品。

点样：在罐内规定位置或按规定时间从管线液流中采集的样品。

出口液面样：从液体烃(注：原文中为液态烃，根据 GB 4756 的定义范围改为液体烃)泵出油罐的最低液位采集的样品。

排污池样：从排污池内采集的点样。

罐侧样：从油罐一侧放样阀采集的点样(注：应区分罐外采样器采集的样品，罐外采样器连接至罐内采样机构)。

区间样：将区间取样器放入油罐内某一位置，在液体完全注满后，封闭取样器，此时在取样器总高度内聚集的是在液注部分采集的样品。

组合样：为获得散装油品具有代表性的样品，按确定比例组合一定数目的点样所获得的样品。

五、不同储存容器中的液体样品采样方案

储存液体石油化工产品的容器种类较多，有听、桶、立式、卧式圆形储罐、槽车、船、输油管道等，不同的容器种类，需选择合适的抽样方案和采样方法。

1. 听装或桶装产品

每听或每桶的容积较小，每批都由多个听或桶组成，从每批中抽取的听或桶数取决于组批的听或桶数、可接受的质量水平(AQL)和检验水平，通常可接受的质量水平为 2.5%，取样方案见 GB/T 4756 中表 4、表 5 和表 6。

对于 20L 或更大容积的听，用小型的桶听采样器从按抽样方案抽出的每听中采取样品，对于小于 20L 容积的听，把按抽样方案抽出的每听中的全部液体作为样品。

桶装产品采样时，按抽样方案选择采样的桶，缓慢倾倒桶，在平地上来回推滚 5 次以上，然后正面放平，取下桶盖，把它放在桶口旁边，沾油的一面朝上，用桶听采样器从桶内采取样品，复原并拧紧桶盖。

2. 立式圆形油罐采样

立式圆形油罐采样时，首先要从液体的上部、中部和下部(或出口液面)采集样品，然后把它们送到实验室或试验地点，分别按标准方法测定密度、水和沉淀物的含量，检验油罐内物料的均匀性。当试验结果的变化范围密度不超过±1kg/m^{3}和水分不超过±0.1%(体积分

数)时，则表明罐内物料不存在分层，可将样品上部、中部和下部(或出口液面样)按每种样品代表的体积按比例混合，以进行下一步的试验。如果试验结果密度超过±1kg/m^{3}和水分不超过±0.1%(体积分数)，则认为油品是分层的，可按照多于三点的液位采集点样，制备用于分析的组合样。为尽可能地避免质量风险，应对油罐内的物料重新循环，再次采集上部、中部和下部(或出口液面)样品，直至检验确认罐内物料混合均匀。

立式圆筒形油罐可用取样笼和配重采样桶上罐采样方式，用采样笼或加重采样器从油罐的顶部采样。近年以来，为了提高工作效率，降低安全风险，对于固定式的立式圆形储罐，逐步安装了罐外采样器采样代替上罐采样。油罐上罐采样时不应从未打孔的静止管、导向柱或立管中采取样品，未打孔的静止管中的内含物不能代表油罐中相同深度或管外相对位置的物料，即使导管与油罐有足够的孔相通，当导管中的油品颜色异常时，也要引起特别的注意。此时可能出现两种情况，一种是导管中的孔可能因长期腐蚀等原因发生了堵塞，使导管中的油品无法自由流动而使颜色变深；另一种原因是，储罐中的物料中可能串入了其他油品，但这种可能性较小。无论采用何种采样方法，当罐内液体静止时，才可进行油罐采样，从动罐中采取的样品不能保证代表性。为确保安全，严格禁止下到储罐浮船上采样。当使用非密闭或非罐外采样器从氮封储罐中采样时，应与储罐管理单位充分沟通，关闭氮封气源入口后，方可开盖采样。

3. 卧式油罐

应按照立式圆筒形油罐的采样方法，根据表1-1的要求在指定的位置采集样品，并按照表1-1中规定的比例制备组合样。

表1-1 卧式油罐的采样

液体深度(直径的百分数)/%	采样液面(罐底上方直径的百分数)/%			组合样(各部分的比例)		
	上部	中部	下部	上部	中部	下部
100	80	50	20	3	4	3
90	75	50	20	3	4	3
80	70	50	20	2	5	3
70		50	20		6	4
60		50	20		5	5
50		40	20		4	6
40			20			10
30			15			10
20			10			10
10			5			10

4. 铁路槽车和汽车罐车

当对铁路槽车和汽车罐车开口采样时，应按卧式油罐对应的方法进行取样，根据表1-1的要求在指定的位置采集样品，并按照表1-1中规定的比例制备组合样。对于一列装有相同产品的铁路罐车，从每列中抽取的车数应执行桶装产品的抽数比例数，但应包括首车。

5. 油船舱

当采用开口取样时，使用立式圆形油罐采样的方法，如果要求使用受限或密闭系统取样时，油船舱会配置蒸气闭锁阀，应使用与之匹配的便携式取样装置（PSD）。对于一艘由多个舱室构成且装载相同原油或液体石油产品的油船，应尽可能在每个舱室采样，由于各种因素的限制，当不能在所有舱室进行取样时，由交接各方协商后，按包装取样的取样方案选择取样舱室数。

6. 管线采样

管线采样通常用于生产装置过程物料按照指定的分析频率采样和用管线批量输送物料时质量检验的定时采样两种情形。过程物料的管线采样设备常用短节式采样器、密闭采样器；批量输送产品时除使用前二者外还会使用自动取样器按时间间隔自动取样。

当用手工定点取样确定一批交接油品的品质时，可以按照输油数量和输油时间确定取样的次数和间隔，按输油数量取样时的取样方案见表1-2，按输油时间取样的取样方案见表1-3。对取到的点样可由供需双方协商，单独检验每个点样的数据计算其算术平均值作为批量物料的数据，也可以组合采到的点样，混合均匀后对组合样进行实验分析，作为批量物料的数据，也可以对部分项目检验点样的数据，部分项目取混合样数据。

表1-2　按输油数量取样方案

输油量/m^3	采样规定
不超过1000	在输油开始时和结束时各取样1次
超过1000	在输油开始时1次，以后每隔1000m^3取样1次

注：输油开始时，指罐内油品流过取样口10min；输油结束时，指停止输油前10min。

表1-3　按输油时间取样方案

输油时间/h	采样规定
不超过1	在输油开始时和结束时各1次
超过1~2	在输油开始时1次，中间和结束时各1次
超过2	在输油开始时1次，以后每隔1小时取样1次

注：输油开始时，指罐内油品流过取样口10min；输油结束时，指停止输油前10min。

第四节　固体样品的采集

一、概述

固体物料有比较固定的体积和形状，质地比较紧硬。固体物料一般有批量大，不易均化等特点，采取固体物料样品时经常采用数理统计方法确定样本量大小和采样部位，采样代表性差是从固体物料中采集样品的主要问题。

催化剂、工业硫黄、石油焦、煤和聚丙烯是石化行业常见的五种固体物料。催化剂以化工原材料的方式入厂时，需要从包装桶或袋中采取样品开展入厂检验，按固体样品采样方式执行；工艺装置生产过程中需要对流动床的催化剂进行定期采样检验，采样方式类似于液体样品。在装置生产过程中，需要对固体硫黄、聚丙烯作为过程物料监控时，其采样方式类同于液体样品；当作为包装产品出厂时，按固体样品采样方式执行。石油焦一般是用铁路槽车或船运出厂，经常是在石油焦堆场采样，其采样规则需遵循固体产品堆场采样原则；煤炭的采样可以分为卸船验收采样和入煤炉采样检验，卸船验收采样通常由自动采样机完成；入炉前采样可由自动采样机完成，也可以输送于皮带上按一定时间间隔人工取点样。

常见的固体物料采样工具有采样探子、窗口关闭式采样探子，采样钻、窗板关闭式采样钻、气动采样探子、真空采样探子等，采样时要根据样品的堆积状态、包装状态、颗粒大小等选择适宜的采样工具，采样工具的具体使用方法可查阅 GB/T 6679。

与液体、气体样品不同的是，采集后的固体样品一般不能立即用于分析，还需通过粉碎、混合、缩分三个阶段，才能获得用于分析的最终样品。

二、工业硫黄样品的采集

工业硫黄无毒、易燃，自燃温度为 205℃。硫黄粉尘易爆，850μm 粒级的硫黄粉尘，当浓度大于 2. 3g/m^{3}时会爆炸，采样和制样过程中应避免生成硫黄粉尘。

1. 包装产品的采样

当需检验的总体物料的单元数小于 500 时，采样单元数可直接按表 1-4 查得；总单元数大于 500 时，按总单元数的立方根的三倍数 $3\sqrt[3]{N}$（N 为总件数）来确定采样单元数，如遇小数则进为整数，当物料为粒状和片状硫黄时，从选出的袋件中，用采样器插入袋子的 2/3 深处，取出试样合并、缩分成 2kg 左右的总样用于分析和留样。当物料为块状硫黄时，用手锤在不同部位敲取块径小于 25mm 的碎块，取出的试样合并、缩分成 2kg 左右的总样用于分析和留样。

表 1-4 总体物料单元数小于 500 时对应的采样单元数

总单元(件)数	采样单元(件)数	总单元(件)数	采样单元(件)数
1~10	全部	182~216	18
11~49	11	217~254	19
50~64	12	255~296	20
65~81	13	297~343	21
82~101	14	344~394	22
102~125	15	395~450	23
126~151	16	451~512	24
152~181	17		

2. 散装产品的采样

按表 1-5 中的规定确定采样单元(点)数，当物料为粒状和片状硫黄时，用采样器在选出的采样点上，插入 0. 3~0. 5m 深处，取出试样合并、缩分成 2kg 左右的总样用于分析和留样。当物料为块状硫黄时，用手锤从硫黄块的不同部位敲取块径小于 25mm 的碎块，取出的试样合并、缩分成 2kg 左右的总样。

散装和包装硫黄产品时，采样用具、盛样容器等必须洁净，不能采用铁制金属容器作为样品容器，在采样、缩分制样过程中不得以铁制器具粉碎样品，固体硫黄缩分前，必须在充分混合均匀后才能进行缩分操作，要确保缩分后的总样在 2kg 左右。为了获得能真正代表全批硫黄产品质量的固体硫黄试样，必须严格按照标准要求采够样品数量，不允许到现场随便拿几块硫黄样品或随便采集几个袋件(采样点)的硫黄样品作为样品。

表 1-5 散装工业硫黄产品采样单元(点)数的确定

批量/t	采样单元(点)数
<2.5	7
2.5~80	$\sqrt{批量(t)}$×20(计算至整数)
>80	40

3. *液体硫黄的采样方法*

可以参照液体油品的采样方法，一般采用工艺管道上加一短节式采样口的方式。液体硫黄采取用于测定硫化氢和多硫化物的样品时，应使用如图 1-16 的装置。

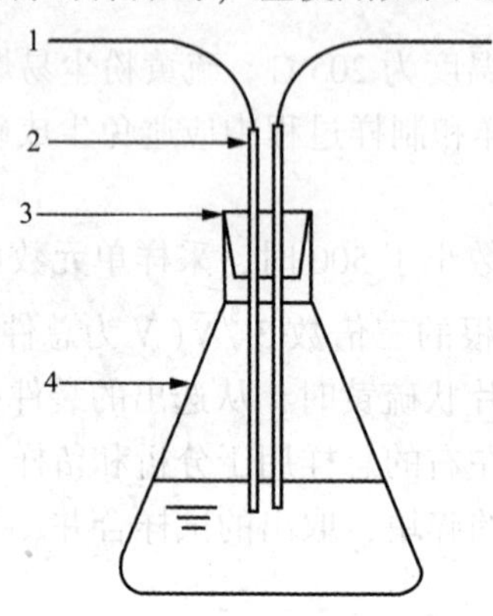

图 1-16 采取测硫化氢和多硫化物的液硫采样器

1—聚四氟乙烯管(或其他耐硫材质导管)：每只导管各配备 1 个止水夹；

2—玻璃导管：内径约为 6mm，一端连接聚四氟乙烯管，用以通入氮气；

3—橡胶塞：用抗硫化氢的材料制成；

4—采样瓶：容量为 500mL 的玻璃锥形瓶

用止水夹夹住聚四氟乙烯管，称量采样装置(包括 2 个止水夹)的质量，精确至 1.0g，用锥形采样瓶从液体硫黄的采样口采集约 300g(约 160~180mL，可以在采样锥形瓶上的大致位置上标线确定取样量)硫黄样品，立即用带进出支管的橡胶塞密封锥形瓶的瓶口，冷却后称重，两次称重的质量差即为液体硫黄的取样量。

三、石油焦样品的采集

1. *焦流中采样*

在焦流中如输送皮带上采样时，可用机械采样器或人工从焦流中采样，应根据总的输送量计算石油焦的有效输送时间，在该时间内等时间间隔采样，每批样的采样份数不能少于五份，试样总量不少于 10kg。石油焦试样原则上应在焦流中等时间间隔采样，在条件不许可时也可以在运输工具(火车、汽车等)的顶部及焦堆上采取。

2. *运输工具顶部采样*

在运输工具顶部采样时，在同一车上须至少在平均距离的五点上，从表层采取(经长途运输或停放后，应在焦层下 0.2~0.3m 处采样)，力求试样均匀，增加其代表性，每车的采样量不少于 5kg，每批采样的车数按总车数的 10%计量(但不能少于两车)，试样总量不少于 10kg。

3. 焦堆采样

焦堆的采样点分布在焦堆表面距离堆顶部 0. 5m 处、焦堆半高处以及距离焦堆底部 0. 5m 处的三条圆周线上，并分别等间距地布置三、五、八个采样点(如图 1-17 所示)。在各采样点表层(长期堆放后应在焦堆层下 0. 2~0. 3m 处)采样不少于 0. 5kg 的石油焦试样，试样总量不少于 8kg。

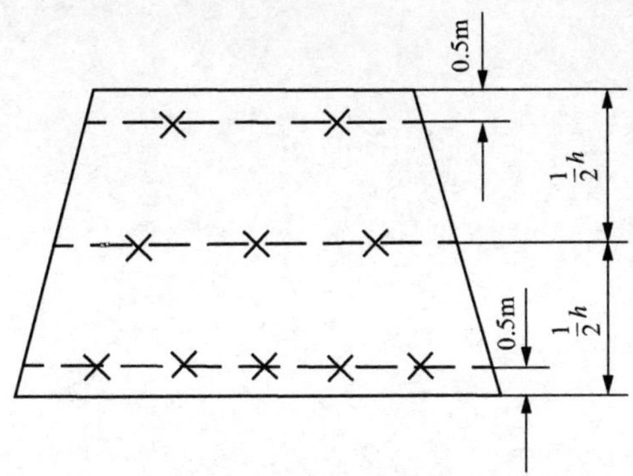

图 1-17　焦堆采样点分布示意图

h—焦堆高度

第一部分

产 品 篇

第二章 原油

第一节 概述

石油是一种从地下深处开采出来的黄色、褐色乃至黑色的可燃性黏稠液体，未经炼制前称为原油。一般情况下，原油比水轻，密度在0.77~0.98g/cm³之间，个别低于0.70g/cm³，它是由多种烃类(主要是烷烃、环烷烃和芳香烃)组成的一种复杂混合物，其元素构成中碳约占84%~85%，氢约占12%~14%，还含有少量的硫、氧、氮及微量金属元素如钠、钾、钙、镁、铁、镍、钒、铜、砷等，不同产地的原油，往往具有不同的性质。

原油作为商品，2016年我国对其制定了强制性的国家标准，并对其中的水含量、交接温度下蒸气压、机械杂质含量和204℃前馏分有机氯含量确定了限制性的标准值。原油的技术要求和试验方案见表2-1，原油主要检验项目见表2-2，除原油性质检验项目外，原油还有一项特殊的检验项目称为原油评价，原油评价时除对原油的性质进行检验外，还使用模拟常减压蒸馏装置的实沸点蒸馏装置，通过常压和(或)减压蒸馏把原油切割成不同的馏分油，将各馏分油按比例混合成馏分段油，根据馏分段油的用途确定其检测项目，形成原油实沸点评价报告，为制定原油的一次和二次工艺加工方案提供详实的信息。

原油密度是贸易计量的一个重要数据，关系到贸易双方的利益，根据密度数值大小可以大致判断原油的类型，按密度数值大小可把原油类型分为：密度小于0.87g/cm³的轻质原油、密度在0.87~0.92g/cm³之间的中质原油和密度大于0.92g/cm³的重质原油。原油中碳、氧、硫、氮等元素比例越高其密度就越大，含氢比例越高密度越小。芳烃含量高的原油密度一般高于烷烃含量高的原油。美国石油学会(简称API)制订了表示石油及石油产品密度的一种量度称为API度，其标准温度为15.6℃(60℉)，它和15.6℃时的相对密度的关系：API=(141.5/相对密度)-131.5，API度愈大，相对密度愈小，国际上把API度作为决定原油价格的主要标准之一。

硫含量是原油性质中一个非常重要的指标。原油中的硫化物会对常减压的蒸馏塔、工艺管道产生严重腐蚀，加工高硫原油时，对常减压装置和后续二次加工装置的设备材质、蒸馏塔的填料都有特殊的要求。原油硫含量高时，经常减压蒸馏后的各馏分油的硫含量也高，应根据原油的硫含量确定其馏分油的加工路线和调和方案。同时，原油硫含量高表示原油中有效碳氢组分少，原油的利用率低。

原油的酸值和原油的硫含量一样，也是衡量原油腐蚀性的指标，酸值高的原油在一次或二次加工时容易引起设备的酸腐蚀，反映在工艺污水中的铁离子超出控制指标值。

原油的黏度和凝固点主要为原油的卸货、管线输送提供依据，黏度高或凝固点高的原油需使用降黏剂、降凝剂或用更高的温度来保证它顺利输送。原油的凝固点对能否彻底卸货具有重要的指导意义，不同产地的原油，凝固点相差很大，有的高达30℃以上，有的却低于-50℃。

原油的含水过大，在加工时易引起突沸冲塔；原油中的一些无机盐如 NaCl、KCl、$CaCl_2$、$MgCl_2$等溶解在水中，盐类不仅会引起管线结垢，还会腐蚀设备。原油中的水含量越高其溶解的无机盐亦越高，对蒸馏设备腐蚀及后续二次加工装置的生产都有影响，因此经过电脱盐后的原油必须严格控制水含量，一般不得超过 0.3%。

原油的含盐量对储运、加工和油品质量都有很大影响，如原油中的盐在二次加工过程中遇热或加氢可生成盐酸，造成炉管、蒸馏塔、冷却器等各种设备的酸腐蚀。其次盐在原油储运、加工过程中可能沉积结垢而造成管线堵塞和垢下腐蚀。此外，原油中以盐形式存在的金属元素，如 Na、Ca、Mg、Ni、V 等溶解在常减压的馏分油中，对二次加工装置造成危害，会降低催化剂活性直至中毒失活。因此，要严格控制进常减压装置的原油盐含量。在原油蒸馏加工前，要进行多级电脱盐，甚至在原油罐中先加破乳剂脱盐，使盐含量符合控制指标的要求，一般炼油厂电脱盐后原油盐含量控制在 3mg/L 以下，加工重油的炼油厂控制盐含量 5mg/L 以下。

一般来说，原油中不含有机氯。但是，在原油开采和集输过程中需要加清防蜡剂等化学助剂，这些助剂中有些含有有机氯，会带到原油中，在原油馏分油的加氢装置中，有机氯会转换成氯化氢，在有水存在的条件下，氯化氢转换成盐酸产生酸腐蚀，因此要控制原油中的有机氯含量。

金属元素以无机盐和有机螯合物二种方式存在于原油中，通过常减压装置加工后分配到各馏分油中，这些馏分油大部分都是二次加工装置的原料油，多数二次加工装置对金属元素及其含量都有控制指标要求，需对原油及其馏分油中的主要金属元素含量进行检测，为馏分油选择合适的二次加工工艺。金属元素在原油的各馏分段中的分布差异很大，一般来说，金属元素集中在蜡油、渣油等较重的馏分油中。

表 2-1 原油的技术要求和试验方法

项　目		石蜡基或石蜡-中间基	中间基或中间-石蜡基或中间-环烷基	环烷基或环烷-中间基	试验方法
水含量(质量分数)/%	不大于	0.50	1.00	2.00	GB/T 8929
交接温度下蒸气压/kPa	不大于	66.7			GB/T 11059
机械杂质含量(质量分数)/%	不大于	0.05			GB/T 511
204℃前馏分有机氯含量(质量分数)/(μg/g)	不大于	10			GB/T 18612
盐含量[a](以氯化钠的质量分数计)/%		报告			GB/T 6532
密度(20℃)[b]/(kg/m³)		报告			GB/T 1884 GB/T 1885
硫含量[c](质量分数)/%		报告			GB/T 17606
酸值[d](以氢氧化钾计)/(mg/g)		报告			GB/T 18609

a 也可采用 SY/T 0536 进行测定，结果有异议时，以 GB/T 6532 方法为准。

b 也可采用 SH/T 0604 或 SH/T 0874 进行测定，结果有异议时，以 GB/T 1884 方法为准。

c 也可采用 GB/T 17040 或 GB/T 11140 进行测定，结果有异议时，以 GB/T 17606 方法为准。

d 也可采用 GB/T 7304 进行测定，结果有异议时，以 GB/T 18609 方法为准。

除以上项目外，原油还主要检验以下项目(见表 2-2)：

表 2-2 原油主要检验项目和试验方法

序号	分析项目	常用分析方法
1	运动黏度(50℃)/(mm^2/s)	GB/T 11137
2	蜡含量、沥青质、胶质/%	薄层色谱法 SY/T 7550
3	氮含量(质量分数)/%	发光定氮法(NB/SH/T0704) GB/T 17674
4	残炭(质量分数)/%	GB/T 268，GB/T 17144，GB/T 18610.1
5	灰分(质量分数)/%	GB/T 508
6	金属元素/(mg/kg)	等离子发射光谱法，X 射线荧光光谱法，SN/T 3186
7	元素 C、H(质量分数)/%	元素分析仪法
8	凝点/℃	GB/T 510，SY/T 0541

第二节 原油盐含量测定法(电量法)

SY/T 0536—2008

1. 适用范围

原油含盐含量测定法(电量法)适用于测定原油中的盐含量，测量范围为 2.0～10000mg/L。

2. 测定原理

原油盐含量测定属于微库仑测定法。原油与二甲苯混合后被加热，用醇水溶液抽提其中的盐，经离心分离后，用注射器抽取适量的下层抽提液，注入含有 Ag^+ 的库仑滴定池内，样品中的 Cl^- 和 Ag^+ 发生如下反应：

$$Ag^+ + Cl^- \xlongequal{} AgCl\downarrow$$

使滴定池内的 Ag^+ 浓度降低，池内的测量-参考电极对感受电信号的变化，将这一变化输入微库仑放大器中，放大器输出一个相应的电压加到电解电极对上，电解阳极电生 Ag^+ 补充消耗的 Ag^+：

$$Ag - e \xlongequal{} Ag^+$$

直至池内银离子恢复至原始值，微库仑仪记录电生 Ag^+ 消耗的电量，根据法拉第定律计算出以 NaCl 计的原油中盐含量。

3. 方法概要

将待测原油样品加热并充分搅拌混合均匀，从中称取 1g±0.2g 原油至离心试管中，加入二甲苯 1.5mL 再加入醇-水溶液 2mL 后，振荡混合 1min，再加热 1min，把离心试管置于离心机上离心分离 1min，用注射器抽取下层的抽提液，进行库仑分析。

4. 影响因素及注意事项

库仑仪在开机使用前，先检查电极等连接紧固，避光罩不松动，仪器接地良好，每天分析前要选择与样品的盐含量大小接近的标样，用标样的回收率判断仪器是否处于正常的工作状态，当回收率为 100%±10%时，仪器处于正常的工作状态，分析过程中需随时分析标样以确定仪器是否仍处于正常状态。测定时应根据预期的原油盐含量，选择合适的取样体积，含盐量高的样品取样体积大时，会造成滴定时间过长，测定结果偏离。由于原油组成复杂，盐常存在于原油中的水分中，库仑盐含量分析时取样量又较少，所以在取样前必须对原油加热搅拌均匀，加热温度应控制在60~70℃，避免原油的轻组分损失，搅拌均匀后必须快速取样，否则含盐组分又会分层。在油样萃取处理时，萃取温度不能超过70℃，避免醇的挥发损失造成测定结果偏高。分析结束后，要把电解池的电解液更换成新电解液，以保持电极清洁、灵敏，当发现电极灵敏度下降，标样回收率异常时需对电极进行清洗处理、电镀处理。

在298K时，氯化银和硫化银的溶度积分别为1.56×10^{-10}和6.3×10^{-50}，样品中的硫离子会先与银离子进行沉淀反应，当样品中含有硫离子时，可加一滴30%的H_2O_2消除干扰；在盐含量测定过程中样品的取样量小于溶剂的取样量，溶剂中氯离子会使结果产生较大误差，新使用的试剂应作空白分析试验，必要时可采用扣除空白值的办法消除试剂干扰。从原油盐含量测定的方法原理中不难看出，盐含量是测定了原油中所有无机氯离子，再折算成以氯化钠计的盐含量，此结果并非原油中的真实盐含量，结果报告时应特别注明以氯化钠计的盐含量。

第三节　原油中碳、氢、氮元素的测定

1. 适用范围

该方法适用于原油、蜡油中的碳、氢、氮元素测定。

2. 测定原理

在富氧环境下原油样品燃烧生成水、二氧化碳、氮氧化物、二氧化硫和三氧化硫等，燃烧产物在载气氦气携带下，在还原管中将氮氧化物还原成氮气，三氧化硫还原成二氧化硫，随后在吸收柱中经历吸附、升温脱附过程。混合气体依次被分离成氮气、二氧化碳、水，在热导检测器进行定量检测。根据各组分的校正因子，计算出样品中的碳、氢、氮的质量分数。

3. 方法概要

原油中的碳、氢、氮元素的测定过程由元素分析仪完成，仪器可以选择CHNS、CNS、CHN、CN、N、S等模式运行。根据不同的分析模式，设定好仪器操作条件。使用箔片作为样品容器，分别称取三个溢流、三个空白、三个标样和需分析的样品，按顺序放置于仪器自动进样器上，仪器自动分析，并计算最终结果，计算公式如下：

$$C=\frac{a\times100\times f}{w}$$

式中　C——元素的质量分数，%；

a——由仪器内置校正曲线计算得到的元素的绝对量，mg；

f——日校正因子；

w——样品称样量，mg。

4. 影响因素及注意事项

测定时应选用合适的操作条件，以CHN模式为例，常用操作条件为：燃烧管温度950℃，还原管温度500℃；氦气压力0.20MPa；氧气压力0.25MPa。样品称量前包裹样品时，应把空气除去，避免空气中的氮气影响测定结果，称样时应根据待测元素的含量大小，在1~10mg之间选择合适的称样量，分析C、H元素含量时，用手接触样品容器或空气中的

水分被带入到样品中都会影响氢元素的测定结果。验证仪器精度时可用2mg乙酰苯胺标准物质测得C、H、N元素的绝对偏差应小于等于0.1%(质量分数)，当仪器测得样品中的氮元素含量异常大时，表明还原管中的线状铜失效。

根据热导检测器原理，用标样建立标准曲线时载气流量必须与样品分析时相同，否则会引起分析结果偏差。新的石英氧化管和还原管在首次使用前需用丙酮溶剂清洗，不能直接用手拿取石英管，否则可能形成结晶区域而使石英管过早老化。

第四节 原油中蜡含量、沥青质和胶质的测定（薄层色谱法）

1. 适用范围

该方法适用于测定原油中蜡、胶质和沥青质的质量分数。

2. 测定原理

在一个专用色谱棒(氧化硅或氧化铝)上样品被展开并分离成蜡、胶质和沥青质，该棒以恒定的速度通过氢火焰(FID)检测器，色谱棒薄层上的蜡、胶质和沥青质被定量检测。

3. 方法概要

本方法依据薄层色谱(TLC)分离原理，称取一定量的样品用甲苯溶解，在色谱棒上分别用展开剂进行展开，然后用氢火焰(FID)进行检测，根据仪器分析结果及经验公式计算出各组分含量。

4. 影响因素及注意事项

分析用的展开剂的配制应选择合适的量器把各组成溶剂移入分液漏斗，强烈振摇使混合液充分混匀，放置，如果分层，取用体积大的一层作为展开剂，绝对不应该把各组成溶液倒入展开缸，振摇展开缸来配制展开剂，混合不均匀和没有分液的展开剂，会造成层析的完全失败。不同的分析任务应使用各溶剂的不同配比。薄层色谱仪分析时常用分析条件为：空气流量：2000mL/min；氢气流量：160mL/min；色谱棒扫描速度：30s/根。在薄层色谱棒上点样时，点样斑应尽可能小(最大不超过3mm)且应尽可能集中。分布在原点处的点样斑越大，分离性能越差，薄层色谱棒在用溶剂展开之前，应先在湿度为65%的恒湿缸内保持10min，样品展开时先悬空饱和、再入液展开；薄层棒应垂直浸入展开剂中；要严格控制展开高度，否则会影响各族组成的分离效果。当测定时，仪器的集电极上负载有极高的电压，不能用手或任何导电材料触摸电极，以防产生强烈的电震现象。当需要检查燃烧器和集电极时，应先关闭电源开关。

第五节 石油和石油产品中氮含量的测定法（舟进样化学发光法）

NB/SH/T 0704—2010

1. 适用范围

适用于测定包括石油馏分、润滑油在内的液体烃中的总氮含量，测定范围为40～

10000mg/kg。对于氮含量小于100mg/kg的轻质烃，采用SH/T 0657《液态石油烃中痕量氮的测定 氧化燃烧和化学发光法》测定更为合适。

2. 测定原理

在室温下将适量样品称入样品舟中，进样器将盛有试样的样品舟送至高温燃烧管，在富氧环境下，样品燃烧，有机氮被氧化成一氧化氮，由载气携带进入到检测室，一氧化氮与来自于臭氧发生器的臭氧反应，转化为激发态的二氧化氮，激发态的二氧化氮跃迁回到基态时的发射光谱被光电倍增管检测，产生的电信号与样品中的氮含量大小成正比。

3. 方法概要

按分析方法的要求设定仪器的操作条件，主要操作条件包括：炉膛温度、入口氧气流量、裂解氧气流量、氩气流量等主要参数，用标样建立不同测量范围的标准曲线，根据样品的预估氮含量，选择合适的标准曲线，进样分析后用内插法计算样品的氮含量。

4. 影响因素及注意事项

仪器所用的气体纯度要保证，氩气纯度不小于99.998%，水含量不大于5mg/kg；氧气的纯度不小于99.75%，水含量不大于5mg/kg，气体不纯时易使基线不稳或多次测定值重复性差。炉温选择时，应选择保证样品燃烧完全，氮化物完全转化为一氧化氮的最低炉温，以延长转化炉和石英管的使用寿命。应定期更换进样垫，检查石英管和尾锥管的积炭情况，进样垫漏气时会使基线不稳，石英管和尾锥管积炭严重时会使测定样品的测定结果异常。仪器气路中的膜干燥器主要用于脱除燃烧产物中的水分，当出现测定结果偏离正常值或产生拖尾峰时，应检查膜干燥器是否失效，使含水的燃烧产物被带到检测系统中。氧氩比和燃烧炉温度都会影响样品中氮化物的转化率；光电检测器的参数会影响发射光谱的测定值，因此，样品的操作条件应与选用的标准曲线的条件相一致，且不能使用标准曲线外延法来计算样品的氮含量，在每天测定前，应至少测定一个标准样品，通过检查其测定值是否在标称值的重复性范围内来判断仪器的可靠性。

第六节 原油有机氯含量的测定

GB/T 18612—2011

1. 适用范围

原油有机氯含量的测定适用于测定有机氯含量大于1μg/g的原油，其中燃烧氧化微库仑法不适用于总硫含量大于有机氯含量10000倍的原油。

2. 测定原理

用蒸馏法获得原油中的204℃以前的馏分，碱洗硫化氢、水洗脱除微量无机氯后，用联苯钠还原电位滴定法或燃烧氧化微库仑法测定其有机氯含量，折算成原油中的有机氯含量。

3. 方法概要

在类似于GB/T 6536的蒸馏装置中，用称重法在圆底烧瓶中加入约500mL原油，按照约为5mL/min的蒸馏速度，进行加热蒸馏，用保持10℃以下的冷凝管对馏出物进行冷却，当蒸馏温度计读数达到204℃时，停止蒸馏，称重量筒中的馏出物质量，在分液漏斗中对接收量筒内的物料用氢氧化钾碱洗脱除硫化氢、水洗脱除微量的无机氯化物，用微库仑法或联苯钠还原电位滴定法测定脱除硫化氢和无机氯的油样中的有机氯含量，原油中的有机氯含量

以质量分数 w(μg/g)计：

$$w = w_n \times f$$

式中　w_n——石脑油馏分中有机氯含量，μg/g；

f——石脑油馏分占原油馏分的质量分数。

4. 影响因素及注意事项

该分析方法默认为原油中的有机氯组分集中在石脑油馏分段，以石脑油馏分油的总有机氯折算成原油的有机氯。当原油中其他馏分油段如 204~350℃段含有较高的有机氯化物时，此方法的测定结果会失真，因此，把此数据应用于工艺生产过程时，要引起足够的重视，当发现加氢装置有受有机氯影响的趋势时，可参照此分析方法，测定 204~350℃段馏分的有机氯，提供参考性数据。轻质原油含有较多的 C_4 以前组分，个别原油含有较高的 H_2S，在对其蒸馏时要做好通风工作，一般情况下，应在通风橱内蒸馏。在每次蒸馏前，应仔细检查蒸馏烧瓶，杜绝使用有细微裂纹的烧瓶，避免烧瓶破裂引起火灾。

第七节　原油盐含量测定法(电位滴定法)

GB/T 6532—2012

1. 适用范围

原油含盐含量测定法(电位滴定)采用电位滴定法测定原油中的盐含量，适用于测定盐含量(质量分数)范围为 0.0005%~0.15%的原油，以及渣油和燃料油等重质石油产品。本方法亦适用于判断用过的汽轮机油和船用燃料油被海水污染的情况。

2. 测定原理

该方法为电位滴定法。样品用混合二甲苯混合后，用水和无水乙醇混合物抽提其中的无机氯化物，在脱除硫化氢后，用硝酸银溶液进行电位滴定。

3. 方法概要

样品混合均匀后，称取一定量的试样，并将其溶解于 65℃的二甲苯中。用乙醇、丙醇和水在指定的抽提装置中进行抽提。抽提液脱除硫化物后，用电位滴定法测定其中的总卤化物含量，然后报告以氯化钠计的盐含量。

4. 影响因素及注意事项

原油组成复杂，原油中的水和盐容易沉积在容器底部，取样前，必须对样品进行充分均化，可使用密闭的高速剪切搅拌器对样品进行搅拌混合，样品混合均匀后，立即称取试样，避免原油中的杂质沉降，此搅拌混合方法也适用原油盐含量测定法(电量法)。此方法在测定过程中需同时进行空白滴定，空白与样品测定时加入的 1mmol/L 的氯化钠溶液要一致。当发现样品最终分析结果异常偏大时，可采用把溶剂二甲苯当作样品按操作步骤进行测定，以检查整个分析环节是否存在污染源。该测定方法的取样量为原油盐含量测定法(电量法)的 40 倍，萃取时间也较原油盐含量测定法(电量法)长，测定结果的准确性高于原油盐含量测定法(电量法)。

在 298K 时，氯化银和硫化银的溶度积分别为 1.56×10^{-10} 和 6.3×10^{-50}，样品中的硫离子会先与银离子进行沉淀反应，样品的硫离子应采用硝酸酸化加热除去；从原油盐含量测定的方法原理中不难看出，含盐是测定了原油中所有无机氯离子，再折算成以氯化钠计的盐含量，此结果并非原油中的真实盐含量，结果报告时应特别注明以氯化钠计的盐含量。该方法的计算公式中定义了抽提比 P 值，使用无水乙醇时，$P=50/158$；使用异丙醇时，$P=50/152$，抽提萃取结束后，样品与萃取液之间有乳化层，萃取加热时还会有一定的损失，此二值为经验值。

第八节　分析方法索引

分析方法索引见表 2-3。

表 2-3　分析方法索引表

序号	分析项目	分析方法	索　引
1	密度/(g/cm^3)、API 度	GB/T 1884、GB/T 1885	见密度测定一章
2	运动黏度(50℃)	GB/T 11137	见黏度测定一章
3	蜡含量、沥青质、胶质	薄层色谱法	见本章第四节
4	水分	GB/T 8929	见水分测定一章
5	硫含量	GB/T 17040	见硫含量测定一章
6	氮含量	NB/SH/T 0704	见本章第五节
7	酸值	GB/T 7304 或 GB/T 264	见酸值、酸度测定一章
8	盐含量	SY/T 0536	见本章第二节
9	残炭	GB/T 268	见残炭测定一章
10	灰分	GB/T 508	见柴油一章
11	金属元素	SH/T 0715	见金属测定一章
12	元素 C、H、N	元素分析仪法	见本章第三节
13	凝点	GB/T 510	见低温性能测定一章
14	有机氯含量	GB/T 18612	见本章第六节
15	盐含量(电位滴定法)	GB/T6532	见本章第七节

第三章　液化石油气

第一节　概　　述

在常温下稍加压力就容易液化的天然石油气或石油炼制过程中产生的石油气，统称液化石油气。主要作为家庭生活用燃料、工业用燃料及原料、城市管道煤气增热混合成分，热处理用非氧化气体、金属熔接和切割、汽车燃料和溶剂等许多方面。液化石油气的主要成分是丙烷、丙烯、丁烷、丁烯及其异构体，同时含有少量的 C_5及 C_5以上组分和少量的硫化物。为确保安全，民用液化气要求具有特殊的臭味，必要时可加入硫醇、硫醚等硫化物配制的加臭剂，加入量不得超过 0.001%(质量分数)。

液化石油气产品执行 GB/T 11174，按其组成及挥发性分为三个品种：商品丙烷、商品丁烷及商品丙丁烷混合物。其主要检测项目有密度(15℃)、蒸气压(37.8℃)、烃类组分、蒸发残留物、油渍、铜片腐蚀、总硫含量、游离水、硫化氢。

液化石油气密度测定的意义是用于计量，便于确定液化石油气储罐的最大灌装量。

液化石油气蒸气压的测定，对保证液化石油气产品的安全处置，正确设计储存容器、运输容器以及用户使用设备有着重要意义，产品标准中规定了蒸气压的最高容许范围。

铜片腐蚀是液化石油气的腐蚀性指标，可衡量液化石油气在储存、转输、使用过程中对设备的金属部件产生腐蚀的倾向。液化气中的活性硫化物是铜片腐蚀不合格的主要原因，碱液夹带也会使铜片产生腐蚀。

液化石油气中的硫化物会引起设备的腐蚀或对人身体造成伤害，在空气中燃烧产生的二氧化硫，是一种刺激性很强的对人体呼吸道有害的物质，也是引起酸雨的主要成分，因此需对液化石油气总硫的含量进行测定并加以控制。

液化石油气残留物是衡量液化石油气非挥发性重组分含量大小的质量指标，作为工业用燃料时残留物含量高可能引起管线堵塞而发生事故，作为民用燃料时残留物量过高，会使充装后的钢瓶中残液增多，实际可用的燃料量相对减少。

液化石油气的色谱组成分析可以测定烃类组分含量，并可根据其烃组成计算密度及蒸气压。GB 11147—2011 标准规定商品丙丁烷混合物的 C_5及 C_5以上组分的含量不大于 3.0%(体积分数)，否则，会因燃烧不完全而影响液化石油气的正常使用(见表 3-1)。为了确保能充分汽化，一些地方在冬天天气较冷时规定 C_3含量不小于 20%(体积分数)。

液化石油气中的硫化氢含量是安全指标，硫化氢能够直接妨碍机体对氧的摄取和运输，从而造成细胞内呼吸酶失去活力，造成细胞缺氧性窒息死亡。H_2S 的职业接触限值 MAC 为 $10mg/m^3$，人体吸入大于 $100mg/m^3$ 硫化氢的气体时，会有明显的中毒症状，吸入大于 $1000mg/m^3$硫化氢的气体时，会发生瞬间电击式死亡；硫化氢在有水存在时，容易造成储存容器的金属硫化物应力开裂和应力腐蚀开裂，因此，必须在产品中控制硫化氢含量。

表 3-1 液化石油气 GB 11174—2011

分析项目		质量指标			试验方法
		商品丙烷	商品丙丁烷混合物	商品丁烷	
密度(15℃)/(kg/m^3)			报告		SH/T 0221[1)]
蒸气压(37.8℃)/kPa	不大于	1430	1380	485	GB/T 12576
组分[2)]					SH/T 0230
C_3烃类组分(体积分数)/%	不小于	95	—	—	
C_4及C_4以上烃类组分(体积分数)/%	不大于	2.5	—	—	
(C_3+C_4)烃类组分(体积分数)/%	不小于	—	95	95	
C_5及C_5以上组分含量(体积分数)/%	不大于	—	3.0	2.0	
残留物					SY/T 7509
蒸发残留物/(mL/100mL)	不大于		0.05		
油渍观察			通过[3)]		
铜片腐蚀(40℃，1h)/级	不大于		1		SH/T 0232
总硫含量/(mg/m^3)	不大于		343		SH/T 0222
硫化氢(需满足下列要求之一)					
乙酸铅法			无		SH/T 0125
层析法/(mg/m^3)			10		SH/T 0231
游离水			无		目测[4)]

1）密度也可用 GB/T 12576 方法计算，但仲裁按 SH/T 0221 测定。

2）液化石油气中不允许人为加入除加臭剂以外的非烃化合物。

3）按 SY/T 7509 方法所述，每次以 0.1mL 的增量将 0.3mL 溶剂-残留物混合物液滴到滤纸上，2min 后在日光下观察，无持久不退的油环为通过。

4）有争议时，采用 SH/T 0221 的仪器及试验条件目测是否存在游离水。

随着天然气等清洁能源逐渐取代民用液化气作为生产、生活用燃料，液化气在传统的民用燃料领域的需求大幅减少，液化气深加工产业却得到蓬勃发展，为了规范工业液化石油气的生产应用，其产品质量符合用户的深加工需要，2015 年中国石油化工集团公司发布了《工业液化石油气》(Q/SH PRD0673—2015)企业标准，在该标准中列出了“气分液化石油气”、“醚前液化石油气”、“醚后液化石油气”和“饱和液化石油气”四个品种。四个品种与液化石油气的主要区别为：

(1) 气分原料液化石油气的目标组分是丙烯，因此工业液化气标准在 GB 11174—2011 基础上，对气分原料液化石油气中丙烯含量作出规定，并分为两个规格，分别要求大于 30%和 20%。提取丙烯后的混合碳四是 MTBE 装置的原料，所以异丁烯的含量也是用户关注的指标，标准将该指标定为报告。

(2) 醚前液化石油气的目标组分是异丁烯，结合实际生产情况，工业液化气在 GB 11174—2011 基础上，根据异丁烯的含量，对醚前液化石油气分成三个规格，分别要求大于 15%、大于 10%和大于 5%。由于碳三不参与反应，且蒸气压高，易引起操作波动，应进行严格控制，工业液化气要求碳三含量不大于 3%。碳五对 MTBE 的纯度有影响，标准要求碳五及以上组分不大于 3%；1,3-丁二烯易结焦，影响装置正常生产，需严格控制，但在正常情况下，炼厂液化石油气几乎不含1,3-丁二烯，因此，工业液化气将1,3-丁二烯含量定为报告值。

(3) 醚后液化石油气的目标组分是正丁烯，结合实际生产情况，工业液化气标准在GB 11174—2011基础上，根据正丁烯的含量，对醚后液化石油气分成两个规格，分别要求大于35%和25%。由于碳三不参与反应，且蒸气压高，易引起操作波动应严格控制，标准要求碳三含量不大于3%。1号醚后液化石油气要求异丁烯含量不大于2%，适用于醋酸仲丁酯、甲乙酮等装置，异丁烯含量低有利于降低装置结焦，且减少副反应；2号醚后液化石油气要求异丁烯含量不大于4%，适用于芳构化等装置。碳五及以上组分为不适用组分，工业液化气标准要求碳五及以上组分不大于1%；1,3-丁二烯易结焦，影响装置正常生产，需严格控制，但在正常情况下，炼油厂液化石油气几乎不含1,3-丁二烯，因此工业液化气标准将1,3-丁二烯含量定为报告值。下游烷基化、芳构化用途对醚后液化石油气的硫含量要求严格，如总硫含量高，会增加烷基化装置的酸耗，也会影响芳构化产品的质量，因此需严格控制。工业液化气标准对醚后液化石油气产品的总硫含量进行严格控制，设定总硫含量不大于100mg/m^3。

(4) 饱和液化石油气的目标组分是丙烷和正丁烷，因此工业液化气标准在GB 11174—2011基础上，对饱和液化石油气中的丙烷和正丁烷进行了规定，要求总含量大于65%。不饱和烃会大大加快辐射段炉管结焦，它的浓度应尽量降至最低，本标准将总烯烃含量限定为“不大于2%”。由于C_5及C_5以上也是裂解装置原料，因此系统内部互供饱和液化石油气C_5及C_5以上定为不大于7%。饱和液化石油气产品设定总硫含量不大于200mg/m^3，硫化氢含量不大于5mg/m^3，含氧化合物的体积分数不大于0.005%。

(5) 工业液化气标准在GB 11174—2011规定的蒸气压要求范围内，根据组分情况对四种按用途细分的液化石油气蒸气压上限进行了规定，这样就保证了液化石油气即使在最高使用温度下，其容器内压力也小于容器工作压力。

第二节 液化石油气残留物的试验方法

SY/T 7509—2014

1. 适用范围

液化石油气残留物的试验方法适用于液化石油气在38℃挥发后残留物的测定，不适用于含有固体和不溶杂质的液化石油气残留物的测定，铁锈、水垢或污垢等固体污染物会产生干扰。

2. 测定原理

液化石油气蒸发残余物测定属于条件性试验，采用缓慢均匀地汽化挥发，测定液化石油气中在38℃温度下无法挥发的组分的含量，正戊烷的沸点为36.1℃，残留物可以理解为比碳五更重的烃类和其他杂质组分。

残留物：在规定条件下，100mL试样于38℃挥发后所余物质的体积，精确到0.05mL。

油渍观察值：在规定条件下，在规定的滤纸上产生能保持2min油环所需的溶剂-残留物混合液的体积。溶剂-残留物混合液指将残留物用溶剂定容至10mL所得的混合液。

3. 方法概要

将液化石油气样品钢瓶与在冷浴中冷却至-43℃以下的冷却盘管相连，取 100mL 液体样品至 100mL 残留物分析专用离心管中，在常温下自然挥发，待挥发近完毕时，将离心管管尖置于 38℃热水浴中，加热挥发至离心管中的液体体积不再减少为止，记录离心管中的残留物体积，即为液化石油气的蒸发残余物，单位为 mL/100mL。

4. 影响因素及注意事项

此方法用于测定含醇液化石油气时会有误差。

液化石油气残留物和油渍测定前，试验所用的玻璃器皿都要用所选用的溶剂清洗干净，按残留物测定的步骤进行油渍测定。如果无油渍出现，则这种溶剂和玻璃器皿方可进行本次试验；如果有油渍出现，则表明玻璃器皿清洗不干净或溶剂有污染，需重新清洗玻璃器皿，更换溶剂。取样时，钢瓶中的液化石油气通过置于温度低于-43℃的冷浴中的长 6m、直径 5~7mm 的铜管绕成外径为 62~65mm 的冷却盘管冷却后取入到专用离心管中，因此在取样时要充分置换冷却盘管和专用离心试管。冷却盘管使用一段时间后，管内会产生腐蚀或累积垢状物，垢状物的存在会使残留值偏大，应定期用溶剂对冷却盘管进行清洗，必要时更换冷却盘管。试验中如因崩沸而使试样量损失超过 10mL 时，可能会有残留物的损失，应废弃此次分析。

液化石油气油渍试验用于判断微量重组分，在环境温度低于 5℃时，汽油沸点范围内的物质也会留下持续 2min 以上的油环，油渍观察值的测定应在 5℃以上进行，如果在环境温度小于等于 5℃下进行试验时油环持续时间应延长至 10min。油渍测定的滤纸应使用直径为 12. 5cm 白色中速定性滤纸，每次滴加到滤纸上的油渍直径应保持在 30~35mm 以内。

第三节 液化石油气硫化氢试验法(乙酸铅法)

SH/T 0125—1992(2000)

1. 适用范围

液化石油气硫化氢试验法(乙酸铅法)适用于液化石油气中硫化氢的检测，检测硫化氢的下限为 $4mg/m^3$。如果有甲基硫醇存在，则在乙酸铅试纸条上产生短暂的黄色污斑，但不到 5min 便完全消失，液化石油气中的其他硫化物不干扰本试验。

2. 测定原理

将汽化的样品以一定的速度通过湿润的乙酸铅试条，样品中的硫化氢和乙酸铅反应生成硫化铅，从而使试纸条变色，变色的程度随着硫化氢含量的增加从黄色变到黑色。

3. 方法概要

将采样钢瓶与挂有乙酸铅试条的玻璃管相连，样品在 60~80℃的水浴中，以 2. 3L/min±0. 2L/min 的速度通过挂有用蒸馏水湿润的乙酸铅试纸条 2min，以试纸条是否保持明显的颜色改变，并在 5min 后不褪色为依据，判断样品“有”或“无”硫化氢。

4. 影响因素及注意事项

硫化氢具有很强的化学活性和物理吸附性，最好直接把检测单位与样品源相连，有经验表明：未采用特殊涂覆的采样钢瓶采集液化石油气样品后，其中的硫化氢浓度会降低；反之，不含硫化氢的液化石油气样品转移到采过高硫化氢样品但没有经过严格清洗的采样器时，硫化氢的浓度会增加。硫化氢对橡胶有亲合力，应避免使用橡胶软管和橡胶塞作为连接件。干硫化氢气体不会与乙酸铅试纸反应，测定前必须用蒸馏水把乙酸铅试纸湿润。

第四节　液化石油气硫化氢试验法（层析法）

SH/T 0231—1992

1. 适用范围

液化石油气硫化氢试验法（层析法）适用于液化石油气，其硫化氢含量的范围为 5~500mg/m^3。

2. 测定原理

将汽化的样品以一定的速度通过浸渍了乙酸铅的粗孔硅胶，样品中的硫化氢和乙酸铅反应生成硫化铅，使硅胶层上显出一定长度的变色层，根据变色硅胶的体积和进样体积计算出样品中的硫化氢含量。

3. 方法概要

将取样器通过针型阀与变色硅胶管相连接，变色硅胶管出口连接湿式气体流量计，调节针型阀来控制样品的汽化速度，使变色层界面均匀向上移动，大约汽化 2L 试样，读取硅胶变色层的体积，计算液化气中的硫化氢含量。

4. 影响因素及注意事项

硫化氢具有很强的化学活性和物理吸附性，该方法采用耐压玻璃瓶作为采样容器，采样要求见本章采样一章。测定用的硅胶反应管必须装严实，不能留有空隙。分析过程样品流程要慢速均匀，避免变色层中的硅胶上还有少量未完全反应的醋酸铅。

第五节　分析方法索引

分析方法索引见表 3-2。

表 3-2　分析方法索引

分析项目	试验方法	索　引
密度	GB/T 12576	见密度测定一章
蒸气压	GB/T12576	见蒸气压测定一章
组分	SH/T 0230	见色谱测定一章
	Q/SH PRD0673 附录 A	见色谱测定一章
残留物 　蒸发残留物 　油渍观察	SY/T 7509	见本章第二节
铜片腐蚀	SH/T 0232	见腐蚀测定一章
总硫含量	SH/T 0222	见硫含量测定一章
游离水	目测	—
硫化氢 　乙酸铅法 　层析法	 SH/T 0125 SH/T 0231	 见本章第三节 见本章第四节

第四章 车用汽油

第一节 概 述

车用汽油主要用作点燃式发动机燃料，由碳原子为$C_5 \sim C_{12}$的烃类组成，无色或浅色透明液体，易挥发，易燃，馏程范围在30~205℃。车用汽油以精制后的催化裂化汽油为主要组分，与重整汽油、加氢汽油、烷基化汽油、异构化油、MTBE等组分混合，并加入适量添加剂调和而成，车用汽油产品按研究法辛烷值的大小划分牌号。汽油属一级易燃液体，易燃、易爆、易蒸发、易静电起火。在使用、储存、运输过程中，应严格执行相关的安全规定，配备好相关的消防器具。

汽油主要用于气化器式点燃式发动机燃料，作为汽车、快艇、小型发电机、小型施工机械等的动力来源。使用时应根据发动机压缩比的高低选用对应牌号的汽油：压缩比高的发动机选用高牌号的汽油，反之则选用低牌号的汽油。通常情况下，压缩比为7.0~8.5的汽油发动机可用89号汽油；压缩比在8.5~10的汽油发动机可选用92号汽油、压缩比为10以上的汽油发动机可使用95号汽油或更高牌号汽油，压缩比高的发动机使用低牌号汽油时会产生爆震。

车用汽油质量指标的意义：

蒸气压和馏程用于表征汽油的汽化和蒸发性能。合适的汽化和蒸发性能可以保证发动机在夏季不易产生气阻，在冬季易于启动，并能够完全燃烧。汽油的蒸气压值反映了汽油中轻组分含量的多少，蒸气压高，汽油易蒸发，油路气阻倾向大，汽车容易熄火；蒸气压低的汽油，不能迅速蒸发，启动困难。汽油的蒸气压要根据季节、地区和用途进行调整，汽油在冬季和夏季有不同的蒸气压指标，冬季使用的汽油蒸气压可高于夏季，高海拔地区因大气压力低，汽油的蒸气压相应低些。馏程用于测定汽油的馏分范围，是汽油中烃类分布的一种表征，终馏点越高表示汽油中最高碳数烃类的碳数越高，国内外研究表明，汽油中过高的50%蒸发温度会导致汽车尾气中碳氢化合物排放的增加，同时对于直喷汽油发动机而言，过高的50%蒸发温度还会增加汽油发动机的颗粒物排放，甚至导致汽车排放不达标。

辛烷值是表征车用汽油抗爆性能的指标。抗爆性是指汽油在发动机内燃烧时不发生爆震的能力，爆震是汽油发动机中一种不正常的燃烧现象，它会造成发动机的功率下降，排气管冒黑烟，耗油量增多，严重的爆震会使发动机零件毁损。辛烷值有研究法辛烷值和马达法辛烷值两种：研究法辛烷值是指以较低的混合气温度（混合不加热）和较低的发动机转速（600r/min）为条件下测得的辛烷值，以评定车用汽油在发动机由低速转到中速运行时的抗爆性；马达法辛烷值是指以较高的混合气温度（149℃）和较高的发动机转速（900r/min）的条件下测定的辛烷值，以评定车用汽油在节气门全开和发动机高速运转时的抗爆性。车用汽油的辛烷值越高，抗爆性能就越好，发动机的压缩比(发动机的气缸在下止点时的最大体积与气缸在上止点时最小体积之比，即为压缩比)就可以更高。

诱导期、胶质是表征车用汽油安定性的主要指标。要求是汽油要有适当的诱导期；实际胶质含量要小，良好的安定性可保证汽油在长期储存中发生氧化、聚合的速率低，降低颜色变深、酸度增高、辛烷值降低等其他的质量变化的速率。

车用汽油的硫醇、水溶性酸碱及铜片腐蚀是车用汽油抗腐蚀性主要指标，汽油中的硫醇不仅能造成燃料系统的腐蚀，也会引起发动机本身的腐蚀；水溶性酸及碱是控制油品中不得含有可溶于水的酸或碱，油品中的水溶性酸及碱会对与其接触的金属构件产生强烈的酸、碱腐蚀，铜片腐蚀是综合反映油品与金属构件腐蚀性的直观指标。

硫含量、苯含量、铅含量及氧含量是汽油的安全环保性指标。汽油中的硫化物在燃烧后生成二氧化硫和三氧化硫等硫化物，排放至大气中，是酸雨的主要成分。近年来，我国的汽油产品质量升级，主要降低了硫含量控制指标，从 GB 484—1993 的 0.15%(质量分数)降至 GB 17930—2016 标准中的车用汽油(Ⅲ)0.015%(质量分数)和车用汽油(Ⅴ)10mg/kg。汽油中的苯可通过蒸发、热浸、呼吸等过程排放到车内外空气中，对人类和环境造成伤害。车用汽油中的铅等金属有害物质使汽车排气系统中的催化转化器中毒失效，引起排放的污染物增加，历史上，四乙基铅曾经是提高汽油辛烷值的添加剂，广泛用于汽油的调和过程中，从 2000 年开始，我国取消了含铅汽油，用四乙基铅来提高汽油辛烷值成为了历史。

烯烃、芳烃含量既是汽油使用性的指标又是汽油环保性的指标。烯烃是汽油中一种抗爆性能很好的组分，其辛烷值普遍高于相同相对分子质量的链烷烃，但由于烯烃的挥发性高、易发生聚合等反应，汽油中的低分子烯烃会通过蒸发排放至大气中，可在光的作用下，与 NO_x 作用形成光化学污染，同时烯烃还是一种热力学不稳定物质，会在燃烧过程中形成胶质，沉积在发动机的进气系统中。芳烃也是一种高辛烷值的资源，由于其碳氢比高，当其含量过高时，会增加发动机燃烧室沉积物的形成，增加 CO 等的排放。车用汽油的技术要求如下：

1. 车用汽油(Ⅴ)的技术要求(见表 4-1)

表 4-1 车用汽油(Ⅴ)技术要求 GB 17930—2016

项目		质量指标			试验方法
		89 号	92 号	95 号	
抗爆性：					
研究法辛烷值(*RON*)	不小于	89	92	95	GB/T 5487
抗爆指数(*RON*+*MON*)/2	不小于	84	87	90	GB/T 503、GB/T 5487
铅含量[a]/(g/L)	不大于	0.005			GB/T 8020
馏程：					GB/T 6536
10%蒸发温度/℃	不高于	70			
50%蒸发温度/℃	不高于	120			
90%蒸发温度/℃	不高于	190			
终馏点/℃	不高于	205			
残留量(体积分数)/%	不大于	2			

续表

项目		质量指标			试验方法
		89号	92号	95号	
蒸气压[b]/kPa					
从11月1日至4月30日		45~85			GB/T 8017
从5月1日至10月31日		40~65[c]			
胶质含量/(mg/100mL)：					
未洗胶质含量(加入清净剂前)	不大于	30			GB/T 8019
溶剂洗胶质含量	不大于	5			
诱导期/min	不小于	480			GB/T 8018
硫含量[d]/(mg/kg)	不大于	10			SH/T 0689
硫醇(博士试验)		通过			NB/SH/T 0174
铜片腐蚀(50℃，3h)/级	不大于	1			GB/T 5096
水溶性酸或碱		无			GB/T 259
机械杂质及水分		无			目测[e]
苯含量[f](体积分数)/%	不大于	0.8			SH/T 0713
芳烃含量[g](体积分数)/%	不大于	35			GB/T 30519
烯烃含量[g](体积分数)/%	不大于	18			GB/T 30519
氧含量[h](质量分数)/%	不大于	2.7			NB/SH/T 0663
甲醇含量[a](质量分数)/%	不大于	0.3			NB/SH/T 0663
锰含量[a]/(g/L)	不大于	0.002			SH/T 0711
铁含量[a]/(g/L)	不大于	0.01			SH/T 0712
密度[i](20℃)/(kg/m³)		720~775			GB/T 1884、GB/T 1885

a 车用汽油中，不得人为加入甲醇以及含铅、含铁和含锰的添加剂。

b 也可采用SH/T 0794进行测定，在有异议时，以GB/T 8017方法为准。换季时，加油站允许有15天的过渡期。

c 广东、海南全年执行此项要求。

d 也可采用GB/T 11140、SH/T 0253、ASTM D7039进行测定，在有异议时，以SH/T 0689方法为准。

e 将试样注入100mL玻璃量筒中观察，应当透明，没有悬浮和沉降的机械杂质和水分。在有异议时，以GB/T 511和GB/T 260测定结果为准。

f 也可采用GB/T 28768、GB/T 30519和SH/T 0693进行测定，在有异议时，以SH/T 0713方法为准。

g 也可采用GB/T 11132、GB/T 28768、进行测定，在有异议时，以GB/T 30519方法为准。

h 也可采用SH/T 0720进行测定，在有异议时，以NB/SH/T 0663方法为准。

i 也可采用SH/T 0604方法测定，在有异议时，以GB/T 1884、GB/T 1885方法为准。

2. 98号车用汽油(ⅥA)/(ⅥB)的技术要求(见表4-2)

表4-2 98号车用汽油(ⅥA)/(ⅥB)的技术要求

项目		质量指标	试验方法
抗爆性：			
研究法辛烷值(*RON*)	不小于	98	GB/T 5487
抗爆指数(*RON*+*MON*)/2	不小于	93	GB/T 503、GB/T 5487
铅含量[a]/(g/L)	不大于	0.005	GB/T 8020

续表

项目		质量指标	试验方法
馏程：			
10%蒸发温度/℃	不高于	70	GB/T 6536
50%蒸发温度/℃	不高于	120	
90%蒸发温度/℃	不高于	190	
终馏点/℃	不高于	205	
残留量(体积分数)/%	不大于	2	
蒸气压[b]/kPa			GB/T 8017
从11月1日至4月30日		45~85	
从5月1日至10月31日		40~65[c]	
胶质含量/(mg/100mL)	不大于		GB/T 8019
未洗胶质含量(加入清净剂前)		30	
溶剂洗胶质含量		5	
诱导期/min	不小于	480	GB/T 8018
硫含量[d]/(mg/kg)	不大于	10	SH/T 0689
硫醇(博士试验)		通过	NB/SH/T 0174
铜片腐蚀(50℃，3h)/级	不大于	1	GB/T 5096
水溶性酸或碱		无	GB/T 259
机械杂质及水分		无	目测[e]
苯含量[f](体积分数)/%	不大于	0.8	SH/T 0713
芳烃含量[g](体积分数)/%	不大于	35	GB/T 30519
烯烃含量[g](体积分数)/%	不大于	15	GB/T 30519
氧含量[h](质量分数)/%	不大于	2.7	NB/SH/T 0663
甲醇含量[a](质量分数)/%	不大于	0.3	NB/SH/T 0663
锰含量[a]/(g/L)	不大于	0.002	SH/T 0711
铁含量[a]/(g/L)	不大于	0.01	SH/T 0712
密度[i](20℃)/(kg/m³)		720~775	GB/T 1884、GB/T 1885

a 车用汽油中，不得人为加入甲醇以及含铅、含铁和含锰的添加剂。

b 也可采用SH/T 0794进行测定，在有异议时，以GB/T 8017方法为准。换季时，加油站允许有15天的过渡期。

c 广东、海南全年执行此项要求。

d 也可采用GB/T 11140、SH/T 0253、ASTM D7039，在有异议时，以SH/T 0689方法为准。

e 将试样注入100mL玻璃量筒中观察，应当透明，没有悬浮和沉降的机械杂质和水分。在有异议时，以GB/T 511和GB/T 260方法为准。

f 也可采用GB/T 28768、GB/T 30519和SH/T 0693进行测定，在有异议时，以SH/T 0713方法为准。

g 也可采用GB/T 11132、GB/T 28768进行测定，在有异议时，以GB/T 30519测定结果为准。

h 也可采用SH/T 0720进行测定，在有异议时，以NB/SH/T 0663方法为准。

i 也可采用SH/T 0604进行测定，在有异议时，以GB/T 1884、GB/T 1885方法为准。

第二节 汽油氧化安定性测定法(诱导期法)

GB/T 8018—2015

1. 适用范围

汽油氧化安定性测定法(诱导期法)规定了在加速氧化条件下汽油氧化安定性的测定方法。不适用于胶质生成过程为聚合和缩合占优势的汽油。

2. 测定原理

50mL 汽油试样在充满 690~705kPa 压缩氧气的氧弹中，置于加热至 98~102℃的水浴中，加速氧化。当发生氧化反应时，氧气和汽油中的不饱和烃化合而脱离气相，氧弹压力开始连续下降。从测定器浸入恒温水浴为初始时间点，两个连续 15min 时间间隔段内，压力下降值不小于 14kPa 的开始下降的时间点为结束时间点，初始时间点与结果点之间的时间段为样品的氧化诱导期。

3. 方法概要

在氧弹和待测试验的汽油温度达到 15~25℃时，把加入(50±1)mL 试样的玻璃样品瓶放入弹内，盖上样品瓶，关紧氧弹，对氧弹充放氧赶走弹内空气，再通入氧气至 690~705kPa，检查氧弹在无泄漏的情况下，把装有样品的氧弹放入 98~102℃的水浴中，记录浸入水浴的时间作为试验的开始时间。维持水浴温度为 98~102℃之间，按时观察水浴温度，读至 0.1℃，并计算试验期间的平均温度，连续记录氧弹内的压力(如果使用指示压力表，则每隔 15min 记录一次压力，直至到达转折点)，把从氧弹放入水浴直至到达的转折点(压力时间曲线上的一点，是在 15min 以内，压力降低达到 14kPa，而且再续 15min，压力降不小于 14kPa 的开始下降的那一点)的时间(min)作为试验温度下的诱导期，然后根据试验期间的平均温度计算出样品在 100℃时的诱导期。

4. 影响因素及注意事项

由于铜元素会加速汽油中的烯烃形成胶质，因此不宜用铜制器具采样和装样，用铜制容器盛放油样，加锰汽油在分析诱导期前应特别注意样品避光，避免样品中组分发生光氧化。测定诱导期所用的氧气纯度应该在 99.6%以上。

测定诱导期前，凡与试样、氧接触的器具要洗净吹干，在装样等操作中不得用裸手接触，以防杂质的存在加速氧化反应而使测定结果偏低。在置换氧弹中的空气时，应缓慢排气，方法中规定每次排气时间不低于 2min，避免卸压太快使部分样品随气体排出，使测试结果偏高，最终充氧的压力一定要在 690~705kPa 范围内，压力太高或太低，都会影响氧化反应的速度，产生错误的诱导期值。装样后的氧弹要置于冷水浴中试漏，如有漏气，即使是微小的渗漏，都会影响结果的准确性。试漏时，对于开始由于氧气在试样中的溶解作用而可能观察到的快速压力降(一般不大于 40kPa)可不予考虑，如果在以后的 10min 内压力降不超过 7kPa，就可以判断为无泄漏。当使用金属浴时，因金属浴的热容量、加热速度和热转移特性等参数可能与液体浴有区别，应对金属浴样品温度校准，采用调整固体浴的温度，使油样试验温度在 98~102℃之间，金属浴难以确定浴温波动对油样温度的影响，在使用金属浴时，应校正至 100℃，无需用计算公式折算。

分析过程中的液体浴温度对诱导期的测定结果影响很大，应按时观察液体浴温度，读至

0.1℃并计算其平均温度作为试验温度。试验温度高于100℃，按式(4-1)计算样品100℃时的诱导期；试验温度低于100℃时，按式(4-2)计算样品100℃时的诱导期。

$$X=X_1(1+0.101\Delta t) \tag{4-1}$$

$$X=\frac{X_1}{1+0.101\Delta t} \tag{4-2}$$

式中　X——样品100℃时的诱导期，min；

X_1——试验温度下的实测诱导期，min；

Δt——试验温度和100℃的代数差的绝对值；

0.101——常数。

第三节　石油产品和烃类溶剂中硫醇和其他硫化物的检测(博士试验法)

NB/SH/T 0174—2015

1. 适用范围

石油产品和烃类溶剂中硫醇和其他硫化物的检测(博士试验法)规定了用博士试剂定性检测硫醇、硫化氢和单质硫的方法，适用于烃类溶剂和石油馏分(包括中间产物和产品)，本方法的初步试验还能检测到过氧化物和酚类物质的存在，但过氧化物和酚类物质大于痕量的情况不适用。当二硫化碳含量过高(其硫含量质量分数大于0.4%)时会引起水相变暗产生干扰。

2. 测定原理

博士试验测定原理是根据亚铅酸钠与硫醇反应，生成铅的有机硫化物，再与单质硫反应生成黑色的硫化铅，来判定试样中是否含有硫醇。式(4-3)为博士溶液制备反应式，式(4-4)为博士溶液与硫醇的反应式，式(4-5)为博士溶液与硫化氢的反应式：

$$(CH_3COO)_2Pb+2NaOH \longrightarrow Na_2PbO_2+2CH_3COOH \tag{4-3}$$

$$Na_2PbO_2+2RSH \longrightarrow (RS)_2Pb+2NaOH \tag{4-4}$$

$$Na_2PbO_2+H_2S \longrightarrow PbS\downarrow +2NaOH \tag{4-5}$$

博士溶液与硫醇反应生成的硫醇铅以溶解状态存在于样品中，并因硫醇的相对分子质量的不同，样品呈现黄色或棕色。加入少量硫黄粉末，便有黑色硫化铅析出，反应生成的二硫化物则仍留在样品中，反应方程式见式(4-6)。

$$(RS)_2Pb+S \longrightarrow RSSR+PbS\downarrow \tag{4-6}$$

当样品含有硫醇性硫时，生成的硫化铅沉淀使博士溶液与样品的界面硫黄粉颜色变深；样品不含硫醇性硫时，硫黄粉颜色不变。

3. 方法概要

当怀疑被测试样中含有用作氧化抑制剂的酚类物质，可能会干扰试验结果时，可用10mL试样加入5mL为10%(质量分数)的氢氧化钠溶液，剧烈振荡15s。然后观察其显色情况，如果未出现有意义的颜色，则继续试验，如果出现有意义的显色，则停止试验，报告为“试验无效——存在干扰物质”。若无干扰物质，则将10mL试样和5mL亚铅酸钠溶液倒入具塞量筒中，用力摇动15s，根据以下现象进行下一步试验：

（1）如果缓慢形成褐色沉淀，可能存在过氧化物，则另取10mL试样置于具塞量筒中，加入2mL碘化钾溶液、几滴乙酸溶液和几滴淀粉溶液，用力摇动15s，如果水层出现蓝色（碘与淀粉反应的颜色），证明存在足以使试验结果无效的过氧化物，报告为“试验无效——存在过氧化物”。

（2）若立即生成黑色沉淀，可判断样品中含有硫化氢，报告为“不通过（阳性）——存在硫化氢”。样品有硫化氢的存在影响硫醇性硫试验，需重新取一份试样加入占试样体积5%的氯化镉溶液一起摇动，反复多次以除去硫化氢，取脱除硫化氢后的样品按“（4）”进行硫醇性硫测定，若产生黑色或褐色沉淀，则报告为“阳性（不通过）——存在硫化氢和硫醇”。

（3）若在振荡期间溶液变成乳白色，然后颜色变深，则按“（4）”进行硫醇性硫测定，若产生黑色或褐色沉淀，则报告为“阳性（不通过）——存在硫醇”。

（4）若没有变化或产生黄色，则10mL样品和5mL亚铅酸钠溶液倒入具塞量筒中，用力摇动15s，再加入少量硫黄粉摇动15s，静置1min，观察量筒中混合物及硫黄粉颜色的变化，如果产生黑色沉淀，则报告为“阳性（不通过）——存在硫醇”；如果不产生沉淀则报告为“阴性（通过）”。

4. 影响因素及注意事项

必须按方法步骤判断样品是否含H_2S，是否存在足够影响测试的过氧化物。实际操作经验表明，若含H_2S，难以用氯化镉溶液脱除干净，建议检验者与客户沟通，结果报告为样品中有干扰测定的H_2S存在。取博士溶液时发现博士溶液混浊，使用时要过滤，必要时要重新配制。硫黄粉一定要研细，保持干燥，加入量要适量，在界面形成薄层即可，过多会使硫黄粉层覆盖沉淀影响判断，过少会使反应不够充分。

第四节 石油产品水溶性酸及碱测定法

GB/T 259—1988（2004）

1. 适用范围

石油产品水溶性酸及碱测定法适用于测定液体石油产品、添加剂、润滑脂、石蜡、地蜡及含蜡组分的水溶性酸或水溶性碱。

2. 测定原理

用中性水抽提萃取油品中可溶于水的酸及碱，用酸度计或指示剂检测水相的酸碱性，以判断油样中是否存在水溶性酸及碱。水溶性酸碱是一种定性试验，它既不能说明油中酸或碱的类型，也不能说明含酸或碱的量，只是笼统地判断有无水溶性酸或碱的存在。

3. 方法概要

将50mL试样和50mL蒸馏水量入分液漏斗中，加热至50～60℃。轻质石油产品，如汽油和溶剂油等均不加热。轻轻地摇动5min，不允许乳化，可溶于水的酸及碱被萃取于水中。然后抽出其水溶液，用甲基橙、酚酞指示剂检查其水溶液颜色的变化情况，或用酸度计测定其水溶液的pH值，判断试样有无水溶性酸及碱。

4. 影响因素及注意事项

样品黏度的大小对试验结果有一定影响。标准规定对50℃运动黏度大于75mm^2/s的石油产品，应预先在室温下与50mL中性汽油混合稀释后进行，其目的，一是降低样品的黏度和密度，有助于水溶性酸或碱的萃取并促进油水分离，二是消除重质燃料油中的胶质、沥青质等物质在油水中形成的不易分离的乳浊液，达到油水分离的目的。试验柴油、碱洗润滑油、含添加剂润滑油和粗制的残留石油产品可能会存在皂化物，皂化物的水解产物呈碱性，当这类试样的水抽出液对酚酞呈现碱性反应时，应改用1∶1的95%乙醇代替蒸馏水进行萃取，如再出现碱性反应，才能判定试样中有水溶性碱存在。用酸度计测定水溶性酸及碱时，pH值与酸碱性的关系如表4-3所示。

表4-3 pH值与酸碱性的关系表

水(或乙醇水溶液)抽提物特性	pH值	水(或乙醇水溶液)抽提物特性	pH值
酸性	<4.5	弱碱性	>9.0~10.0
弱酸性	4.5~5.0	碱性	>10.0
无水溶性酸或碱	>5.0~9.0		

用指示剂测定水溶性酸或碱时，酚酞的变色范围为pH值8.2~10.0，甲基橙变色范围为pH值3.1~4.4，用甲基橙试验酸性时，应与蒸馏水滴加指示剂的颜色进行比较，溶液呈玫瑰色时，表示有水溶性酸存在，用酚酞试验碱性时，溶液呈玫瑰色或红色时，表示有水溶性碱存在。结果报告时根据产品质量指标的要求进行报告，报告水溶性酸碱为“有”或“无”，或报告具体pH值。

第五节 汽油辛烷值测定法(马达法)GB/T 503—2016/汽油辛烷值的测定(研究法)GB/T 5487—2015

1. 适用范围

汽油辛烷值测定法(马达法)适用于汽车用汽油以及点燃式航空发动机用汽油(辛烷值低于100)的抗爆性测定，试验方法的工作范围为辛烷值40~120。

汽油辛烷值的测定(研究法)适用点燃式发动机燃料研究法辛烷值的测定，不适用于主要由含氧化合物组成的燃料及其燃料组分，试验方法的有效研究法辛烷值测定范围为40~120。

2. 测定原理

辛烷值是指在标准发动机试验或行车试验中通过与标准燃料比较得到的抗爆性能的数字指标，辛烷值分为马达法和研究法。

在专门的单缸发动机上，在标准试验条件下，把试样与参比燃料的爆震倾向相比较，通过压缩比法或内插法计算出试样的研究法(或马达法)辛烷值。爆震是指在点燃式发动机中，由于空气与燃料的混合物自燃引起的异常燃烧，通常伴随响声。辛烷值测定仪为一台可调压缩比(气缸高度)的单缸发动机，通过调节压缩比改变样品在气缸内的爆震强度，由爆震传感器检测爆震强度，确定样品的辛烷值。

3. 方法概要

定义异辛烷的辛烷值为100，正庚烷的辛烷值为0，由异辛烷占混合物体积的百分数定义该混合物的辛烷值。研究法(或马达法)辛烷值可采用内插法或压缩比来测定。

内插法：启动辛烷值试验机，待仪器各种参数达到操作条件后，再平稳运行试验机一段时间，首先用待测试样辛烷值范围内的甲苯标准燃料进行试验机适用性试验，调整发动机参数至方法规定的试验条件。用与待测试样辛烷值相近的正标准燃料(异辛烷、正庚烷、按体积比混合的异辛烷与正庚烷的混合物，及确定辛烷值的异辛烷与四乙基铅的混合物)对试验机进行校正，确定其标准爆震强度，在90辛烷值水平上，将展宽设定为12~15。用试样运转试验机，调节气缸高度至爆震表中间读数，然后通过降、升燃料液面高度确定最大爆震强度下的燃料液面高度，调节燃料液面高度至最大爆震强度下的液面高度，二次调节气缸高度，使爆震表读数在50±2。用异辛烷和正庚烷的混合物制备二个与试样辛烷值相近的标准燃料，使试样的预测辛烷值在二个标准燃料的辛烷值之间。在气缸高度不变的条件下，用一号标准燃料运转发动机，调整液面高度至最大爆震强度下的液面高度，记录爆震表的稳定读数。按与一号标准燃料同样的操作方法，得至爆震表的稳定读数。用内插法计算试样的辛烷值，计算公式如下：

$$x=\frac{b-c}{b-a}(A-B)+B$$

式中 x——试样的辛烷值；

A——高辛烷值正标准燃料的辛烷值；

B——低辛烷值正标准燃料的辛烷值；

a——高辛烷值正标准燃料的爆震表读数；

b——低辛烷值正标准燃料的爆震表读数。

压缩比法：启动辛烷值试验机，待仪器各种参数达到操作条件后，再平稳运行试验机一段时间，首先用待测试样辛烷值范围内的甲苯标准燃料进行试验机适用性试验，调整发动机参数至方法规定的试验条件。用与待测试样辛烷值相近的正标准燃料(异辛烷、正庚烷、按体积比混合的异辛烷与正庚烷的混合物，及确定辛烷值的异辛烷与四乙基铅的混合物)对试验机进行校正，确定其标准爆震强度，在90辛烷值水平上，将展宽设定为12~15。用试样运转试验机，调节气缸高度至爆震表中间读数，然后通过降、升燃料液面高度确定最大爆震强度下的燃料液面高度，调节燃料液面高度至最大爆震强度下的液面高度，第二次调节气缸高度，使爆震表读数在燃料对应的标准爆震强度读数的±2刻度范围内，用迅速打开观测玻璃的排液阀，打破发动机平衡使燃料液面高度下降的办法以除去所有气泡，关闭排液阀之后，观察爆震表读数变化应在±1刻度范围内，如果超出此值，应重新调整气缸高度和液面高度，最后读取数字计数器读数(补偿值)，并用计数器读数与辛烷值对应表转化为辛烷值。

4. 影响因素及注意事项

研究法辛烷值是在发动机转速600r/min，标准状态下进气温度为52℃，固定点火提前角为上止点前13℃的条件下测定。

马达法辛烷值是在发动机转速900r/min，标准状态下进气温度为38℃，混合气温度为149℃，点火提前角随压缩比的变化而自动变化条件下测定。

辛烷值测定的样品应防止光线照射，使用不透明容器收集和储存样品，在打开样品容器之前应将样品温度冷却至2~10℃，避免有效组分挥发。测定时发动机应保持试验条件所规定的转速，若混合气条件不变而转速增加，爆燃会减弱，这是因为转速快时，火焰传播速度快，气缸内残余废气量增加，末端混合气的焰前反应减弱。相反，转速低时，爆燃倾向就增大。辛烷值测定时，正标准燃料用于调整仪器参数和参与样品辛烷值结果的计算，因此正标准燃料的配比一定要准确，计量异辛烷和正庚烷的量管应经过检定。爆震仪展宽表示每辛烷值的爆震强度分度，是测定过程中的灵敏度体现，在每次测定前，应把展宽设置为在 90 辛烷值水平上大约 12~15。测定过程中应把混合气比例(气缸高度)调整到最大爆震，混合气的比例对爆震的效果有显著的影响，在发生爆震时，不论将混合气变浓或变稀，都会对爆震有抑制作用。马达法辛烷值测定时混合气温度要符合方法规定，若吸入气缸的混合气温度高，则最后未燃部分连锁反应加强，着火准备时间缩短，较易爆震，会使测定值变小。分析结束设备停止运行后，应手动摇动发动机曲轴，使其达到压缩行程中的上止点中心位置以确保气门关闭。这个过程将会防止气门的扭曲，并在发动机不工作时避免潮气进入燃烧室，不关闭气门将会导致发动机的损坏和/或人员的伤害。辛烷值测定时，不同辛烷值的燃料的爆震倾向、爆震灵敏度有一定的差异，不宜使用外延法来推断样品的辛烷值，特别是当用辛烷值小于 100 的正标准燃料外延法推断辛烷值可能大于 100 的正标准燃料时，会产生较大的误差。使用压缩机法测定样品辛烷值时，应使用经大气压力校正的计数器读数来换算辛烷值，否则气压低时，会使样品结果偏高，气压高时，使样品结果偏低。

第六节　液体石油产品烃类的测定(荧光指示剂吸附法)

GB/T 11132—2008

1. 适用范围

液体石油产品烃类的测定(荧光指示剂吸附法)规定了沸点低于 315℃的石油馏分中烃类的测定方法。测定范围为：芳烃体积分数为 5%~99%，烯烃的体积分数为 0.3%~55%，饱和烃的体积分数为 1%~95%。本方法不适用于含有影响烃类色层读数的深色组分的样品。

本方法的精密度不适用于沸点接近于 315℃的窄石油馏分，此类样品不能正常分离，且测定结果不稳定。

本标准所测定的芳烃包括单环和多环芳烃、芳烯烃、某些二烯烃，以及含硫、氮的化合物、或者有较高沸点的含氧化合物(甲醇、乙醇、MTBE、TAME、ETBE 除外)。烯烃包括烯烃、环烯烃以及某些二烯烃。饱和烃包括烷烃和环烷烃。甲醇、乙醇、MTBE、TAME、ETBE 会随着醇类洗脱剂一起不被检测。

2. 测定原理

样品注入装有活化过的硅胶的玻璃吸附柱中，在玻璃吸附柱的分离段装有一薄层含有荧光染料混合物的硅胶样品中的芳烃、烯烃和饱和烃在硅胶中的吸附能力存在着差异，以异丙醇为脱附剂，样品从吸附柱由上而下运动，样品中的芳烃、烯烃和烷烃在硅胶吸附柱上反复进行吸附和脱附，从而使它们在吸附柱上按吸附性强弱顺序得到分离，荧光染料也随着芳烃、烯烃和饱和烃一起选择性分离，使芳烃、烯烃和饱和烃的分界界面在紫外灯下产生红、蓝、黄不同颜色带，根据吸附柱中芳烃、烯烃和饱和烃段的区域长度，计算出每种烃类的体积分数。

3. 方法概要

取约 0.75mL 试样注入装有活化过的硅胶的玻璃吸附柱中，在吸附柱的分离段装有一薄层含有荧光染料混合物的硅胶。当试样全部吸附在硅胶上后，加入醇脱附试样，加压使试样顺柱而下。试样中的各种烃类根据其吸附能力强弱分离成芳烃、烯烃和饱和烃。荧光染料也和烃类一起选择性分离，使各种烃类区域界面在紫外灯下清晰可见。根据吸附柱中各种烃类色带区域的长度计算出每种烃类的体积分数。

4. 影响因素及注意事项

吸附柱内径的均匀程度对测定结果有很大的影响。吸附柱有精密内径玻璃管吸附柱和标准壁玻璃管吸附柱两种类型，液体石油产品烃类的测定是在吸附柱上测量芳烃、烯烃、烷烃各区域段的长度来进行计算的，如果吸附柱内径粗细不均匀，会使各区域段长度测量不准确，不仅影响分析精度，而且影响分析准确性。在标准中规定精密内径玻璃管吸附柱分析段内径为1.60~1.65mm，且约100mm长的水银柱在分析段的任何部位其长度变化不应超过0.3mm，标准壁玻璃管吸附柱外径变化不超过0.5mm。荧光指示剂染色硅胶保存不当对结果有很大影响，染色硅胶由重晶油红AB4和用色层吸附得到的烯烃和芳烃染料纯化部分，经特定的程序沉积在硅胶上得到。它应置于暗处在常压氮气中保存，使用寿命为5年。日常使用的染色硅胶最好取出一部分装在小瓶里，避免因经常取用而影响大部分的使用寿命。吸附硅胶的产地和批次对硅胶质量有很大的影响，在选择合适的生产商后，不要随意更改。在更换不同批号的硅胶时，要与前一批次进行比对试验，防止因硅胶分离效率的变化影响分析结果。硅胶在活化前应过筛减少200目以下的细颗粒，可以有助控制试验时间，提高分析的准确性。硅胶在使用前应活化，将其置于浅的容器中，在175℃下干燥3h，趁热装入密封的装有变色硅胶的干燥器中，以免受潮，干燥后放置两天以上的硅胶，使用时容易使芳烃段和烯烃段拖尾。使用的注射器针头长应为102mm，汽油或较轻的组分选择7号针头，喷气燃料或较重的组分选择9号或12号针头。针头过小，将样品注射进硅胶的阻力大，样品容易从注射器的根部溢出，导致实际进样量偏少，注射器的进样体积的准确性可用“水称重”的原理验证，即用注射针抽取水至刻度线，用差减法称量这段水的质量是否与标称值一致，取样体积偏小是总长不够的原因之一。样品进样时，使用的注射器和样品应冷却至4℃以下，避免轻组分的损失。测定过程中，气体压力应适宜，通常汽油类试样大约需要28~69kPa，喷气燃料类的试样需要69~103kPa，压力太大使样品通过柱子时间缩短，样品的组分吸附和脱附不完全，分析结果误差大；压力过小，虽然使各组分能完全分离，但同时也会使各组分谱带变宽，分析时间过长，荧光指示剂显色效果变差，影响烃类界面的划分，应控制试样在吸附柱中吸附时间为1~1.5h。当红色的醇-芳烃界面进入分析段350mm后，才可以测定各段区域的长度，测定时要迅速标记各类界面，手避免与吸附柱表面接触，测定时可在暗室中进行以达到最佳的界面判断效果，当使用精密内径玻璃吸附柱时，烃类区域总长至少500mm才会获得较满意的分析结果。

第七节　分析方法索引

分析方法索引见表4-4。

表4-4　分析方法索引

项　目	试验方法	索　引
抗爆性： 研究法辛烷值(*RON*) 抗爆指数(*RON*+*MON*)/2	 GB/T 5487 GB/T 503、GB/T 5487	见本章第六节

续表

项　目	试验方法	索　引
铅含量	GB/T 8020	见金属测定一章
馏程	GB/T 6536	见馏程测定一章
蒸气压	GB/T 8017	见蒸气压测定一章
实际胶质	GB/T 8019	见胶质测定一章
诱导期	GB/T 8018	见本章第二节
硫含量	GB/T 380、GB/T 11140、SH/T 0253、SH/T 0689	见硫含量测定一章
博士试验	NB/SH/T 0174	见本章第三节
铜片腐蚀(50℃，3h)	GB/T 5096	见腐蚀测定一章
水溶性酸或碱	GB/T 259	见本章第五节
机械杂质及水分	目测	—
苯含量	SH/T 0713	见色谱测定一章
芳烃含量、烯烃含量	GB/T 11132	见本章第七节
芳烃含量、烯烃含量	NB/SH/T 0741、GB/T 28768	见色谱测定一章
氧含量	NB/SH/T 0663	见色谱测定一章
锰含量	SH/T 0711	见金属测定一章
甲醇含量	NB/SH/T 0663	见色谱测定一章
铁含量	SH/T 0712	见金属测定一章
密度(20℃)	GB/T 1884、GB/T 1885 SH/T 0604	见密度测定一章

第五章 石脑油

第一节 概 述

石脑油(英文名：Naphtha)，俗称粗汽油、轻油，是石油中轻馏分的泛称。由原油经常压蒸馏后的轻馏分、焦化汽油加氢精制后的馏分或减压馏分油经加氢裂化后的轻馏分等调和而成。我国规定石脑油馏程大致范围为：35～220℃左右，根据石脑油的用途不同，其终馏点控制指标也略有区别。石脑油在常温、常压下为无色透明或微黄色液体，不溶于水，溶于多数有机溶剂。密度在650～750kg/m^{3}之间，硫含量一般不大于0.08%(质量分数)，石脑油主要成分是含5～11个碳原子的链烷、环烷或芳烃，其中C_5～C_8的烃类为主要成分。

石脑油主要用作乙烯裂解原料、催化重整原料，也用于生产溶剂油的原料或作为汽油产品的调和组分。当石脑油作为裂解原料时，一般要求石脑油中烷烃和环烷烃的含量不低于65%(体积分数)；作为催化重整原料时，馏程范围一般控制在为60～180℃。石脑油的检测项目主要有密度(20℃)、颜色、蒸气压(37.8℃)、馏程、族组成(PONA值)、硫含量、砷含量、铅含量、铜含量、汞含量、氧含量、氯含量等。

石脑油的密度主要用于计量，也可以大致判断石脑油中烃类组分的最高碳数。颜色主要是定性考察石脑油中的微量有色物质含量，蒸气压对保证石脑油的安全处置、运输及对储存容器的正确设计和安全使用有重要指导意义。馏程主要表征石脑油的沸程范围，可粗略判断石脑油中烃类的碳数范围。族组成(PONA值)用于了解石脑油单体烃组成，用来确定加工方向和调和方案。芳潜含量高的石脑油适合于作重整原料，烷烃含量高的石脑油适合于作乙烯裂解原料。通过石脑油的族组成还可以计算石脑油的芳潜含量、作为催化重整装置调整重整反应的条件、计算芳烃转化率的依据。测定硫、氧、氯等非烃元素含量的目的是用于判断石脑油腐蚀性和对催化剂的毒性，砷、铅、铜这些金色属元素会引起装置重整装置的催化剂中毒，必须严格控制其含量。石脑油性质分析见表5-1。

表5-1 石脑油性质分析

序 号	项 目	试验方法
1	密度	GB/T 1884、GB/T 1885 SH/T 0604
2	颜色，赛波特号	GB/T 3555
3	蒸气压	GB/T 8017
4	馏程	GB/T 6536
5	族组成(*PONA*值)	SH/T 0714

续表

序 号	项 目	试验方法
6	硫含量	SH/T 0689 GB/T 17040 SH/T 0253
7	砷含量	SH/T 0629
8	铅含量	SH/T 0242
9	氯含量	离子色谱法
10	汞含量	UOP 938
11	氧化物	气相色谱法

第二节 轻质石油产品总氯含量测定法(离子色谱法)

1. 适用范围

轻质石油产品总氯含量测定法(离子色谱法)适用于石脑油、汽油、煤油、柴油等轻质石油产品氯含量的测定。

2. 测定原理

该方法为氧化离子色谱法。样品在900~1000℃的高温下汽化，在富氧环境下与氧气发生反应，样品中的氯被氧化成无机氯，被磷酸吸收液吸收后，在离子色谱仪中被分离，用电导检测器检测并计算样品的氯含量。

3. 方法概要

根据方法要求设定好裂解炉温度，调好氧气、氩气流量至指定值，仪器常用操作条件为汽化段：900~1000℃，氧化段：900~1000℃，氧气：400mL/min左右，氩气：200mL/min左右。启动离子色谱工作站，设置好分析参数，待仪器各项参数达到设定值后，先空烧进样舟1~2次，然后用微量注射器准确抽取一定量的样品注入进样舟中，样品燃烧后生成无机氯离子，在载气的携带下，被磷酸吸收液吸收后进入离子色谱柱分离，由电导检测器进行检测，数据处理系统根据出峰的保留时间定性，并将峰面积或峰高值与校正曲线进行比较，计算出样品中的氯含量。结果报告为试样中总氯含量为0.5~5μg/g时，绝对偏差不大于0.5μg/g。总氯含量大于5μg/g时，相对偏差不大于5%；当结果小于0.5μg/g或测不出时，其结果报告为≤0.5μg/g。

4. 影响因素及注意事项

样品分析前要检查仪器管路是否有泄漏，若有泄漏要更换密封圈、拧紧接头或更换管线。若仪器运行期间淋洗液流路显示压力过高，可能是流速过快或管路堵塞造成，可考虑更换保护柱进口处的垫片。仪器运行期间造成淋洗液压力波动的原因有四种可能：①淋洗液瓶中无溶液，引起泵抽空；②单向阀污染；③淋洗液瓶内过滤头污染或堵塞造成泵抽空；④开机时没有预先把管路和泵头气泡排干净。采取相应的措施：①重新装满淋洗液，淋洗液管要插至底部，重新排气泡；②清洗单向阀；③更换过滤头。用离子色谱法进行氯含量检测时，需要用高压泵将样品输送到检测器进行检测。高压泵的柱塞推动压力连续二次读数相差大于3%时，将造成严重基线波动，无法进行样品的测量，此时应对整个流路进行检查。离子色谱仪长时间使用后，会出现色谱峰高和保留时间重复性差的现象。可能的原因有：①色谱柱过载；②管路泄漏；③定量环未充满。采取相应的措施：①检查管路是否有泄漏；②清洗或更换定量环。若色谱柱使用时间超过三年可考虑更换。色谱柱长时间不用时应用淋洗液冲洗约20min后(不能用纯水冲洗和保存)，从仪器上拆开来并用堵头堵死密封保存，以免其中的液体挥发导致损坏。如果不拆下，则应每周开1~2次泵，开电流30min。

此分析方法分析时，样品的测定条件应与建标准曲线的标样的测定条件相一致，使二者在理论上有相同的转化率。

第三节　工业芳烃中有机氯的测定(微库仑法)

SH/T 1757—2006

1. 适用范围

工业芳烃中有机氯的测定(微库仑法)适用于工业芳烃中有机氯含量在0.5~25mg/kg范围的试样。不适用于硫、氮含量大于0.1%(质量分数)的试样。若试样中存在溴化物、碘化物以及无机氯化物，将使测定结果偏高。

注：此方法还适用于石脑油、汽油、煤油、柴油等轻质石油产品氯含量的测定。

2. 测定原理

该方法为氧化微库仑法。样品在850~950℃下高温下汽化，在富氧环境下与氧气发生反应，样品中的氯被氧化成无机氯，由载气携带经浓H_2SO_4溶液脱水(或者对燃烧管与检测器的连接管加热)后，进入滴定池，样品中的Cl^-和Ag^+发生如下反应：$Ag^+ + Cl^- \xlongequal{} AgCl\downarrow$，使池内的$Ag^+$浓度降低，池内的测量-参考电极可感受电信号的变化，将这一变化输入微库仑放大器中，放大器输出一个相应的电压加到电解电极对上，电解阳极电生Ag^+补充消耗的Ag^+：$Ag - e \longrightarrow Ag^+$，直至池内银离子恢复至原始值，微库仑仪记录电生$Ag^+$消耗的电量，根据法拉第定律计算出样品中的$Cl^-$含量。

3. 方法概要

按仪器分析条件，设定裂解炉温度和调好氧气、氮气流量至指定值，常用操作条件为汽化段：850~950℃，氧化段：850~950℃，氧气：300mL/min左右，氮气：100mL/min左右。根据样品中氯离子含量大小设定好库仑分析参数，待仪器达到设定条件后，分析标准样品，标样转化率在90%~110%之间时，进行样品分析，测定出电解池中电解生成银离子消耗的电量随时间的积分值，根据法拉第定律计算出样品中的氯离子含量。

4. 影响因素及注意事项

库仑氯测定时对电解液的质量有较高要求，配制库仑氯电解液所用水至少为二次蒸馏的去离子水，所用的试剂冰醋酸除了符合方法要求的纯度外，还需要进行试配确认。配制库仑氯电解液所用的玻璃瓶应专用，并贴上标识，取用库仑电解液的注射器应专用，并贴上相关的标识，避免取用电解液时污染电解液，当发现基线不稳时，首先要排查电解液的质量。测定时滴定池的搅拌速度要合适，以使滴定池内液体产生轻微的旋涡同时不把空气带入到电解池中为宜。在进样过程中即取样量等于实际进样量加上针尖残留量，进完样后，应回拉注射器，观察残留量是否为正常值，否则此次分析作废，重新进样分析。样品进样速度应控制在每秒不大于0.5μL，匀速进样，待出峰结束后，从进样口中拔出进样针。样品进入裂解管后，由于进样速度过快、燃气与载气比不合适等原因会出现燃烧不充分，使裂解管出口、吸水管(连接管)产生积炭，应经常检查并清除积炭，调整操作条件重新分析，当燃气与载气比相差较大时，会把大量的炭粉带入到电解池中，由于炭的导电性，使电解池的偏压降低，产生了与氯离子进入到电解池时一样的效果，在测定谱图中出现一个与氯离子正常峰一样，但峰面积明显大于样品正常结果的错误峰，此时应减少进样量或调高燃气降低载气重新检测。氯化银见光易与空气中的氧发生反应，库仑氯测定过程中仪器要避光。

库仑氯测定时，电解池偏压高转化率低、偏压低转化率高；燃气与载气比高时，样品中的有机氯转化为氯离子的转化率低，燃气与载气比低时，样品中的有机氯转化为氯离子的转化率高。每次测定样品前后都应使用与样品中的氯含量相接近的标样测定转化率，若转化率不符合要求，应调整仪器参数重新测定样品。

使用燃烧管出口至滴定池入口连接管缠上保温带的分析仪器，应确保保温带通电加热，保持连接管温度高于100℃，以防止水气冷凝；使用浓硫酸吸水的分析仪器，当硫酸吸水变稀后，应及时更换，提高吸水效果。电解池电极接线柱发生锈蚀时，是基线噪声过大的主要原因之一，应小心擦去锈物，避免基线噪声过大影响低含量样品分析。

第四节　分析方法索引

分析方法索引见表5-2。

表5-2　分析方法索引

序号	项　目	试验方法	索　引
1	密度	GB/T 1884 和 1885　SH/T0604	见密度测定一章
2	颜色	GB/T 3555	见色度测定一章
3	蒸气压	GB/T 8017	见蒸气压测定一章
4	馏程	GB/T 6536	见馏程测定一章
5	族组成(*PONA* 值)	SH/T 0714	见色谱测定一章
6	硫含量	SH/T 0689、GB/T 17040 NB/SH/T 0842、SH/T 0253	见硫含量测定一章
7	砷含量	SH/T 0629	见金属测定一章
8	铅含量	SH/T 0242	见金属测定一章
9	氯含量	离子色谱法 SH/T 1757	见本章第二节 见本章第三节
10	汞含量	UOP 938	见金属测定一章
11	氧含量	Q/SH 0565—2013 附录	见色谱一章

第六章 喷气燃料

第一节 概 述

喷气燃料也称为航空煤油，主要作为喷气式发动机的燃料，为飞机提供动力，它的质量好坏直接关系到飞行的安全。它主要由原油经常减压蒸馏后的馏分段(常见馏分范围为130~250℃)加氢脱硫、蜡油经加氢裂化后的馏分段(常见馏分范围为150~280℃)调和，再加适量的抗氧剂、抗磨剂和抗静电剂而成。近年来，为了减少对化石资源的依赖度，国际上纷纷研究以生物资源为原料的航空燃料，我国于2009年开始研发生物航煤，成功开发出具有自主知识产权的生物航煤生产技术，并进行以生物航煤为燃料的试飞。到目前为止，我国生产和使用最多的喷气燃料仍然为3#喷气燃料，约占95%。喷气燃料作为飞行器的动力来源，必须保证在任何情况下都能连续、平稳、迅速和完全燃烧，且不对飞机发动机的部件产生腐蚀、积炭等影响，对质量检验部门来讲，编制好产品质量保证体系并严格执行，按照质量指标的要求做准每个分析项目，显得尤为重要。

根据喷气发动机的工作原理和使用环境的要求，喷气燃料从挥发性、流动性、燃烧性等方面制定近二十五项质量指标，以下为一些主要检测项目的检测目的和意义：

体积热值是鉴定喷气燃料使用性能的重要指标之一。飞机油箱体积一定，当要求飞机达到最大飞行距离时，要求喷气燃料有较高的单位体积热值。而航程较短或有中途加油时，为提高客、货载运量而减少燃料质量，这时要求燃料具有高的质量热值。测量喷气燃料热值的方法标准有GB/T 384、ASTM D4529。两者都以量热计氧弹法测定不含水的石油产品(汽油、喷气燃料、柴油和重油等)的总热值及净热值。

对喷气燃料来说，烟点是保证其正常燃烧的主要质量指标，其实质是控制喷气燃料中有适当的化学组成。烷烃的烟点30~40mm，环烷烃的烟点12~24mm，芳香烃只有18mm左右。芳香烃生成积炭的倾向最大，烟点最小，烷烃因分子中氢原子较多，故燃烧完全，无烟火焰高度较高。若要点灯时火焰明亮、均匀，无烟、正常的燃烧，其理想的烃类组分是烷烃组分，但含有少量的芳香烃(10%以下)，则可增加照明的亮度。规定喷气燃料的烟点不小于25mm，就是控制喷气燃料中的芳香烃含量，以保证有正常燃烧的性能。

喷气燃料在燃烧时，其中的萘系烃比单环芳烃更易产生积炭、黑烟和热辐射，因此，萘系烃含量是评价煤油型喷气燃料燃烧性能的指标之一。飞行实验的结果表明，芳香烃特别是双环芳香烃(沸点高于205℃的芳香烃大都是双环)生成积炭的倾向最大。喷气燃料中若有较多双环芳香烃，则飞机经过4~7个飞行小时后，发动机喷嘴及火花塞上便沉积大量的积炭，一旦发动机熄火再次点火便会发生困难，经过30个飞行小时后，这种燃料便会在火焰筒壁上产生大量积炭。有些情况下，含有双环芳烃的燃料，燃烧中产生的炭粒被气流带走，炭粒增多，火焰热辐射增强，过量的热辐射传至火焰筒壁，使筒壁温度升高，引起火焰筒裂纹、变形，甚至烧穿。实验指出，当双环芳香烃含量大于3%以后，积炭的危害即较为显著。因此规定萘系烃含量不大于3%，以限制喷气燃料中的双环芳香烃的含量。

辉光值与喷气燃料的燃烧特性有关，高辉光值表示燃料的低辐射性。用辉光值表达的辐射强度与燃料的烃类组成有关，生炭性强的燃料达到同样辐射强度，火焰温度低，辉光值也小；生炭小的燃料，火焰温度高，辉光值大。对于碳数相同的烃类，辉光值由大到小的顺序为烷烃、环烷烃、芳烃。在测定时人为规定四氢萘的辉光值为0，异辛烷的辉光值为100。因为辐射传热对喷气发动机燃烧室火焰筒和其他热部件金属表面温度有强烈的影响，因此辉光值可提供燃料特性与这些部件寿命相关的依据，根据研究，燃料的辉光值过低，将会使火焰筒的使用寿命缩短。

当飞行超过一定速度后，由于空气摩擦加热作用，使飞机蒙皮温度上升，飞机油箱内燃料温度也上升。飞行速度愈快，温度上升也愈高。在这种高温使用条件下，喷气燃料中各组分发生着不同程度的氧化反应，安定性差的烃类以及含有硫、氮、氧的化合物，有可能生成可溶及不可溶性胶质，这些胶质沉积在热交换器表面，导致冷却效率降低，沉淀在燃料支管、过滤器和喷嘴上，导致过滤器和喷嘴堵塞，并使喷射的燃料分配不均，引起燃烧不完全，发动机导向叶片产生斑点。因此对长时间高速飞行使用的燃料，要求具有良好的热安定性。热安定性试验结果代表了燃料工作时的性能，用以评估液体燃料接触到具有特定温度的加热器表面时所形成的沉积量。

喷气燃料水反应测定的目的主要是在于检定喷气燃料中有无水溶性掺入物，评定燃料的清洁度，同时鉴定油(包括添加剂)、水的分离性质，水反应界面评级高表明存在着较多的溶解性污染物，如表面活性剂等。这些影响水反应界面的污染物容易使过滤分离器失去作用，而导致游离水和颗粒物的通过。为了改善喷气燃料的性能，有时会加防水添加剂、抗腐蚀添加剂、抗静电添加剂、抗氧剂等，在燃料储存、保管和运输过程中会混入某些表面活性剂，这些都可能使燃料混进水溶性物质而影响燃料的清洁度及与水的分离性质。因此测定水反应，对评价喷气的清洁度有重要的意义。

喷气燃料的固体颗粒污染物用于表征燃料的洁净程度，为了确保各种发动机的正常和安全工作，所有燃料都应具有良好的洁净性，特别是喷气燃料更应采取各种措施，严防机械杂质和水分的进入，测定喷气燃料的固体颗粒污染物，就是为了监测喷气燃料在生产、储存和运输过程中带入的微量的细颗粒杂质。

电导率表征了油品分散静电荷的能力。汽油、煤油、柴油等油品均系绝缘物质，在储存、运输、使用等过程中，极易产生并积聚静电荷，当积聚了足够的静电荷之后，就会形成相当高的静电位，并会发生静电放电，给安全生产带来很大威胁。如果油品电导率相当高，电荷逸散就快，就能防止电荷的聚集，能够杜绝或减少静电事故发生。油品中电导率低，在相同条件下，静电荷的消失很慢，易发生静电起火事故。当燃料的电导率超过50pS/m时，就可以有效地减少燃料中静电荷的积聚。

水分离指数提供了一种定性评价喷气燃料中是否存在表面活性剂的方法，以评价喷气燃料的洁净度。在生产过程和运输过程中，喷气燃料中加入或混入的表面活性物质使油水难以分离，可使燃料过滤系统堵塞，影响飞机发动机的正常工作，甚至发生突发性严重故障，较高的水分离指数值，可保证油水有效分离。

喷气燃料具有足够的润滑性，可保证喷气发动机燃料泵的润滑效果。喷气发动机燃料泵的润滑是依靠燃料自身的润滑性能来保证的。当燃料润滑性能不足时，燃料泵的磨损便增大，不仅降低油泵的使用寿命，而且影响油泵的正常工作，引起发动机慢车，转速降低甚至停车等故障。喷气燃料的润滑性能实际上由其中的烃类组分的性质决定，带极性的某些非烃化合物如环烷酸、酚类化合物、某些含硫和氮的化合物，具有较强的极性，易被金属表面吸附，形成牢固的油膜，能有效地降低金属间的摩擦和磨损，对提高喷气燃料的润滑性起到重要的作用。喷气燃料中的极性化合物含量与生产工艺过程有密切关系，随着炼油工艺技术的进步，新的喷气燃料生产工艺也不断被采用，尤其是加氢精制和加氢裂化工艺，这两种工艺生产的喷气燃料虽然能使燃料热安定性能提高，但加氢过程中也把天然的抗磨组分如有机酸、有机酚等物质脱除，使其润滑性变差，需要再添加抗磨剂来提高喷气燃料的润滑性。喷气燃料的质量指标见表 6-1。

表 6-1　3 号喷气燃料 GB 6537—2006

项　目		质量指标	试验方法
外观		室温下清彻透明，目视无不溶解水及固体物质	目测
颜色	不小于	+25[a]	GB/T 3555
组成			
总酸值/(mgKOH/g)	不大于	0.015	GB/T 12574
芳烃含量(体积分数)/%	不大于	20.0[b]	GB/T 11132
烯烃含量(体积分数)/%	不大于	5.0	GB/T 11132
总硫含量(体积分数)/%	不大于	0.20[c]	GB/T 380，GB/T 11140，GB/T 17040，SH/T 0253，SH/T 0689
硫醇性硫(质量分数)/%	不大于	0.0020	GB/T1792
或博士试验[d]		通过	NB/SH/T0174
直馏组分(体积分数)/% 加氢精制组分(体积分数)/% 加氢裂化组分(体积分数)/%			
挥发性			
馏程：			
初馏点/℃		报告	
10%回收温度/℃	不高于	205	
20%回收温度/℃		报告	
50%回收温度/℃	不高于	232	GB/T 6536
90%回收温度/℃		报告	
终馏点/℃	不高于	300	
残留量(体积分数)/%	不大于	1.5	
损失量(体积分数)/%	不大于	1.5	
闪点(闭口)/℃	不低于	38	GB/T 261
密度(20℃)/(kg/m^3)		775~830	GB/T 1884，GB/T 1885
流动性			
冰点/℃	不高于	-47	GB/T 2430，SH/T 0770[e]
黏度/(mm^2/s)			
20℃	不小于	1.25[f]	GB/T 265
-20℃	不大于	8.0	

续表

项　目		质量指标	试验方法
燃烧性			
净热值/(MJ/kg)	不小于	42.8[g]	GB/T 384[g]　GB/T 2429
烟点/mm 或烟点最小为 20mm 时， 萘烃含量(体积分数)/% 或辉光值	不小于 不大于 不小于	25.0 3.0 45	GB/T 382 SH/T 0181 GB/T 11128
腐蚀性			
铜片腐蚀(100℃，2h)/级	不大于	1	GB/T 5096
银片腐蚀(50℃，4h)/级	不大于	1[h]	SH/T 0023
安定性			
热安定性(260℃，2.5h) 压力降/kPa 管壁评级	 不大于 	 3.3 小于 3，且无孔雀蓝色或异常沉淀物	 GB/T 9169
洁净性			
实际胶质/(mg/100mL)	不大于	7	GB/T 8019 GB/T 509[i]
水反应 界面情况/级 分离程度/级	 不大于 不大于	1b 2[j]	GB/T 1793
固体颗粒污染物含量/(mg/L)	不大于	1.0	SH/T 0093
导电性 电导率(20℃)/(pS/m)		50~450[k]	GB/T 6539
水分离指数 未加抗静电剂 加入抗静电剂	 不小于 不小于	 85 70	 SH/T 0616
润滑性 磨痕直径 WSD/mm	 不大于	0.65[l]	SH/T 0687
经铜精制工艺的喷气燃料，油样应按 SH/T 0182 方法测定铜离子含量，不大于 150μg/kg			

a 对于民用航空燃料，从炼油厂输送到客户，输送过程中的颜色变化不允许超出以下要求：初始赛波特颜色大于+25，变化不大于 8；初始赛波特颜色在 15~25 之间，变化不大于 5；初始赛波特颜色小于 15 时，变化不大于 3。

b 对于民用航空燃料的芳烃含量(体积分数)规定为不大于 25.0%。

c 如有争议时，以 GB/T 380 为准。

d 硫醇性硫和博士试验可任做一项，当硫醇性硫和博士试验发生争议时，以硫醇性硫为准。

e 如有争议以 GB/T 2430 为准。

f 对于民用航空燃料。20℃的黏度指标不作要求。

g 如有争议时，以 GB/T 384 为准。

h 对于民用航空燃料，此项指标可不要求。

i 如有争议时，以 GB/T 8019 为准。

j 对于民用航空燃料不要求报告分离程度。

k 如燃料不要求加抗静电剂，对此项指标不作要求。燃料离厂时要求大于 150pS/m。

l 民用航空燃料要求 WSD 不大于 0.85mm。

第二节 热值测定

一、石油产品热值测定法 GB/T 384—1981(2004)

1. 适用范围

石油产品热值测定法适用于以量热计氧弹测定不含水的石油产品(汽油、喷气燃料、柴油和重油等)的总热值及净热值。

2. 测定原理

一定量的样品置于充有压缩氧气的密闭氧弹中燃烧，放出的热量经氧弹壁传至量热容器中的水，使水的温度升高。用精密温度计或温度传感器测定出燃烧前后的水温差，按照公式 $Q=CM\Delta t$ 计算出试样燃烧时放出的热量，称为氧弹热值。扣除由硫生成的硫酸溶于水和由氮生成的硝酸溶于水放出的热量，得出试样的总热值，在总热值中扣除水蒸气凝结放出的热量，即得净热值。

3. 方法概要

热值测定仪可分为二种类型，一类为在整个试验外筒保持温度变化在 0.1K 之内的恒温式热值测定仪，另一类为在整个试验期间内筒与外筒保持温度差在 0.1K 之内的绝热式测定仪，恒温式热值测定仪较为常用。由于恒温式热值测定仪在试验过程中内外筒之间有热量交换，需要引入一个校正因子，在内筒测得的温升上增加一个校正值 C，称为冷却校正值。

热值仪在首次使用时，或使用一段时间后，需要测得仪器的热容量，使用已知热值的标样，一般为苯甲酸，按与样品测定同样的步骤进行分析，根据仪器温升计算出热容量。

测定样品时，称取一定质量的样品于坩锅中，把坩锅置于测量氧弹中，固定好点火棉线，并定量移入 10mL 蒸馏水至氧弹中，往氧弹中缓缓充入氧气至 2.8~3.2MPa，达到压力后持续充氧约 15s。把氧弹固定于量热仪上盖的固定点处，启动热值仪测定，测定出内水浴的温度变化，计算出样品的氧弹热值。扣除硫和硝酸的影响因素后，计算出样品的总热值。

4. 影响因素及注意事项

室内温度的大幅波动，对热值测定有影响，热值的测定应在一个单独的房间内进行，背阳，房间具有控制室温的设施，以保证室内温度稳定(波动不超过±5℃)，室内无影响燃烧热的任何热源，试验进行时，室内禁止通风。轻质油品取样量可少些，一般在 0.5~0.6g；重油取样量可大些，一般在 0.6~0.8g。轻质油品易挥发，在试验时可把样品封闭在已知热值的易燃而不透气的胶片中，或封闭在聚乙烯管制成的安瓿瓶中。试验时所充的氧气纯度和压力会影响测定结果，氧气不应含有氢气及其他易燃杂质，含可燃杂质的氧气，在燃烧时会放出热量而影响测定结果，因电解氧气中氢含量高，不能用于热值测定。充氧压力过高时，样品迅速燃烧形成的高压会有安全风险，因此要保证实验压力在适当的范围内。测定样品热值的条件应和用标样测定热容量的条件相同。当操作条件改变时(即在热值测定装置部件更换或修理后，量热计变更放置场所时)，必须重新进行水值测定。结果计算时，和测定结果有关的校正值计算(量热计水值、点火丝热值校正值、温度计校正值，周围环境的热修正系数等)的计算一定要正确，应特别仔细。

二、航空燃料净热值计算法 GB/T 2429—1988(2004)

1. 适用范围

航空燃料净热值计算法规定了用航空燃料的密度和苯胺点计算其净热值的方法，适用于航空汽油和各种型号的喷气燃料。

2. 测定原理

略。

3. 方法概要

根据油品的密度和苯胺点用经验公式计算出航空燃料的净热值。

4. 影响因素与注意事项

使用该方法计算时，要确保密度和苯胺点的测定结果的准确性。

第三节 煤油烟点测定法

GB/T 382—1983(2004)

1. 适用范围

煤油烟点测定法适用于测定灯用煤油和喷气燃料的烟点。

2. 测定原理

烟点测定的方法标准有 ASTM D1322 和 GB/T 382。方法规定试样在一个标准灯具内燃烧时无烟火焰的最大高度，就是烟点，以 mm 表示。

在储油器内加入试油，利用灯芯的毛细现象，煤油沿灯芯吸上芯端，灯芯上的煤油点燃后便发出红黄色的火焰。调节储油器的高度，改变空气和燃料油气混合的比例。上升到一定高度，由于火焰上部温度低、周围氧气供应不足，燃烧不完全，火焰的上方冒黑烟，这种黑烟其实就是没有完全燃烧的炭粒；降低储油器的位置，有足够的氧气与油气混合，使油气完全燃烧，从标尺上读出观察到的最大的无烟火焰高度，即为试验结果。

3. 方法概要

量取 20mL 毫升试样于清洁干燥的储油器内，用剪刀修剪灯芯至平整，用试样将灯芯湿润，装入灯芯管中，使灯芯在灯管中突出 3mm，点燃灯芯，试样在标准灯具内燃烧，火焰高度的变化反映在毫米刻度尺背景上。测量时使储油器升高到火焰上部冒墨烟，然后再降低到烟尾刚刚消失的一点，这点的火焰高度即为试样的烟点。

4. 影响因素及注意事项

测定的样品保持到室温(不能加热)，若样品有雾状或杂质，则用定量滤纸过滤。如样品不足 20mL，则只要不少于 10mL 即可。测定时，灯具要垂直放在一个完全避风的地方，避免空气流动影响火焰。每位分析者要定期用标准燃料(甲苯和异辛烷不同的体积比，配制成一个略高于样品烟点，一个略低于样品烟点的标样)对仪器的校正系数进行测定。当遇到大气压力变化超过 706.6Pa(5.3mmHg)、仲裁试验、装配新灯芯等情况时，必须用标准燃料(甲苯和异辛烷不同的体积比)对仪器的校正系数进行重新测定。储油器和灯芯的干净程度影响试验结果，在试验前要将灯芯用干净的石油醚或直馏汽油洗涤，在 100~105℃温度下干燥 30min，取出后放在干燥器中备用。储油器用石油醚或直馏汽油洗涤，用洁净的空气吹干。试验用的灯芯要按方法规定的要求进行检查确认，形状为圆形灯芯。试验中要将不整齐的灯芯头，用剪刀剪平，保持灯芯在灯芯管中突出 3mm。开始试验时火焰高度不能调节太高，应先调节在 10mm 燃烧 5min 然后再测试。烟点读数时按正确的位置(外形呈现点尖状正好消失，出现一个很亮的燃烧火焰，偶尔会出现锯齿状的间断不定的辉光)读取数据。典型的火焰形状如图 6-1 所示。

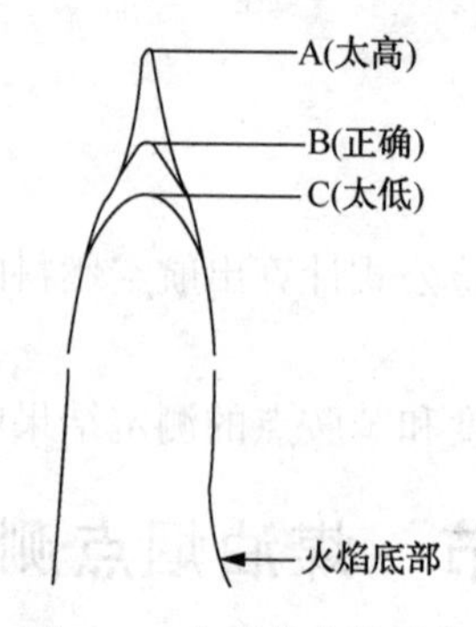

图 6-1　典型的火焰形状

A——一个延长的点光状，光边有向上的凹面；

B—点尖状正好消失，出现一个很亮的燃烧火焰。在接近真实火焰的尖端，有时出现锯齿状的间断不定的辉光，这些可以不必考虑；

C——一个完好的圆光。

第四节　喷气燃料中萘系烃含量测定法

SH/T 0181—2005

1. 适用范围

喷气燃料中萘系烃含量测定法规定了用紫外分光光度法测定喷气燃料中的萘、苊及它们的烷基衍生物(萘系烃)含量的方法，本方法适用于终馏点不高于 315℃的喷气燃料中体积含量为 0.03%~5.6%的萘系烃含量的测定。

2. 测定原理

根据光谱分析的原理，一般的饱和有机物在近紫外区域无吸收，含共轭双键或苯环的有机物在紫外区有明显的吸收或特征峰，含苯环的简单芳烃族化合物的主要吸收波长在 250~260nm，多环芳烃的吸收波长向紫外区长波方向偏移。将试样用精制异辛烷稀释，以精制异辛烷为参比液，用紫外分光光度计测定其在波长 285nm，光程为 1cm 下的吸光度，通过比耳吸收定律计算出试样中的萘系烃含量。

3. 方法概要

该方法有二个试验程序，分别为逐级稀释法的试验程序 A 和一次稀释法的试验程序 B，试验程序 A 的测定范围(体积分数)为 0.03%~4.25%，试验程序 B 的测定范围(体积分数)为 0.08%~5.6%，根据需要选择试验程序 A 或程序 B，以待测样品为溶质，精制异辛烷为溶剂，配制一定浓度的样品溶液，以 1cm 石英比色皿为吸光池，测定样品溶液在 285nm 波长下的吸光度，计算出样品中萘系烃的总含量。

4. 影响因素及注意事项

分析前，样品要称取一定的量，以保证稀释后吸光度值在 0.2~0.8 之间，在此范围内时，吸光度与萘系统含量线性较好。若不在0.2~0.8之间，应按比率重新称量、稀释，再测定吸光度。溶剂异辛烷应使用光谱纯，当用工业级异辛烷时，应用经150℃处理6h的60~120目、孔径为30~15μm的硅胶采用层析法精制，对精制后的异辛烷，选用蒸馏水作参比液，波长240~300nm范围内，透光率大于90%的部分作为试样的稀释剂。在紫外光谱区域测定时，应选用石英比色皿，玻璃比色皿在紫外区域有较强的吸收，测定过程中取放石英皿时，应手持毛面，比色皿放入架子前，可用细软而吸水的纸或擦镜纸擦干。若使用双光程分光光度计时，应对石英皿进行配对试验，用精制过的异辛烷装入石英皿，将一石英皿作为参考池，各石英皿之间的吸光度值差值应小于±0.005，石英皿使用后可用适当溶剂和蒸馏水清洗，不要用碱，也不可用过强的氧化剂，它会使皿脱胶。菲、二苯并噻吩、联苯、苯并噻吩和蒽的存在会干扰测定结果，但菲、二苯并噻吩和蒽的沸点高于315℃，只有联苯、苯并噻吩可能影响测定结果。饱和烃、烯烃、噻吩类、烷基苯和环烷基苯对萘系烃的测定不会产生干扰。测定程序A和测定程序B有不同的重复性和再现性，当样品中的萘系烃含量在0.19%(体积分数)时，两个程序的再现性接近，大于0.19%(体积分数)时程序A的再现性值低于程序B，小于0.19%(体积分数)时程序A的再现性值高于程序B。

第五节　喷气燃料辉光值测定法

GB/T 11128—1989(2004)

1. 适用范围

喷气燃料辉光值测定法规定了试样在灯芯式小油灯中燃烧、测定火焰辐射强度的相对值的方法。本方法适用于喷气燃料及类似的馏分燃料。

2. 测定原理

辉光值是在可见光谱的黄绿带内在固定火焰辐射下火焰温度的量度相对值。使用辉光值测定仪，将试样的温升值与恒定的辐射水平下分别与基准样品四氢萘和异辛烷所测得的火焰温升值进行比对，由试样的温升值与四氢萘的温升值之差，除以异辛烷与四氢萘的温升值之差计算出试样的辉光值。

3. 方法概要

取20mL四氢萘注入灯芯式小油灯内，在辉光计中点燃，调整辉光计参数后，通过提高小油灯的位置，使辉光计读数升高近5个单位，稳定5min，记录辉光计表和温度计指示器读数，取4个数据点，最后一个数据点为四氢萘烟点的辉光计表和温度计读数，四氢萘的烟点的辉光值和温度计读数代表了该仪器测试所有试样时的评价基准。取2个异辛烷样进行测试，每次测四个数据点，其中有2点低于评价基准，另2点高于评价基准，每两点间的温升值要在10个辉光值单位左右，一个异辛烷放在测定样品前测定，另一个放在样品测定后测定，画出2条异辛烷火焰温升与辉光计表读数的直线，并在评价基准处找出每个异辛烷的灯温升值。按照测定异辛烷的方法，测定试样的灯温升值，用此温升值与四氢萘的温升之差，除以异辛烷与四氢萘的温升值之差，为该样品的辉光值。

4. 影响因素及注意事项

每次试验前，用小试管刷蘸丙酮或石油醚清洗灯芯套管(在灯体内)的顶部和内侧。清洗时，用擦镜纸保护滤光片。清洗后，检查滤光片上有无斑点，如发现有斑点，要用擦镜纸擦净。测定时，高辉光值燃料易形成水气凝聚，用一个小的火焰灯将灯室内部预热或采用逐步缓慢加温的方法，都能防止水气凝聚。一旦发生水气凝聚，辉光计表的读数就会不稳定，而且在观察灯的玻璃上会出现湿气。辉光值很低的燃料在辉光计表读数较低时就常常冒烟，通过灯门观察孔的观察使低温升值试样的火焰不冒烟。一旦出现冒烟火焰，就要把滤光片和热电偶套管擦净。测定时，不允许火焰离热电偶的距离小于 3.2mm，或温度指示器读数超过 538℃。

第六节　喷气燃料热氧化安定性的测定(JFTOT 法)

GB/T 9169—2010

1. 适用范围

喷气燃料热氧化安定性的测定(JFTOT 法)规定了评定喷气燃料在发动机燃油系统中产生沉积物倾向的方法。

2. 测定原理

喷气燃料热氧化安定性是模拟航空涡轮喷气发动机燃油系统的工作状况，燃料试样在试验温度条件下，其中的不稳定成分产生沉淀物和胶质，使加热器管表面产生沉积，试验过滤器产生压力降。沉积物的颜色与标准比色板相比较，得出相应的试样管颜色级别。

3. 方法概要

该方法是用喷气燃料热氧化试验仪(JFTOT)测定喷气燃料的高温氧化安定性，其设定的试验条件可与喷气涡轮发动机燃料系统的实际工作条件相匹配。按照产品标准规定的加热管温度(喷气燃料为 260℃)，在 2.5h 的试验时间内，试样燃料通过计量泵以固定的体积流量，经泵送至加热器管，然后进入一个精密的孔径为 17μm 的不锈钢筛网过滤器，该过滤器用来捕集试验过程中燃料变质生成的沉积物，然后记录试验过滤器的压差(表示过滤器的堵塞程度)，用专用仪器评定加热器管的颜色级别。

4. 影响因素及注意事项

测定前，样品过滤完后的温度应在 15~32℃之间。否则应将装有过滤好的试验燃料的储罐放在 15~32℃的水浴中，使燃料的温度保持在要求的范围内。无论任何时候，不要触碰加热器管中间的试验部分，否则会影响沉积物在加热器管上的形成。加热管在使用一次后，无论其是否有沉积物附着，不宜作为下次试验用，热历史和燃料的接触会对加热管中间部分合金的性质产生影响，不排除有极微量的肉眼下不可见的杂质附属在加热管的试验部分，对下次试验时的沉积物生成起催化作用。加热管温度测定热电偶的准确性和燃料计量泵的推进速度是分析过程中两大关键要素，要定期检查和校验加热管温度测定热电偶，可使用两种金属即 232℃的纯锡和 327℃的纯铅来确定热电偶的准确性，每次测定时，用秒表检查滴出 20 滴燃料所用时间为 9.0s±1.0s，测量时间超过 10s 的泵应该更换。用于判断加热管沉积物颜色的标准色板会褪色，使用后应保存在暗处，当连续或间断暴露在光线下时，标准色板的寿命尚未确定，可采用将长期保存在暗处的标准色板与正常使用的标准色板定期作比对的办法来判断。在极小概率的情况下曾发生测定同一样品时不同型号仪器的加热管评级值相差较大，其原因仍不详，建议从对产品质量严格要求的角度出发，按样品中有特殊的生成沉积物的物质判断测定结果。

第七节　航空燃料水反应试验法

GB/T 1793—2008

1. 适用范围

航空燃料水反应试验法规定了航空汽油和航空涡轮燃料中水溶性组分检验以及这些组分对体积变化和油水界面影响的测定方法。

2. 测定原理

航空燃料“水反应”是根据燃料和中性水混合后出现的物理现象进行评定的，该试验不进行定量，仅说明燃料中有无存在被检物质，以及存有的被检物质的轻重程度。在测定条件下，用 pH=7 的缓冲溶液与燃料混合，若燃料中含有水溶性物质，则进入水相，引起水层体积的变化。若燃料中含有残留的酸、碱渣及从原料或加工设备携带进来的痕量破乳剂、缓蚀剂、添加剂、金属盐类或其他表面活性物质，便会吸附在燃料与水两相间的界面，形成纤维条状物、碎片、泡沫或浮渣等中间层，或在燃料与水分离层附近呈现乳浊液。

3. 方法概要

将装在洁净的玻璃量筒内的试样与磷酸盐缓冲溶液在室温下用标准的方法摇匀，检验玻璃量筒油相的洁净性，将水层体积的变化和界面现象作为试样的水反应试验结果。

4. 影响因素及注意事项

在任何情况下，采集的试验样品不能预先过滤。因为过滤可能会除去样品中的表面活性剂，这些表面活性剂的检测是本实验方法的目的之一。如果试样被颗粒物污染，试验前可进行沉降。测试结果对采样容器中存在的微量污染物较敏感，要保证采样容器的洁净度，当对测定结果存异议时，可更换采样容器，仔细冲洗采样口，重新采取样品进行试验。分析用的具塞量筒和塞子应保持没有油渍，可用热自来水冲洗以除去油渍，必要时可刷洗。或用工业已烷、正庚烷或石油醚除去上面所有油渍，然后用自来水冲洗，最后用丙酮冲洗。去油污后可将具塞量筒和塞子浸入非离子型清洁剂(非离子表面活性剂)或玻璃器皿洗液(浓硫酸与重铬酸钾或重铬酸钠混合溶液)中。然后用自来水和蒸馏水分别冲洗，最后用磷酸盐缓冲溶液冲洗并干燥，若玻璃量筒清洗不够彻底，试验可能会给出有污染物结果的错误指示。在分析过程中应确保摇动量筒 2min±5s，每秒 2~3 次，摇动幅度为 12~25cm。必须小心摇动量筒以避免产生旋涡，因为它会破坏可能形成的乳化。

第八节　喷气燃料固体颗粒污染物测定法

SH/T 0093—1991

1. 适用范围

喷气燃料固体颗粒污染物测定法规定了测定喷气燃料中固体颗料污染物含量的实验室方法，适用于喷气燃料。

2. 测定原理

本方法是利用滤纸过滤喷气燃料前后的质量变化进行定量测定喷气燃料中固体颗粒污染物含量的分析方法。对一定量的喷气燃料进行真空吸滤，使其中所含的固体颗粒在上分离出来，把微孔薄膜过滤片冲洗干净，进行烘干和称重，测定结果以 mg/L 表示。

3. 方法概要

按照分析方法的要求，安装好玻璃砂芯过滤装置，把两张膜滤片夹在玻璃砂芯过滤装置的对接处，在真空度为 80kPa 的条件下，过滤 4~5L 试样，过滤结束后，用至少 50mL 石油醚冲洗试样瓶内壁，待压力恢复至常压后，取下试验膜和控制膜片，干燥称量膜滤片，根据膜片过滤前后的质量差计算固体颗粒污染物的含量。

4. 影响因素及注意事项

采样时要用清洁无固体颗粒的器皿，若采样瓶本身有固体颗粒，则会使测定结果偏高，特别在使用新的采样器时，更应关注首次采样的样品的固体颗粒污染物。在测定期间周围环境必须干净，无灰尘等，避免空气中的固体颗粒影响分析结果，固体颗粒容易沉积在样品容器的底部，样品在每次倒入过滤器漏斗中前必须剧烈摇动约半分钟，到规定的冷却和称量时间后，应立即称量，以免影响结果。称量膜滤片时，注意不要扰动其表面上的污染物。过滤操作应严格按照分析方法的要求，保证抽滤系统的真空度。固体颗粒污染物测定时，吸滤瓶处于一定的真空度下，要做好安全防护，可把吸滤瓶置于一木制容器中，避免吸滤瓶破裂引起安全事件。喷气燃料样品的固体颗粒污染物控制指标为<1mg/kg，测定时使用的膜片本身的质量变化已不可忽视，因此该方法在分析过程中使用了控制膜片，用于扣除膜片本身在测定期间的质量变化。

第九节　航空燃料与馏分燃料电导率测定法

GB/T 6539—1997(2004)

1. 适用范围

航空燃料与馏分燃料电导率测定法适用于测定含或不含抗静电添加剂的航空燃料与馏分燃料的电导率。本方法给出的是燃料不带电荷时的电导率，即电静止状态时测定的电导率(称作静止电导率)。

2. 测定原理

电导率是物体传导电流的能力，是电阻率的倒数，电导率的基本单位是西门子(S)，原来被称为姆欧，即为电阻的倒数。因为电导池的几何形状影响电导率值，标准的测量中用单位电导率 S/cm 来表示，以补偿各种电极尺寸造成的差别。静止电导率指不存在离子损耗和极化时，无电荷燃料电阻率的倒数，在电极之间施加直流电压之后，最初瞬间的电流测量值就是静止电导率。油品的电导率与其所含无机物质、水分的量有一定关系，电导率随它们浓度的增大而增加。

在浸没于燃料内两个电极之间施加一个直流电压，为避免由于离子极化所引起的误差，在施加电压后，立即在瞬间测量两个电极之间的电流，测得的电流值可表示为电导率。

3. 方法概要

将样品倒入测量容器中，调节样品温度至规定值(3 号喷气燃料为 20℃)，用经校验过的电导率测定仪，将其测量探头或电导池完全伸入燃料中，开启电导率测定仪，记录最高读数，测量过程应在 3s 内完成。

4. 影响因素及注意事项

燃料的电导率是一个与温度相关的参数，当温度高时，电导率结果高，温度低时，电导率结果低。如果要把电导率读数校准到特定温度，实验室就得确立燃料和有关温度的关系。通常的做法是可将样品恒温至规定的温度，再进行测定。样品电导率会随时间而衰减，为避免样品电导率的衰减变化，采样后应尽快测量，最迟不宜超过24h。痕迹污染会敏感地影响到样品的电导率试验结果，所以采样要用清洁的仪器，最好选择环氧树脂衬里的容器，也可使用硬质条型聚乙烯瓶，玻璃瓶内壁对抗静电添加剂有吸附作用，会使实验结果偏低。分析结束后，电导率仪的测量探头最好放在干燥器中，在湿热的条件下，空气中水分会在测量探头中凝聚，这样使零点、校准点和样品读数出现异常，若测量探头与水接触后，当仪器启动时，会出现满量程读数，可用异丙醇等清洗溶剂冲洗，再用空气流干燥。在每次测量前，需检查校正点和零点，具体做法为按下电导率仪的"C"按钮，仪器显示值应在测量探头标志值的10倍正负5的范围内，按下"M"按钮，仪器应显示零点。选择的测量容器应能全部浸沉测量探头内的电导池，容积应大于1L，测量时要把电导池完全浸入试样中，电导池不要与测量容器器壁接触，以免引起读数误差。

第十节　喷气燃料水分离指数测定法(手提式分离仪法)

SH/T 0616—1995(2004)

1. 适用范围

喷气燃料水分离指数测定法(手提式分离仪法)适用于水分离指数为50~100的1号喷气燃料、2号喷气燃料、3号喷气燃料、宽馏分喷气燃料和高闪点喷气燃料。

2. 测定原理

喷气燃料水分离指数测定法是评定喷气燃料通过玻璃纤维聚结器材料时释放携带的游离水或乳化水的能力，试验最终显示的数值表示，在表面活性物质(表面活性剂)的影响下，乳化水从燃料中聚结分离的难易程度，以水分离指数表示。

水和喷气燃料在注射器中高速乳化，压出后通过一个标准玻璃纤维聚结器，若喷气燃料中含有的表面活性物质多，则游离水或乳化水不易被释放，此时检测燃料的透光度数值较小。反之，游离水或乳化水容易被聚结释放，检测燃料的透光度数值较高。因此可用通过检测喷气燃料透光度的数值来评定喷气燃料的洁净度，以水分离指数来表示。

3. 方法概要

本标准包括两种试验方式：试验方式A和试验方式B。两者之间的基本区别是水和燃料的乳化液被压过标准玻璃纤维聚结器的流速不同，即乳化液压过聚结器所需的时间不同，方式A为45s±2s，方式B为25s±1s，3号喷气燃料采用试验方式A。

本标准使用一种手提式微型分离仪进行试验。在一个专用的直径瓶中，取大约15~20mL样品，插入到仪口的浊度计池中，用于调整样品空白的浊度至100。在一个专用注射器中，先加入约50mL样品，使用高速混合器按程序进行清洗，清洗结束后，在注射器中准确加入50mL样品，移取50μL蒸馏水加入到注射器内的样品中，由高速混合器按程序进行水和燃料样品的乳化，随后乳化液从注射器中以预定的速度压出，通过一个标准玻璃纤维聚结器，把测定空白的直径瓶倒掉样品，收集压出的最后15mL样品，置于浊度计中，测定流出物的温度以确定喷气燃料的水分离指数，水分离指数以 0~100 数值来表示，报告为最接近的整数。

4. 影响因素及注意事项

环境温度对分析结果有一定的影响，应将仪器安装在没有急剧温度变化的地方，环境温度处于 18~29℃之间，且测定期间变化不超过±3℃。需检验的样品不能预先过滤，因为过滤可能会除去很多表面活性剂，这些表面活性剂正是本方法所要检测的，若能确定样品被颗粒物质所污染，试验前应将这些物质从试验样品中沉淀除去。该方法的试验结果对来自采样容器的痕量污染物是很敏感的，采样要用清洁的容器，最好选择环氧树脂衬里的容器，也可使用硬质条型聚乙烯瓶。高速混合器的搅拌速度对样品的乳化效果有很大影响，在安装注射器时要使注射器筒中心线与搅拌器轴中心线重合，否则可能造成塑料刮屑的形成，并被收集到铝质聚结器过滤器材料上，引起错误的试验结果。喷气燃料中都加入抗静电添加剂，水分离指数值就会下降，而抗静电添加剂会随时间衰减，使水分离指数值增大，为避免这一因素影响，样品采回来后宜马上测定水分离指数。当使用了新仪器或仪器更换了主要零件或测定结果异常时，应使用参比液对仪器进行确认，ASTM D3948 中规定了制定参比液的参比基础液的芳烃含量应 10%~20%(体积分数)之内。

第十一节　航空涡轮燃料润滑性测定法(球柱润滑性评定仪法)

SH/T 0687—2000(2007)

1. 适用范围

航空涡轮燃料润滑性测定法(球柱润滑性评定仪法)规定了用球柱润滑性评定仪测定航空涡轮燃料在摩擦钢表面上边界润滑性的磨损状况，润滑性结果以在试球上产生的磨痕直径(mm)表示。

2. 测定原理

在严格规定和控制的试验条件下，固定钢球与被试样浸润的转动试环相接触，固定钢球与试环相磨擦而产生磨痕，最后在显微镜上测定固定球产生的磨痕直径的大小，以 mm 来表示。磨痕直径数值高，说明钢球受磨损程度大，试样润滑性差。

3. 方法概要

把 50mL±1mL 样品放入试验油池中，保持池内空气相对湿度为 10%，池内的温度稳定为 25℃±1℃，一个不能转动的钢球被固定在垂直安装的卡盘中，使之正对一个轴向安装的钢环，并加上负荷。试验柱体部分浸入油池并以固定速度旋转。这样就可以保持柱体处于润湿条件下并连续不断地把试样输送到球/环界面上。测试 30min 后，从仪器中取出试球，在放大 100 倍的显微镜下，测定磨痕长轴 M 和短轴长度 N，样品的磨痕直径 WSD(mm)计算为：$WSD=\frac{M+N}{2}$。

4. 影响因素及注意事项

样品中含有的极性物质和酸性物质对润滑性有很大的影响，当其含量高时，润滑性效果好。因此，在采样、储存、取样和测定等各个环节中，要保证样品不受极性物质和酸性物质污染，以免使测定结果偏大。参考液用于检验新球和新环是否可以用于分析中，对新购的参考液应使用已验证可用于分析的球和环进行检验，如果超出分析方法允许的差值，应拒绝参考液；当使用新球和新环时，除了剔除有凹坑、腐蚀或表面有异常的试球外，还必须用验收合格的参考液进行检验，检验合格的球和环才能用于样品检测。试验用的试环和试球用异辛烷等溶剂清洗，之后可用超声波清洗器清洗。经清洗处理后，试环、试球和金属零件要放置于干燥器中。试样的磨痕直径与温度和湿度有很大关系，当温度和湿度增加时，磨痕直径测定结果有偏差。因此在试验中一定要控制好温度和湿度，保持恒温(25℃±1℃)和恒湿(10%±0.2%)条件下进行试验。试球被使用后，只要其他面不受影响，可继续在其光洁的面上使用，而试环则必须通过滑动千分尺后移，在下一个0.75mm位置上试验。当用千分尺确定试环位置后，千分尺一定要往后撤离柱体，以免磨擦受损。

第十二节 汽油、煤油、喷气燃料和馏分燃料中硫醇硫的测定(电位滴定法)

GB/T 1792—2015

1. 适用范围

汽油、煤油、喷气燃料和馏分燃料中硫醇硫的测定(电位滴定法)适用于测定含量在0.0003%~0.01%(质量分数)范围内、无硫化氢的喷气燃料、汽油、煤油和轻柴油中硫醇硫。单质硫含量大于0.0005%(质量分数)时有干扰。

2. 测定原理

该方法为电位滴定法。用玻璃电极为参考电极和银-硫化银电极为指示电极，以硝酸银异丙醇溶液为滴定剂，试样中硫醇的巯基与硝酸银发生沉淀反应，溶液中的RS^-浓度不断降低，电位不断发生变化，以电位突跃点来确定滴定终点，记录终点时的硝酸银消耗量，计算求得硫醇性硫含量，反应方程式如下：

$$RSH+AgNO_3 \longrightarrow RSAg\downarrow+HNO_3 \qquad (6\text{-}1)$$

3. 方法概要

吸取或称取无硫化氢的试样20~50mL，置于装有100mL滴定溶剂的200mL烧杯中，记录滴定管及电位计初始读数，定量滴加0.01mol/L的硝酸银醇标准溶液，待电位变化至恒定后，记录毫伏及滴定体积数。根据每次滴加硝酸银醇溶液前后的电位变化值大小，按照电位变化幅度大每次加入量少的原则，确定每次加入硝酸银醇标准溶液的量，接近突跃点时应逐滴滴加，直到出现RSH消失时的电位突跃点，记录所消耗的硝酸银醇标准溶液的体积，按公式计算以硫计的硫醇性硫结果。当采用自动电位滴定仪时，仪器自动滴加滴定剂，记录电位计读数，并根据设定的终点判断条件，判断滴定终点，计算硫醇性硫结果。

4. 影响因素及注意事项

硫化氢的存在对硫醇硫的测定有很大的影响，所以在测定前必须对样品进行硫化氢定性及脱除，定性方法为取5mL样品于试管中，加入5mL酸性硫酸镉溶液后摇动，若有黄色沉淀出现则判断样品中有硫化氢存在。脱除方法为取3~4倍分析所需量的含有硫化氢试样，倒入装有试样体积一半的酸性硫酸镉溶液的分液漏斗中，剧烈摇动，静止分层后放出含有黄色沉淀的水相，再加入一份酸性硫酸镉溶液，重复上述过程，然后用三份25~30mL水洗涤样品，每次洗涤后分液脱水，最后用快速滤纸过滤洗过的试样，对脱后样品再进行硫化氢的定性，加入酸性硫酸镉后无黄色沉淀即可用于分析。使用的样品溶剂的酸碱性对测定结果有一定的影响，相对分子质量低的硫醇，在酸性滴定溶剂中易损失，相对分子质量高的硫醇在碱性滴定溶剂中滴定时难以达到平衡，汽油中通常含有低相对分子质量硫醇，应使用碱性滴定溶剂，而喷气燃料、煤油和轻柴油中含较高相对分子质量的硫醇，应使用酸性滴定溶剂。硫醇易被空气氧化，使测定结果偏低，除了要求滴定溶剂在使用前用快速氮气流净化10min除去溶解氧外，还应尽量缩短测定时间，滴定过程中搅拌速度要适当，以形成旋涡但不产生气泡为宜。分析时，滴定溶剂的量与样品量之比为5：1~2：1，滴定溶剂中的硫离子、氯离子等杂质对测定结果有较大影响，新使用批号不相同的试剂配制滴定溶剂时，需进行空白试验，若空白值较高应更换试剂。玻璃电极的清洁和银-硫化银电极灵敏度对测定结果有极大的影响。因此每次测定前，要用清净的擦镜纸擦拭电极，并用蒸馏水冲洗。隔段时间，要用冷铬酸洗液涮洗。不用时，保持电极下部浸入水中。当出现起始电位比平常电位高或测定过程难以找到突跃点时，表明硫化银电极的灵敏度已下降，要及时重新涂渍，硫化银电极涂渍方法为：用金相砂纸擦亮电极，直至显出清洁、光亮的银表面。把电极置于操作位置，银丝端浸在含有8mL 1%硫化钠溶液的100mL酸性滴定溶液中。在搅拌条件下，从滴定管中慢慢加入10mL 0.1mol/L硝酸银醇标准溶液，电位滴定硫离子（S^{2-}）。滴定时间控制在10~15min。从溶液中取出电极，用水冲洗，用擦镜纸擦拭。两次滴定之间，电极存放在含有0.5mL浓度为0.1mol/L硝酸银醇标准溶液的100mL酸性滴定溶液中至少5min。不用时，与玻璃电极一起浸入水中。当硫化银表面层不完好或灵敏度低时，应重新涂渍。[若需自行制作电极，简易方法如下：将一段长约120mm、直径2mm（或稍粗）的银丝与一导线焊接，装入经加工的玻璃管中。银丝在管的细口端露出约10mm使整体成"铅笔形"。玻璃管与银丝间用小型塑料管密封。玻璃管粗端与银丝间用电工胶布或其他绝缘材料密封、固定，使银丝在管的中心轴线上。导线连接在电位计的接线柱上。整个电极长短与配合使用的玻璃电极相适应]。此分析方法中，硫醇与单质硫都会与银离子发生反应，当硫醇与单质硫共存时会有交互的化学反应发生，当硫醇过量时，先出现单质硫突跃点，再出现硫醇的突跃点；当单质硫过量时，只出现单质硫的突跃点，以此突跃点为滴定终点。某些油品添加剂（如抗氧剂）对硫醇性硫测定有干扰，会使滴定过程中产生多个滴定突跃点，对首次检验的样品，应进行试验性滴定，找出其所有突跃点，确定硫酸性硫的突跃点位置和计算方法。

第十三节　分析方法索引

分析方法索引见表6-2。

表6-2　分析方法索引

项　目	试验方法	索　引
外观	目测	—
颜色	GB/T 3555	见色度测定一章

续表

项目	试验方法	索引
组成		
总酸值	GB/T 12574	见酸度、酸值测定一章
芳烃含量	GB/T 11132	见烃类族组成测定一章
烯烃含量	GB/T 11132	见烃类族组成测定一章
总硫含量	GB/T 380、GB/T 11140 GB/T 17040、SH/T 0253 SH/T 0689	见硫含量测定一章
硫醇性硫	GB/T 1792	见本章第十三节
博士试验	NB/SH/T 0174	见汽油一章
挥发性		
馏程	GB/T 6536	见馏程测定一章
闪点	GB/T 261	见闪点测定一章
闪点	ASTM D3828	见闪点测定一章
密度	GB/T 1884，GB/T 1885	见密度测定一章
流动性		
冰点	GB/T 2430、SH/T 0770	见低温性能测定一章
黏度	GB/T 265	见黏度测定一章
燃烧性		
净热值	GB/T 384、GB/T 2429	见本章第二节
烟点	GB/T 382	见本章第三节
萘系烃含量 或辉光值	SH/T 0181 GB/T 11128	见本章第四节 见本章第五节
腐蚀性		
铜片腐蚀	GB/T 5096	见腐蚀测定一章
银片腐蚀	SH/T 0023	见腐蚀测定一章
安定性		
热安定性	GB/T 9169	见本章第六节
洁净性		
实际胶质	GB/T 8019、GB/T 509	见实际胶质测定一章
水反应	GB/T 1793	见本章第七节
固体颗粒污染物含量	SH/T 0093	见本章第八节
导电性 电导率(20℃)/(pS/m)	GB/T 6539	见本章第九节
水分离指数	SH/T 0616	见本章第十节
润滑性 磨痕直径	SH/T 0687	见本章第十一节

第七章 柴 油

第一节 概 述

柴油主要适用于压燃式发动机。按用途分类，可分为车用柴油和普通柴油等；按来源分类，可分为生物柴油和石油柴油等，目前石化企业一般提供的是石油柴油(以下简称柴油)。原油蒸馏或二次加工后分离出的适宜馏分，经过精制或添加某些改善油品性能的添加剂，可直接作为车用柴油或普通柴油，也可调整、控制某些指标后，作为生物柴油的调和组分(B5)(GB/T 25199)，用于调和生产柴油机用生物柴油(GB/T 20828)。

2011 年前炼化企业执行的石油柴油标准主要为 GB 252《轻柴油》，2011 年 7 月 1 日后，为适应国民经济的高速发展，满足社会对提高机动车污染物排放要求的需要，我国对柴油标准进行重新修订，将柴油分为《普通柴油》(GB 252—2011)和《车用柴油》(GB 19147—2016)。2015 年又对普通柴油标准进行了修订，制定了《普通柴油》(GB 252—2015)标准(见表 7-1)，与 2011 版普通柴油标准相比，主要是降低硫含量指标限值，增加了润滑性和脂肪酸甲酯含量的技术要求，取消了色度控制指标。

表 7-1 普通柴油 GB 252—2015

项目		5号	0号	-10号	-20号	-35号	-50号	试验方法
色度/号	不大于	3.5						GB/T 6540
氧化安定性(以总不溶物计)/(mg/100mL)	不大于	2.5						SH/T 0175
硫含量[a]/(mg/kg)	不大于	350(2017 年 6 月 30 日以前) 50(2017 年 7 月 1 日开始) 10(2018 年 1 月 1 日开始)						SH/T 0689
酸度(以 KOH 计)/(mg/100mL)	不大于	7						GB/T 258
10%蒸余物残炭[b](质量分数)/%	不大于	0.3						GB/T 268
灰分(质量分数)/%	不大于	0.01						GB/T 508
铜片腐蚀(50℃，3h)/级	不大于	1						GB/T 5096
水分[c](体积分数)/%	不大于	痕迹						GB/T 260
机械杂质[c]		无						GB/T 511
运动黏度(20℃)/(mm²/s)		3.0~8.0			2.5~8.0	1.8~7.0		GB/T 265
凝点/℃	不高于	5	0	-10	-20	-35	-50	GB/T 510
冷滤点/℃	不高于	8	4	-5	-14	-29	-44	SH/T 0248
闪点(闭口)/℃	不低于	55				45		GB/T 261
着火性[d](应满足下列要求之一)								
十六烷值	不小于	45						GB/T 386
十六烷指数	不小于	43						SH/T 0694

续表

项 目		5号	0号	-10号	-20号	-35号	-50号	试验方法
馏程： 50%回收温度/℃ 90%回收温度/℃ 95%回收温度/℃	 不高于 不高于 不高于	 300 355 365						GB/T6536
润滑性 校正磨痕直径(60℃)/μm	 不大于	460						SH/T 0765
密度(20℃)[e]/(kg/m³)		报告						GB/T 1884 GB/T 1885
脂肪酸甲酯[f](体积分数)/%	不大于	1.0						GB/T 23801

a 可用 GB/T 380、GB/T 11140、GB/T 17040、ASTM D7039 进行测定，结果有异议时，以 SH/T 0689 方法为准

b 若普通柴油中含有硝酸酯型十六烷值改进剂，10%蒸余物残炭的测定，应用不加硝酸酯的基础燃料进行。柴油中是否含有硝酸酯型十六烷值改进剂的检验方法见附录 B。可用 GB/T 17144 方法测定。结果有争议时，以 GB/T 268 方法为准。

c 可用目测法，即将试样注入 100mL 玻璃量筒中，在室温(20℃±5℃)下观察，应当透明，没有悬浮和沉降的水分。结果有异议时，按 GB/T 260 或 GB/T 511 测定。

d 由中间基或环烷基原油生产的各号普通柴油的十六烷值或十六烷指数允许不小于 40(有特殊要求者由供需双方确定)；十六烷指数的计算也可用 GB/T 11139。结果有争议时，以 GB/T 386 方法为准。

e 也可以采用 SH/T 0604 方法，结果有争议时，以 GB/T 1884 和 GB/T 1885 方法为准。

f 脂肪酸甲酯应满足 GB/T 20828 的要求。

柴油(英文名 diesel fuels)馏程范围在 160~365℃，平均相对分子质量为 250~300，密度大约在 740~950kg/m³之间。随着我国汽车工业的蓬勃发展，汽车保有量的迅速增加给我们生活带来便捷的同时，汽车尾气的污染也日益成为了矛盾的焦点，为了碧水蓝天，2011 年专门制定了《车用柴油》国家标准，车用柴油与普通柴油相比增加了多环芳烃控制指标，更加严格地限制了产品中的硫含量。

随着汽车保有量的不断提高，汽车能源问题已成为影响中国工业生产和日常生活的重要因素，与此同时，汽车对环境的影响问题也越来越受到重视，为有效解决能源紧张问题，开发化石燃料的替代品已势在必行。目前，我国已对液化气、压缩天然气、甲醇汽油、乙醇汽油、生物柴油等燃料进行了研究，其中，生物柴油作为对由化石原料生产的柴油的替代能源，受到了广泛的关注，近年来，我国已经颁布了生物柴油 BD100、生物柴油调和燃料 B5 的标准。GB/T 25199—2010 生物柴油调和燃料(B5)对生物柴油的定义为：由动植物油脂与醇(如甲醇或乙醇)经酯交换反应制得的脂肪酸单烷基酯，最典型的为脂肪酸甲酯(FAME)，以 BD100 表示，在普通柴油和车用柴油的质量指标限制了脂酯酸甲酯含量，用于与生物柴油的区别。

普通柴油是供高速柴油机(一般指 1000r/min 以上的)用的燃料，适用于汽车、拖拉机、内燃机车、工程机械、船舶和发动机组等压燃式发动机和 GB 19756 中规定的三轮汽车和低速货车等。普通柴油按凝固点划分为 6 个牌号：5 号普通柴油适用于风险率为 10%的最低气温在 8℃以上的地区；0 号普通柴油适用于风险率为 10%的最低气温在 4℃以上的地区；-10 号普通柴油适用于风险率为 10%的最低气温在-5℃以上的地区；-20 号普通柴油适用于风险率为 10%的最低气温在-14℃以上的地区；-35 号普通柴油适用于风险率为 10%的最低气温在-29℃以上的地区；-50 号普通柴油适用于风险率为 10%的最低气温在-44℃以上的地

区(风险率为10%指低于该值的概率为0.1)。

车用柴油主要用于压燃式汽车发动机，但不包括GB 19756中规定的三轮汽车和低速货车。GB/T 19147—2016车用柴油标准修改采用欧盟标准EN590：1999《汽车燃料柴油要求和试验方法》制定，与普通柴油相似也按照凝点划分为六个牌号，相应牌号适用的气温条件与普通柴油相同。

柴油的主要质量指标及意义：

十六烷值和十六烷指数是表征柴油燃烧性能的指标，十六烷值低，发动机启动困难，浪费燃料，易增加燃烧室的结焦和积炭。柴油十六烷值适宜可以使柴油在发动机中燃烧完全，发动机工作稳定、不易发生爆震。

馏程是保证柴油迅速蒸发汽化和燃烧的重要指标。为保证良好的低温启动性能，馏分应适宜，否则柴油不能及时蒸发和燃烧，导致燃烧室发生结焦炭现象。

黏度是保证柴油输送性能的指标，适宜的黏度可保证高压油泵的润滑和雾化的质量。

凝固点和冷滤点是不同气温地区选择使用柴油的指向性指标。柴油产品以凝固点数据划分质量指标，柴油机燃料需在使用环境温度下无晶体析出，不堵塞过滤器，有较好的流动性。

闪点表示在一定温度下柴油产品挥发的轻组分量的多少，它用来表征柴油运输、转移过程中的安全性。特别是在夏季运输柴油时，柴油必须有适宜的闪点值，避免轻组分挥发积聚，遇点火源发生着火、爆炸等安全事故。

多环芳烃会直接影响柴油发动机的颗粒物排放量，许多多环芳烃是致癌物质，随着人类对环境保护要求和身心健康的日益重视，车用柴油中的芳烃含量特别是多环芳烃含量受到人们较多的关注，因此需要对柴油中的多环芳烃含量进行控制，而且随着排放法规的不断严格，其含量值会逐步降低。车用柴油标准中所述的多环芳烃是指除单环芳烃以外的带有双环及双环以上的芳烃，主要为萘类、苊类、苊烯类以及三环以上的芳烃等。

柴油中的硫化物在燃烧后生成二氧化硫和三氧化硫等硫化物，排放至大气中，是酸雨的主要成分。降低柴油中的硫含量，也可以减少发动机部件受硫化物腐蚀概率，我国的柴油产品质量升级，主要降低了硫含量控制指标，从GB 252—1993的0.35%(质量分数)降至GB 19147—2016标准中车用柴油(Ⅵ)中的10mg/kg。

机械杂质是柴油的洁净性指标。柴油在生产、储运过程中，难免会受到诸如铁锈、固体细粉等杂质的污染，同时也有可能由于自身缩聚、分解或微生物作用而被污染，这些污染物会随着燃料被带入到发动机的喷油系统中，由于现代柴油发动机喷油系统通常十分精密，易受到因颗粒物存在而发生磨损，堵塞或黏附等问题，在现行柴油标准中采用机械杂质指标来保证柴油的洁净性。

柴油密度是柴油性能的一个重要指标，它关系到油品交接、储运过程中的计量问题，同时也会对柴油的雾化和排放产生一定程度的影响。通常，随着柴油密度的增大，油品的黏度也会增大，这样就会影响柴油的雾化性能，不利于形成良好的混合气体，使燃烧劣化，降低柴油的经济性和增加颗粒物的排放，同时柴油密度升高是柴油中芳烃类化合物多的标志，它将会导致柴油机工作的不平稳。但是如果柴油密度过低，也会造成热值的下降，导致油耗的增加。因此对于柴油密度应控制在一个合理的范围内。

磨痕直径是用于评价柴油润滑性的质量指标。随着柴油中的硫含量控制指标越来越严格，各炼化企业都提高了柴油的加氢深度，导致柴油中带有极性基团的天然润滑剂减少，柴油润滑性下降，致使柴油泵磨损或损坏。研究表明，当柴油中硫含量低于500μg/g时油泵会出现磨损，因此在柴油产品标准中制订了柴油润滑性控制指标，生产企业采用在柴油中加入一定量的抗磨剂的办法来提高柴油的润滑性。GB/T 19147—2016 车用柴油(Ⅴ)和车用柴油(Ⅵ)的技术要求和试验方法见表7-2、表7-3：

表7-2 车用柴油(Ⅴ)

项 目		5号	0号	-10号	-20号	-35号	-50号	试验方法
氧化安定性(以总不溶物计)/(mg/100mL)	不大于	2.5						SH/T 0175
硫含量[a]/(mg/kg)	不大于	10						GB/T 0689
酸度(以KOH计)/(mg/100mL)	不大于	7						GB/T 258
10%蒸余物残炭[b](质量分数)/%	不大于	0.3						GB/T 17144
灰分(质量分数)/%	不大于	0.01						GB/T 508
铜片腐蚀(50℃，3h)/级	不大于	1						GB/T 5096
水含量[c](体积分数)/%	不大于	痕迹						GB/T 260
机械杂质[d]		无						GB/T 511
润滑性 校正磨痕直径(60℃)/μm	不大于	460						SH/T 0765
多环芳烃含量[e](质量分数)/%	不大于	11						SH/T 0806
运动黏度[f](20℃)/(mm^2/s)		3.0~8.0		2.5~8.0		1.8~7.0		GB/T 265
凝点/℃	不高于	5	0	-10	-20	-35	-50	GB/T 510
冷滤点/℃	不高于	8	4	-5	-14	-29	-44	SH/T 0248
闪点(闭口)/℃	不低于	60			50	45		GB/T 261
十六烷值	不小于	51			49	47		GB/T 386
十六烷指数[g]	不小于	46			46	43		SH/T 0694
馏程： 50%回收温度/℃ 90%回收温度/℃ 95%回收温度/℃	 不高于 不高于 不高于	 300 355 365						GB/T 6536
密度[h](20℃)/(kg/m^3)		810~850				790~840		GB/T 1884 GB/T 1885
脂肪酸甲酯[i](体积分数)/%	不大于	1.0						NB/SH/T 0916

a 也可采用GB/T 11140和ASTM D7039进行测定，结果有异议时，以SH/T 0689方法为准。

b 也可采用GB/T 268进行测定，结果有异议时，以GB/T 17144方法为准。若车用柴油中含有硝酸酯型十六烷值改进剂，10%蒸余物残炭的测定使用不加硝酸酯的基础燃料进行。车用柴油中是否含有硝酸酯型十六烷值改进剂的检验方法见附录B。

c 可用目测法，即将试样注入100mL玻璃量筒中，在室温(20℃±5℃)下观察，应当透明，没有悬浮和沉降的水分。也可以采用GB/T 11133和SH/T 0246测定，结果有异议时，按GB/T 260方法为准。

d 可用目测法，即将试样注入100mL玻璃量筒中，在室温(20℃±5℃)下观察，应当透明，没有悬浮和沉降的杂质，结果有异议时，按GB/T511方法为准。

e 也可采用SH/T 0606进行测定，结果有异议时，以SH/T 0806方法为准。

f 也可采用GB/T 30515进行测定，结果有异议时，以GB/T 265方法为准。

g 十六烷指数的计算也可采用GB/T 11139。结果有异议时，以SH/T 0694方法为准。

h 也可以采用SH/T 0604进行测定，结果有异议时，以GB/T 1884和GB/T 1885方法为准。

i 脂肪酸甲酯应满足GB/T 20828要求。也可采用GB/T 23801进行测定，结果有异议时，以NB/SH/T 0916方法为准。

表 7-3 车用柴油(Ⅵ)

项目	5号	0号	-10号	-20号	-35号	-50号	试验方法
氧化安定性(以总不溶物计)/(mg/100mL) 不大于	2.5						SH/T 0175
硫含量[a]/(mg/kg) 不大于	10						GB/T 0689
酸度(以 KOH 计)/(mg/100mL) 不大于	7						GB/T 258
10%蒸余物残炭[b](质量分数)/% 不大于	0.3						GB/T 17144
灰分(质量分数)/% 不大于	0.01						GB/T 508
铜片腐蚀(50℃, 3h)/级 不大于	1						GB/T 5096
水含量[c](体积分数)/% 不大于	痕迹						GB/T 260
润滑性 校正磨痕直径(60℃)/μm 不大于	460						SH/T 0765
多环芳烃含量[d](质量分数)/% 不大于	7						SH/T 0806
总污染物含量/(mg/kg) 不大于	24						GB/T 33400
运动黏度[e](20℃)/(mm^2/s)	3.0~8.0		2.5~8.0		1.8~7.0		GB/T 265
凝点/℃ 不高于	5	0	-10	-20	-35	-50	GB/T 510
冷滤点/℃ 不高于	8	4	-5	-14	-29	-44	SH/T 0248
闪点(闭口)/℃ 不低于	60			50	45		GB/T 261
十六烷值 不小于	51			49	47		GB/T 386
十六烷指数[f] 不小于	46			46	43		SH/T 0694
馏程: 50%回收温度/℃ 不高于 90%回收温度/℃ 不高于 95%回收温度/℃ 不高于	 300 355 365						GB/T 6536
密度[g](20℃)/(kg/m^3)	810~850				790~840		GB/T 1884 GB/T1885
脂肪酸甲酯[h](体积分数)/% 不大于	1.0						NB/SH/T 0916

a 也可采用 GB/T 11140 和 ASTM D7039 进行测定，结果有异议时，以 SH/T 0689 方法为准。

b 也可采用 GB/T 268 进行测定，结果有异议时，以 GB/T 17144 方法为准。若车用柴油中含有硝酸酯型十六烷值改进剂，10%蒸余物残炭的测定使用不加硝酸酯的基础燃料进行。车用柴油中是否含有硝酸酯型十六烷值改进剂的检验方法见附录 B。

c 可用目测法，即将试样注入 100mL 玻璃量筒中，在室温(20℃±5℃)下观察，应当透明，没有悬浮和沉降的水分。也可以采用 GB/T 11133 和 SH/T 0246 测定，结果有异议时，按 GB/T 260 方法为准。

d 也可采用 SH/T 0606 进行测定，结果有异议时，以 SH/T 0806 方法为准。

e 也可采用 GB/T 30515 进行测定，结果有异议时，以 GB/T 265 方法为准。

f 十六烷指数的计算也可采用 GB/T 11139。结果有异议时，以 SH/T 0694 方法为准。

g 也可以采用 SH/T 0604 进行测定，结果有异议时，以 GB/T 1884 和 GB/T 1885 方法为准。

h 脂肪酸甲酯应满足 GB/T 20828 要求。也可采用 GB/T 23801 进行测定，结果有异议时，以 NB/SH/T 0916 方法为准。

第二节　馏分燃料油氧化安定性测定法(加速法)

SH/T 0175—2004

1. 适用范围

馏分燃料油氧化安定性测定法(加速法)规定了用加速氧化法测定中间馏分燃料油固有安定性能的方法。不适用于含渣油的燃料油和主要成分是非石油成分的合成燃料油。

注：本方法提供了90%回收温度低于370℃的中间馏分燃料油储存安定性的评价方法。

2. 测定原理

在温度为95℃的条件下，在氧化管中对样品通氧进行加速氧化，试样在受热和溶解氧的作用下发生氧化变质和聚合，生成可过滤不溶物和黏附性不溶物，两者之和为氧化安定性不溶物，用不溶物含量的大小来表征柴油的氧化安定性。

可滤出不溶物：在本方法试验条件下，试样在氧化过程中产生并通过过滤从试样中能分离出去的物质，它包括氧化后在试样中悬浮的物质和在管壁上易于用异辛烷冲洗下来的物质。

黏附性不溶物：在本方法的试验条件下，试样在氧化过程中产生并在试样从氧化管中放出后黏附在管壁上不溶于异辛烷的物质。

总不溶物：黏附性不溶物和可滤出不溶物之和。

3. 方法概要

将已过滤的350mL试样装入干净氧化管中，放入已恒温至95℃±0.2℃的恒温水浴中，在氧化管中通入速率为50mL/min的氧气氧化16h。然后将氧化后的试样冷却至室温，用孔径为0.8μm的滤膜抽真空过滤，过滤后在80℃±2℃的烘箱中干燥滤膜，称量滤膜得到可滤出不溶物。用三合剂洗脱黏附氧化管壁和通氧管壁上的黏附性不溶物，在135℃的条件下把三合剂蒸发除去，得到黏附性不溶物。可滤出不溶物的量和黏附性不溶物的量之和为总不溶物的量，以mg/100mL表示。

4. 影响因素及注意事项

金属元素会对柴油的氧化起催化作用。铜和铬等物质加速柴油的氧化反应，使生成不溶物的量增加。在试验前要彻底清洗试验仪器和器具，以消除这些金属离子的影响，不能使用铬酸洗液清洗玻璃仪器和氧化管，应使用水或去污粉清洗玻璃器皿。配制的三合剂必须用分析纯的试剂，不纯的三合剂在蒸发除去过程中的残留物后，将会造成黏附性不溶物的量增加。试样暴露于紫外光下，会造成总不溶物的量增加，因此，试验用的样品必须避紫外光(阳光或荧光)，试样采样、测量、过滤和称量的全部操作过程应避免阳光直射。试样通氧前的保存、通氧操作、通氧后的降温操作均应在暗处进行。收到样品要尽快分析，当样品在当天内不能进行时，应用惰性气体覆盖保护，避免样品受到空气中氧气的缓慢氧化作用。样品应装在金属桶或避光的玻璃容器中，容器要预先清洗干净，不得用塑料容器或软质玻璃(钠玻璃)材质的容器存放试样，样品储存温度不应高于10℃，但不能低于样品的浊点，5号普通柴油和10号普通柴油样品储存温度可提高到不高于15℃。每次分析的样品温度要达到室温后再进行，这样确保样品中析出的蜡重新溶解，使样品的黏度减小，有利于样品混合均匀。过滤后装入氧化管内的试样应在1h内放入加热浴中。将反应后的氧化管放入室温下

(应高于试样的浊点)通风的暗处冷却至接近室温。放置时间不应超过 4h。测定可滤出不溶物时，若滤膜严重堵塞，不能在 2h 之内完成所有样品的过滤，应另外用两张滤膜过滤剩余的试样。测定时使用的氧气的纯度不低于 99.5%，防止氧气管线中的水和杂质带入氧化管，管线上需装有稳压阀，保证氧气流量的稳定。

第三节　石油产品灰分测定法

GB/T 508—1985(2004)

1. 适用范围

石油产品灰分测定法适合于测定石油产品的灰分。本方法不适用于含有生灰添加剂(包括某些含磷化合物的添加剂)的石油产品，也不适用于含铅的润滑油和用过的发动机曲轴箱油。

2. 测定原理

在规定的试验条件下，油品燃烧后，被碳化后的残留物经 775℃高温煅烧所得的不燃物称为灰分，以质量百分数表示。油品中的灰分一般是油品中钙、镁、钠、铁等金属元素在高温锻烧后生成的氧化物和一些不能灰化的其他物质组成，它主要来源于在生产、储运过程混入油品的金属氧化物、油品本身含有的金属螯合物或各种添加剂中的非烃元素等。

3. 方法概要

称取一定量的试样于已恒重好的坩埚中，点火燃烧，直至获得干性碳化残渣，黏稠的试样可边燃烧边在电热板或电炉上加热，期间应控制好加热强度以尽量减少挥发损失。再将盛有残渣的坩埚移入加热到(775±25)℃的高温炉中，直至残渣完全成为灰烬。冷却称量并重复煅烧直至二次称重间的差值不大于 0.0005g 为止，获得灰分的质量，根据样品取样量计算出灰分的质量百分数。

4. 影响因素及注意事项

灰化的瓷坩埚用盐酸处理恒重后应仔细检查，严禁使用有裂纹的坩埚，避免加热时试样由裂纹处渗出。取样时应充分摇动样品使样品均匀，防止某些溶解性或稳定性较差的添加剂或某些杂物等沉淀在试样的底部；对黏稠或含蜡的样品应预先加热到 50~60℃，再摇匀，确保样品的代表性。引火用滤纸应折成圆锥体，放入坩埚中要求能紧贴坩埚内壁，并使油全部浸透滤纸，以便能在滤纸燃烧时起到一个灯芯作用，以防止油未引燃而滤纸早已烧完。测定时必须严格控制好燃烧速度，维持火焰高度在 10cm 左右，以防试样飞溅或火焰过高、过旺而带走某些金属盐类的灰分微粒，使测定结果偏低。样品在燃烧时严禁油泡沫溢出坩埚外，使测定结果偏低。测定含水的试样时，开始时要缓慢加热，使试油不溅出，让水分慢慢蒸发，直到浸透试样的滤纸可以燃着为止。如果样品含水较多，在加热时会产生泡沫而溢出，可在称有试样的坩埚内加入 1~2mL 异丙醇。如果仍不能进行试验，则重新称取试样，加入 10mL 等体积的异丙醇和甲苯混合液，与试样混合均匀再进行上述试验。燃烧结束后，坩埚放入高温炉之前，应细致观察坩埚内是否还有可燃物未全部燃烧，不能在未熄火时就把坩埚放入高温炉中，否则因可燃物质急剧燃烧，将坩埚中的灰分带出，使测定结果偏低。残渣成灰后，坩埚取出先放在空气中冷却 3min 后，再转移至干燥器内冷却至室温称量。最终生成灰分数量多少对结果有较大的影响，所取的样品量应足以生成 20mg 灰分为限，但样品取样量最多不能超过 100g。

第四节　柴油十六烷值测定法

GB/T 386—2010

1. 适用范围

柴油十六烷值测定法规定了用十六烷值试验机测定柴油十六烷值的试验方法。本方法也可用于非常规燃料，如合成燃料，植物油及类似产品。十六烷值的范围为 0~100，但典型的十六烷值测试范围为 30~65。

本方法适用于压燃式发动机燃料十六烷值的定量测定。

2. 测定原理

几个定义：

着火滞后期：喷油器开始喷油至燃料开始燃烧之间的时间间隔，以曲轴转角度数表示。柴油发动机的工作由进气、压缩、燃烧膨胀和排气这四个过程来完成，这四个过程构成了一个工作循环，燃料的燃烧在第二冲程中进行，气缸内的活塞把吸进气缸的空气压缩至压力 4~8MPa，温度 476. 85~676. 85℃ (750~950K)。高于柴油自燃温度约为 269. 85~289. 85℃ (543~563K)，喷入气缸的柴油，并不是立即自燃，而是需要经过物理化学变化之后才发火，这段时间大约有 0. 001~0. 005s，即为着火滞后期。

十六烷值：表示柴油在柴油机中燃烧时着火性能的指标。在规定操作条件下的标准发动机试验中，将柴油与标准燃料进行比较，而得到柴油着火性能的测定值。

正标准燃料：用标准发动机测定柴油的十六烷值时，用正十六烷(*n*-cetane)和七甲基壬烷(HMN)及其按体积比配制的混合物。定义正十六烷的十六烷值为 100，七甲基壬烷的十六烷值为 15。

正标准燃料十六烷值 = 100×正十六烷值的体积分数+15×七甲基壬烷的体积分数

副标准燃料：经过精心选择、具有稳定十六烷值、并可代替正标准燃料、用于测算柴油十六烷值的高十六烷值烃类燃料(T 燃料)和低十六烷值烃类燃料(U 燃料)及其按体积比组成的混合物。

测定原理：

在试验发动机的标准操作条件下，将柴油样品的着火性质与已知十六烷值的标准燃料混合物的着火性质进行与比较来测定的。测定时采用内插法的手轮法，对试样和两个预计将试样十六烷值包括在中间的标准燃料(要求两种标准燃料十六烷值相差不大于 5.5 个单位)中的每一个，均改变发动机的压缩比(手轮读数)，以得到特定的着火滞后期，然后根据手轮读数用内插法计算样品的十六烷值。(在测定样品时，以副标准燃料为比对物，而不是正标准燃料，主要是经济因素，而非技术因素。)

3. 方法概要

待十六烷值测定仪稳定运行后，把需要测定的样品加注到仪器中，调节燃料流速达到 13mL/min，调节手轮改变压缩比，使之达到 13. 00±0. 20 的着火滞后期读数，记录手轮读数，作为燃料试样燃烧特性的有代表性的指示值。选取两个接近试样预期十六烷值的副标准燃料(T 燃料和 U 燃料)的混合物，按样品同样的流程改变压缩比，记录手轮读数。然后根据手轮读数，用内插法计算样品的十六烷值。计算公式为：

$$CN=CN_1+(CN_2-CN_1)(a-a_1)/(a_2-a_1)$$

式中 CN——样品的十六烷值；

CN_1——低着火性质标准燃料的十六烷值；

CN_2——高着火性质标准燃料的十六烷值；

a——样品三次测定手轮读数的算术平均值；

a_1——低十六烷值标准燃料三次测定手轮读数的算术平均值；

a_2——高十六烷值标准燃料三次测定手轮读数的算术平均值。

4. 影响因素及注意事项

燃料即使短期暴露在波长小于 550nm 的紫外线下，都会影响十六烷值的测定结果，因此样品储存应使用不透明容器，如深棕色玻璃瓶、金属罐或反应活性较小的塑料容器，以尽量减小暴露在阳光或紫外线下，在分析前，样品的温度应与室温接近，典型的室温为 18～32℃。每次测定样品前需用低值检验燃料或高值检验燃料对仪器工况进行检查，允许极限为：

$$允许极限=CN_{ARV}\pm1.5S_{ARV}$$

CN_{ARV}——检验燃料可接受参考值的十六烷值；

S_{ARV}——用于确定 CN_{ARV} 的检验燃料数据的标准偏差。

如果检测结果不满足要求，需要对试验机和操作条件进行检查。

喷油嘴用于向气缸内部喷入油雾，喷油嘴雾化效果差时，会使测定结果波动性变大，检查和处理喷油嘴的方法为：拆下喷油嘴清洗积炭，检查并调整喷油器开启压力(10.3MPa±0.34MPa)，检查喷油器油雾图形，保证油雾图形的对称性，如图 7-1 所示：

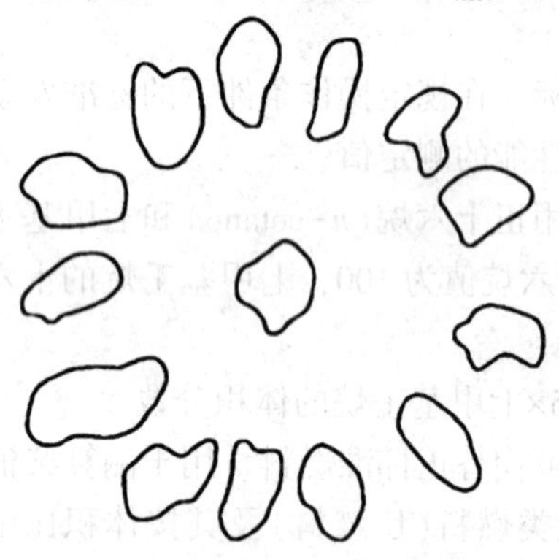

图 7-1 典型的喷油器喷雾图形

基础压缩压力偏低时会使测定结果偏低，应不定期检查基础压缩压力：在手轮读数为 1.000 时，在 101.33kPa 标准大气压下操作的发动机，在关闭后立即测量压缩压力，此时的读数应为 3275kPa±138kPa；在标准大气压以外的压力下操作发动机时，压缩压力=3275×当地大气压/标准大气压。如果操作条件不在规定范围内时，要重新检查基础手轮设定或对仪器进行维护保养。

分析过程中一定要用被测试样彻底冲洗燃料系统管线，并排除管线中的空气，以确保样品的代表性，避免空气影响喷油效果。

第五节 十六烷指数计算法

用计算法来得到柴油十六烷指数代替十六烷值测定也是柴油产品质量检验中常用的方法，通常的十六烷指数计算法为以下两个方法：

① SH/T 0694—2000(2007)中间馏分燃料十六烷指数计算法(四变量公式法)；

② GB/T 11139—1988(2004)馏分燃料十六烷指数计算法。

SH/T 0694中间馏分燃料十六烷指数计算法(四变量公式法)适用于石油中间馏分燃料及含有来源于油砂和油页岩的非石油馏分的燃料，不适用于含十六烷值改进剂的燃料，也不适用于纯烃以及由煤生产的馏分燃料。该方法根据样品的15℃的密度以及由恩氏蒸馏得到10%、50%和90%回收温度，根据方法中给出的经验公式或者方法中的图解法计算试样的十六烷指数。

由该方法测得的十六烷指数并不能作为十六烷值的替代值，对于该方法推荐范围内的十六烷值(32.5~56.5)，该方法已试验过的馏分燃料只有65%的燃料经四变量十六烷指数计算公式计算得到的结果，与十六烷值试验机测得的结果，其误差不大于±2个单位。因此以该方法的值作为产品出厂检验结果应对加工工艺、调和比例充分论证，并经十六烷值与十六烷指数比对试验后，在有足够的余地时才可替代。

GB/T 11139馏分燃料十六烷指数计算法适用于计算直馏馏分、催化裂化馏分以及这二者混合燃料的十六烷指数，该方法根据样品的20℃的密度以及由恩氏蒸馏得到50%回收温度，根据方法中给出的经验公式或者方法中的图解法计算试样的十六烷指数。该方法的适用范围中未说明是否适合于加氢后的直馏馏分、催化裂化馏分的十六烷指数，以此方法的结果作为产品出厂检验结果时应慎重。

第六节 柴油润滑性评定法(高频往复试验机法)

SH/T 0765—2005/ISO 12156—1：1997

1. 适用范围

柴油润滑性评定法(高频往复试验机法)方法规定了采用高频往复试验机(HFRR)评价柴油(包括含有润滑性添加剂的柴油)润滑性的试验方法。本方法适用于柴油机燃料。

2. 测定原理

样品放入设定温度下的油槽中，固定在垂直夹具中的钢球对放在油槽中水平安装的钢片进行加载，钢球以设定的频率和冲程进行往复运动，与钢片进行摩擦，球与钢片的接触面完全浸在样品中。测定钢球上产生的磨斑直径大小，再校正到标准状况下(水蒸气压1.4Pa)的磨斑直径大小，就是样品的润滑性测定值。

3. 方法概要

高频往复试验机法(HFRR)评定柴油润滑性能时，将试验样品放在给定温度下的油槽内，固定在垂直夹具中的钢球对水平安装的钢片进行加载，钢球以设定的频率和冲程往复运动，球与片的接触界面应完全浸在样品中。球和片的材质、试验温度、载荷、频率和冲程都是确定的。根据试验环境(温度和湿度)把钢球的磨痕直径校正到标准状况下的数值，试验样品的润滑性用校正后的磨痕直径表示。

4. 影响因素及注意事项

试验片、球及金属夹具等所有可能在试验时与样品接触的金属零件和器皿表面携带的细微颗粒都会对磨痕直径产生较大影响，这些物件在每次试验前应用甲苯、丙酮作清洗溶剂，在超声波清洗槽中清洗洁净。如果金属夹具等金属零件和器皿不立即使用，应储存在干燥器中。在安装试验组件时，正确组装试验片、球及金属夹具，确保各组件不松动。装拆试验组件时应使用洁净的镊子，防止已清洗洁净的各试验组件被污染，并且注意不要刮伤试验组件的表面。在完全卡紧上试件夹具前，要确保夹具水平，否则对磨痕直径有影响。测定过程中湿度、温度测定位置距试验件 0.1~0.5m 之间，试验的环境温度和相对湿度符合标准要求，有试验表明，在符合标准要求的环境温度和相对湿度条件下，未加氢柴油的磨斑直径几乎不受湿度条件影响，用方法中规定的计算公式计算补正值反而会带来误差。使用恒温箱、空调以及碳酸钾、硅胶等设备和试剂来调节温湿度，使 AVP 值接近 1.4(如湿度为 50%时，可设定温度为 21℃)，确保整个试验期间处于恒温恒湿状态。测试结束后应用测试前的方法清洗各试验组件，并用干空气将带球夹具吹干后置于 100 倍显微镜下观察球的磨斑，观察时应使球上的磨斑处于显微镜的视野中央，观察到的磨斑长和宽之差不能超出 -30~100μm，如果超出此值，应重新核对已确认的磨斑边界，如果磨斑边界仍为此值，则很有可能试验期间冲程曾发生过异常或检测样品为非柴油，应重新取样进行分析。在某一些情况下，磨斑擦伤的部分被不够清晰的磨损区域包围，如图 7-2 所示，磨斑的长和宽的判断应包括不够清晰的磨损区域。

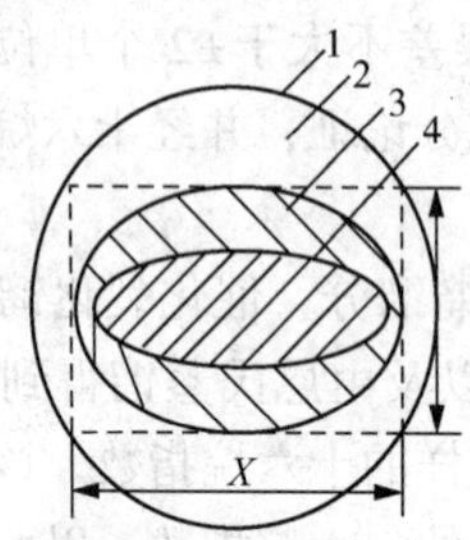

图 7-2 一个边界不够清晰的磨斑实例

1—试验球(相对于磨斑缩小了直径)；2—未磨损区域；3—不够清晰的磨损区域；4—磨损区域

磨斑的边缘清晰度与油品性质有关，某些含添加剂的油品磨斑边缘很难判定，会造成分析结果精密度较差。应定期检查试验机的性能，每做 25 个试验或每做 10 天试验后应按照标准要求用参考油进行核对试验，以全面检验试验机性能，当参考油的分析结果超出规定范围时应用仪器自带的校验设备进行冲程等项目的校验。试验球和试验片的质量直接关系到分析结果的准确性，实验室不具备按方法中定义的指标来验收试验球和片，在更换不同批次的试验球或试验片时，可用分析标准参考油的办法进行抽样验收，对不符合要求的试验球或试验片不能用于样品的检验。

第七节　多环芳烃测定

SH/T 0606—2005/SH/T 0806—2008/GB/T 25963—2010

柴油馏分的沸程范围一般在 160~365℃之间，其烃类组成已相当复杂，环烷烃、多环芳烃等组分已占有一定的比例，要细分其组成并定量计算，已不能使用气相色谱技术。当前，测定柴油中多环芳烃的技术主要有质谱法、高效液相色谱-示差折光检测器法(HPLC-RID)、超临界流体色谱法(SFC)等。质谱法测定时先把样品用硅胶层析柱分离成饱和烃和芳烃二部分，分别对它们进行质谱测定，按照链烷烃、环烷烃、芳烃、多环芳烃各自的特征质量碎片加和经校正后按归一法计算出样品中各种烃类的质量分数。在产品标准中质谱法是测定柴油多环芳烃仲裁方法。HPLC-RID 法采用高效液相色谱-示差折光检测器法测定了柴油中的单环芳烃、双环芳烃和三环$^{+}$芳烃等组分，使用一根极性液相色谱分离柱，把柴油样品分离成烷烃、单环芳烃、双环芳烃和三环及以上芳烃，用外标法计算得到各芳烃组分的质量百分比，加和后计算出多环芳烃含量，液相色谱使用了结构型检测器，使用代表性组分作为多环芳烃组分的校正因子，存在实际组分在检测器上的响应与代表性组分的响应差异较大的问题。迄今为止，质谱法与液相色谱法在数据的一致性问题上还没有一个明确的研究结论。超临界流体色谱法(SFC)结合了液相色谱分离气相色谱检测器检测的技术，使用二氧化碳为流动相极性色谱柱对样品进行分离，以氢火焰检测器进行检测。SFC法由于受仪器、试剂等条件的限制，目前还没有在各实验室广泛应用。常用的多环芳烃检测方法有以下三种：

① SH/T 0606—2005 中间馏分烃类组成测定法(质谱法)；

② SH/T 0806—2008 中间馏分芳烃含量的测定(示差折光检测器高效液相色谱法)；

③ GB/T 25963—2010 含脂肪酸甲酯中间馏分芳烃含量的测定(示差折光检测器高效液相色谱法)。

一、中间馏分烃类组成测定法(质谱法)SH/T 0606—2005

1. 适用范围

中间馏分烃类组成测定法(质谱法)规定了用质谱法测定中间馏分烃类组成的方法。适用于馏程范围为204~365℃(用GB/T 6536测定5%~95%体积分数的回收温度)的中间馏分，可分析链烷烃平均碳数在C_{12}~C_{16}之间的试样，测定链烷烃、一环环烷、二环环烷、三环环烷、烷基苯、茚满和/或萘满、茚类和/或C_nH_{2n-10}、萘类、苊类和/或C_nH_{2n-14}、苊烯类和/或C_nH_{2n-16}、三环芳烃和/或C_nH_{2n-18}等烃类的含量。

本方法的计算中不包括非烃化合物部分，这些非烃化合物的含量大于0.25%(质量分数)，会对烃类谱峰计算产生干扰。如果样品中烯烃含量较高(如烯烃含量质量分数大于5.0%)，会干扰各类饱和烃的测定。

2. 测定原理

质谱法测定烃类组成的原理是：由于每种烃类的质谱都有其特征质量碎片峰组(见表7-4)，在一定的仪器操作条件下，油品中各烃类化合物的质谱会有很好的重复性和线性迭加性，样品质谱的断裂模型和灵敏度也会有较好的重复性，因此可用不同质量数的特征质量碎片峰组来代表不同类型的烃类，特征质量碎片峰的高度是离子相对强度的量度，通过对特征质谱峰峰高的测定进行定量分析，这样可根据各类烃的灵敏度系数所确定的矩阵系数和各烃类的特征质量碎片峰组强度加和建立多元联立方程组，求解可得到各烃类的质量百分含量。

表7-4 各烃类的特征质量碎片峰组

烃　类	特征质量碎片(m/e^+)	特征质量碎片强度和
链烷烃	71、85	Σ71
一环环烷	67、68、69、81、82、83、96、97	Σ67
二环环烷	123、124、137、138……直到249、250	Σ123
三环环烷	149、150、163、164……直到247、248	Σ149
烷基苯	91、92、105、106……直到175、176	Σ91
茚满或萘满	103、104、117、118……直到187、188	Σ103
茚类或C_nH_{2n-10}	115、116、129、130……直到185、186	Σ115

续表

烃 类	特征质量碎片(m/e^+)	特征质量碎片强度和
萘	128	$\Sigma 128$
萘类	141、142、155、156……直到239、240	$\Sigma 141$
苊类或 C_nH_{2n-14}	153、154、167、168……直到251、252	$\Sigma 153$
苊烯类或 C_nH_{2n-16}	151、152、165、166……直到249、250	$\Sigma 151$
三环芳烃	177、178、191、192……直到247、248	$\Sigma 177$

SH/T 0606标准方法所使用的仪器是单聚焦磁质谱仪，现在也可使用通过相关标准性能试验验证的气相色谱-质谱联用仪(GC-MS)，但气相色谱-质谱联用仪(GC-MS)必须通过相关标样对仪器进行不同方式的调谐来达到SH/T 0606标准方法的要求。

3. 方法概要

(1) 饱和烃和芳烃分离并求出各自的质量百分含量。

饱和烃和芳烃分离并求出各自质量百分含量的方法有二种，分别为色层分离法和固相萃取-气相色谱法。色层分离法为在硅胶吸附柱中注入试样，用150mL正戊烷淋洗吸附柱，洗脱出饱和烃馏分，随后用150mL二氯甲烷淋洗吸附柱，洗脱出芳烃馏分，分别蒸去溶剂后，得到饱和烃馏分和芳烃馏分，称重并计算得到样品中的饱和烃和芳烃的质量分数。固相萃取法为把0.15mL样品注入固相萃取柱中，用2mL正戊烷和0.15mL二氯甲烷淋洗吸附柱，洗脱出饱和烃馏分，随后用2mL二氯甲烷淋洗吸附柱，洗脱出芳烃馏分，在得到的饱和烃溶液和芳烃溶液中准确加入含 C_{30} 正构烷烃的内标物1mL。在色谱仪上分别进样，以氢火焰检测器(FID)检测，按内标法计算出样品中的芳烃和烷烃的质量分数。

固相萃取法减少了样品的取样量，取消了溶剂蒸发步骤，测定过程较色层分离法简单，分析时间有较大幅度的减少。

(2) 质谱检测。

按照分析方法中的校准条件对质谱仪进行校准，把分离得到的饱和烃和芳烃分别进行质谱分析，得到各自的质谱图，通过矩阵计算法(一般都有计算机分析软件)计算出样品中的多环芳烃含量。

4. 影响因素及注意事项

用该方法测定时，由于分离柱的局限性，不可能实现饱和烃和芳烃完全无重叠分离，经最终质谱检测并计算后，饱和烃馏分中芳烃含量以及芳烃馏分中饱和烃含量都应小于4%(质量分数)，认为柴油中的饱和烃和芳烃馏分进行了有效分离；当饱和烃馏分中芳烃含量或芳烃馏分中饱和烃含量大于5%(质量分数)时，说明分离效果不符合要求，必须重新分离试样。

用附录A经典柱色谱分离试样时要注意：①硅胶使用前严格按方法要求进行活化处理，处理后的硅胶趁热放干燥器中备用，以免受潮影响硅胶活性，处理后的硅胶最好在24h内使用；②按方法规定加入试样到吸附层后，必须是连续加入冲洗溶剂，试样分离过程要确保吸附柱内溶剂不间断；③当试样中的芳烃含量大于50%(质量分数)时，可根据实际情况，在吸附层上还有少量正戊烷冲洗溶剂(小于30mL)时提前换接收瓶。

用固相萃取柱分离试样时要注意：①固相萃取柱对试样的分离效果影响很大，为了保证分离结果的可靠性，建议使用商品化专用固相萃取柱；②新购固相萃取柱，要保存在干燥器中，以免吸湿影响分离度。固相萃取柱放置一段时间后，其分离效果有可能会变差，可在115℃烘箱中恒温干燥5h后使用，如果分离效果仍不符合要求，只能舍弃不用。③按试验步骤操作依次用2mL正戊烷和0.5mL二氯甲烷与乙醇体积比为5∶1的混合溶液洗脱饱和烃馏分，待所加入的0.5mL二氯甲烷与乙醇体积比为5∶1的混合溶液刚刚完全进入固定相时，更换另一接收瓶收取芳烃馏分。④控制溶剂洗脱速度2mL/min。⑤当样品中的芳烃含量大于50%(质量分数)时，可根据实际情况，在萃取烷烃时减少“用0.5mL二氯甲烷冲洗固定相”这一步，直接用2.5mL二氯甲烷冲洗固定相萃取出所吸附的芳烃。

用固相萃取柱分离后的芳烃和饱和烃溶液，采用内标法来确定萃取后的芳烃和饱和烃的质量分数，根据色谱内标法的计算原理，内标物和萃取得到的溶液质量应准确称量。内标液为C_{30}正构烷烃溶于正戊烷或正己烷中，内标液配制后应密封后低温保存，尽可能减少溶剂的挥发损失，内标物正三十烷的吸附性相当大，很容易在瓶壁上析出，使用时应关注并根据实际经验定义有效期。

由于灵敏度系数与质谱仪的操作条件有密切关系，因此柴油烃类组成的测定必须在操作条件恒定的情况下测定灵敏度系数，并且在相近的操作条件下分析试样，这样才能得到准确的定量结果。较高的质谱本底会对各烃类谱峰计算产生干扰，因此质谱仪的本底要尽可能达到方法要求，如果仪器的本底较高，要通过适当的差谱技术将本底的干扰影响降到最小。质谱分析过程都是在真空状态下进行的，一定要保证系统的气密性，当质谱图中m/z28的峰强度较大时，可确认系统有泄漏点存在，应检查系统各连接件，并对泄漏点作紧固处理。使用低流失的质谱柱以避免柱流失对分析结果的影响。如果在饱和烃和芳烃样品的平均质谱图中出现明显的m/z207和m/z281峰(固定相流失峰)，说明柱流失比较严重，应对色谱柱进行老化或更换。

二、中间馏分芳烃含量的测定(示差折光检测器高效液相色谱法)SH/T 0806—2008

1. 适用范围

中间馏分芳烃含量的测定(示差折光检测器高效液相色谱)规定了用高效液相色谱法测定柴油和馏程范围在150~400℃的石油馏分中单环芳烃、双环芳烃/三环$^{+}$芳烃和多环芳烃含量的方法。本方法不适用于测定航空燃料和馏程为50~300℃的石油馏分。

试样中含有硫、氮和氧的化合物可能对测定结果有影响。单烯烃对测定结果无影响，但是共轭二烯烃和共轭多烯烃，可能对测定结果有影响。柴油含脂肪酸甲酯(FAME)会使三环$^{+}$芳烃含量的测定值偏高。

2. 测定原理

依据吸附解吸原理，柴油中极性越强的组分，在液相色谱柱的强极性氨基(或氰基)键合固定相上的吸附性越强，保留时间越长。柴油中非芳烃、单环芳烃、双环芳烃和三环$^{+}$芳烃等组分的极性依次增强，因此，它们可以在氨基(或氰基)键合柱上按照极性强弱进行分离，由于三环$^{+}$芳烃保留时间太长，待其他组分从色谱柱流出后，利用反冲技术将其反吹。被分离后的各组分由示差折光检测器进行检测，由芳烃产生的信号(峰面积)大小与预先测定的标准溶液的信号进行比对，计算出单环芳烃、双环芳烃和三环及以上芳烃的含量。

3. 方法概要

该方法为一带有四通反吹阀的高效液相色谱仪，四通反吹阀用于三环及以上芳烃的反吹检测。方法是以正庚烷为流动相，以填充有氨基键合(或者极性氨基/氰基键合)的硅胶为固定相的高效液相色谱不锈钢柱为分离柱，用自配的系统验证标准溶液(SPS)中的二苯并噻吩和9-甲基蒽的保留时间确定三环⁺芳烃的反吹时间：

$$B=t_A+0.4\ (t_B-t_A)$$

式中 t_A、t_B 分别为二苯并噻吩和9-甲基蒽的保留时间。

在正庚烷溶剂中加入已知量的环已烷、邻二甲苯、1-甲基萘和菲，配制成一系列标准溶液，调节流动相的流速为1.0mL/min±0.2mL/min，基线稳定后，进10μL标准溶液(SPS)，以邻二甲苯代表一环芳烃、1-甲基萘代表二环芳烃，菲代表三环芳烃，制作样品各组分校正工作曲线，进与测定校正曲线时相同量的样品，得到样品中各芳烃的峰面积，与校正工作曲线比对后，计算出芳烃含量，加和二环芳烃和三环及以上芳烃的含量得到样品的多环芳烃结果。

4. 影响因素及注意事项

方法中使用的氨基柱对强极性物(如含氮元素的强极性物)有不可逆吸附，吸附在柱头的强极性物很难用正庚烷冲出。可在氨基柱前加氨基保护柱，减少强极性物对分析柱的污染，有效保护分析柱，延长分析柱的使用寿命，保护柱要根据被污染的情况，使用一定次数后进行更换。液相色谱仪的流动相含有气泡时，会滞留在高压输液泵、色谱柱或检测器中，使基线噪声较大，因此，流动相在进入高压输液泵前要进行脱气处理。

示差折光检测器是通过连续测定色谱柱流出液折射率的变化而实现对样品浓度进行检测。检测器的灵敏度与溶剂和溶质的性质都有关系，它的灵敏度和最小检出量常取决于溶剂与溶质的性质；介质的折射率随温度升高而降低，示差折光检测器对温度的变化极为敏感，温度控制精度决定了测定结果的准确性，因此需控制检测室的温度波动为±0.001℃之内。

柴油的组成复杂，芳环的多少和排列方式、取代数目及取代位置等因素都对芳烃类的保留时间产生影响，必然造成不同环数的芳烃在色谱图上的部分重叠，从而影响到芳烃的准确定量，因此确定色谱图中各类芳烃的切割位置对芳烃含量的准确测定非常重要，方法中采用系统校正标准溶液(SPS)检查色谱柱的分辨率是否满足分离的要求，确定三环及以上芳烃的反冲时间，为减少仪器波动而引起的分离误差，最好在利用SPS确定时间后马上进行样品的测定。微量颗粒杂质会堵塞高压注射泵、色谱柱等仪器部件，为保护液相色谱系统，延长色谱柱的寿命，在称取样品前，可使用0.45μm的有机滤膜对样品进行过滤，以除去柴油样品中的颗粒物。

本方法测定时，把三环及以上的芳烃反吹进检测器，若样品中有脂肪酸甲酯类化合物，也会被反吹，并与三环及以上芳烃合峰。

三、含脂肪酸甲酯中间馏分芳烃含量的测定(示差折光检测器高效液相色谱法)GB/T 25963—2010

含脂肪酸甲酯中间馏分芳烃含量的测定法(GB/T 25963)与中间馏分芳烃含量测定法(SH/T 0806)均使用了示差折光检测器高效液相色谱法。二者的主要区别有以下几点：

(1) 二者的适用范围不一样。GB/T 25963适用于含有脂肪酸甲酯(FAME)体积分数小于5%的柴油，SH/T 0806说明了脂肪酸甲酯的存在会干扰三环及以上芳烃的测定。

（2）二者的测定过程不相同。GB/T 25963采用整个测定过程流动相在柱内正向流动，把萉以后的组分定义为脂肪酸甲酯，SH/T 0806当二环芳烃出峰后，用四通阀反吹，使流动相在柱内反向流动，把多环芳烃等反吹入检测器。

本方法测定时，三环及以上芳烃会从色谱柱逐个流出，三环芳烃峰小、峰宽，可能潜在低于检测器检测限的三环芳烃未被检出的情况。测定时脂肪酸甲酯需要在25min以后才能流出，为了避免样品中的脂肪酸甲酯影响下一个样品的分析，样品分析总时长应在35min以上。

第八节　中间馏分油中脂肪酸甲酯含量的测定（红外光谱法）

GB/T 23801—2009

1. 适用范围

中间馏分油中脂肪酸甲酯含量的测定（红外光谱法）规定了采用红外光谱法测定柴油机燃料中脂肪酸甲酯（FAME）体积分数的方法，测定范围为FAME体积分数约为1.7%～22.7%。本方法经证实适用于含有符合GB/T 20828要求的FAME样品。为得到可靠的定量数据，样品中应不含有显著量的其他干扰组分，尤其是酯类。这部分干扰组分在定量分析FAME时所用的光谱区中有吸收，能够使此方法得到的数据值偏大。

2. 测定原理

使用红外光谱仪测定，酯类在1745cm^{-1}附近有强吸收，而柴油中的碳氢化合物在1745cm^{-1}附近几乎没有吸收，因此可以利用1745cm^{-1}处的吸收测定脂肪酸甲酯的含量。

3. 方法概要

将试样用环己烷稀释到合适浓度，记录所测定的中红外吸收谱图，测量其在约1745cm^{-1}±5cm^{-1}处的典型酯类吸收带的最大峰值吸收。并通过由已知FAME浓度的标准溶液得到的校准公式计算出样品中的FAME含量。

4. 影响因素及注意事项

测定前，样品池应用环己烷反复清洗，通过将样品池注满环己烷并记录其红外光谱（IR）谱图来检验是否清洗干净，如IR谱图与参照的环己烷谱图精确符合，则说明样品池已清洗干净，样品充满液体池时，要保证液体池内无气泡。测定时要检查环境条件（温度、湿度），要求温度15～35℃、湿度45%～80%，如达不到，则启动环境监控设备（如空调机、除湿机等）。红外测定仪在开机预热20min后方可开始检测，红外测定仪使用溴化钾或溴化锂为窗片，应经常检查干燥剂，避免窗片吸湿损坏。在建立标准曲线时，配制的五个FAME标准溶液的浓度应使约1745cm^{-1}的最大吸收峰处的吸光度在0.1～1.1。为了避免不同批次环己烷对样品红外吸收的影响，更换不同批次的环己烷时，应配制某一浓度点的校准溶液来进行验证，确保试剂的质量。

第九节 分析方法索引

分析方法索引见表 7-5。

表 7-5 分析与方法索引

项　目	试验方法	索　引
色度/号	GB/T 6540	见色度测定一章
氧化安定性	SH/T 0175	见本章第二节
硫含量	SH/T 0689、GB/T 380、GB/T 11140、GB/T 17040	见硫含量测定一章
酸度	GB/T 258	见酸度、酸值测定一章
10%蒸余物残炭	GB/T 268	见残碳测定一章
灰分	GB/T 508	见本章第三节
铜片腐蚀	GB/T 5096	见腐蚀测定一章
水分	GB/T 260	见水分测定一章
运动黏度	GB/T 265、GB/T 30515	见黏度测定一章
凝点	GB/T 510	见低温性能测定一章
冷滤点	SH/T 0248	见低温性能测定一章
闪点(闭口)	GB/T 261	见闪点测定一章
十六烷值十六烷指数	GB/T 386 SH/T 0694 GB 11139	见本章第四节 见本章第五节
磨痕直径	SH/T 0765	见本章第六节
多环芳烃含量	SH/T 0606、SH/T 0806 GB/T 25963	见本章第七节
脂肪酸甲酯	GB/T 23801	见本章第八节
馏程	GB/T 6536	见馏程测定一章
密度	GB/T 1884、GB/T 1885	见密度测定一章

第八章 溶剂油

第一节 概 述

溶剂油是五大类石油产品之一，溶剂油的用途十分广泛，用量最大的首推油漆及清洗用溶剂油，其次有印刷油墨、皮革、农药、杀虫剂、橡胶、化妆品、香料、医药、电子部件等溶剂油。目前约有400~500种溶剂在市场上销售，其中溶剂油占一半左右。

溶剂油按馏程范围可分为三类：低沸点溶剂油，如植物油抽提溶剂(见表8-1)，馏程范围为60~80℃；中沸点溶剂油，如橡胶工业用溶剂油(见表8-2)、1#、2#油漆清洗用溶剂油，馏程范围为80~190℃；高沸点溶剂油，如3#、4#、5#油漆及清洗用溶剂油(见表8-3)，沸程为140~300℃。植物油抽提溶剂主要用于香料、植物油脂的萃取溶剂，也可作合成橡胶工艺中的溶剂及精密零件洗涤溶剂等。橡胶工业溶剂油主要用于橡胶工业的溶剂和稀释剂，如胶浆、黏合剂、轮胎、胶鞋及喉管等用溶剂，还可用于喷雾剂、印染、油墨、皮革脱脂等用溶剂。油漆及清洗用溶剂油主要用于油漆的溶剂和电子行业的清洗用油。

表8-1 植物油抽提溶剂 GB 16629—2008

项目		指标	试验方法
馏程：			
初馏点/℃	不低于	61	GB/T 6536
终馏点/℃	不高于	76	
苯含量(质量分数)/%	不大于	0.1	GB/T 17474
密度(20℃)/(kg/m³)		655~680	GB/T 1884、GB/T 1885、SH/T 0604[a]
溴指数	不大于	100	GB/T 11136
色度/号	不小于	+30	GB/T 3555
不挥发物/(mg/100mL)	不大于	1.0	GB/T 3209
硫含量(质量分数)/%	不大于	0.0005	SH/T 0253[b]、SH/T 0689
机械杂质及水分		无	目测[c]
铜片腐蚀(50℃，3h)/级	不大于	1	GB/T 5096

a 有争议时，以GB/T 1884和GB/T 1885为仲裁试验方法。

b 有争议时，以SH/T 0253为仲裁试验方法。

c 将试样注入100mL玻璃量筒中，于室温下观察，试样应透明、无悬浮和沉降物。

表 8-2　橡胶工业用溶剂油 SH 0004—90(2007)

项　目		质量指标			试验方法
		优级品	一级品	合格品	
密度(20℃)/(kg/m^3)	不大于	700	730	—	GB/T 1884
馏程					GB/T 6536
初馏点/℃	不低于	80	80	80	
110℃馏出量/%	不小于	98	93	—	
120℃馏出量/%	不小于	—	98	98	
残留量/%	不大于	1.0	1.5	—	
溴值/(gBr/100g)	不大于	0.12	0.14	0.31	SH/T 0236
芳香烃含量/%	不大于	1.5	3.0	3.0	SH/T 0166
硫含量/%	不大于	0.018	0.020	0.050	GB/T 380[1)]
博士试验		通过		—	SH/T 0174
水溶性酸或碱		无			GB/T 259
机械杂质及水分[2)]		无			
油渍试验[3)]		合格			

1) 允许用 SH/T 0253 测定。在有异议时，用 GB/T 380 仲裁。

2) 将试样注入 100mL 玻璃量筒中，在室温(20℃±5℃)观察，必须透明，不允许有悬浮和沉降的机械杂质及水。有异议时，按 GB/T 511 和 GB/T 260 进行测定。

3) 将溶剂油经蒸馏测定的残留物，用小滤纸滤入干净的容积为 10~25mL 的试管或量筒中，用吸管取其滤液往清洁的滤纸同一处滴 3 滴，然后在室温(20℃±5℃)下放置 30min，如滤纸上没有油渍存在，即认为合格。

溶剂油的质量要求视其用途不同而有别，选择溶剂油应主要考虑其溶解性、挥发性、安全性等指标。当然，根据其用途不同，其他性能指标也不能忽略，有时甚至更重要。溶剂油常用的检测项目有密度、馏程、芳烃含量、溴指数、不挥发物、硫含量、机杂及水分、铜片腐蚀、水溶性酸碱、油渍试验、博士试验等。

密度和馏程是溶剂油烃类组分轻重的标志。密度也用于贸易计量，馏程主要表征溶剂油的沸程范围，可粗略判断溶剂油中烃类的碳数范围和最高碳数，判断溶剂油的挥发性，馏程是区分溶剂油种类的主要指标。

芳烃含量是溶剂油溶解性和毒害性的主要指标。溶剂油常用作萃取溶剂、干洗溶剂、洗涤溶剂等需要与人体密切接触的场所或物料。相对于烷烃类而言，芳烃类物质对人体的毒害性强得多，也有比烷烃类具有更强溶解能力的特点。因此需要控制溶剂油中的芳烃含量，在保证溶剂油具有较强溶解能力的前提下，减少其对人体或环境的影响。虽然控制了溶剂油的芳烃含量，但在实际使用过程中仍应采取适当的防护和通风措施。

溴指数是测定溶剂油中能与溴发生加成反应的烃类的数量，是表征油品中不饱和键数量的一个指标。溴指数高表示溶剂油不饱和键数量多，相对于烷烃而言不饱和键稳定性较差，长时间储存或在高温条件下会发生氧化或自聚反应，产生有色类或难挥发性物质，影响溶剂油的使用性能。

色度是表征溶剂油颜色深浅，是溶剂油中微量杂环组分的定性指标，作为一种溶剂，溶剂油本身的颜色不能污染被溶解物质，使被溶解物质着色。

硫含量测定是检验溶剂油中硫单质的含量，溶剂油中的硫化物会污染被溶解物质。

表 8-3 油漆及清洗用溶剂油 GB 1922—2006

序号	项目	1号		2号			3号			4号			5号		试验方法
		中芳型	低芳型	普通型	中芳型	低芳型	普通型	中芳型	低芳型	普通型	中芳型	低芳型	中芳型	低芳型	
1	芳烃含量[a](体积分数)/%	2~8	0~<2	8~22	2~<8	0~<2	8~22	2~<8	0~<2	8~22	2~<8	0~<2	2~8	0~<2	GB/T 11132、SH/T 0166 SH/T 0245、SH/T 0411 SH/T 0693
2	外观	透明，无沉淀及悬浮物													目测[b]
3	闪点(闭口)/℃ 不低于	4		38			38			60			65		SH/T 0733[c]、GB/T 261
4	颜色 不深于	赛波特色号+28 或铂-钴色号 10		赛波特色号+25 或铂-钴色号 25			赛波特色号+25 或铂-钴色号 25			赛波特色号+25 或铂-钴色号 25			赛波特色号+25		GB/T 3555 GB/T 3143
5	溴值/(gBr/100g) 不大于	5											—		GB/T 11135[d]、 SH/T 0236
6	博士试验	—		通过											SH/T 0174
7	馏程 初馏点/℃ 不低于 50%蒸发温度/℃ 不高于 终馏点/℃ 不高于 残留量(体积分数)/% 不大于	115 130 155 —		150 175 185 1.5			150 180 215 1.5			175 200 215 1.5			200 — 300 —		GB/T 6536
8	水溶性酸碱	—		无											GB/T 259
9	铜片腐蚀/级 不大于 100℃，3h 50℃，3h	— 1		— 1			— 1			— 1			1 —		GB/T 5096
10	密度(20℃)/(kg/m³)	报告													GB/T 1884、GB/T 1885

a 芳烃的测定可根据馏程选择适当的方法。采用 SH/T 0166、SH/T 0245 和 SH/T 0411 测定时，标准样品按体积百分数配制。有争议时，当芳烃含量(体积分数)大于 5%时，采用 GB/T 11132 方法仲裁;，当芳烃含量(体积分数)小于 5%时，1 号采用 SH/T 0166 方法，2 号、3 号、4 号采用 SH/T 0245 方法，5 号采用 SH/T 0411 方法仲裁。

b 将试样注入 100mL 玻璃量筒中，室温下观察，无悬浮物及游离水。有争议时，分别采用 GB/T 511 和 GB/T 260 方法。

c 对于预估闪点高于室温 10℃以上的样品允许采用 GB/T 261，有争议时，采用 SH/T 0733 方法。

d 有争议时，采用 GB/T 11135 方法。

铜片腐蚀是检验溶剂油中是否存在活性硫化物的定性方法，也是溶剂油对金属腐蚀性倾向的定性指标，铜片腐蚀合格的溶剂油可以避免其在储存、运输、使用过程中不对设备的金属部件产生腐蚀。

不挥发物、油渍和残留都是表征溶剂油残留量的指标，用于确定溶剂油中潜在的残留在被抽提物或被清洗物中的物质的数量。

第二节　分析方法索引

分析方法索引见表 8-4。

表 8-4　分析方法索引

项　目	试验方法	索　引
馏程	GB/T 6536	见馏程测定一章
苯含量	GB/T 17474	见色谱测定一章
密度	GB/T 1884、GB/T 1885、SH/T 0604	见密度测定一章
溴指数	GB/T 11136	见溴价、溴指数测定一章
溴值	SH/T 0236、GB/T 11135	见溴价溴指数测定一章
色度	GB/T 3555	见色度测定一章
硫含量	SH/T0253、SH/T 0689	见硫含量测定一章
铜片腐蚀	GB/T 5096	见腐蚀测定一章
博士试验	SH/T 0174	见汽油一章
水溶性酸或碱	GB/T 259	见汽油一章
芳烃含量	GB/T 11132	见族组成测定一章
闪点	GB/T 261	见闪点测定一章
颜色	GB/T 3555 GB/T 3143	见比色测定一章

第九章　植物油浸出用正己烷

第一节　概　述

植物油浸出用正己烷主要用作植物油脂浸出溶剂，由轻质石油馏分油经二次深度加氢、精密分馏工艺生产，具有硫含量、苯含量低，溴指数、砷和铅含量小，无色透明无臭、安定性好的特点，除作为植物油浸出剂外，也可作为乙烯、丙烯聚合用溶剂和作为其聚合催化剂生产过程中的溶剂，医药中间体溶剂、颜料稀释剂、化学试剂原料和工业用清洗剂等，按照产品中正己烷的含量高低，植物油浸出用正己烷分为 60 号和 80 号二个牌号。质量指标见表 9-1。

表 9-1　植物油浸出用正己烷的质量指标和试验方法 Q/SH PRD 0406—2011

项　目		质量指标		试验方法
		60 号	80 号	
正己烷含量(质量分数)/%	不小于	60	80	SH/T 0714
馏程				ASTM D1078
初馏点/℃	不低于	65	66	
终馏点/℃	不高于	70	70	
密度(20℃)/(kg/m^3)		655~680	655~680	SH/T0604、GB/T 1884 和 GB/T 1885[a]
苯含量(质量分数)/%	不大于	0.01	—	GB/T 17474
	不大于	—	0.002	附录 A
色度/号	不小于	30	30	GB/T 3555
溴指数/(mgBr/100g)	不大于	50	20	GB/T 11136、SH/T1767、SH/T0630[b]
不挥发物/(mg/100mL)	不大于	1	1	GB/T 3209
硫含量(质量分数)/%	不大于	0.0002	0.0002	SH/T0253、SH/T0689[c]
机械杂质及水分		无	无	目测[d]
铜片腐蚀(50℃，3h)/级	不大于	1	1	GB/T 5096
砷/(mg/kg)	不大于	0.02	0.02	SH/T 0629[e]
铅/(mg/kg)	不大于	0.02	0.02	SH/T 0242[e]

a 有争议时，以 GB/T 1884 和 GB/T 1885 为仲裁法。

b 有争议时，以 SH/T 0630 为仲裁法。

c 有争议时，以 SH/T 0253 为仲裁法。

d 将试样注入 100mL 的玻璃量筒中，室温下观察，试样透明并无可见的悬浮和沉降的机械杂质及水时观察结果为“无”，反之为“有”。有争议时，分别以 GB/T 260 和 GB/T 511 为仲裁法。

e 砷和铅的试验方法也可与用户商定。有争议时，分别以 SH/T 0629 和 SH/T 0242 为仲裁法。

植物油浸出用正己烷主要用作植物油脂浸出溶剂，设置各项质量指标主要目的是为了保证其使用的安全性、环保性和减少对植物油脂产品的后续使用性的影响。

馏程是浸出溶剂的重要质量指标，基本上控制了产品的组成范围，终馏点定得过高，则回收溶剂时需要较高温度，加工所需的能耗较高，同时因终馏点较高，溶剂中重组分含量多，重组分不易与油脂和粕分离，可能增加油脂和粕中的残留溶剂量。苯含量、砷、铅含量、硫含量质量指标均是控制浸出溶剂中对人体的有害物质的量，由于浸出溶剂直接与食用油脂接触，如果溶剂中的硫、苯、砷、铅残存于食用油脂中，会影响油脂的质量，对人体产生不良影响，而且溶剂中的硫化物对生产设备会产生腐蚀。溶剂中的溴指数反应了不饱和烃含量的高低，不饱烃的存在影响产品储存及使用过程中的稳定性，不利于食用油脂的质量稳定。

第二节 分析方法索引

分析方法索引见表9-2。

表9-2 分析方法索引

项 目	试验方法	索 引
正己烷含量	SH/T 0714	见色谱测定一章
密度	SH/T0604、GB/T 1884 和 GB/T 1885	见密度测定一章
苯含量	GB/T 17474	见色谱测定一章
色度	GB/T 3555	见色度测定一章
溴指数	GB/T 11136、SH/T0630	见溴价、溴指数测定一章
不挥发物	GB/T 3209	见芳烃一章
硫含量	SH/T 0253、SH/T 0689	见硫含量测定一章
铜片腐蚀	GB/T 5096	见腐蚀测定一章
砷	SH/T 0629	见金属测定一章
铅	SH/T 0242	见金属测定一章

第十章 沥 青

第一节 概 述

沥青(Asphalt)是黑色到暗褐色的固态或半固态黏稠物质，按其来源不同，可分为地沥青和焦油沥青，地沥青又分为天然沥青和石油沥青。从品种及产量来看，石油沥青占绝大多数。

石油沥青是原油加工过程的一种产品，常见的石油沥青生产工艺有减压蒸馏、氧化、溶脱、调和、乳化及聚合物改性等，生产企业根据产品性能要求及沥青原料性质选择一种或多种工艺生产沥青，在所有沥青生产工艺中，减压蒸馏及调和最经济最简单。石油沥青是由许多结构极其复杂的高分子烃类及非烃类所组成的混合物，其性质和组成随原油来源和生产方法不同而变化，不溶于水，能溶于苯、二硫化碳、四氯化碳、三氯甲烷、三氯乙烯等有机溶剂中。石油沥青因其良好的黏结性、塑性、防水性和防潮性，已被广泛应用于各个领域，特别是随着公路交通事业的发展，沥青作为铺筑道路路面的材料，显示出其具有不可缺少的地位。沥青作为一种产品，必然需要一定的规格等级、性能指标及其对应的评定方法。目前石油沥青牌号划分有三种体系：按针入度分级、按黏度分级和按功能分级，其中按针入度分级的规格体系历史最悠久，并为大多数国家所采用，我国即采用针入度分级。我国现行道路石油沥青分级、质量控制指标及相应分析方法见表 10-1～表 10-3。

表 10-1 重交通道路石油沥青技术要求 GB/T 15180—2010

项 目		质量指标						试验方法
		AH-130	AH-110	AH-90	AH-70	AH-50	AH-30	
针入度(25℃，100g，5s)/(1/10mm)		120～140	100～120	80～100	60～80	40～60	20～40	GB/T 4509
延度(15℃)/cm	不小于	100	100	100	100	80	报告[a]	GB/T 4508
软化点/℃		38～51	40～53	42～55	44～57	45～58	50～65	GB/T 4507
溶解度/%	不小于	99.0	99.0	99.0	99.0	99.0	99.0	GB/T 11148
闪点/℃	不小于	230					260	GB/T 267
密度(25℃)/(kg/m³)		报告						GB/T 8928
蜡含量/%	不大于	3.0	3.0	3.0	3.0	3.0	3.0	SH/T 0425
薄膜烘箱试验(163℃，5h)								GB/T 5304
质量变化/%	不大于	1.3	1.2	1.0	0.8	0.6	0.5	GB/T 5304
针入度比/%	不小于	45	48	50	55	58	60	GB/T 4509
延度(15℃)/cm	不小于	100	50	40	30	报告[a]	报告[a]	GB/T 4508

a 报告应为实测值。

表 10-2 道路石油沥青技术要求 NB/SH/T 0522—2010

项目		质量指标					试验方法
		200 号	180 号	140 号	100 号	60 号	
针入度(25℃，100g，5s)/(1/10mm)		200~300	150~200	110~150	80~110	50~80	GB/T 4509
延度[1](25℃)/cm	不小于	20	100	100	90	70	GB/T 4508
软化点/℃		30~48	35~48	38~51	42~55	45~58	GB/T 4507
溶解度/%	不小于	99.0					GB/T 11148
闪点(开口)/℃	不低于	180	200	230			GB/T 267
密度(25℃)/(g/cm^3)		报告					GB/T 8928
蜡含量/%	不大于	4.5					SH/T 0425
薄膜烘箱试验(163℃，5h)							
质量变化/%	不大于	1.3	1.3	1.3	1.2	1.0	GB/T 5304
针入度比/%		报告					GB/T 4509
延度(25℃)/cm		报告					GB/T 4508

1) 如 25℃延度达不到，15℃延度达到时，也认为是合格的，指标要求与 25℃一致。

石油沥青评价方法是产品规格指标得以量化的手段，评价方法的可操作性、准确性、精确性直接影响产品标准的执行，另外，评价方法能否反映产品在使用过程中的性能也是产品使用和标准方法研究中不断延伸的课题。我国的评价方法主要有两类，一是按针入度分级的产品标准体系中所涉及的评价方法，俗称传统评价方法或常规分析方法，另一种是近几年开发的按功能性能分级体系 Superpave 中所涉及的评价方法，称为 SHAP 方法(美国战略公路研究计划中沥青胶结料特性与评价方法)。前者主要用于生产企业沥青产品出厂的检验；后者则主要为公路研究设计单位所用。本章介绍石油沥青常规分析方法。石油沥青各项质量指标的意义为：

在以针入度分级的沥青产品标准体系中，针入度是最重要的质量指标，是沥青稠度的表示方法，反映了沥青的流变学性质，针入度越大，沥青越软，黏稠度越小，抵抗外力破坏能力越弱。

沥青的软化点是沥青在一定条件下的等黏温度，常用于评价沥青的耐高温性能，也能间接反映沥青的使用温度范围。沥青在软化点以下表现出胶体结构特征，在软化点以上，表现出牛顿流体的性质。研究表明，直馏沥青的软化点与其族组成有如下关系：

$$Tsp = 1.19At - 0.671R - 0.682Ar - 0.00838S + 83.6$$

式中，At、R、Ar 和 S 分别是沥青中的沥青质、胶质、芳香烃和饱和烃的质量分数。由上式可以看出，沥青质是提高沥青软化点的主要组分，而其他三个组分都是负影响，其中饱和烃的影响最小，但是含蜡沥青受蜡熔点的影响，含有高熔点蜡的沥青的软化点会有所上升。沥青软化点测定是条件试验，在水浴或甘油中试样在规定尺寸的铜环内，上置规定尺寸和质量的钢球于水或甘油中，以规定的速度加热使沥青软化，至钢球下沉达到规定距离时的温度，以℃表示。

延度用来表征沥青在一定温度下断裂前的扩展或伸长的能力，即作用于沥青上的剪应力大于沥青内聚力时的断裂长度，它反映了沥青的黏弹性质，常被用来预测沥青的使用性能，

表 10-3 公路沥青路面施工技术规范 JTG F40—2004 中表 4.2.1-2 道路石油沥青技术要求

指标	单位	等级	沥青标号																试验方法[1]
			160 号[4]	130 号[4]	110 号			90 号					70 号[3]					50 号	30 号[4]	
针入度(25℃，5s，100g)	0.1mm		140~200	120~140	100~120			80~100					60~80					40~60	20~40	T0604
适用的气候分区[6]			注[4]	注[4]	2-1	2-2	3-2	1-1	1-2	1-3	2-2	2-3	1-3	1-4	2-2	2-3	2-4	1-4	注[4]	附录 A[5]
针入度指数 PI[2]		A	-1.5~+1.0																	T0604
		B	-1.8~+1.0																	
软化点(R&B)不小于	℃	A	38	40	43			45			44		46		45			49	55	T0606
		B	36	39	42			43			42		44		43			46	53	
		C	35	37	41			42					43					45	50	
60℃动力黏度[2]不小于	Pa·s	A	-	60	120			160			140		180		160			200	260	T0620
10℃延度[2] 不小于	cm	A	50	50	40			45	30	20	30	20	20	15	25	20	15	15	10	T0605
		B	30	30	30			30	20	15	20	15	15	10	20	15	10	10	8	
15℃延度 不小于	cm	A、B	100															80	50	
		C	80	80	60			50					40					30	20	
蜡含量(蒸馏法)不大于	%	A	2.2																	T0615
		B	3.0																	
		C	4.5																	
闪点 不小于	℃		230					245					260							T0611
溶解度不小于	%		99.5																	T0607
密度(15℃)	g/cm³		实测记录																	T0603
TFOT(或 RTFOT)后[5]																				T0610 或
质量变化 不大于	%		±0.8																	T0609

续表

指标	单位	等级	沥青标号							试验方法[1]
			160 号[4]	130 号[4]	110 号	90 号	70 号[3]	50 号	30 号[4]	
残留针入度比 不小于	%	A	48	54	55	57	61	63	65	T0604
		B	45	50	52	54	58	60	62	
		C	40	45	48	50	54	58	60	
残留延度(10℃) 不小于	cm	A	12	12	10	8	6	4	—	T0605
		B	10	10	8	6	4	2	—	
残留延度(15℃)不小于	cm	C	40	35	30	20	15	10	—	T0605

[1] 试验方法按照现行《公路工程沥青及沥青混合料试验规程》(JTGE 20—2011)规定的方法执行。用于仲裁试验求取 PI 时的 5 个温度的针入度关系的相关系数不得小于 0.997。

[2] 经建设单位同意，表中 PI 值、60℃动力黏度、10℃延度可作为选择性指标，也可不作为施工质量检验指标。

[3] 70 号沥青可根据需要要求供应商提供针入度范围为 60~70 或 70~80 的沥青，50 号沥青可要求提供针入度范围为 40~50 或 50~60 的沥青。

[4] 30 号沥青仅适用于沥青稳定基层。130 号和 160 号沥青除寒冷地区可直接在中低级公路上直接应用外，通常用作乳化沥青、稀释沥青、改性沥青的基质沥青。

[5] 老化试验以 TFOT 为准，也可以 RTFOT 代替。

[6] 气候分区见附录 A。

如沥青与集料的黏附性，沥青路面的抗开裂性能等。沥青延度与沥青中饱和烃、芳香烃、胶质及沥青质四个组分的搭配比例直接相关，沥青含油(即饱和烃)或沥青质过多，都不会有高的延度，而芳烃组分有助于改善沥青延度，很多富含芳香族的重油组分常被用作沥青增延剂，沥青延度随温度变化。沥青延度测定是条件试验，铸模后的沥青试样，其拉伸横断面积为 $1cm^2$，在规定的条件下，以一定的速度进行拉伸，至断裂时所伸长的距离，以“cm”表示。

石油沥青的溶解度系指沥青中溶于三氯乙烯(或苯、四氯化碳、三氯甲烷等)的组分的百分数。原油经过常减压蒸馏所得渣油(直馏沥青)几乎没有不溶于以上溶剂的组分，因此，石油沥青溶解度试验，旨在鉴定沥青在生产过程中是否发生局部过热或在氧化过程中是否有局部过氧化而生成油焦质或炭青质等不溶物。

沥青蒸发损失试验结果可以表征沥青在高温下和空气接触后的性质变化，从而预测该种沥青的质量稳定性。此外，蒸发损失越大，表明沥青在施工过程中融化时向环境中挥发的物质越多，对环境的污染也越大。石油沥青试样在163℃温度下受热，经过5h后的蒸发损失，以占原试样质量的百分率表示，便称为石油沥青蒸发损失(或石油沥青加热损失)。

沥青的脆点是衡量沥青低温性能的重要指标，对于具有一定软化点的沥青，脆点越低，其耐低温性能越好，沥青的适用范围越宽。将加热至黏流态的沥青逐渐降低温度至软化点以下时，沥青呈柔韧状，富有弹性，这时的沥青称做“高弹态”；当温度进一步降低到某一温度点时，沥青逐渐变得脆硬，这时的沥青称做“玻璃态”，沥青由黏弹性体转变为弹脆性体的温度，就称为沥青的脆化温度，即沥青的脆点。

薄膜烘箱试验是传统的沥青抗老化耐久性的评定方法，通过薄膜烘箱试验(或旋转薄膜烘箱)前后的沥青常规性质如针入度、黏度、延度等的变化，表征黏稠沥青在约150℃拌合机中，经受温度和空气的作用而使沥青硬度增加(表现为针入度下降)，延度下降的情况，即表征在一定的条件下测定热和空气对黏稠沥青的影响。

蜡含量是沥青质量的重要指标之一，蜡对沥青性质的影响还不十分清楚，但一般认为，蜡能降低沥青的高温黏度、低温延度、黏结性和塑性，使沥青对温度敏感，使用中的自愈能力变差。与沥青其他性能指标有所区别的是，目前国际上没有一个公认的、统一的、标准化的测定沥青蜡含量的方法。大部分采用的方法可以归结为两大步骤三种方法，即第一步脱胶，第二步脱蜡。脱胶有三种方法：蒸馏法、吸附法、磺化法，脱蜡采用低温冷冻。沥青蒸馏脱胶是一种破坏性蒸馏，一部分蜡被蒸出，也有一部分蜡裂化损失，同时又有部分烃类的长侧链在裂解过程中断裂形成蜡组分，脱胶过程物理、化学变化较复杂，得到的含蜡量较实际含量有差别。蒸馏法测得的蜡含量是相对的、条件性的试验结果，曾有学者研究了蒸馏法测定沥青中的饱和蜡和芳香蜡，结果表明对饱和蜡测定较准确，而这一点也正是人们所关心的，因为饱和蜡的含量对沥青性质的影响较显著。

第二节 沥青针入度测定法

GB/T 4509—2010

1. 适用范围

沥青针入度测定法适用于测定针入度范围从(0~500)1/10mm的固体和半固体沥青材料

的针入度，固体和半固体沥青材料可包括石油道路沥青、聚合物改性沥青以及液体石油沥青蒸馏或乳化沥青蒸发后残留物。

2. 测定原理

具有一定载荷的标准针，在一定的时间及温度条件下，垂直穿入沥青试样测定其插入深度，深度单位以 1/10mm 表示，即为沥青的针入度。除非另行规定，标准针、针连杆与附加砝码的总质量为 100g±0.05g，温度为 25℃±0.1℃，时间为 5s。

3. 方法概要

将沥青样品小心加热，不断搅拌加热到使样品能够流动，将试样倒入规定的试样器皿中，在 15~30℃的室温下，冷却一定的时间，然后再将试样皿和平底玻璃皿一起放入恒温水浴中恒温一定的时间后，将试样皿和平底玻璃皿从恒温水浴中取出，放置在已调好的针入度仪的平台上，慢慢放下针连杆，使针尖刚好接触到试样的表面，使标准针在 5s 内自由下落穿入沥青试样，测出标准针插入试样的深度，同一个试样至少重复测定三次，每次试验点的距离和试验点与试样皿边缘的距离都不得小于 10mm，取三次测定结果的平均值，得到针入度数据。

沥青针入度的测定方法有 GB/T 4509《沥青针入度测定法》或 JTG E20—2011《公路工程沥青及沥青混合料试验规程》中 T 0604—2011《沥青针入度试验》。两方法在适用范围、适用仪器、试验用针、试验条件、样品处理等方面没有差异，分析结果也无本质差异，但在样品皿尺寸、测定时盛放样品皿的平底玻璃皿容量等方面有一些差异，见表 10-4。

表 10-4 GB/T 4509—2010 与 T0604—2011 的差异

方法名称		《沥青针入度测定法》GB/T 4509—2010	《沥青针入度试验》T 0604—2011
样品皿尺寸	针入度<40	内径 33~55mm，深度 8~16mm	内径 55mm，深度 35mm
	针入度<200	内径 50mm，深度 70mm	内径 55mm，深度 35mm
	针入度 200~350	内径 55mm，深度 35mm	内径 55mm，深度 70mm
	针入度 350~500	内径 55~70mm，深度 45~70mm	深度 60mm，试样体积不少于 125mL
平底玻璃皿容量		不小于 350mL	不少于 1L，深度不少于 80mm
试样皿中样品冷却时间		小试样皿 45min~1.5h，中等试样皿 1~1.5h，较大试样皿 1.5~2h	小盛样皿 1.5h，大盛样皿 2h，特殊盛样皿 3h
读数及结果		读数无规定，结果取整	读数精确至 0.1mm，结果取整
三次测定允许差值	0~49	2	2
	50~149	4	4
	150~249	6	12
	250~350	8	20
	350~500	20	20
精密度	<50	重复性 4%	重复性试验允差为 2，再现性试验允差为 4
	>50	再现性 11%	重复性 4%，再现性 8%

4. 影响因素及注意事项

针入度仪的状况是否良好对测定结果有很大的影响，因此在试验前必须检查。先检查仪器是否水平，连杆上是否有水或其他脏物，连杆是否能保持自由落体运动，如连杆有水或脏物，应拆下来用干净的绸布擦拭干净，定期检查荷重(标准针、针连杆与附加砝码的总质量)是否符合100g±0.05g，荷重可能会因仪器长期使用而发生变化，如超出范围，应加重或减重。若使用自动针入度仪，应定期使用秒表检查插入时间是否为5s。如有必要可用标准距离块(标准距离块可购买)校验连杆下落距离的准确性。

恒温水浴温度的稳定性及针的质量对结果有显著影响。有研究表明，当水浴温度偏离试验温度0.2~0.3℃时，针入度结果至少相差1个单位，因此必须确保水浴温度在试验温度±0.1℃之内。针入度分析用针应有国家计量部门的检验合格标志，它们必须符合以下要求：由硬化回火的不锈钢制成，洛氏硬度为54~60。针长约50mm，直径1.00~1.02mm；针尖一端磨成8.70°~9.70°的锥形，尖端直径0.14~0.16mm，与针轴所成角度不超过20，圆锥表面粗糙的算术平均值为0.2~0.3μm。针的尖度和垂直度对针入度测定结果有很大影响，工作中应注意对针的保护尤其是针尖的保护，如保护不当，往往导致针杆弯曲、针尖锐度变小，以致结果不准确。每天分析前应采用多针比较的办法检查针尖，采用水平放置多支针，用手掌压住在水平面上滚动，若有非均匀滚动的针应认为针杆弯曲，必要时可将日常用针与检定合格但不常用的针进行比对试验，确认针的质量，当针上粘有沥青等杂物时，最好用脱脂棉蘸石油醚等中性溶剂擦拭，避免针被腐蚀。

样品制备对沥青针入度测定有很大影响。沥青常温下呈固态或半固态，流动性差，测定前需加热样品，对于石油沥青，加热至样品充分流动即可，加热温度不宜超过沥青软化点的90℃(对于直馏沥青针入度测定，样品加热温度上限可适当放宽，以沥青样品不冒烟为原则)，沥青试样加热不得超过2次，避免沥青老化后针入度偏低。为防止沥青局部过热，冷沥青不宜直接放在电炉上加热，可先在120℃左右(SBS改性沥青可在160℃左右)的烘箱上烘至沥青软化，然后再放在电炉上加热，加热时要不断搅拌，直至样品有较好的流动性为止。搅拌时动作要和缓，以避免气泡进入试样影响针入度结果。倒入试样皿的样品中不能混入气泡，气泡尤其是表面或接近表面层气泡的存在会减小沥青对针的阻力，使测定结果偏大。当样品皿中沥青的表面有气泡时，可用一张光洁的小纸片沿一个方向将气泡刮向试样皿边缘，或将试样皿放入125℃左右(SBS改性沥青可在160℃左右)烘箱中烘10~15min，使表面气泡受热破裂。试样在空气中冷却时，室内温度宜保持在20~25℃，且室内空气不应有强对流。试样冷却速度过快，可能会导致测得的针入度值偏小。

对针质量也是影响测定准确性的重要因素。对针时，针尖与试样表面应恰好接触，每针插入点的相互距离应合乎方法要求。对针时，宜先快后慢，直至针尖刚刚接触到试样的表面，可以观察到针尖恰好与针尖的水下倒影接触，对针时，一般需要用合适位置的光源反射来观察，光源最好用冷光灯，以免灯源温度影响平底玻璃皿水温。当使用手动读数针入度测定仪时，读数操作时应注意轻轻下拉(压)活杆直至与连杆接触，以免连杆强力作力下滑，导致测定结果偏大。

试样皿大小应符合方法要求，倒入试样皿的样品高度不低于试样皿上边缘以下10mm处，样品深度应至少是预计锥入深度的120%。同一试样至少重复测定三次，每次试验前都应将试样和平底器皿放入恒温水浴中，每一试验点和其他试验点、试样皿边缘的距离都不得小于10mm。当针入度超过200时，至少用三根针，每次试验用的针留在试样皿中不能拔出，此类样品分析时最好多制备几个样，一个试样皿测一次。针入度测定时，为确保针扎入沥青表面时样品皿不轻微晃动，需要在平底器皿底放上三角支架，且支架直径应与平底器皿直径相同。

样品表面的微量细小颗粒都会影响测定结果，恒温水浴最好用蒸馏水并保持清洁，以免试样表面有杂质影响结果，也便于观察针尖与试样表面的接触情况。

第三节 沥青软化点测定法(环球法)

GB/T 4507—2014

1. 适用范围

沥青软化点测定法(环球法)规定了用环球法测定沥青软化点的方法，适用于环球法测定软化点范围在30~157℃的石油沥青、聚合物改性沥青、煤焦油沥青试样及其他沥青试样。

2. 测定原理

石油沥青软化点测定属于条件性试验方法，制成一定形状的沥青样品，沥青上放置一钢球作为负重，在液体浴中逐渐加热升温，沥青经过加热逐渐从固体或黏稠不易流动状态，向较软或黏滞性较低的液体转变，直至无法承载钢球，钢球下落25mm时的液体浴温度定义为沥青的软化点。

3. 方法概要

小心加热试样，并不断搅拌，直到试样流动，向每个试验环中倒入略过量的沥青试样。试样冷却后，用具有足够温度的热刮刀刮去多余的沥青，使得每个圆片饱满且和环的顶部齐平。按样品的软化点估计值选择水浴或甘油作为恒温浴，以5℃/min的升温速率进行升温，当沥青软化，两个试环上的球刚触及下支撑板时，记录此时的浴温，取两个试样温度的平均值作为沥青的软化点。

沥青软化点测定方法大都按GB/T 4507《石油沥青软化点测定》或JTG E20—2011《公路工程沥青及沥青混合料试验规程》中T 0606—2011《沥青软化点试验(环球法)》进行。两者在测试钢球直径、沥青软化时钢球下落距离及使用甘油浴时的起始温度时略有差异，但对分析结果的影响微乎其微，见表10-5。

表10-5 GB/T 4507—2014与T 0606—2011的差异

<table>
<tr><th colspan="3">方法名称</th><th>沥青软化点测定法(环球法)
GB/T 4507—2014</th><th>沥青软化点试验(环球法)
T 0606—2011</th></tr>
<tr><td colspan="3">钢球的尺寸/mm</td><td>直径9.5</td><td>直径9.53</td></tr>
<tr><td colspan="3">下落距离/mm</td><td>25</td><td>25.4</td></tr>
<tr><td colspan="2" rowspan="2">起始加热介质温度/℃</td><td>蒸馏水</td><td>5±1</td><td>5±1</td></tr>
<tr><td>甘油</td><td>30±1</td><td>32±1</td></tr>
<tr><td rowspan="4">精密度(石油沥青、乳化沥青残留物、焦油沥青)</td><td rowspan="2">重复性</td><td>蒸馏水</td><td>不大于1.2℃</td><td rowspan="2">软化点<80℃时：不大于1℃
软化点>80℃时：不大于2℃</td></tr>
<tr><td>甘油</td><td>不大于1.5℃</td></tr>
<tr><td rowspan="2">再现性</td><td>蒸馏水</td><td>不大于2.0℃</td><td rowspan="2">软化点<80℃时：不大于4℃
软化点>80℃时：不大于8℃</td></tr>
<tr><td>甘油</td><td>不大于5.5℃</td></tr>
</table>

4. 影响因素及注意事项

由于沥青从固态到液态没有明显的相变过程，软化点不是熔点，它是在一定条件下，沥青达到某一软化程度时的温度，因此软化点是一个随试验条件改变的值，测定时必须使所有试验条件标准化，才能使测定结果有可比性，除测定仪器、测定器具必须符合方法规定，测温设施必须定期校验外，在测定过程中还应注意以下方面：

软化点测定前，应加热试样，使试样具有较好流动性，试样加热时温度不宜过高，加热时间不易过长，加热温度越高，时间越长，会使沥青中的轻组分蒸发甚至发生氧化反应，使沥青组分发生变化，软化点增高。要求加热试样时，加热温度不得高于试样预计沥青软化点90℃，也不允许试样长时间加热。

沥青加热搅拌动作应和缓，避免产生气泡。将试样环置于涂有甘油滑石粉隔离剂的试样底板上[如估计试样软化点高于120℃，则试样环和试样底板(不用玻璃板)均应预热至80~100℃]，注意试样环内表面不应涂有隔离剂，以防止试样掉落。将准备好的沥青试样徐徐注入试样环内至略高出环面，试样在室温下至少冷却30min后，用热刮刀刮除环面上的试样，使其与环面齐平。对于室温下较软的试样，应将试件在低于预计软化点10℃以上的环境中冷却至少30min后再用热刀刮平。

测定前，测试用烧杯(作恒温槽用)内注入新煮沸并冷却至5℃±1℃的蒸馏水或30℃±1℃的甘油，水面或甘油面略低于立杆上的深度标记。对软化点在80℃以下的样品，将装有试样的试样环、金属支架、钢球、钢球定位环等同时置于5℃±1℃的恒温水槽中放置15min。如样品软化点高于80℃时，则将装有试样的试样环、金属支架、钢球、钢球定位环等置于30℃±1℃甘油恒温槽中至少15min。

测定时，从恒温槽中取出盛有试样的试样环放置在支架中层板的圆孔中，套上定位环，然后将整个环架放入烧杯中，调整水面或甘油面至深度标记，并保持水温为5℃±1℃或甘油温为30℃±1℃。环架上任何部分不得有气泡。将符合要求的测温设备由上层板中心孔垂直插入，与环下面齐平。将烧杯移放至加热炉具上，然后将钢球放在定位环中间的试样中央，开动搅拌，使水微微振荡，并开始加热，使杯中液温在3min内调节至每分钟上升5℃±0.5℃。如果加热过快，液体浴温度上升时，热量还不能充分传导至试样内部，使试验结果偏高；反之，加热速度过慢会使试样内部的温升超过正常加热时的温升，而且随时间的增加试样会发生蠕变，就会使测定结果低于实际软化点的值。实际分析过程中，有时会出现试样环在试样架上没有放平，或试验钢球被环卡住而没有放在沥青面上等情况，这些都不能获得准确的结果，因此试验时应注意观察。

试验用钢球用久后会生锈或表层金属剥落，质量和直径会发生变化，因此每次测定前应检查钢球外观，定期测量钢球的质量和直径，确保钢球直径为9.5mm，质量为3.50g±0.05g。

用水作加热浴时，为避免水中溶解的气体因加热产生大量气泡使测定结果偏高，必须用新煮沸的蒸馏水。测定时，加热时搅拌速度应适宜，速度过慢会使加热浴上下层之间产生较严重的温度梯度，不能反映真实结果；速度过快会使水浴或油浴产生旋涡，使包裹沥青的钢球下落轨迹发生偏移，使它落到底板上的时间变长，软化点偏高。

因水浴和甘油浴的热容量和热传导性不同，对于软化点为80℃左右的样品，在不同的浴中会得到不同的结果。当水浴中的软化点高于80℃时，从水浴变成甘油浴时，软化点的变化是不连续的。对于给定的沥青试样，当软化点略高于 80℃，水浴中测定的软化点低于甘油浴中的软化点。为了避免 80℃的沥青样品无法确定恒温浴，在方法中规定了当甘油浴中所测得的沥青软化点的平均值为 80.0℃或更低时，应在水浴中重复试验；当在水浴中两次测定温度的平均值为 85.0℃或更高时，则应在甘油浴中重复测定。沥青软化点的结果报告时应注明介质。

第四节 沥青延度测定法

GB/T 4508—2010

1. 适用范围

沥青延度测定法规定了沥青延度的测定方法，适用于沥青材料延度的测定。

2. 方法原理

沥青的延度试验是物理性的条件试验，表征沥青在一定温度下的延展性。将试样在专用模具中铸模，在一定的温度下以一定速度进行水平拉伸，当沥青的延展速度低于拉伸速度时，沥青的某一部分就会发生断裂，试样从拉伸到断裂所经过的距离即为沥青延度。

3. 方法概要

将沥青延度测定用的模具组装在支撑板上，将隔离剂涂抹于支撑板表面，将加热熔化好的沥青试样在充分搅拌之后倒入模具中，在倒样时使试样呈细流状，自模的一端至另一端往返倒入，使试样略高于模具，将试件在空气中冷却 30~40min，然后放在规定温度的水浴中保持 30min，用热刀将高出模具的沥青铲去，使试样表面与模具齐平。将模具两端的孔分别套在沥青延度测定仪的拉伸架上，保证试件距水面和水底面距离不小于 2.5cm，然后以 5cm/min±0.25cm/min 速度拉伸，直到沥青发生断裂，测量试件从拉伸到断裂所经过的距离即为沥青延度，以 cm 表示。

沥青延度测定方法按 GB/T 4508《沥青延度测定法》或 JTG E20—2011《公路工程沥青及沥青混合料试验规程》中 T0605—2011《沥青延度试验》进行。两者在仪器设备、试验模具、样品加热、试件处理等方面没有区别，但在结果报告方法及精密度要求上有所不同，见表 10-6。

表 10-6 GB/T 4508—2010 与 T 0605—2011 的差异

方法名称		沥青延度测定法 GB/T 4508—2010	沥青延度试验 T0605—2011
结果报告		若 3 个试件测定值在其平均值的 5%内，取平行测定 3 个结果的平均值作为测定结果。若 3 个试件测定值不在其平均值的 5%以内，但其中两个较高值在平均值的 5%之内，则弃去最低测定值，取 2 个较高值的平均值作为测定结果，否则重新测定	若 3 个测定结果均大于 100cm，试验结果记作“>100cm”；若 3 个测定结果中，有 1 个以上的测定值小于 100cm 时，若最大值或最小值与平均值满足重复性试验精密度要求，则取 3 个测定结果的平均值的整数为延度结果，若平均值大于 100cm，记作“>100cm”；若最大值或最小值与平均值之差不符合重复性试验精密度要求时，试验应重新进行
精密度	重复性	不超过平均值的 10%	当试验结果小于 100cm 时，不超过平均值的 20%
	再现性	不超过平均值的 20%	当试验结果小于 100cm 时， 不超过平均值的 30%

4. 影响因素及注意事项

加热促使沥青老化，黏弹性变差，因此加热温度不宜过高，加热时间不宜过长。石油沥青加热温度不宜超过其预期软化点的90℃，样品的加热时间应在保证其达到充分流动性的基础上尽量地短。

沥青制模时，试样在模具内成型状况的好坏对结果有很大影响。因此试样应除去机械杂质、水分且无气泡，如有，这些杂质所在的部分会首先断裂，使测定结果偏小。分析试件制作前，应目视检查底板光洁度是否符合规程的要求，不能有腐蚀坑点，必要时可与新底板目视比对。铸模时，需将金属底板和黄铜模具清理干净，将隔离剂拌和均匀，涂于金属底板和黄铜模具侧模的内表面，金属底板上涂隔离剂不宜过多，避免隔离剂沾在模具内壁，使沥青的抗拉伸力发生变化，影响延度测定结果。浇铸试件时，金属底板(连同模具)应放置水平，将融化好的具有较好流动性的沥青试样呈细流状，从模的一端至另一端往返倒入，使模具内的沥青成为一个均匀的整体，倒样后，使试样略高出模具表面，模具内不留未充满沥青的死角。去除高出模块部分沥青时，用热刀自试模的中间刮向两端，将高出模具的沥青刮去，使沥青表面与模面齐平，刮去多余部分后的沥青表面应平滑，刮样刀不可过凉或过热，以防破坏试样。应当注意到，由于受热胀冷缩影响，室温下固定在金属底板中的模具，从较低温度的水浴中拿出时，有可能会松动，此时用热刀切刮沥青时容易使模具组件发生移动，使模具内的沥青受外力而“损伤”，直接影响延度测定结果，有时甚至发生脆断，因此，切刮前应检查模具与底板是否紧固，若不紧固，可轻微拧紧黄铜模具外侧的紧固螺杆。

铸模后的试件应在15~30℃的空气中冷却，室内不能有较强对流风，避免影响试件的冷却进程，使沥青内分子链的松驰状态发生变化。

在测定延度时，延度测定仪不能有明显振动，振动有可能影响沥青的断裂速度，整个拉伸过程中模具两端要始终在一条直线上，使试样受力均匀，拉伸中后期需关闭循环水，保证水温在±0.5℃内，当沥青细线浮于水面或沉入槽底不能呈直线延伸时，应向水槽中加入乙醇或食盐水来调整水的密度，使之与试样的密度相近。另外，对于模具的尺寸也要进行检验，特别要注意检查模具的横断面及模具厚度，横断面大、模具厚将使延度结果偏大。

正常的试验应将试样拉成锥形或线形或柱形，断裂时实际断裂面的横断面面积接近于零或一均匀断面，如果三次试验得不到正常结果，则报告为在该条件下延度无法测定。

第五节 石油沥青溶解度测定法

GB/T 11148—2008

1. 适用范围

石油沥青溶解度测定法适用于测定石油沥青在三氯乙烯中的溶解度，不适用于测定改性沥青的溶解度。可用化学纯三氯甲烷替代三氯乙烯，但仲裁试验必须用三氯乙烯。

2. 测定原理

利用相似相容原理，测定沥青在三氯乙烯中的可溶物含量，可溶物含量反映了沥青有效黏结成分的含量。

3. 方法概要

在预先干燥并称重的锥形烧瓶中，用差量法称取熔化、脱水的沥青试样2g，称准至

0.0002g。在不断摇动下分次加入总量为100mL的三氯乙烯，盖上瓶塞，在室温下放置15min，使沥青充分溶解。将已称重的古氏坩埚安装在过滤瓶上，用少量的三氯乙烯润湿玻璃纤维滤纸，然后让溶解在三氯乙烯的澄清溶液通过玻璃纤维滤纸，以滴状过滤速度进行过滤，直到全部滤液滤完，用少量溶剂洗涤锥形瓶，将全部不溶物移到古氏坩埚中，用溶剂洗涤锥形瓶和古氏坩埚上的不溶物，直至滤液无色为止。取下古氏坩埚，放在通风处至无三氯乙烯气味为止。

将古氏坩埚放在105~110℃烘箱内30min，取出后放在干燥器中冷却30min后称量。重复进行干燥，冷却及称重，至连续称量两次间的差数不大于0.0003g为止，记录不溶物质量，沥青的溶解度计算为沥青称样量减去不溶物的质量后的值除以沥青称样量。

沥青溶解度测定方法按GB/T 11148—2008《石油沥青溶解度测定法》或JTG E20—2011《公路工程沥青及沥青混合料试验规程》中T 0607—2011《石油沥青溶解度试验》进行，两者在方法名称、过滤用纸、试验样品取样量及结果报告等方面有一些差异(见表10-7)。

表10-7 GB/T 11148—2008与T 0607—2011的差异

方法名称	石油沥青溶解度测定法 GB/T 11148—2008	石油沥青溶解度试验 T 0607—2011
玻璃纤维过滤纸	直径为26mm，平均孔径小于1μm	直径2.6cm，最小孔径0.6μm
样品取样量	约2g，称准至0.0001g	称取沥青试样2g，准确至0.2mg
溶剂	三氯乙烯、三氯甲烷，仲裁用三氯乙烯	三氯乙烯
烘箱温度	105~110℃	105℃±5℃
冷却时间	30min	30min±5min
结果报告	取平行测定两个结果的算术平均值作为试样的溶解度	当两个平行试验结果之差不大于0.1%时，取其平均值作为试样的溶解度

4. 影响因素及注意事项

所使用溶剂应按沥青产品标准上的规定进行选择，溶剂在使用前最好经过过滤，以保证溶剂无固体杂质，确保分析结果的准确。测定过程中溶解试样应防止溶剂挥发损失，过滤时应保持一定的过滤速度，必要时可用水流泵或真空泵抽滤，加快过滤速度。过滤时，应将锥形瓶中的不溶物全部移入坩埚，用溶剂洗涤坩埚中玻璃纤维纸要直至滤液无色为止。试验用溶剂三氯乙烯有毒，试验须在通风良好的通风橱中进行。空的古氏坩埚和含不溶物的古氏坩埚恒温时间和冷却时间尽可能一致，相差不得超过±5min。古氏坩埚放入烘箱前必须要确认三氯乙烯等溶剂已经挥发完毕，否则含有溶剂的古氏坩埚直接放入烘箱会发生爆炸。

第六节 石油沥青蒸发损失测定法

GB/T 11964—2008

1. 适用范围

石油沥青蒸发损失测定法规定了测定石油沥青在规定条件下加热时的质量变化(不包括水)，适用于石油沥青。

2. 测定原理

沥青蒸发损失为条件性试验项目。测定沥青在163℃±1℃烘箱中保持5h，轻组分的蒸发和易裂解组分的裂解损失占取样量的质量分数。

3. 方法概要

将沥青试样热至流动状态，并搅拌均匀，倒入50g±0.5g试样于内径为55mm±1mm，深为35mm±1mm的金属或玻璃制成的平底圆筒形盛样皿中。把测定用烘箱调成水平，使转盘在水平面上旋转，将温度计挂在转盘的支架上，水银球底部在转盘上面6mm处，温度计支撑点的位置距转盘中心和外边缘的距离应相等。保持烘箱温度163℃±1℃，将两个盛有试样的盛样器皿放在烘箱的转盘上，关闭烘箱门，保持转盘的转速为5~6r/min。当温度上升到162℃时开始记时5h，但试样在烘箱中的时间不应超过5.25h。加热终了后取出盛样器皿，在空气冷却至室温进行称量，称准至0.001g，按试样蒸发前后损失的质量占试样总质量的百分比计算沥青的蒸发损失。

沥青蒸发损失测定方法按GB/T 11964《石油沥青蒸法损失测定法》或JTG E20—2011《公路工程沥青及沥青混合料试验规程》中T 0608—1993《沥青蒸发损失试验》进行，两方法在测定用仪器、器具及试验步骤上基本没有差异，但方法内容、试验用温度计及方法精密度上略有差异，见表10-8。

表10-8 GB/T 11964—2008与T 0608—2011的差异

方法名称		石油沥青蒸发损失测定法 GB/T 11964—2008	沥青蒸发损失试验 T 0608—2011
方法内容		仅测定沥青加热后质量损失	测定沥青加热后质量损失及残留针入度
温度计规格		155~170℃，分度0.1℃	0~200℃，分度0.5℃
精密度（以蒸发损失的质量分数的绝对值计）	重复性	≤0.5%时，0.1% 0.5%~1.0%时，0.2% >1.0%时，0.3%或平均值的10%（取大值）	≤0.5%时，0.1% ≥0.5%时，0.2%
	再现性	≤0.5%时，0.2% 0.5%~1.0%时 0.4% >1.0%时，0.6%或平均值的20%（取大值）	≤0.5%时，0.2% ≥0.5%时 0.4%

4. 影响因素及注意事项

取样时，融化试样时要在不断搅拌下加热至流体状态，加热温度应尽可能低，加热时慢慢搅拌避免样品中产生气泡，加热最高温度不得高于试样估计软化点90℃，加热时间应少于30min。如果融化试样的温度过高会造成沥青中的轻组分蒸发损失，使测定结果偏小。

如果样品有水，应用适当方法脱水，要防止在测定温度下试样中的水分受热蒸发冒泡使沥青溢出试验皿和由于水蒸气损失所带来的误差，在试验过程中如果发现有泡沫产生，应重新取样并对样品脱水后分析。

试验用的恒温烘箱的温度要符合规定并保持恒温，应定期检查烘箱温度，如果烘箱温度偏高会使分析结果偏大，温度偏低使分析结果偏小。烘箱内可能存在温度不均匀的情况，箱内温度计位置应准确放置。本方法选择了全浸式温度作为烘箱温度计，在选择温度计时应关注，不能使用分浸式温度计，分浸式温度计与全浸式温度计因校正方式不同，测得的温度值会有适当的差异。盛样皿的规格必须满足方法的要求，同时严格控制称样量不得超过50.5g，否则样品量过多会导致试样在试验过程中溢出盛样皿而发生火灾事故。

第七节　石油沥青脆点测定法(弗拉斯法)

GB/T 4510—2006

1. 适用范围

石油沥青脆点测定法(弗拉斯法)适用于测定石油沥青被冷却和弯曲而脆裂的温度，本标准适用于道路石油沥青和建筑石油沥青，本标准也适用于改性沥青，但精密度要求不适用于此类沥青。

2. 测定原理

石油沥青脆点的测定是条件性试验。是在一定的沥青膜厚，一定的降温速度和一定的弯曲辐度和弯曲速度下，测定出沥青膜表面因受力出现脆性裂纹时的温度值，称为沥青的脆点。

3. 方法概要

在一块洁净的薄钢片上，称取0.40g±0.01g的沥青样品，将薄钢片在金属加热板上慢慢加热，石油道路沥青样品的加热板温度一般控制在略高于120℃左右，当试样刚刚流动时，用镊子夹住薄片前后摆动，使沥青均匀地布满薄片表面上，形成光滑薄膜。试样在加热板上，从开始加热到形成光滑薄膜必须在5~10min内完成。把涂好的试样钢片，在室温下静置1~4h，冷却至室温后重新称量，试样质量应仍能保持在0.40g±0.01g，否则应放弃此膜片。慢慢弯曲薄片把它放在弯曲器两夹钳之间，并将弯曲器装入脆点测定装置中，控制冷浴降温速度，使温度每分钟降1℃，当温度达到预计脆点以上至少10℃时，开始以每秒1转的速度转动弯曲器摇把直至夹钳距离缩短3.5mm±0.2mm(约10~12转)为止，同时观察薄片上试样有无裂纹，然后以相同的速度转回，如此操作使薄片每分钟弯曲一次，当薄片弯曲时出现一个或多个裂纹时的温度作为试样的脆点。

沥青脆点测定方法按GB/T 4510《石油沥青脆点测定法弗拉斯法》或JTJ/T0613《沥青脆点试验(弗拉斯法)》进行，两者没有实质性的区别。

4. 影响因素及注意事项

脆点仪必须符合标准要求，试验前应检查弯曲器夹钳之间的距离是否符合要求。摇把转动10~12圈能使两夹钳之间的距离缩短3.5mm±0.2mm，试验用薄片应有弹性，重复弯曲不变形，应弃去不能恢复原状的薄片。测定时沥青样品涂片的质量直接影响测定结果的准确性，将0.40g±0.01g样品均匀地涂在钢片上，应形成光滑的薄膜。一般涂片温度可略高于估计软化点80℃，加热温度以样品充分流动为宜，但不得高于估计软化点的120℃。必须严格控制涂片加热时间，盛试样的薄片在加热板上开始加热起必须在5~10min内完成，加热板温度高、加热时间长均易使样品老化变脆，使测定结果偏高。测定前膜片置入弯曲器时应小心，防止膜片受损测定过程中的降温速度保持每分钟1℃，当降温速度过快时，脆点偏高，反之脆点偏低。降温速度要均匀，忽快忽慢也影响测定结果。

脆点分析的误差普遍较大，原因在于每次试验时的起始温度不同，第二次试验时的起始温度往往低于第一次，因此，为得到重复性较好的结果，至少要进行3次平行试验，每次试验都必须使冷浴温度回升到与第一次试验时相同的温度再开始，并取误差在3℃范围内的3个测定值的平均值作为试验结果。

第八节　石油沥青薄膜烘箱试验法

GB/T 5304—2001

1. 适用范围

石油沥青薄膜烘箱试验法适用测定热和空气对石油沥青薄膜的影响，这种影响是通过测定试验前后石油沥青某些性质(如针入度、延度)变化来确定的。

2. 测定原理

薄膜烘箱试验是条件性试验方法，是沥青的加速老化性能试验，在一定时间内对沥青薄膜施加高温，通过测定试样在试验前后的物理性质，来确定热量和空气对石油沥青性质的影响。

3. 方法概要

在多个规定尺寸的盛样皿中，分别称量已加热至流体状态的沥青试样50g±0.5g，形成厚度约3.2mm的薄膜，将各个盛样皿放于薄膜烘箱内转盘上，转盘以5.5r/min±1r/min的速度转动，沥青薄膜在163℃下加热5h，若不需要测定质量变化，把盛样皿取出，用铲刀刮出皿中试样，混合均匀用于加热后的沥青性质测试，若需要测定质量变化，则在试验结束后，将试样冷却到室温，称准至0.001g。称重后再把试样在163℃的烘箱内旋转15min，然后取出试样，混合均匀用于加热后的沥青性质测定。

沥青薄膜烘箱试验方法按GB/T 5304《石油沥青薄膜烘箱试验法》或JTG E20—2011《公路工程沥青及沥青混合料试验规程》中T 0609—2011《沥青薄膜加热试验》进行，两者在仪器、试验条件、试验器材、取样量、样品前处理等方面没有差异，但在烘箱中温度计安放位置及加热试验结束后样品的处理上有所差别，见表10-9。

表10-9　GB/T 5304—2001与T 0609—1993的差异

方法名称	石油沥青薄膜烘箱试验法 GB/T 5304—2001	沥青薄膜加热试验 T 0609—2011
温度计规格	155～170℃，分度0.1℃	0～200℃，分度0.5℃
烘箱中温度计水银球位置	温度计水银球底部应在转盘上面40mm处	温度计水银球底部应在转盘上面6mm处
加热试验结束后的样品处理	结束后直接倒入容器，加热到流动状态后分析针入度、延度等	结束后放入干燥器中冷却至室温，再放入163℃±1℃烘箱中转15min，取出后进行针入度、延度等分析

4. 影响因素及注意事项

薄膜烘箱试验在加热和空气自然对流下进行，所以烘箱温度准确性、温度均匀性、烘箱腔体体积、烘箱加热方式、烘箱转盘离加热底盘的距离、转盘的转速均匀性等对试验结果有直接的影响，薄膜烘箱仪器应定期验证，烘箱温度准确性、稳定性、均匀性，可用校验合格的温度计进行校验，准确性看烘箱恒温后温度是否达到163℃±1℃，稳定性看在5h内烘箱温度是否稳定在163℃±1℃，均匀性一般用温度计检验烘箱中等距离四个点的温度差异是否在±1℃内。烘箱转盘的转速可用校验合格的秒表进行检查。

薄膜烘箱试验表示沥青在热和空气作用下的老化速度，可见热和空气对结果有直接影响，因此，要控制好沥青样品取样前的加热融化温度，一般不超过软化点90℃。在实际操作过程中，为加快样品融化速度，可先在125℃左右的烘箱中烘到软化，然后在电炉上加热，电炉加热时要控制电炉加热强度，同时要搅拌，防止局部过热。沥青取样时，为保证样品皿中沥青有相同的膜厚度，每个样品皿中的取样量必须符合50g±0.5g。恒温起始时间从沥青试样放入烘箱后烘箱温度重新达到162℃开始计时，恒温5h结束，在烘箱内的总时长不应超过5.25h。

薄膜烘箱试验过程中，沥青样品发生氧化、缩合；轻组分挥发等复杂的物理和化学变化，为避免不同牌号的沥青互相干扰，不允许将它们同时放在一个烘箱中试验。

薄膜烘箱试验结束后，样品皿中的沥青要全部倒入同一容器中，粘在样品皿底部的沥青要用刮刀尽量刮到容器中，再将容器中沥青加热、均匀混合至呈良好流动态后倒入针入度皿、延度模具等试模内，进行针入度、延度等性质测定，薄膜烘箱试验后的后续试验如膜后针入度、延度、软化点、蒸发损失等须在72h内完成。

第九节　石油沥青蜡含量测定法

SH/T 0425—2003

1. 适用范围

石油沥青蜡含量测定法规定了用裂解蒸馏法测定石油沥青中的蜡含量。适用于以天然原油的减压渣油生产的石油沥青。

2. 测定原理

沥青在高温下蒸馏裂解，获得蒸馏裂解馏出物。馏出物以无水乙醇-无水乙醚为溶剂，使蜡组分在-21～-20℃的低温下结晶析出，对析出物进行过滤、干燥、恒重后，其占沥青样品的比例即为沥青中的蜡质量分数，在坐标纸上从蒸馏裂解产物中取出的三份馏出物冷冻脱蜡所得的蜡质量(g)为横坐标、相应的蜡质量分数为纵坐标，画出关系曲线，用内插法求出当蜡质量为0.075g时对应的蜡质量分数作为报告的沥青样品蜡含量。

3. 方法概要

向裂解烧瓶中装入50g±0.1g试样，用已知质量的150mL锥形瓶作接受器，加热裂解烧瓶内的试样，使从加热开始在5～8min内达到初馏，以4～5mL/min的速度连续蒸馏到馏出终止，然后在1min内将烧瓶底烧红。从锥形瓶的馏出物中称量试样(试样量以过滤后的蜡含量50～100mg为准)，用无水乙醇-无水乙醚混合溶剂溶解，在冷冻过滤装置中，-20℃温度下冷却使蜡结晶析出，过滤、用-21～-20℃无水乙醇-无水乙醚混合溶剂冷洗析出的蜡；然后，待过滤得到的蜡达到室温后，用30～40℃的石油醚溶解蜡，从溶液中蒸出溶剂，真空干燥、称重，测出蜡含量。再重复从锥形瓶的馏出物中称量试样(每次不相同)至测出蜡含量的步骤二次，在方格纸上以所得蜡质量(g)为横坐标，蜡质量分数(%)为纵坐标，求出关系直线，用内插法求出蜡质量为0.075g时的蜡质量分数作为报告的蜡含量(%)。

沥青蜡含量试验方法按 SH/T 0425—2003《石油沥青蜡含量测定法》或 JTG E20—2011《公路工程沥青及沥青混合料试验规程》T 0615—2011《沥青蜡含量试验(蒸馏法)》进行，为蒸馏脱胶、冷冻脱蜡方法。在 JTG E20—2011《公路工程沥青及沥青混合料试验规程》T 0615—2011《沥青蜡含量试验(蒸馏法)》中，规定至少取 2 份馏出液进行平行试验，如平行试验结果符合重复性则取平行试验结果的平均值作为沥青蜡含量报告，如不平行，则同 SH/T 0425—2003。

4. 影响因素及注意事项

沥青蜡含量测定的两大步骤中蒸馏脱胶步骤对结果的影响是决定性的，该步骤决定了沥青样品中的蜡成分是否全部被蒸出，有多少烃类的长侧链在蒸馏脱胶过程中断裂形成蜡组分。

蒸馏脱胶时应严格控制好加热速度，为控制好加热速度，使用流量计准确控制空气和燃气的比例是一个较好的方法。加热时用燃气灯或用同样加热效果的花盆电炉(为快速调节加热温度，控制蒸馏速率，建议使用燃气灯)加热，使在 5~8min 内达到初馏点，控制加热量，保持每秒 2 滴(4~5mL/min)的馏出速度，直至馏出终止，然后在 1min 内将烧瓶底烧红，蒸馏从加热开始到终了须在 25min 内完成，注意蒸馏结束后馏出支管中的最后一滴不能进入蒸馏接收瓶。实际操作过程中，为尽量减少烃类的侧链断裂生成蜡，造成蜡含量虚高，应尽量减少裂解反应。在蒸馏脱胶的后期，应注意控制黄烟生成量，不能使黄烟从蒸馏烧瓶逸出，此时可通过移动烧瓶加热源，使黄烟在烧瓶中翻腾而不逸出烧瓶，黄烟逸出会使结果偏高。对于特殊地区，要注意观察气压变化对裂解馏出油量和蜡含量的影响，以便进一步确定其影响程度。沥青裂解过程生成的气体很臭，可用一根足够长的“L”形玻璃导管把接受器中的不凝气引出，采用点火燃烧的方法除去臭味，避免污染实验室环境。

在冷冻脱蜡步骤中，冷浴温度应严格控制在-21~-20℃，馏出油取样量应控制在使其经冷却过滤后所得的蜡量在 50~100mg 之间，但不能超过 10g，一般从馏出油的稀稠、透明度、收率三方面来判断，取样量应使蜡质量接近 75mg，称取量计算为：$d=(p\times y)/P\%$。式中，d 为估计称样量；p 为得到的蜡质量，规定为 50~100mg；$P\%$为估计的沥青含蜡量；y 为沥青收率,%。馏出油取样不当，经冷却过滤后得的蜡质量会超越 50~100mg 范围，使结果偏大或偏小。冷冻脱蜡前，应对冷冻用冷却筒进行试漏，对砂芯漏斗孔径进行检测，简单的办法是加几毫升酒精进行滴漏试验，观看滴速和液滴形成的位置和形状，合格的砂芯漏斗滴速约每秒 1 滴，液滴形成位置在砂芯中间。对已析出蜡的乙醇-乙醚溶液自然过滤 30min 后，继续过滤和随后的无水乙醇-无水乙醚混合溶液洗涤时可启用抽滤泵，洗涤抽滤过程中要防止蜡结成一块紧密的蜡饼，如果形成蜡饼，极有可能使非蜡物质被蜡饼包裹，无法用无水乙醇-无水乙醚混合溶剂将非蜡物质清洗干净，从而使结果偏大。如果过滤后得到的蜡质量不在 50~100mg 之间，应重新取馏出油进行冷冻脱蜡步骤，以避免影响最后的关系直线的线性。

第十节　分析方法索引

分析方法索引见表 10-10。

表 10-10 分析方法索引

项 目	试验方法	索 引
针入度	GB/T 4509	见本章第二节
软化点	GB/T 4507	见本章第三节
延度	GB/T 4508	见本章第四节
溶解度	GB/T 11148	见本章第五节
闪点	GB/T 267	见闪点测定一章
密度	GB/T 8928	见密度测定一章
蒸发损失	GB/T 11964	见本章第六节
脆点	GB/T 4510	见本章第七节
蜡含量	SH/T 0425	见本章第九节
薄膜烘箱试验	GB/T 5304	见本章第八节
质量变化	GB/T 5304	见本章第八节
针入度比	GB/T 4509	见本章第二节

第十一章 石油焦

第一节 概 述

石油焦(英文名 petroleum coke)是一种黑色或暗灰色坚固的固体石油产品，或者是一种高度芳烃化的高分子碳化物，是由微小的粒状、柱状或针状的石墨结晶构成，具有金属光泽、有发达的孔隙结构。石油焦的元素组成为碳 90%~97%，氢 1.5%~8.0%，此外还含有硫、氮、氧和金属等元素。石油焦具有以下独特的理化性能和机械性能：

1）良好的氧化燃烧及发热性能；

2）在腐蚀性介质中具有良好的化学安定性和热安定性；

3）较低的热膨胀系数；

4）足够高的机械强度；

5）较高的电导率和热导率。

石油焦是原油经过减压蒸馏装置，在减压塔底抽出的减压渣油，经焦化装置在 490~550℃的高温下缩聚焦化而生成的黑色坚硬的固体物质，从某种意义上说，石油焦是为了从减压渣油高温裂解得到轻质油品的副产品。石油焦从生产方法上可分为延迟焦和釜式焦两种，釜式焦是石油焦化的古老方法，一种间歇式的焦化工艺，原料装在焦化釜中加热，加热至一定温度后，在釜内发生缩聚反应生成石油焦；延迟焦化是指将原料油在加热炉管中经过加热炉加热迅速升温至焦化反应温度，在加热炉管内不生焦，而进入焦炭塔再进行焦化反应生成石油焦，故有延迟作用，称为延迟焦化技术。目前，石化企业都采用了延迟焦化工艺来生产石油焦，同时得到液化气、汽油、柴油等裂解产物。延迟石油焦(以下简称石油焦)按物理结构大体可分为海绵焦、针状焦和弹丸焦三类。大部分延迟焦化装置原料中含低到中等浓度的沥青质，生产的是海绵焦；用高芳烃原料生产的石油焦具有由中间相小球体形成的纤维状或针状纹理走向的晶态结构，称为针状焦；弹丸焦为高沥青质、高金属含量原料在高反应温度、低循环比下焦化形成的焦炭。这三类石油焦的生产原料及用途比较如表 11-1 所示。

表 11-1 三类延迟石油焦的生产原料及用途比较

种类	生产原料	用 途
海绵焦	使用低硫渣油和蜡油原料生产的是电极焦	用于生产电炉炼钢的普通功率电极
	使用高硫、高金属原料生产的是燃料焦	用于锅炉燃料，水泥生产等
针状焦	使用催化裂化澄清油、润滑油抽出油、乙烯焦油、蜡油等低硫，富含三、四环芳烃的原料生产	用于生产电炉炼钢的高功率和超高功率电极
弹丸焦	高沥青质、高金属含量原料，高反应温度、低循环比下生产，使焦化装置得到的轻质油品最大化	用作燃料

石油焦产品的主要技术指标有 NB/SH/T 0527—2015《石油焦(生焦)》和中国石化企业标准 Q/SH PRD 0392—2015《石油焦》。

《石油焦(生焦)》标准规定了普通石油焦(生焦)和石油针状焦(生焦)二类石油焦的质量要求，见表 11-2 和表 11-3，《石油焦(生焦)》最高硫含量限值为 3.0%(质量分数)。普通石油焦(生焦)按硫含量的大小及用途分为 1 号、2A、2B、3A、3B。普通石油焦(生焦)1 号主要适用于炼钢工业中制作普通功率石墨电极，也适用于炼铝工业中制作铝用炭素；2A、2B 主要适用于炼铝工业中制作铝用炭素；3A、3B 主要适用于制作碳化物、碳素行业用原料。石油针状焦(生焦)按热膨胀系数和真密度的大小分为 1 号、2 号和 3 号。1 号石油针状焦(生焦)主要用于超高、高功率石墨电极的原料；2 号、3 号石油针状焦(生焦)主要用于高功率石墨电极的原料。

《石油焦》标准规定了硫含量大于 3.0%(质量分数)的石油焦质量要求，见表 11-4，主要用于规范高硫原油的渣油生产的石油焦产品的质量，其用途主要作为碳素行业用原料、循环流化床锅炉或有脱硫设施的工业炉用燃料，也可以作为水煤浆制氢的掺用原料。

表 11-2 普通石油焦(生焦)的技术要求和试验方法

项目		质量指标					试验方法
		1 号	2A	2B	3A	3B	
硫含量(质量分数)/%	不大于	0.5	1.0	1.5	2.0	3.0	GB/T 387[a] GB/214—2007 中第 4 章 GB/T 25214 SH/T 0712
挥发分(质量分数)/%	不大于	12.0	12.0	12.0	14.0	14.0	SH/T 0026
灰分(质量分数)/%	不大于	0.3	0.4	0.5	0.6	0.6	SH/T 0029
总水分[b](质量分数)/%	不大于	报告					SH/T 0032
真密度(煅烧 1300℃，5h)/(g/cm³)	不小于	2.04	—	—	—	—	SH/T 0033
粉焦量[c](质量分数)/%	不大于	35	报告	报告	—	—	附录 A
微量元素[d]/(μg/g)	不大于						ASTM D5600 YS/T 587.5 YS/T 63.16
硅含量		300	报告	—	—	—	
钒含量		150	报告	—	—	-	
铁含量		250	报告	—	—	—	
钙含量		200	报告	—	—	—	
镍含量		150	报告	—	—	—	
钠含量		100	报告	—	—	—	
氮含量(质量分数)/%	不大于	报告	—	—	—	—	SH/T 0656

a 也可采用其他合适的方法，结果有争议时，以 GB/T 387 为仲裁方法。

b 扣水率由供需双方协商确定。

c 该项目由供需双方协商确定，用户对普通石油焦有其他块粒大小的要求时，可与生产单位协商。

d 该项目由供需双方协商确定。

表 11-3 石油针状焦(生焦)的技术要求和试验方法

项目		质量指标			试验方法
		1号	2号	3号	
硫含量(质量分数)/%	不大于	0.5	0.5	0.5	GB/T 387[a] GB/214—2007 中第4章 GB/T 25214 SH/T 0172
挥发分(质量分数)/%	不大于	6.00	8.00	10.00	SH/T 0026
灰分(质量分数)/%	不大于	0.3	0.3	0.3	SH/T 0029
总水分(质量分数)/%	不大于	8	8	8	SH/T 0032
真密度(煅烧 1300℃, 5h)/(g/cm^3)	不小于	2.12	2.11	2.10	SH/T 0033
粉焦量[b](质量分数)/%	不大于	35	报告		附录 A
热膨胀数[c](CTE)/(10^{-6}/℃)	不大于	1.5	2.0	2.5	GB/T 3074.4
微量元素[d]/(μg/g) 硅含量 钒含量 铁含量 钙含量 镍含量 钠含量	不大于	 300 80 250 100 150 100			ASTM D5600 YS/T 587.5 YS/T 63.16
氮含量(质量分数)/%	不大于	0.5	—	—	SH/T 0656

a 也可采用其他合适的方法，结果有争议时，以 GB/T 387 为仲裁方法。

b 该项目由供需双方协商确定，用户对普通石油焦有其他块粒大小的要求时，可与生产单位协商。

c 样品制备过程参见附录 B。

d 该项目由供需双方协商确定。

表 11-4 石油焦的技术要求和试验方法 Q/SH PRD0392—2015

项目		质量指标				试验方法
		4A	4B	5	6	
硫含量(质量分数)/%	不大于	5.0	7.0	9.0	12.0	GB/T 387[a]
挥发分(质量分数)/%	不大于	13.0	15.0	16.0	16.0	SH/T 0026
灰分(质量分数)/%	不大于	0.7	0.8	0.8	0.8	SH/T 0029
水分[b](质量分数)/%	不大于	报告				SH/T 0032

a 硫含量试验方法也可按 GB/T 214—2007 中第 4 章、GB/T 25214、SH/T 0172 规定执行，有争议时，以 GB/T 387 为仲裁方法。

b 水分报告值仅作为出厂计量参考依据，扣水率由供需双方协商。

石油焦各项质量指标的意义为：

硫含量是石油焦最关键的质量指标，硫含量的大小，是划分石油焦质量等级和选择石油焦用途的重要依据，硫含量超过 2.0%的石油焦不能用于生产电极或冶金工业。一般制造炼钢用的石墨电极和炼铝用的阳极糊的石油焦含硫量最好在 1.0%以下，否则电极使用温度高于 1500℃时，硫被释放造成电极晶体膨胀，再冷却时电极收缩，发生破裂。

挥发分是表征石油焦中含有挥发性物质多少的指标，挥发分高说明石油焦中未焦化部分携带多。用户在用石油焦加工制品时，通常需将其焙烧除掉挥发物。当石油焦挥发分大时，增加焙烧消耗且降低设备的生产能力，还可能造成用其生产的电极的收缩和龟裂，但适量的挥发分有助于石油焦的煅烧。

灰分的多少可判断石油焦的使用性能，灰分含量为0.3%(质量分数)以下的石油焦为低灰焦，是用于制造炼钢用的石墨电极与炼制高纯度铝所用的阳极糊的良好原料，灰分多会降低电极的机械强度，增加电阻系数，增加石墨化时的孔隙度。灰分含量在0.1%(质量分数)以下的石油焦称为无灰焦，是原子能工业所用的材料。灰分含量对供作电解铝的石油焦更为重要，灰分中的矿物粒子进入铝产品中会使质量变差。

总水分是指石油焦的全部水分，指石油焦的外在水和内在水的总和。外在水是石油焦达到空气干燥状态前的水分，外在水含量变动较大，随生产、储藏时的外界情况而定，露天存放遇雨天，水分会增加；在干燥的空气中长时间放置，水分会蒸发，使石油焦变成风干状态。内在水是指石油焦达到空气干燥状态后，还留在石油焦内的水分，它与温度、水蒸气在空气中饱和程度以及石油焦本身结构有关。

真密度表征石油焦的摩擦机械强度。摩擦机械强度是焦炭的重要性质之一，好的焦炭应具有足够的摩擦机械强度，而石油焦在1300℃煅烧后真密度大，说明石油焦具有较大的强度，也就是说这种焦的机械强度也强。

在炼铝工业中，石油焦中金属杂质通过不同的方式直接影响炭阳极的质量，加速了阳极的炭耗，进而影响到铝的电解过程，最终石油焦中的金属会转移到铝产品中去，所以一些行业对石油焦的金属含量有了特别的要求。1号普通石油焦(生焦)和1号石油针状焦(生焦)都限制了微量金属元素的含量。

热膨胀系数(CTE)是石油针状焦(生焦)的分类指标，是制石墨电极用的石油焦的重要质量指标。由于超高功率电炉炼钢的出现，要求石墨电极具有良好的抗热震性，使电极不至于在急剧的加热或冷却时，产生较大的热应力而炸裂。抗热震性的最重要指标为电极的热膨胀系数(简称CTE)。CTE值越小，制品的抗热震性亦越好，原料石油焦的CTE和电极的CTE是有直接关系的，因此需对石油针状焦(生焦)制定CTE指标。

第二节　石油焦挥发分测定法

SH/T 0026—1990(2006)

1. 适用范围

石油焦挥发分测定法适用于延迟石油焦。

2. 测定原理

在无空气通入的情况下，石油焦中有机物质受高温挥发或热分解，损失的总质量与蒸发的水分之间的差值确定为挥发分。

3. 方法概要

从已经制备好的石油焦试样中的不同深度的两、三处共取出(1±0.01)g试样，放在预先经过煅烧和称量过的坩埚中称量，称量后轻轻地弄平试样层，然后加入2~3滴苯或正己烷，盖上坩埚盖，在无空气通入的情况下，将试样置于加热至(850±10)℃的高温炉中煅烧7min，然后取出坩埚，冷却、称量，按照损失总质量与蒸发水分损失之间的差来确定挥发分。

4. 影响因素及注意事项

试样的预处理也很关键，粉碎的粒度应符合要求，粒度大小不一，会造成颗粒内、外表面积相差较大，受热时，热分解的效果差异较大。特别是处理水分时严格按要求，温度过低，则残余的水分会当作挥发分。温度过高，则将造成非水分的挥发分损失。使用高温炉时因热电偶在高温时较脆，应防止碰断，并确保热电偶位置在中央，以确保温度的准确性。温度偏低，则不能将挥发物全部分解逸出，结果偏低，反之则偏高。测定挥发分时，若使用带有烟囱的马弗炉，烟囱要处于关闭状态，防止空气的进入。挥发分测定过程中加入 2~3 滴苯或正己烷是为了避免石油焦在高温下氧化燃烧。石油焦挥发分测定时需要扣除水分，其测定水分的条件与 SH/T 0032 的条件主要区别见表 11-5。

表 11-5　主要区别表

条件＼方法	石油焦挥发分测定法的附录 A	石油焦总水分测定法
烘箱温度/℃	135~240	105±3
干燥时间/min	45	180

SH/T 0026—1990(2006)中使用的瓷坩埚与 SH/T 0026—1990 完全不同，需注意区别，瓷坩埚应严格按 SH/T 0026—1990(2006)标准指定的规格执行，否则将使石油焦挥发分测定结果偏低。

第三节　石油焦灰分测定法

SH/T 0029—1990

1. 适用范围

适用于延迟石油焦的灰分测定。

2. 测定原理

灰分是物质燃烧后留下的无法燃烧的成分，一般主要由无机盐类、金属氧化物等构成。石油焦的可燃部分在(850±20)℃的高温和空气流通的条件下完全燃烧，残留的物质叫做石油焦的灰分。

3. 方法概要

用牛角勺充分搅拌已制备好的石油焦试样，从试样表面以下不同深度的两、三处取(2±0.01)g 石油焦，放入预先恒重好的瓷舟内(新的瓷舟应放入 1∶4 的稀盐酸内煮沸几分钟，然后用水洗涤干净，再用蒸馏水冲洗后，烘干后方可使用)，称准至 0.0002g，然后放入(850±20)℃高温炉中煅烧 2h 后，取出冷却称重、再煅烧直至两次称量间的差数小于 0.001g 为止，取最后一次质量作为计算用，试样煅烧后的质量与取样量的比值即为石油焦的灰分。灰分与挥发分的主要区别在于前者在通空气的条件下使石油焦完全燃烧剩下残渣部分作为灰分，后者是在几乎隔绝空气的条件下，使石油焦中可挥发的物质挥发损失，把扣除水分后的挥发损失量作为挥发分。

4. 影响因素及注意事项

测定石油焦灰分的高温炉应有烟囱或通风孔，使样品在灼烧过程中能排出燃烧产物并保持空气流通，以保证样品在氧含量充足的条件下燃烧。测定过程中的煅烧、冷却、称量应严格按规定的条件进行，这些步骤的实施不当，都会产生分析误差。

第四节　分析方法索引

分析方法索引见表 11-6。

表 11-6　分析方法索引

项　　目	试验方法	索　　引
硫含量	GB/T 387	见硫含量测定一章
挥发分	SH/T 0026	见本章第二节
灰分	SH/T 0029	见本章第三节
水分	SH/T 0032	见水分测定一章
真密度	SH/T 0033	见密度测定一章
金属含量	SH/T 0058	见金属测定一章
金属含量	YS/T 63. 16	见金属测定一章

第十二章 硫 黄

第一节 概 述

工业硫黄产品分为固体产品和液体产品二类，石油化工企业生产的硫黄是炼油厂加工过程中的副产品，油品加氢脱硫后生成含 H_2S 的酸性气，酸性气在硫黄回收装置中采用氧化法转化为硫黄产品。在硫黄回收装置首先得到的是液态硫黄产品，液体硫黄经过冷却成型后变成了固体硫黄。工业硫黄是一种黄色或淡黄色液体或固体，分结晶形和无定形两种，原子序数为 16、相对原子质量 32.06，熔点为 112.8～119.3℃，沸点 444.6℃，不溶于水，稍溶于酒精和醚类，易溶于二硫化碳、四氯化碳和苯，能燃烧，着火点为 363℃，硫黄粉尘或蒸气能与空气形成爆炸性混合物。硫黄属低毒危化品，人体吸入硫黄燃烧后产生的二氧化硫有一定的毒害性。由于成型方法不同，固体硫黄有块状、粉状、粒状和片状，硫黄为不良导体，固体硫黄在储运过程中会产生静电荷，可导致硫黄粉尘起火。

工业硫黄主要用于生产硫酸；作为生产染料的辅助原料和橡胶制品硫化时的硫化剂，还可用于军工、医药、农药、甚至食品等行业。食品级硫黄在食品工业中可用来防腐、杀虫、漂白、熏染等，还可用于淀粉工业软化玉米及其他原料用。工业硫黄颗粒特别适用于烟花爆竹、漂白、熏染等用途。随着技术进步、交通运输业的发展，硫黄的产出到用户之间已发展为液态化储存、液态化运输，省去成型工艺而直接生产液态硫黄并作为市场销售的终端产品，使用用户也省去了固体硫黄再加热变成液体硫黄的环节，无论对生产商和用户均可实现双赢，起到节能、降低成本以及满足环保的要求。

工业硫黄执行 GB/T 2449—2015，其中固体产品执行 GB/T 2449.1—2014；液体产品执行 GB/T 2449.2—2014，其主要检测项目有外观、硫、灰分、酸度、有机物、砷、铁、其中固体硫黄还需要测定筛余物，液体硫黄需测定硫化氢和多硫化氢含量，工业硫黄产品质量检测使用的分析方法均在工业硫黄产品标准 GB/T 2449 的附录中规定。工业硫黄质量指标见表 12-1、表 12-2。

表 12-1 工业硫黄第 1 部分：固体产品 GB/T 2449.1—2014

项 目		技术指标		
		优等品	一等品	合格品
硫(S)(以干基计)/%	≥	99.95	99.50	99.00
水分/%	≤	2.0	2.0	2.0
灰分(以干基计)/%	≤	0.03	0.10	0.20
酸度(以 H_2SO_4 计)(以干基计)/%	≤	0.003	0.005	0.02
有机物(以 C 计)(以干基计)/%	≤	0.03	0.30	0.80

续表

项目			技术指标		
			优等品	一等品	合格品
砷(As)(以干基计)/%		≤	0.0001	0.01	0.05
铁(Fe)(以干基计)/%		≤	0.003	0.005	—
筛余物[a]/%	粒径>150μm	≤	0	0	3.0
	粒径为75~150μm	≤	0.5	1.0	4.0

a 筛余物指标仅用于粉状硫黄。

表 12-2　工业硫黄第 2 部分：液体产品 GB/T 2449.2—2015

项目		指标		
		优等品	一等品	合格品
外观		常温下呈黄色或淡黄色，无肉眼可见杂质		
硫(S)/%	≥	99.95	99.50	99.00
水分/%	≤	0.10	0.20	0.50
灰分/%	≤	0.02	0.05	0.20
酸度(以 H_2SO_4 计)/%	≤	0.003	0.005	0.01
有机物(以 C 计)/%	≤	0.03	0.10	0.30
砷(As)/%	≤	0.0001	0.001	0.01
铁(Fe)/%	≤	0.003	0.005	0.02
硫化氢和多硫化氢(以 H_2S 计)/%	≤	0.0015	0.0015	0.0015

注：以上项目除水分外、硫化氢和多硫化氢外，均以干基计。

测定工业硫黄外观的目的是控制产品中不能出现任何机械杂质。对以硫黄为原料生产硫酸的企业来说，若机械杂质不加以去除，易堵塞液硫喷嘴，使液硫的雾化效果变差，影响液硫的充分燃烧。

工业硫黄中的灰分和酸度对生产硫酸的企业有较大的影响。液硫燃烧后，液硫中的灰分进入转化器后覆盖在催化剂表面，形成一层妨碍 SO_2 气体通过的覆盖层，使催化剂活性表面减少，内扩散阻力增加，活性下降。液体硫黄或固体硫黄加热转变为液体硫黄，其中的游离酸由于密度较小而浮在表面，若不采取措施进行中和，液面处的蒸汽加热盘管和槽体将发生严重腐蚀，蒸汽加热盘管因腐蚀穿孔后的蒸汽泄漏至液硫中，因水的存在将进一步加剧腐蚀，并使液硫中水分增加，影响硫黄熔融及后续的操作。

硫黄中的水分过高会导致设备腐蚀，产生酸雾，使触媒粉化影响锅炉产汽量。

有机物的存在会使炉气水分增加，熔硫时造成沸炉，对医药行业来说对有机物含量的要求更低。

砷、铁等有害金属元素的存在使硫酸生产过程中会排放出有害化合物污染环境，影响硫酸产品质量，硫黄中的砷化物燃烧后生成三氧化二砷，对硫黄使用单位的现场工作人员的身体健康危害较大。

硫化氢是液体硫黄特有的指标。硫化氢是极易致人死亡的有毒气体，危险性、危害性非常大，液体硫黄在储运和使用过程中，由于冷却或搅动，使多硫化氢分解而释放出硫化氢。

对液体硫黄进行硫化氢含量的监控，主要是出于安全方面的考虑，降低液硫在储存和使用过程中的安全隐患，防止环境污染和经济损失。

第二节 水分质量分数的测定

1. 适用范围

适用由石油炼厂气、天然气等回收制得的工业硫黄。

2. 测定原理

在 80℃下，硫黄样品中水分蒸发逸出，把硫黄样品置于 80℃在恒温箱中下干燥 3h，其失去的质量即为硫黄中的水含量。

3. 方法概要

在称量瓶中称取 25.000g 磨碎通过孔径为 2.00mm 试验筛的试样，将称量瓶置于温度为(80±2)℃的烘箱中，干燥 3h，然后，取出称量瓶置于干燥器中，冷却，称量，精确至 0.001g，重复以上操作，直至连续两次称量相差不超过 0.002g，如果干燥总时间超过 16h 仍未恒量，则记录最后一次称量结果。

4. 影响因素及注意事项

取样和制样的操作要尽可能快，因为硫黄的外在水受环境影响较大，干燥天气水分易蒸发逸出，使测定结果偏小；雨天会使结果偏高，因此当接到样品后要及时进行分析，不得延缓至次日。测定时，烘箱内不要同时放进过多试样，更不要在同一烘箱内放进水分相差很大的试样，以免影响干燥效果。当烘箱内有试样干燥时，不要放入另一个新的试样进行干燥。装有试样的蒸发皿不要在烘箱的底层，严禁与箱壁接触，以免局部过热或蒸发皿处的温度与温度计所指示的温度值不一致，造成测定结果的偏差。

第三节 灰分质量分数的测定

1. 适用范围

适用由石油炼厂气、天然气等回收制得的工业硫黄。

2. 测定原理

灰分是物质燃烧后留下的无法燃烧的成分，一般主要由无机盐类、金属氧化物等构成。硫黄的可燃部分在空气中缓慢燃烧，然后在高温电炉中于 800~850℃下灼烧，冷却，称量，残留部分为硫黄的灰分。

3. 方法概要

在恒重的 50mL 瓷坩埚中，称取磨碎并通过孔径为 600μm 的试验筛的试样 25.00g，把坩埚置于电热板上，硫黄试样在空气中缓慢燃烧，燃烧完毕后，移至温度为 800~850℃高温炉内灼烧 40min，置于干燥器中冷却至室温，称量，反复以上操作，直至连续两次称量相差不超过 0.0005g，残留物的质量与样品质量的比值即为硫黄的灰分。

4. 影响因素及注意事项

测定时，在电热板上燃烧样品时应控制好燃烧强度，防止燃烧速度过快，使样品崩失，燃烧后的样品在高温炉中灰化时，高温炉炉门小孔应打开，以保证试样中的残余组分在良好通风情况下燃烧。高温炉的温度一定要控制在800~850℃范围内，因为硫黄中残存组分在不同温度下，可能会有不同的灰化反应，影响到测定结果准确性。

第四节 酸度的测定

1. 适用范围

适用由石油炼厂气、天然气等回收制得的工业硫黄。

2. 测定原理

用水-异丙醇混合溶液萃取硫黄中的酸性物质，以酚酞为指示剂，用氢氧化钠标准溶液滴定萃取液，滴定终点时溶液颜色由无色变为粉红色，以硫酸的质量分数来表示硫黄的酸度。

3. 方法概要

称取通过250μm试验筛的试样25g，精确至0.01g，置于250mL具磨口塞的锥形瓶中，加25mL异丙醇，盖上瓶塞，使硫黄完全润湿，然后再加50mL水，塞上瓶塞，振摇2min，放置20min，其间不时地振摇，往溶液中加3滴酚酞指示液，用氢氧化钠标准滴定溶液滴至粉红色并保持30s不褪色，根据氢氢化钠溶液消耗量计算出以硫酸质量分数计样品的酸度。

4. 影响因素及注意事项

试验中的用水除应符合GB/T 6682三级水规定要求外，使用前应煮沸并冷却。避免水中溶解的二氧化碳影响测定结果。测定时应关注试剂异丙醇的酸度，当测定结果异常时，应进行空白试验。测定时，称取的试样必须经过250μm试验筛过筛，以保证试验时用水-异丙醇能较好地萃取出硫黄中酸性物质，同时在萃取过程中要不断地振摇，确保萃取完全。滴定用的0.05mol/L氢氧化钠标准溶液应现用现配，可用0.5mol/L的氢氧化钠标准滴定溶液稀释10倍，避免0.05mol/L的氢氧化钠标准溶液储存期间与空气中的二氧化碳反应使碱浓度降低。只要氢氧化钠消耗量不超过1mL，应使用检定合格、规格为1mL的微量滴定管，以减小滴定管读数误差。因指示剂本身也会与滴定剂反应，滴定时酚酞指示剂应适量，滴定至终点时，萃取液至粉红色能保持萃取液30s不褪色即可，否则会使结果偏高。

第五节 有机物质量分数的测定(滴定法)

1. 适用范围

适用由石油炼厂气、天然气等回收制得的工业硫黄。

2. 测定原理

试样在氧气流中燃烧，硫单质氧化生成二氧化硫、三氧化硫，在铬酸和硫酸溶液中氧化并吸收。试样中的有机物燃烧生成二氧化碳，用氢氧化钡溶液吸收，定量加入过量的盐酸溶液，以酚酞和甲基红-次甲基蓝作指示剂，用氢氧化钠溶液反滴定过量的盐酸。

3. 方法概要

按方法中的图示连接好测量装置，在瓷舟中称量1.0~1.5g样品放入管式炉一的炉管中，以100mL/min通入经碱石棉纯化的氧气，使管式炉一逐渐升温至400~450℃，待半小时后，在最后二只洗气瓶中加入氢氧化钡溶液，把瓷舟中的试样移至管式炉二，管式炉二逐渐升温至 800~900℃，瓷舟中的样品在氧气流中的燃烧生成生成二氧化硫、三氧化硫，在装有铬酸和硫酸溶液的洗气瓶中氧化并吸收。试样中的有机物燃烧生成二氧化碳，在装有氢氧化钡溶液的洗气瓶被吸收，待装样瓷舟的样品完全灰化后，混合二只氢氧化钡洗气瓶中的溶液，以酚酞为指示剂用标准盐酸滴定至终点，然后再在溶液中加入一定量的过量盐酸，以甲基红-次甲基蓝作指示剂用氢氧化钠标准溶液滴定至终点，加入的盐酸标准溶液体积数减去消耗的氢氧化钠溶液的体积数即为碳酸钡消耗的盐酸体积数。

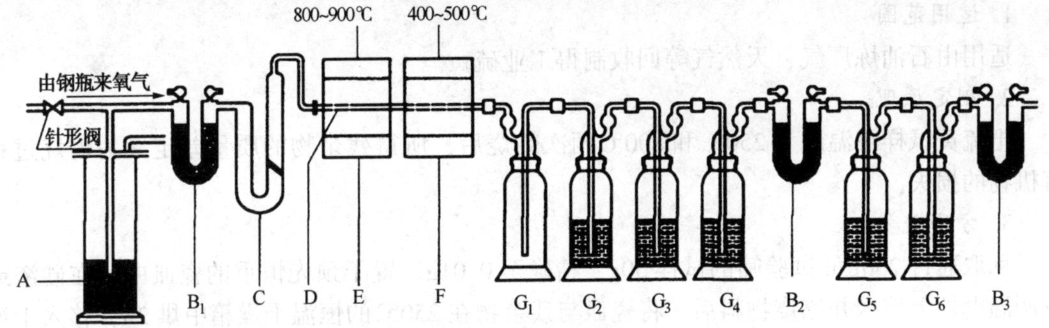

图 12-1 有机物测量装置图

A—汞封：有一内管插入汞面以下 1cm 深处；B_1、B_3—U 形管：具有两支侧管和磨口塞，侧管直径为 15mm，U 形管高 150mm，在干燥的管中装入碱石棉，在碱石棉上面垫一层玻璃棉；B_2—U 形管：外形大小同 B_1，其中疏松地填入玻璃棉，用以捕集测定时产生的酸蒸气。如酸蒸气过多，致使氢氧化钡完全被中和，则用孔径为 15~40μm 的烧结玻璃过滤器替换 U 形管 B_2 重新测定；C—流量计：用于测量 20~200mL/mim 的氧气流量；D—燃烧管：外径 15mm、长 700mm 的透明石英管，管的一端有 15mm 长的一段外径缩为 4mm。其中装入铂石棉，其长度略小于管式炉 F 加热段的长度；E—管式炉：燃烧过程中可控制温度 800~900℃；F—管式炉：燃烧过程中可控制温度 400~500℃；G_1~G_6—洗气瓶：容量均为 250mL

4. 影响因素及注意事项

石英管的出口端安装有铂石棉，它是促进硫黄燃烧生成的二氧化硫转化为三氧化硫的催化剂，在燃烧阶段应尽可能多地将二氧化硫转化为三氧化硫，减轻后续三氧化铬和硫酸洗气瓶的负荷，避免未转化的二氧化硫对氢氧化钡洗气瓶的污染。

测定过程中，试样充分燃烧且不损失，是确保实验结果准确的关键，因此实验过程，除要保持整个系统严密不漏气外，还应按规定控制燃烧温度，以及通氧的流速。当管式炉温度达到 450℃时，向瓷舟方向缓慢移动管式炉 E，使硫黄均匀燃烧。如燃烧过于激烈，会造成吸收瓶 G_2 中的三氧化铬溶液的回抽，在这种时候可适当增大氧气流速。如果硫黄升华到瓷舟外并冷凝在瓷舟和铂石棉之间，应移动管式炉 E 使硫黄完全燃烧。在测定过程中向 G_5、G_6 洗气瓶加氢氧化钡、水和过氧化氢溶液时，应尽快进行，以避免吸收空气中的二氧化碳，使分析结果偏高。

该方法滴定过程分多个步骤，先用标准盐酸溶液滴定洗气瓶中未与二氧化碳反应的氢氧化钡，再加入过量盐酸，使碳酸钡溶解，再用氢氧化钠溶液返滴定过量加入的盐酸，最后以加入的盐酸量减去未反应的盐酸量（与氢氧化钠反应的盐酸量）作为碳酸钡消耗的盐酸量。滴定过程中，无论是空白试验还是样品试验过程中，以酚酞为指示剂用盐酸标准溶液滴定吸收液时，切勿滴定过终点，如滴过终点就会使溶液中的碳酸钡与滴过量的盐酸反应，使测定结果偏小。

方法计算时，直接用加入的盐酸量减去消耗的氢氧化钠量作为消耗数，如果所用氢氧化钠标准溶液的浓度与盐酸浓度不一致时，应对氢氧化钠溶液消耗的体积数进行校正，校正至与盐酸浓度一致时的氢氧化钠溶液的体积数，确保分析结果的准确性。

第六节 有机物质量分数的测定(重量法)

1. 适用范围

适用由石油炼厂气、天然气等回收制得工业硫黄。

2. 测定原理

把硫黄试样在温度为250℃和800℃两次灼烧后，所得残余物的质量差定义为灼烧过程有机物的损失。

3. 方法概要

称取通过250μm试验筛的试样50g，精确至0.01g。置于预先恒重的瓷皿中，在砂浴或可调温电炉上熔融并燃烧物料后，将瓷皿与残余物在250℃的恒温干燥箱中烘2h，移入干燥器，冷却至室温，称重精确至0.0001g。将带有残余物的瓷皿在800～850℃的高温电炉内灼烧40min，移入干燥器中，冷却至室温，称重，精确至0.0001g。重复操作直至恒重，将250℃和800℃温度下两次称量的质量差计算为有机物的质量分数。

4. 影响因素及注意事项

试样在砂浴或可调温电炉上熔融并燃烧时，注意温度控制不要高于250℃，防止试样中的有机物挥发。试样在250℃恒温干燥箱中烘2h的目的是除去瓷皿中没有燃烧的硫，确保瓷皿中只有灰分和有机物。瓷皿在800℃以上的高温电炉中灼烧40min，是除去瓷皿中的有机物，确保瓷皿中只有灰分，瓷皿从800℃以上的高温电炉中取出后，应在室温下放置10min左右，然后再移入干燥器中30min左右就可冷却至室温，这样可以节约瓷皿的冷却时间。

第七节 硫质量分数的测定(差减法)

1. 适用范围

适用由石油炼厂气、天然气等回收制得工业硫黄。

2. 测定原理

本标准用扣除杂质(灰分、酸度、有机物及砷)含量总和的方法，以算得工业硫黄中的硫的质量分数。

3. 方法概要

分别测得硫黄中的灰分、酸度、有机物及砷的质量分数，按下式进行计算得到硫的质量分数。

$$w_1\% = 100-(w_3+w_4+w_5+w_6)$$

式中 w_3——测得灰分,%(质量分数)；

w_4——测得的酸度,%(质量分数)；

w_5——测得有机物含量,%(质量分数)；

w_6——测得的砷含量,%(质量分数)。

第八节 硫化氢和多硫化物的质量分数的测定(重量法)

1. 适用范围

适用由石油炼厂气、天然气等回收制得液体硫黄。

2. 测定原理

该方法为碘量法。将处于熔融状态下的试样用氮气吹扫出试样中的硫化氢，用乙酸锌溶液吸收吹扫出的硫化氢气体，生成硫化锌沉淀，在酸性溶液中，硫离子与碘反应，用硫代硫酸钠标准溶液滴定过量的碘，根据与硫离子反应消耗的碘体积计算出样品中的硫化氢含量。

$$H_2S+Zn(CH_3COO)_2 = ZnS\downarrow +2CH_3COOH$$

$$ZnS\downarrow +2CH_3COOH+I_2 = Zn(CH_3COO)_2+2HI+S\downarrow$$

$$I_2+2Na_2S_2O_3 = 2NaI+Na_2S_4O_6$$

3. 方法概要

在通风橱内将盛有已称重的试样的锥形瓶置于控温油浴中，连接好乙酸锌洗气瓶，油浴缓慢升温至 145℃±2℃，以 150mL/min 的流速通入氮气吹扫至少 60min，吹扫结束后，将洗气瓶中的溶液转移至碘量瓶中，加入冰醋酸调节酸度，再定量加入碘标准溶液，用硫代硫酸钠溶液滴定至淡黄色后加入 1mL 淀粉指示剂，继续滴定至蓝色消失为终点。硫化氢和多硫化物吸收装置见图 12-2。

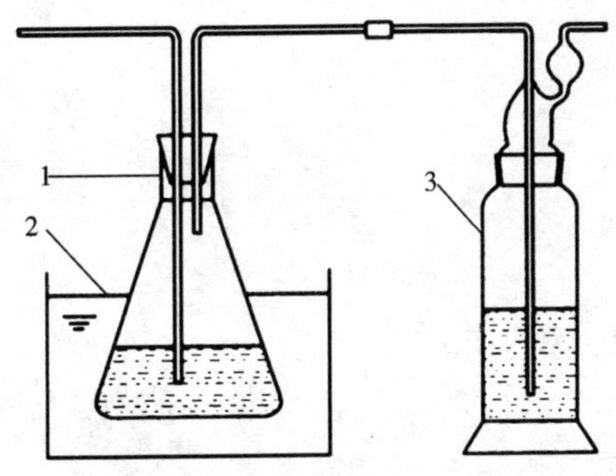

图 12-2 硫化氢和多硫化物吸收装置

1—采样装置；2—控温油浴：能控制温度 145℃±2℃；3—洗气瓶：容量 500mL，内盛约 100mL 乙酸锌溶液

4. 影响因素及注意事项

液体硫黄硫化氢含量测定时，采取样品直接用于测定，采样前已称重专用的采样容器，因此采样时杜绝将液体硫黄洒在采样三角烧瓶外面，使样品质量不准确，样品采好后，应立刻使用专用瓶塞塞紧，以免样品中的硫化氢挥发损失，采取的样品质量需要保持在 300g 左右，采样前或样品采回来后，要仔细观察采样瓶是否有裂纹，否则恒温加热过程中烧瓶易破裂，导致液体硫黄进入油浴污染整个油浴。

加热吹氮气过程中要控制好氮气流速，使样品的硫化氢能全部被吹出。

当液硫中硫化氢含量较高，首次加入碘标准溶液后，溶液呈淡黄色，应再补加碘标准溶液，碘量法滴定时要快滴轻摇，避免碘挥发，最后加入淀粉溶液时，应在滴定至溶液呈浅黄色时加入。

第九节 分析方法索引

分析方法索引见表 12-3。

表 12-3 分析方法索引

项 目	试验方法	索引
水分的质量分数	GB/2449.1 附录	见本章第二节
灰分的质量分数	GB/2449.1 附录	见本章第三节
酸度的质量分数(以硫酸 H_2SO_4 计)	GB/2449.1 附录	见本章第四节
有机物的质量分数(滴定法)	GB/2449.1 附录	见本章第五节
有机物的质量分数(重量法)	GB/2449.1 附录	见本章第六节
硫化氢和多硫化物的质量分数的测定	GB/2449.2 附录	见本章第七节
硫(S)的质量分数	GB/2449.1 附录	见本章第八节
砷(As)的质量分数	GB/2449.1 附录	见金属测定一章
铁(Fe)的质量分数	GB/2449.1 附录	见金属测定一章

第十三章 芳 烃

石油化工企业生产的单环芳烃化合物主要有苯、甲苯、邻二甲苯、对二甲苯和混合二甲苯。天然开采的原油中一般含有不超过1%(质量分数)的单环芳烃，石油化工企业生产的单环芳烃是由石脑油馏分经催化重整后，再对重整生成油进行抽提、精制后获得，单环芳烃类在我们的日常生产、生活中有非常重要的用途，它们是重要的有机化工基本原料，医药合成、化纤制造等行业都离不开这些化合物。

第一节 概 述

一、苯

苯是一种无色有甜味的具有芳香气味的透明挥发性液体，分子式为 C_6H_6，化学结构稳定，与其他化学物质发生反应时，一般都为苯环中的氢原子被其他基团取代的取代反应。纯苯的沸点为80.1℃，结晶点为5.5℃，苯的密度为0.88g/cm^3，比水密度小，其蒸气比空气重，遇到高热或明火极容易引起燃烧和爆炸。苯难溶于水，但易溶于酒精、乙醚、丙酮、氯仿、汽油、二硫化碳等有机溶剂，苯属于中等毒类，主要以蒸气形态由呼吸道吸入，也能经过皮肤吸收一部分，经过消化道吸收则能完全吸收。停止接触后，体内约30%~50%的苯通过呼吸道排出，剩余部分在体内引起各种毒副作用，损伤神经系统和造血系统等，苯蒸气也能刺激眼和黏膜。

石油化工行业生成的苯产品的主要技术指标有GB/T 3405—2011《石油苯》和中国石化企业标准Q/SH PRD0118—2015《工业用纯苯》，《石油苯》产品标准用于与GB/T 2283-2008《焦化苯》相区别，规定了用作有机合成或其他化工原料的石油苯-535和石油苯-545(代号中的数字为结晶点乘以100)，《工业用纯苯》是中国石化制定的优于国家标准的企业标准，工业用纯苯主要用作生产乙苯、异丙苯、环己烷和硝基苯等化工产品的原料。

石油苯和工业用纯苯的主要检测项目和质量指标见表13-1和表13-2，工业用纯苯与石油苯相比较增加了碳八芳烃和铂钴比色二项质量指标，苯产品质量指标的意义如下：

苯产品测定外观的目的是为了防止生产和储运过程中带入杂质和明水。

铂钴比色测定的意义在于监控纯苯白土精制的程度，铂钴比色的深浅也是苯中微量有色物质含量大小的定性反映。

非芳烃、甲苯、碳八芳烃、1,4-二氧杂环己烷和噻吩都是苯产品中的有机杂质，非芳烃和甲苯的存在会降低下游装置的催化剂活性，并造成产品结构变化及催化剂选择性降低，1,4-二氧杂环己烷、噻吩的存在会对下游生产过程的催化剂有毒害作用，或腐蚀生产设备，以苯为原料生产苯酚/丙酮的企业需要控制苯中的碳八芳烃含量。

测定苯的结晶点是苯产品中所有杂质的综合反映。纯物质都有固定的结晶点，如含有杂质则结晶点降低，纯苯的结晶点为5.50℃。苯产品中非芳烃、甲苯和C_8芳烃是使苯结晶点下降的主要杂质。

酸洗比色和溴指数指标主要用于控制苯中所含的一些不稳定的物质，如烯烃及其他有色物质的含量。当石油苯类产品用硫酸洗涤时，硫酸与苯类产品中不稳定物质发生反应，酸层颜色的深浅与苯类产品含有的不稳定物质的数量多少成正比，溴指数则定量地测定苯中能与活性溴反应的不饱和烃含量的多少。

苯产品中的微量水会降低下游生产过程的产品收率，降低催化剂活性。中性试验可以作为判断苯中是否有酸性或碱性物质的依据，苯中酸性或碱性物质的存在容易使下游装置的设备产生腐蚀。

苯产品中氮元素含量过高会使下游装置的催化剂中毒；氯化物会扰乱催化剂酸性和金属功能的平衡，将导致苯加工企业的损失提高。

表13-1 石油苯GB/T 3405—2011

项目		质量指标		试验方法
		石油苯-535	石油苯-545	
外观		透明液体，无不溶水及机械杂质		目测[a]
颜色(铂-钴色号)	不深于	20	20	GB/T 3143 ASTM D1209[b]
纯度(质量分数)/%	不小于	99.80	99.90	ASTM D4492
甲苯(质量分数)/%	不大于	0.10	0.05	ASTM D4492
非芳烃(质量分数)/%	不大于	0.15	0.10	ASTM D4492
噻酚/(mg/kg)	不大于	报告	0.6	ASTM D1685、 ASTM D4753[c]
酸洗比色		酸层颜色不深于1000mL稀酸中含0.20g重铬酸钾的标准溶液	酸层颜色不深于1000mL稀酸中含0.10g重铬酸钾的标准溶液	GB/T 2012
总硫含量/(mg/kg)	不大于	2	1	SH/T 0253[d] SH/T 0689
溴指数/(mgBr/100g)	不大于	—	20	SH/T 1551[e]、SH/T 1767、 SH/T 0630
结晶点(干基)/℃	不低于	5.35	5.45	GB/T 3145
1,4-二氧杂环己烷(质量分数)/%		由供需双方商定		ASTMD4492
氮/(mg/kg)		由供需双方商定		SH/T 0657、ASTM D6069
水含量(质量分数)/%	≤	由供需双方商定		SH/T 0246、ASTM E1064
密度(20℃)/(kg/m³)		报告		GB/T 2013、SH/T 0604
中性试验		中性		GB/T 1816

a 将试样注入100mL玻璃量筒中，在(20±3)℃下观察。对机械杂质有争议时，用GB/T 511方法进行测定，结果应为无；

b 在有异议时，ASTM D1209为仲裁法；

c 在有异议时，ASTM D4735为仲裁法；

d 在有异议时，SH/T 0253为仲裁法；

e 在有异议时，SH/T 1551为仲裁法。

表 13-2 工业用纯苯 Q/SH PRD0118—2015

项 目		质量指标	试验方法
外观		清澈透明，无不溶水及机械杂质	目测[a]
颜色(铂-钴色号)/号	≤	15	GB/T 3143 ASTM D1209[b]
纯度(质量分数)/%	≥	99.90	ASTM D4492
甲苯含量(质量分数)/%	≤	0.03	ASTM D4492
非芳烃含量(质量分数)/%	≤	0.08	ASTM D4492
碳八及以上芳烃含量(质量分数)/%	≤	0.002	ASTM D4492
噻酚/(mg/kg)	≤	0.6	ASTM D1685、ASTM D4735[c]
酸洗比色		酸层颜色应不深于 1000mL 稀酸中含 0.10g 重铬酸钾的标准溶液	GB/T 2012
总硫含量/(mg/kg)	≤	1.0	SH/T 1147、SH/T 0253[d]、SH/T 0689
溴指数/(mgBr/100g)	≤	20	SH/T 1551[e]、SH/T 1767、SH/T 0630
结晶点(干基)/℃	≥	5.45	GB/T 3145
水含量(质量分数)/%	≤	0.04	SH/T 0246、ASTM E1064
1,4-二氧杂环己烷(质量分数)/%		供需双方商定	ASTM D4492
氮/(mg/kg)		供需双方商定	SH/T 0657
氯/(mg/kg)		供需双方商定	SH/T 1757
密度(20℃)/(kg/m^3)		878~881	GB/T 2013
中性试验		中性	GB/T 1816

a 将试样注入 100mL 玻璃量筒中，在(20±3)℃下观察。对机械杂质有争议时，用 GB/T 511 方法进行测定，结果应为无；

b 在有异议时，ASTM D1209 为仲裁法；

c 在有异议时，ASTM D4735 为仲裁法；

d 在有异议时，SH/T 0253 为仲裁法；

e 在有异议时，SH/T 1551 为仲裁法。

二、石油甲苯

甲苯，属芳香烃化合物，结构简式为 $C_6H_5CH_3$，沸点 110.8℃，凝固点-95℃，密度 $0.866g/cm^3$。常温下为无色液体，易燃。能与乙醇、乙醚、丙酮、氯仿、二硫化碳和冰乙酸混溶，极微溶于水。甲苯可以萃取溴水中的溴，但不会和溴水发生反应；甲苯还容易硝化，生成对硝基甲苯或邻硝基甲苯，它们都是染料的原料；一份甲苯和三份硝酸硝化，可得到三硝基甲苯(TNT)，俗称为黄色炸药；甲苯还容易磺化，生成邻甲苯磺酸或对甲苯磺酸，它们是做染料或制糖精的原料。甲苯侧链上的甲基发生氯化反应得到的一氯苄、二氯苄和三氯苄，包括它们的衍生物苯甲醇；苯甲醛和苯甲酰氯(一般也从苯甲酸光气化得到)，在医药、农药、染料，特别是香料合成中应用广泛。甲苯有低毒，人体吸收的甲苯 16%~20%由呼吸道以原形呼出，80%以马尿酸形式经肾脏而被排出体外，短时间高浓度吸入甲苯使会人体急性中毒，使用和生产时要防止吸入甲苯。

石油甲苯主要用于汽油产品的调和组分，用于提高汽油的辛烷值或作为生产甲苯衍生物、炸药、染料中间体、药物的原料。甲苯中的各种烃类杂质的指标主要是为了减少下游装置生产时的副反应，甲苯中的酸、碱性物质是下游装置催化剂的毒物，因此必须控制甲苯中无酸、碱性物质。石油甲苯执行 GB/T 3406—2010，其主要检测项目及质量指标见表 13-3。

表 13-3　石油甲苯 GB/T 3406—2010

项　目		指　标		试验方法
		Ⅰ号	Ⅱ号	
外观		透明液体，无不溶水及机械杂质		目测[a]
颜色(铂-钴色号)/号	不深于	10	20	GB/T 3143 ASTM D1209[b]
密度(20℃)/(kg/m^3)		—	865～868	GB/T 2013[c] SH/T 0604
纯度(质量分数)/%		99.9	—	ASTM D6526
烃类杂质含量： 苯含量(质量分数)/% C_8芳烃含量(质量分数)/% 非芳烃含量(质量分数)/%	 不大于 不大于 不大于	 0.03 0.05 0.1	 0.10 0.10 0.25	GB/T 3144 ASTM D6526[d]
酸洗比色		酸层颜色不深于 1000mL 稀酸中含 0.2g 重铬酸钾的标准溶液		GB/T 2012
总硫含量/(mg/kg)	不大于	2		SH/T 0253[e] SH/T 0689
蒸发残余物/(mg/100mL)	不大于	3		GB/T 3209
中性试验		中性		GB/T 1816
溴指数/(mgBr/100g)		由供需双方商定		SH/T1551、SH/T 1767、SH/T 0630

a 将试样注入 100mL 玻璃量筒中，在(20±3)℃下观察。对机械杂质有争议时，用 GB/T 511 方法进行测定，结果应为无；

b 有争议时，以 ASTMD1209 为仲裁方法；

c 有争议时，以 GB/T 2013 为仲裁方法；

d 有争议时，以 ASTMD6526 为仲裁方法；

e 有争议时，以 SH/T0253 为仲裁方法。

三、石油混合二甲苯

石油混合二甲苯是一种无色透明液体，属于芳香烃类化合物，其结构简式 $C_6H_4(CH_3)_2$，密度为 0.86～0.87g/cm^3，沸程为 137～140℃。混合二甲苯一般为对二甲苯、邻二甲苯、间二甲苯及乙基苯的混合物，不溶于水，溶于乙醇、氯仿和乙醚，石油混合二甲苯按照其沸程范围分级，分为 3℃混合二甲苯和 5℃混合二甲苯。

石油混合二甲苯按照芳烃组分含量不同，混合二甲苯又可分为异构级二甲苯和溶剂级二甲苯。溶剂级二甲苯主要用作油漆涂料溶剂、汽油添加剂、染料以及农药等，异构级二甲苯主要用来生产邻二甲苯、对二甲苯，用以生产 PTA、PA 纤维等。

石油混合二甲苯执行 GB/T 3407—2010，其主要检测项目和质量指标见表 13-4，各项质量指标的意义为：

酸洗比色是间接检验苯类产品中微量不稳定物质的定性指标，如烯烃及其他能发生磺化反应的杂质。控制总硫含量是为了减少对下游生产工艺中催化剂的影响。蒸发残余物是检验高沸点物质对芳烃的污染情况，也是考察混合二甲苯中存在不安定的组分在蒸发过程中产生的叠合或缩合物量的多少。博士试验是定性检验产品中巯基化合物的经典方法。馏程是制定混合二甲苯产品规格的依据，通过馏程可以控制混合二甲苯产品中低沸点组分如非芳、甲苯、乙基苯等的含量和高沸点组分如碳九芳烃的含量。烃类含量用于控制混合二甲苯产品的烃类组成。铜片腐蚀和中性试验都是表征混合二甲苯腐蚀性的指标，用于检测石油混合二甲苯是否含有无机酸碱性物质或硫化物等腐蚀性物质，以防止腐蚀下游加工装置的设备。

表 13-4 石油混合二甲苯 GB 3407—2010

项　目		质量指标		试验方法
		3℃混合二甲苯	5℃混合二甲苯	
外观		透明液体，无不溶水及机械杂质		目测[a]
颜色(铂-钴色号)/号	不深于	20		GB/T 3143
密度(20℃)/(kg/m³)		862-868	860-870	GB/T 2013[b] SH/T 0604
馏程/℃				GB/T 3146[c]
初馏点	不低于	137.5	137	
终馏点	不高于	141.5	143	
总馏程范围	不大于	3	5	
酸洗比色		酸层颜色不深于 1000mL 稀酸中含 0.3g 重铬酸钾的标准溶液	酸层颜色不深于 1000mL 稀酸中含 0.5g 重铬酸钾的标准溶液	GB/T 2012
总硫含量/(mg/kg)	不大于	2		SH/T 0253[d] SH/T 0689
蒸发残余物/(mg/100mL)	不大于	3		GB/T 3209
铜片腐蚀		通过		GB/T 11138
中性试验		中性		GB/T 1816
溴指数/(mg/100g)		供需双方商定		SH/T 0630 SH/T 1551 SH/T 1767

a 将试样注入 100mL 量筒中，在(20±3)℃下观察，应透明、无不溶水及机械杂质。对机械杂质有争议时，用 GB/T 511 方法进行测定，结果应为无。

b 有争议时，以 GB/T 2013 为仲裁方法。

c 有争议时，以蒸馏法为仲裁方法。

d 有争议时，以 SH/T 0253 为仲裁方法。

四、石油邻二甲苯

邻二甲苯学名为 1,2-二甲苯，是苯环上相邻的二个碳上的氢原子被二个甲基取代的芳香烃，它是无色透明液体，有芳香气味。熔点-25.2℃，沸点144.4℃，密度0.8969g/cm^3，黏度0.810(20℃)mm^2/s，折射率1.5058。不溶于水、与乙醇、乙醚、丙酮和苯混溶。邻二甲苯主要用于生产邻苯二甲酸酐用作苯酐及其他有机合成原料，也可用于生产染料、杀虫剂和药物，如维生素等，亦可用作航空汽油添加剂。石油邻二甲苯执行SH/T 1613.1—1995，其主要检测项目和质量指标见表13-5。

表13-5 石油邻二甲苯 SH/T1613.1—1995

项　目		质量指标		试验方法
		优等品	一等品	
外观		清晰，无沉淀物	清晰，无沉淀物	目测[1]
纯度/%(m/m)	≥	98	95	SH/T1613.2
非芳烃+碳九芳烃/%(m/m)	≤	1.0	1.5	SH/T1613.2
色度(铂-钴色号)/号	≤	10	20	GB/T 3143
酸洗比色		酸层颜色应不深于重铬酸钾含量为0.15g/L的标准比色液的颜色	—	GB/T 2012
总硫/(mg/kg)	≤	5	5	SH/T 1147
水溶性酸碱		无	无	GB/T 259
馏程[2](在101.325kPa)/℃	≤	2(包括144.4)	2(包括144.4)	GB/T 3146
不挥发物[2]/(mg/100mL)	≤	2	5	GB/T 3209

1）将试样注入100mL量筒中，在30℃下目测。

2）馏程和不挥发物两项，仅在型式试验时测定。

五、石油对二甲苯

对二甲苯学名为1,4-二甲苯，是苯环上相对的二个碳上的氢原子被两个甲基取代的芳香烃。对二甲苯为无色透明液体，具有芳香气味。分子式：C_8H_{10}；相对密度0.861，熔点13.2℃，沸点138.5℃，闪点25℃，不溶于水，可混溶于乙醇、乙醚、氯仿等多数有机溶剂。对二甲苯主要用于制造对苯二甲酸，可用于化工及制药工业等，也是用于生产聚对苯二甲酸乙二醇酯(PET)的重要中间体。PET纤维又称聚酯纤维或涤纶纤维，是一种常用的化学合成纤维。PET树脂是一种重要的透明塑料原料，用于生产饮料、食用油脂包装，平板显示器基材，车用和建筑用太阳膜等。

石油对二甲苯执行SH/T 1486.1—2008，其主要检测项目和质量指标见表13-6。

表13-6 石油对二甲苯 SH/T 1486.1—2008

项　目		质量指标		试验方法
		优等品	一等品	
外观		清澈透明，无机械杂质、无游离水		目测[a]
纯度[b]/%(质量分数)	≥	99.7	99.5	SH/T 1489、SH/T 1486.2
非芳烃含量[b]/%(质量分数)	≤	0.10		SH/T 1489、SH/T 1486.2

续表

项　目		质量指标		试验方法
		优等品	一等品	
甲苯含量[b]/%(质量分数)	≤	0.10		SH/T1489、SH/T1486.2
乙苯含量[b]/%(质量分数)	≤	0.20	0.30	SH/T 1489、SH/T 1486.2
间二甲苯含量[b]/%(质量分数)	≤	0.20	0.30	SH/T 1489、SH/T 1486.2
邻二甲苯含量[b]/%(质量分数)	≤	0.10		SH/T 1489、SH/T 1486.2
总硫含量/(mg/kg)	≤	1.0	2.0	SH/T 1147
颜色(铂-钴色号)/号	≤	10		GB/T 3143
酸洗比色		酸层颜色应不深于重铬酸钾含量为 0.10g/L 的标准比色液的颜色		GB/T 2012
溴指数[c]/(mgBr/100g)	≤	200		SH/T 1551、SH/T 1767
馏程(在 101.3kPa 下，包括 138.3℃)/℃	≤	1.0		GB/T 3146

a 在 18.3~25.6℃下进行目测。

b 在有异议时，以 SH/T1489 方法测定结果为准。

c 在有异议时，以 SH/T1551 方法测定结果为准。

第二节　苯类产品中性试验

GB/T 1816—1997(2004)

1. 适用范围

苯类产品中性试验适用于苯、甲苯和二甲苯的中性试验。

2. 测定原理

在室温下用定量的水萃取定量的试样，用萃取液的酸碱性表示产品的酸碱性。

3. 方法概要

取 100mL 试样与 10mL 水在分液漏斗中混合振摇后，静止分层，把下层水相放入试管中，分别用酚酞指示剂和甲基橙指示剂检验水相的酸碱性，酚酞指示剂显红色为碱性，酚酞指示剂不显色而甲基橙指示剂显红色为酸性，甲基橙指示剂不显红色则为中性。

4. 影响因素及注意事项

测定时所用水要符合 GB6682 三级水的要求，使用前应煮沸驱除二氧化碳，以避免溶解于水中的二氧化碳影响酸碱度的判断。测定时，试样和水加入分液漏斗后需震荡 2min，以将试样中的酸性或碱性物质完全萃取出来，静止分层时间不少于 30s。

第三节　苯类产品蒸发残留量的测定方法

GB/T 3209—2009

1. 适用范围

苯类产品蒸发残留量的测定方法适用于焦化苯、焦化甲苯、焦化二甲苯的蒸发残留量的测定。石油苯类产品也可参照使用。

2. 测定原理

将试样装入带有冷凝器的蒸馏瓶中，蒸发 3/4 体积，将残留液注入已恒重的铝皿中，在空气流中加热蒸发至干，测定铝皿的增重，此增重即为试样的蒸发残留量。

3. 方法概要

用中速滤纸过滤试样，弃取最初 10mL 试样，量取 100mL 试样于蒸馏烧瓶中，蒸发馏出 75mL 后，把烧瓶内残液倒入已恒重的铝皿中，把铝皿置于加热蒸发装置中，在通净化空气的条件下，加热蒸发残液至干后，将铝皿置于 105℃的电热恒温箱中，干燥至恒重，称重并计算蒸发残留量。

4. 影响因素及注意事项

试验前铝皿必须先用丙酮洗净，再用蒸馏水冲洗，最后再用丙酮洗一次。在 105℃±3℃下干燥 1h，取出后放在密闭的干燥器中冷却 30min，称准至 0.0001g，反复此操作直到铝皿恒重，方法中规定误差小于 0.002g，后续残留物加铝皿的恒重也规定误差小于 0.002g，因最终蒸发残余的分析结果重复性要求不超过 0.0004g/100mL，因此，在实际执行过程中这二次恒重都应恒重至二次称量之差小于 0.0004g 为止。蒸馏时应使用专用的蒸馏瓶，不应使用蒸馏过其他样品如汽油类样品的蒸馏瓶，避免把残留物带入到样品中。蒸馏结束后，把烧瓶倒立在铝皿中至少 15s，使残留在烧瓶上的液体全部流入到铝皿中，这部分液体往往是残留物最大的部分。试验过程中的铝皿必须用金属钳镊取，不能用手直接操作。当接通压缩空气的操作时，应缓慢进行，防止瞬间压力过大冲开"硫酸瓶"和"氢氧化钠瓶"洗气瓶的橡皮塞，使瓶内的硫酸或氢氧化钠溅出伤人。苯是有毒物质，加热蒸馏和加热蒸发等试验过程必须在通风橱内进行，同时操作者必须佩戴相应的防护用具。

第四节　分光光度法分析苯中微量噻吩的标准试验方法

ASTM D1685—2005

1. 适用范围

分光光度法分析苯中微量噻吩的标准试验方法适用于测定苯中噻吩含量为 0.1～250mg/kg。

2. 测定原理

在规定的条件下噻吩与靛红反应生成有色化合物，用硫酸萃取该化合物，通过分光光度法测量吸光强度，通过与已知噻吩含量标样的相关关系求出试样的噻吩浓度。

3. 方法概要

将 250mL 试样与 40mL 氯化镉溶液在分液漏斗中振摇，分离得到油相。一份用于空白试验，另一份与 5mL 靛红溶液和 10mL 硫酸铁溶液在分液漏斗中振摇，取下部溶液并定容。用 1cm 比色皿，以空白试剂为参比，在 589nm 处测定试样溶液的吸光度，与标准曲线进行比照，计算试样的噻吩含量。

4. 影响因素及注意事项

本方法测定时必须做样品空白测定进行补偿，空白试剂 1 和空白试剂 2 可稳定 8h，在此期间的分析均可使用。样品性质不同时，则需要制备每个样品的空白样品。用本方法测得的噻吩含量与总硫含量相矛盾时，需对本方法的检测结果进行确认，因为本方法中杂质可能会影响比色，造成在589nm处产生波长干扰。当试样的吸光度大于1.6时，吸光度与样品中的噻吩含量不成线性，可采用减半取样量或对样品用无噻吩的苯进行稀释，结果计算时乘以稀释倍数即可。

第五节　液体石油烃中痕量氮的测定(氧化燃烧和化学发光法)

SH/T 0657—2007

1. 适用范围

液体石油烃中痕量氮的测定(氧化燃烧和化学发光法)适用于测定沸点范围为50～400℃，室温下黏度范围约0.2～10mm²/s，总氮含量为0.3～100mg/kg的石脑油、石油馏分和其他油品。对于液体石油烃中总氮含量大于100mg/kg的样品，NB/SH/T0704方法更为适用。对于超出方法规定范围的样品，通过选择适当的溶剂将样品的氮含量和黏度范围稀释至方法规定的范围后，本方法也可适用。然而，操作人员应核查试样在溶剂中的溶解度，并确认用注射器直接将稀释试样注入炉中时，不会因试样或溶剂在针管内的热解而造成测量结果偏低。

2. 测定原理

将液态石油烃试样通过注射器或是舟进样系统导入到惰性载气气流(氦气或氩气)中，试样蒸发，被载气携带到富氧的高温区，样品燃烧，其中的有机氮转化成一氧化氮，由载气携带进入到检测室，一氧化氮与来自于臭氧发生器的臭氧反应，转化为激发态的二氧化氮，激发态的二氧化氮跃迁回到基态时的发射光谱被光电倍增管检测，产生的电信号与样品中的氮含量大小成正比。

3. 方法概要

标准曲线的建立：设定化学发光定氮仪的操作条件，主要操作条件包括：炉膛温度、入口氧气、裂解氧气、氩气(或氦气)流量、高压、增益，待仪器稳定后，根据仪器检测器允许的氮含量线性范围，用微量注射器以适当的速度注入一系列标准样品至裂解管中，舍去不合理数据后，建立多条标准曲线。

样品分析：根据样品的大致氮含量，选择一条标准曲线，并设定仪器操作参数与使用的标准曲线的参数一致，用微量注射器以适当的速度注入样品，仪器自动积分，并与标准曲线相比照后，计算出样品中的总氮含量。

4. 影响因素及注意事项

仪器所用的气体纯度要保证，氩气纯度不小于99.9%，水含量不大于5mg/kg；氧气的纯度不小于99.9%，水含量不大于5mg/kg，气体不纯时易使基线不稳或多次测定值重复性差。注射器进样量的读取可用体积法和质量法，其中体积进样法相对比较便捷，即用试样清洗10μL注射器3～5次，准确抽取试样8μL，使注射器针头向上，把针头内储存的试样抽吸到刻度针管里，使试样的凹面最低点位于1μL刻线处，读取针管内试样体积数。试样注射完后，重复上述操作，并读取试样残留体积数。两者差值即为进样量。注射器插入燃烧管的入口处后要停留一定时间，让针头内外的残留试样先行挥发燃烧(针头空白)，当基线重新稳定后注射样品，当仪器恢复到稳定的基线后取出注射器。应选择保证样品燃烧完全，氮化物完全转化为一氧化氮的最低炉温，以延长转化炉和石英管的使用寿命。应定期更换进样垫，检查石英管和尾锥管的积炭情况，进样垫漏气时会使基线不稳，石英管和尾锥管积炭严重时会使测定样品的测定结果异常，仪器气路中的膜干燥器主要用于脱除燃烧产物中的水分，当出现测定结果偏离正常值或产生拖尾峰时，应检查膜干燥器是否失效，使含水的燃烧产品被带到检测系统中。氧氩比和燃烧炉温度都会影响样品中氮化物的转化率；光电检测器的参数会影响发射光谱的测定值，因此，样品的操作条件应与选用的标准曲线的条件相一致，且不能使用标准曲线外延法来计算样品的氮含量。

每次测定样品前调用氮含量标准曲线后，均应用与纯苯样品氮含量接近的氮含量标样验证标准曲线的有效性，当氮含量标样的测定值超出其不确定度范围时，应该重新制作标准曲线。

第六节 分析方法索引

分析方法索引见表 13-7。

表 13-7 分析方法索引

<table>
<tr><th colspan="2">项 目</th><th>试验方法</th><th>索 引</th></tr>
<tr><td colspan="2">颜色(铂-钴色号)</td><td>GB/T 3143</td><td>见色度测定一章</td></tr>
<tr><td colspan="2">密度</td><td>GB/T 2013</td><td>见密度测定一章</td></tr>
<tr><td colspan="2">馏程范围</td><td>GB/T 3146. 1</td><td>见馏程测定一章</td></tr>
<tr><td colspan="2">酸洗比色</td><td>GB/T 2012</td><td>见色度测定一章</td></tr>
<tr><td colspan="2">总硫含量</td><td>SH/T 0253、SH/T 0689(仲裁法)</td><td>见总硫测定一章</td></tr>
<tr><td colspan="2">中性试验</td><td>GB/T 1816</td><td>见本章第二节</td></tr>
<tr><td colspan="2">结晶点</td><td>GB/T 3145</td><td>见低温性能测定一章</td></tr>
<tr><td colspan="2">蒸发残余物</td><td>GB/T 3209</td><td>见本章第三节</td></tr>
<tr><td rowspan="3">苯</td><td>纯度</td><td>ASTM D4492</td><td>见色谱测定一章</td></tr>
<tr><td>非芳烃含量</td><td>ASTM D4492</td><td>见色谱测定一章</td></tr>
<tr><td>甲苯含量</td><td>ASTM D4492</td><td>见色谱测定一章</td></tr>
<tr><td colspan="2" rowspan="2">噻吩</td><td>ASTM D1685</td><td>见本章第四节</td></tr>
<tr><td>ASTM D4735</td><td>见色谱测定一章</td></tr>
<tr><td colspan="2">溴指数</td><td>SH/T 1551</td><td>见溴价、溴指数测定一章</td></tr>
<tr><td colspan="2">水分</td><td>SH/T 0246、ASTM E1064</td><td>见水分测定一章</td></tr>
<tr><td colspan="2">氮</td><td>SH/T 0657</td><td>见本章第五节</td></tr>
<tr><td colspan="2">1,4-二氧杂环已烷</td><td>ASTM D4492</td><td>见色谱测定一章</td></tr>
<tr><td colspan="2">氯</td><td>SH/T 1757</td><td>见石脑油一章</td></tr>
<tr><td>甲苯</td><td>烃类杂质</td><td>GB/T 3144</td><td>见色谱测定一章</td></tr>
<tr><td colspan="2">博士试验</td><td>SH/T 0174</td><td>见汽油一章</td></tr>
</table>

续表

项　目		试验方法	索　引
蒸发残余物		GB/T 3209	见本章第三节
铜片腐蚀		GB/T 11138	见腐蚀测定一章
邻二甲苯	纯度	SH/T 1613. 2	见色谱测定一章
	非芳烃+碳九芳烃	SH/T 1613. 2	见色谱测定一章
水溶性酸或碱		GB/T 259	见汽油一章
对二甲苯	纯度	SH/T 1489、SH/T 1486. 2	见色谱测定一章
	非芳烃含量	SH/T 1489、SH/T 1486. 2	见色谱测定一章
	甲苯含量	SH/T 1489、SH/T 1486. 2	见色谱测定一章
	乙苯含量	SH/T 1489、SH/T 1486. 2	见色谱测定一章
	间二甲苯含量	SH/T 1489、SH/T 1486. 2	见色谱测定一章
	邻二甲苯含量	SH/T 1489、SH/T 1486. 2	见色谱测定一章

第十四章　燃料油

第一节　概　　述

燃料油在我国石油制品的市场消费规模仅次于汽油、柴油，位居第三。燃料油作为成品油的一种，大部分是原油蒸馏加工过程中，在汽油、煤油、柴油、蜡油之后从原油中分离出来的较重的残渣油组分，少部分燃料油由柴油馏分油调和而成。燃料油广泛用作于船舶柴油机燃料、加热炉燃料、冶金炉和其他工业炉燃料。其特点是闪点高、黏度大，含非烃化合物、胶质、沥青质多。

燃料油产品其主要检测项目有密度、运动黏度、闪点、倾点、浊点、硫含量、残炭、灰分、沉淀物、水分、钒、铝+硅等。炉用燃料油技术要求见表 14-1，船用燃料油技术要求见表 14-2。

表 14-1　炉用燃料油技术要求 GB 25989—2010

序号	项　目	馏分型		残渣型				试验方法
		F-D1	F-D2	F-R1	F-R2	F-R3	F-R4	
1	运动黏度/(mm²/s) 40℃ 100℃	≯5.5 —	>5.5~24.0 —	— 5.0~15.0	— >15.0~25.0	— >25.0~50	— >50~185	GB/T 265 GB/T 11137
2	闪点/℃　不低于 闭口 开口	55 —	60 —	80 —	80 —	80 —	— 120	GB/T 261 GB/T 267
3	硫含量[a](质量分数)/%　不大于	1.0	1.5	1.5	2.5	2.5	2.5	GB/T 17040[b] GB/T 387 SH/T 0172
4	水和沉淀物(体积分数)/%　不大于	0.50	0.50	1.00[c]	1.00[c]	2.00[c]	3.0[c]	GB/T 6533
5	灰分(质量分数)/%不大于	0.05	0.10	报告	报告	报告	报告	GB/T 508
6	酸值(以 KOH 计)/(mg/g)　不大于	报告		2.0				GB/T 7304
7	馏程（250℃回收体积分数)/%	—		报告				GB/T 6536
8	倾点/℃	报告						GB/T 3535

续表

序号	项目	馏分型		残渣型				试验方法
		F-D1	F-D2	F-R1	F-R2	F-R3	F-R4	
9	密度(20℃)/(kg/m³)	报告						GB/T 1884 GB/T 1885
10	水溶性酸或碱	报告						GB/T 259

a 为了符合国家或地方环保法规要求，或为满足热处理、有色金属、玻璃和陶瓷等生产特殊使用需求，由买卖双方协商提供低硫燃料油。

b 有争议时，以 GB/T 17040 为仲裁方法。

c 对于水分和沉淀物总量超过 1.0%的应在总量中扣除。

注：(1) 表中馏分型炉用燃料油第 1 项、第 2 项、第 3 项、第 4 项和第 5 项技术要求为强制性的，残渣型炉用燃料油的第 1 项、第 2 项、第 3 项和第 6 项技术要求为强制性的，其余为推荐性的。

(2) 对炉用燃料油中钒、铝、硅、钙、锌和磷等元素的要求由供需双方协商确定。

表 14-2 船用馏分燃料油技术要求 GB/T 17411—2015

项目		指标				试验方法
		DMX	DMA	DMZ	DMB	
运动黏度(40℃)/(mm²/s)	不大于	5.5000	6.000	6.000	11.00	GB/T 265
	不小于	1.400	1.500	3.000	2.000	
密度/(kg/m³)(需满足下列要求之一)						GB/T 1884 和 GB/T 1885[a]
15℃	不大于	—	890.0	890.0	900.0	
20℃	不大于	—	886.5	886.5	896.5	
十六烷指数	不小于	45	40	40	35	SH/T 0694
硫含量[b](质量分数)/%	不大于					GB/T 17040[c]
Ⅰ		1.0	1.0	1.0	1.50	
Ⅱ		0.50	0.50	0.50	0.50	
Ⅲ		0.10	0.10	0.10	0.10	
闪点(闭口)/℃	不低于	60.0	60.0	60.0	60.0	GB/T 261(步骤 A)
硫化氢[d]/(mg/kg)	不大于	2.00	2.00	2.00	2.00	IP570(步骤 A)
酸值(以 KOH 计)/(mg/g)	不大于	0.5	0.5	0.5	0.5	GB/T 7304
总沉积物(热过滤法)(质量分数)/%	不大于	—	—	—	0.10[e]	SH/T 0701
氧化安定性/(mg/100mL)	不大于	2.5	2.5	2.5	2.5[f]	SH/T 0175
10%蒸余物残炭(质量分数)/%	不大于	0.30	0.30	—	—	GB/T 268
残炭(质量分数)/%	不大于	—	—	0.30	2.50	GB/T 17144
浊点/℃	不大于	-16	—	—	—	GB/T 6986
倾点[g]/℃	不高于					GB/T 3535
冬季		—	-6	0	0	
夏季		—	0	6	6	
外观		清澈透明[h]			e, f, i	目测
水分(体积分数)/%	不大于	—	—	—	0.3	GB/T 260

续表

项　目		指　标				试验方法
		DMX	DMA	DMZ	DMB	
灰分(质量分数)/%	不大于	0.01	0.01	0.01	0.05	GB/T 508
润滑性 校正磨痕直径(WS1.4)(60℃)/μm	不大于	—	—	0.07	—	GB/T 6531

a 测定方法也包括 SH/T 0604，结果有争议时，以 GB/T 1884 和 GB/T 1885 为仲裁方法。

b 尽管给出了限值，买方应该按照船舶行驶区域的有关法规限制确定最大硫含量，参见附录 C。

c 测定方法也包括 GB/T 387、GB/T 11140、SH/T 0172、SH/T 0253、SH/T 0689、NB/SH/T 0842，结果有争议时，以 GB/T 17040 为仲裁方法，采用试验前各方认可的有证的硫标准物质。

d 参见附录 D，该项目由供需双方协商是否检测。

e 如果样品不透明，要求做总沉淀物(热过滤法)和水分试验，如果样品透明，总沉淀物(热过滤法)和水分试验可以不做。

f 如果样品不透明，氧化安定性试验可不做，氧化安定性限值不适用，此时应测定总沉淀物(热过滤法)。

g 买方应确保倾点适合船上设备要求。尤其是船舶运行在寒冷气候环境下。

h 样品注入 100mL 量筒中，在 20~25℃温度下，在光线好的地方(非强光和黑暗)观察，应无可见沉淀物和水。

i 如果样品不透明，润滑性试验可不做，润滑性限值不适用。

j 此要求适用于硫含量低于 0.050%(500mg/kg)清澈透明的燃料。

燃料油密度测定的意义是用于计量，便于确定燃料油储罐的最大装载量，为适当调节喷油泵的油量调节机构提供依据。

运动黏度是燃料油的重要指标，可作为燃料油分级的依据，它的大小表示燃料油的流动性、泵送性和雾化性能的好坏。对于高黏度的燃料油，一般需经预热，使黏度降至一定水平后输送至喷油嘴。

闪点是燃料油的安全性指标，用于判断燃料油馏分组成的轻重，从闪点判断燃料油发生火灾的危险系数，燃料油储罐的最高温度不能超过其闪点值。

倾点、浊点也是判断燃料油储存、输送、雾化的质量指标。

燃料油中的硫化物会引起设备腐蚀或对环境造成污染，燃料油中的硫化物燃烧产生的二氧化硫和三氧化硫，是引起酸雨的主要原因，它们遇水后变成的亚硫酸和硫酸会严重腐蚀金属设备，国际海事组织防止船舶造成污染公约规定了海洋船舶使用燃料的最大硫含量，我国各大沿海港口城市也规定船舶靠岸后，其燃油中的最大硫含量指标。

残炭是判断燃料油在使用过程中结焦倾向的指标，过高的残炭不但会降低燃料油燃烧的经济性，而且也有可能在燃料喷嘴处形成结垢积炭，造成喷油不畅，甚至堵塞。

灰分是燃料油中不能燃烧的物质的总量，包括燃料油中的金属氧化物、无机盐类等。灰分会沉积在管壁、蒸汽过热器、节油器和空气预热器上形成结垢，不但使传热效率降低，而且会引起这些设备的提前损坏。

沉淀物是燃料油的一项重要质量指标，残渣燃料油中可观的沉淀物会加剧设备磨损，堵塞滤网，并给燃烧器机构带来问题。沉淀物可在储存罐中、过滤器滤网上或燃烧器零件上累积，造成燃料油从油罐到燃烧器的输送不畅。

水分含量在燃料油评定中的作用不容忽视，在重质油品中有过量的水分时会造成炉膛熄火、停炉等事故，水分的存在也会腐蚀设备零件，加速油品的氧化和胶化。

酸值是燃料油中酸性物质的定量指标，水溶性酸或碱是燃料油中是否存在无机酸或碱的定性指标。酸性或碱性物质会对设备的金属部件造成酸或碱腐蚀，酸性物质的存在会加速船用内燃机的损坏。

燃料油中的硫化氢含量是安全性指标。硫化氢是高毒害性气体，人体暴露在高浓度硫化氢气体下有致命的风险，燃料油中的硫化氢可以在炼制过程中形成，也可以在燃料油储存、产品周转环节中逐渐形成，在对燃料油输送、储存系统检修、更换泵入口过滤器等操作时，要做好防硫化氢工作。

第二节　残渣燃料油总沉淀物测定法(热过滤法)

SH/T 0701—2001

1. 适用范围

残渣燃料油总沉淀物测定法(热过滤法)适用于测定100℃黏度小于55mm²/s的残渣燃料油以及含有残渣组分调和的馏分燃料油中总沉淀物的测定。

2. 测定原理

总沉淀物定义为一定量的试样通过规定的滤纸进行过滤，分离出不溶解于一种主要是烷烃的洗涤溶剂的有机物和无机物的总量。

试样在100℃±1℃温度，61.3kPa的真空度条件下进行抽滤，并用洗涤溶剂进行洗涤，最后留在孔径为0.0016mm的滤纸上的残渣为总沉淀物。

3. 方法概要

用高速混合器使样品混合均匀，称取一定量的试样，把试样加入到已装配好滤纸，夹套中已通入100℃±1℃蒸汽，并抽至真空度61.3kPa的真空抽滤装置中，待抽滤结束后，分别用两份25mL±1mL洗涤溶剂[85%(体积分数)正庚烷和15%(体积分数)甲苯组成]进行洗涤，洗涤结束卸下上部过滤器部件后，再用10mL±0.5mL洗涤溶剂洗涤滤纸边缘，最后，10mL±0.5mL洗涤溶剂洗涤滤纸表面，拆下滤纸，在110℃±1℃的烘箱中烘至恒重，称量滤纸和残留物的质量，并计算出总沉淀物的质量分数。

4. 影响因素及注意事项

在测定前应检查滤纸支撑网的清洁程度，若需要清洗，可在高沸点芳烃溶剂如甲苯中煮沸。如果清洗后仍有大于2%的烧结面被颗粒物堵塞(即肉眼看得见空隙的等效量)，需更换新的支撑网。过滤用的玻璃纤维滤纸易碎，装卸要小心。在使用前每张滤纸都要对着光线检查其致密性和可能存在的瑕疵(小孔)，当过滤结束后，发现上层滤纸有细微破损，此次试验应作废。测定时把样品转移至过滤装置过程中，不要使样品与过滤器壁接触。对于高黏度的试样或高沉淀物含量的试样，过滤时应少量加入，甚至是微量滴加，尽可能地利用最大的过滤面积，但应避免未经过滤的试样粘在过滤器壁上。对于低过滤速率的试样需在40kPa±2kPa下保持25min。如果25min内过滤不完，则停止试验；另取5g±0.3g试样重新试验。如果第二次过滤在25min内仍过滤不完，则报告结果为“过滤时间超过25min”。样品过滤结束用洗涤溶剂清洗时，应使用注射器或带细喷嘴的容器缓慢、仔细地清洗上层滤纸，使可溶物能够被洗涤溶剂溶解并彻底清洗。当使用二张滤纸过滤时测得结果为负数时，可采用三张滤纸叠放进行过滤，过滤结束后弃去最下层滤纸，取上面二张滤纸的质量用于结果计算。

第三节　分析方法索引

分析方法索引见表 14-3。

表 14-3　分析方法索引

项　目	试验方法	索　　引
闪点	GB/T 261、GB/T 267	见闪点测定一章
硫含量	GB/T 17040、GB/T 387、SH/T 0172	见硫含量测定一章
灰分	GB/T 508	见柴油一章
酸值(以 KOH 计)	GB/T 7304	见酸度、酸值测定一章
馏程	GB/T 6536	见馏程测定一章
倾点	GB/T 3535	见低温性能测定一章
密度	GB/T 1884、GB/T 1885	见密度测定一章
水溶性酸或碱	GB/T 259	见汽油一章
运动黏度	GB/T 265	见黏度测定一章
十六烷指数	SH/T 0694	见柴油一章
总沉积物	SH/T 0701	见本章第二节
氧化安定性	SH/T 0175	见柴油一章
10%蒸余物残炭	GB/T 17144	见残炭测定一章
浊点	GB/T 6986	见低温性能测定一章
倾点	GB/T 3535	见低温性能测定一章
润滑性　校正磨痕直径	GB/T 6533	见柴油一章

第十五章 石 蜡

第一节 概 述

石蜡(英文名 paraffin wax)按其形态分为液体石蜡和固体石蜡。液体石蜡一般含有碳原子数为9~16的正构烷烃，在室温下处于液体状态，适合于生产合成洗涤剂、农药乳化剂等；固体石蜡是在室温下处于固体状态的石蜡，按其晶体结构的不同，又分为石蜡和微晶蜡两大类。石蜡碳原子数约为18~40的烃类混合物，主要组分为正构烷烃(约为80%~95%)，还有一些为非正构烷烃(带个别支链的烷烃和带长侧链的单环环烷烃，两者合计含量20%以下)，石蜡是无色或白色半透明的块状物、显片状结晶；无臭、无味；手指接触有滑腻感，易溶解于氯仿或乙醚中，在水或乙醇中几乎不溶，熔点为50~70℃。微晶蜡和石蜡相比，具有更细的呈针状的晶体结构，碳原子数为30~60，主要由环烷烃和芳香烃及少量的正、异构烷烃组成，其滴熔点高、韧性好，常用来作为石蜡改性调和组分。

石蜡是从原油蒸馏所得的减压馏分经溶剂精制、溶剂脱蜡或经蜡冷冻结晶、压榨脱蜡制得蜡膏，再经脱油，并加氢或白土补充精制制得的片状或针状结晶。根据加工精制程度不同，可分为全精炼石蜡、半精炼石蜡、粗石蜡、食品用石蜡、食品级石蜡、皂用蜡等。每个品种又按熔点，一般每隔2℃，分成不同的牌号，如52、54、56、58、60、62等牌号。

粗石蜡含油量较高，主要用于制造火柴、纤维板、篷帆布等。全精炼石蜡、半精炼石蜡和食品级石蜡用途很广，主要用作食品、口服药品、蜡烛及某些商品(如蜡纸、蜡笔、蜡烛、复写纸)的组分及包装材料，烘烤容器的涂敷料；可用于水果保鲜，电器元件绝缘；可用于提高橡胶抗老化性和增加柔韧性等；也可用于氧化生成合成脂肪酸。

主要石蜡产品如全精炼石蜡、半精炼石蜡、粗石蜡、食品用石蜡、食品级石蜡的技术要求和试验方法见表15-1~表15-5。石蜡分析方法索引见表15-6。

石蜡的检测项目主要有熔点、含油量、赛氏色度、针入度、光安定性、嗅味、水溶性酸或碱、易碳化合物、苯和甲苯、稠环芳烃、运动黏度等。石蜡熔点主要决定了石蜡的使用温度和环境条件，是石蜡牌号划分的依据；石蜡含油量是石蜡质量的重要指标之一，是划分质量等级的重要指标，石蜡根据含油量的大小来对同一牌号的石油蜡进行分类。测定石油蜡含油量，可考察酮苯装置的油蜡分离情况，检查在发汗过程中油分的去除程度。同时，含油量的大小代表了石蜡精制的深度，它对石蜡的稳定性和使用方面有着重要的影响；石蜡颜色(赛波特比色)直接反映石蜡颜色的深浅，间接反映了石蜡精制的程度，反映了石蜡的“纯度”；针入度反映的是石蜡的硬度，它与石蜡的化学结构和含油量有关；光安定性是石蜡质量划分的质量指标之一，反映了石蜡对光和热的稳定性，间接反映了石蜡精制的效果；石蜡的嗅味反映石蜡中含溶剂的多少及其他杂质含量的情况，对保护人体健康和避免环境污染有重要意义；水溶性酸或碱能使设备腐蚀，使蜡的抗氧化性能降低，同时加快了蜡的老化变质，所以石蜡中不允许存在水溶性酸或碱；石蜡中的易碳化合物对人体有害，在食品级石蜡中属严格控制项目；石蜡中的苯和甲苯是溶剂脱蜡过程中溶剂脱除不干净造成的，与石蜡嗅味紧密关联，苯和甲苯对人体和环境有害，石蜡中的稠环芳烃对人体危害性很大，食入后可致癌，稠环芳烃是食品级石蜡及食品包装蜡的重要质量指标；运动黏度反映石蜡在100℃下的流动性能，它与石蜡的化学组成有关，对石蜡的使用有一定的指导作用。

表 15-1 全精炼石蜡的技术要求和试验方法

项　目		质量指标										试验方法
牌号		52 号	54 号	56 号	58 号	60 号	62 号	64 号	66 号	68 号	70 号	
熔点/℃	不低于	52	54	56	58	60	62	64	66	68	70	GB/T 2539
	低于	54	56	58	60	62	64	66	68	70	72	
含油量/%(质量分数)	不大于	0.8										GB/T 3554
颜色/号	不小于	+27				+25						GB/T 3555
光安定性/号	不大于	4				5						SH/T 0404
针入度(25℃)/(1/10mm)	不大于	19				17						GB/T 4985
运动黏度(100℃)/(mm²/s)		报告										GB/T 265
嗅味/号	不大于	1										SH/T 0414
水溶性酸或碱		无										NB/SH/T 0407
机械杂质及水分		无										目测*

* 将约10g蜡放入容积为100~250mL的锥型瓶内，加入50mL初馏点不低于70℃的无水汽油馏分，并在振荡下于70℃水浴内加热，直到石蜡溶解为止，将该溶液在70℃水浴内放置15min后，溶液中不应呈现眼睛可以看见的浑浊、沉淀或水。允许溶液有轻微乳光。

表 15-2 半精炼石蜡技术要求和试验方法

项　目		质量指标										试验方法
牌号		52 号	54 号	56 号	58 号	60 号	62 号	64 号	66 号	68 号	70 号	
熔点/℃	不低于	52	54	56	58	60	62	64	66	68	70	GB/T 2539
	低于	54	56	58	60	62	64	66	68	70	72	
含油量/%(质量分数)	不大于	2.0										GB/T 3554
颜色/号	不小于	+18										GB/T 3555
光安定性/号	不大于	6				7						SH/T 0404
针入度(25℃)/(1/10mm)	不大于	23										GB/T 4985
针入度(35℃)/(1/10mm)		报告										GB/T 4985
运动黏度(100℃)/(mm²/s)		报告										GB/T 265
嗅味/号	不大于	2										SH/T 0414
水溶性酸或碱		无										NB/SH/T 0407
机械杂质及水分		无										目测*

* 将约10g蜡放入容积为100~250mL的锥型瓶内，加入50mL初馏点不低于70℃的无水汽油馏分，并在振荡下于70℃水浴内加热，直到石蜡溶解为止，将该溶液在70℃水浴内放置15min后，溶液中不应呈现眼睛可以看见的浑浊、沉淀或水。允许溶液有轻微乳光。

表 15-3　粗石蜡技术要求和试验方法

项目		质量指标						试验方法
牌号		50 号	52 号	54 号	56 号	58 号	60 号	
熔点/℃	不低于	50	52	54	56	58	60	GB/T 2539
	低于	52	54	56	58	60	62	
含油量/%(质量分数)	大于	2.0						GB/T 3554
颜色/号	不小于	-10						GB/T 3555
嗅味/号	不大于	3						SY2864
机械杂质及水分		无						目测*

＊将约 10g 蜡放入容积为 100~250mL 的锥型瓶内，加入 50mL 初馏点不低于 70℃的无水汽油馏分，并在振荡下于 70℃水浴内加热，直到石蜡溶解为止，将该溶液在 70℃水浴内放置 15min 后，溶液中不应呈现眼睛可以看见的浑浊、沉淀或水分，允许溶液有轻微乳光。

表 15-4　食品用石蜡技术要求和试验方法

项　目		质量指标												试验方法
		食品石蜡						食品包装石蜡						
		52 号	54 号	56 号	58 号	60 号	62 号	52 号	54 号	56 号	58 号	60 号	62 号	
熔点/℃	不低于	52	54	56	58	60	62	52	54	56	58	60	62	GB/T 2539
	低于	54	56	58	60	62	64	54	56	58	60	62	64	
含油量/%(质量分数)	不大于	0.5						1.2						GB/T 3554
颜色/号	不小于	+28				+25		+22						GB/T 3555
光安定性/号	不大于	4				5		6						SH/T 0404
针入度(25℃)/(1/10mm)不大于		18				16		20				18		GB/T 4985
运动黏度(100℃)/(mm^2/s)		报告						报告						GB/T 265
嗅味/号	不大于	1						1						SH/T 0414
水溶性酸或碱		无						无						NB/SH/T 0407
机械杂质及水分		无						无						目测*
易碳化物		通过						—						GB/T 7364
稠环芳烃，紫外吸光度/cm														GB/T 7363
280~289nm	不大于	0.15						0.15						
290~299nm	不大于	0.12						0.12						
300~359nm	不大于	0.08						0.08						
360~400nm	不大于	0.02						0.02						

＊将约 10g 蜡放入容积为 100~250mL 的锥型瓶内，加入 50mL 初馏点不低于 70℃的无水汽油馏分，并在振荡下于 70℃水浴内加热，直到石蜡溶解为止，将该溶液在 70℃水浴内放置 15min 后，溶液中不应呈现眼睛可以看见的浑浊、沉淀或水。允许溶液有轻微乳光。

表 15-5 食品级石蜡的技术要求和试验方法

项目	质量指标																试验方法
	食品石蜡								食品包装石蜡								
牌号	52号	54号	56号	58号	60号	62号	64号	66号	52号	54号	56号	58号	60号	62号	64号	66号	
熔点/℃ 不低于	52	54	56	58	60	62	64	66	52	54	56	58	60	62	64	66	GB/T 2539
低于	54	56	58	60	62	64	66	68	54	56	58	60	62	64	66	68	
含油量/%(质量分数) 不大于	0.5								1.2								GB/T 3554
颜色/号 不小于	+28								+26								GB/T 3555
光安定性/号 不大于	4								5								SH/T 0404
针入度(25℃)/(1/10mm) 不大于	18				16				20				18				GB/T 4985
运动黏度(100℃)/(mm^2/s)	报告								报告								GB/T 265
嗅味/号 不大于	0								1								SH/T 0414
水溶性酸或碱	无								无								NB/SH/T 0407
机械杂质及水分	无								无								目测*
易碳化物	通过								—								GB/T 7364
稠环芳烃，紫外吸光度/cm																	GB/T 7363
280~289nm 不大于	0.15								0.15								
290~299nm 不大于	0.12								0.12								
300~359nm 不大于	0.08								0.08								
360~400nm 不大于	0.02								0.02								

* 将约 10g 蜡放入容积为 100~250mL 的锥型瓶内，加入 50mL 初馏点不低于 70℃的无水汽油馏分，并在振荡下于 70℃水浴内加热，直到石蜡溶解为止，将该溶液在 70℃水浴内放置 15min 后，溶液中不应呈现眼睛可以看见的浑浊、沉淀或水。允许溶液有轻微乳光。

第二节 石蜡熔点(冷却曲线)测定法

GB/T 2539—2008

1. 适用范围

石蜡熔点(冷却曲线)测定法适用于石蜡熔点的测定(尤其适用于链烷烃含量相当高或结晶型的石油蜡，不适用于微晶蜡、石油脂以及微晶蜡、石油脂与石蜡或粗石蜡的混合物)。

2. 测定原理

石油蜡是高分子固体烷烃的复杂混合物，它们由一种状态转向另一种状态是逐渐进行的。当它们凝固时，常有一个(中间的)稠化阶段，在这个阶段中，它们释放出熔化热，对相对较慢的冷却过程形成一种热的抵消，因此，在这一阶段其温度的下降相对来说是比较缓慢的，从而在冷却曲线上出现温度停滞期。将熔化了的石蜡进行冷却，对温度-冷却时间作一条冷却曲线，当冷却曲线上第一次出现温度停滞期时，此停滞期的温度即为石蜡的熔点。

3. 方法概要

将装有熔化的石油蜡(石油蜡熔化温度应高于预期熔点 8℃以上，但不能超过 93℃)试样和温度计的试管置于空气浴内，空气浴置于水温为16～28℃的水浴中，在试样冷却过程中，每15s记录一次温度，读数估计0.05℃，观察这些连续数据，当第一次出现五个连续读数总差不超过0.1℃时，即为第一次停滞期，此时即可停止试验，五个连续读数的平均值即为所测试样的熔点，报告至0.05℃。

4. 影响因素及注意事项

熔化石蜡时应使用烘箱或水浴，不可用明火或电热板直接加热试样，因为用明火或电热板直接加热试样易造成样品局部过热而发生局部裂解、氧化。石蜡在烘箱或水浴中应加热至估计熔点8℃以上，或加热到90～93℃。石蜡熔化时温度不能太高，温度太高会在冷却过程中影响所形成的石油蜡晶体状网状结构，使测定结果不准确；温度也不能过低，温度太低会使试样熔化不完全，造成试样不均匀，蜡结晶形成不均匀，停滞期可能会不明显，不利于结果判断。试样处于熔化状态下不可超过1h，因在熔化状态下太久，试样会被氧化或试样内一些物质会互相反应，对测定结果有影响。样品中不允许含有杂质及水分，装试样的试管应洁净干燥，在试验中要按规定保持水浴中的水量，严格控制水浴的温度，熔点试管与空气浴的软木塞应严密结合，以保证试样以缓慢均匀的速度冷却。否则会影响试样冷却速度，使测定结果不准确。

第三节　石油蜡含油量测定法

GB/T 3554—2008

1. 适用范围

石油蜡含油量测定法适用于测定冻凝点在30℃以上和含油量不大于15%的石油蜡。

2. 测定原理

利用丁酮在低温时只溶解油而不溶解石油蜡的特性，将丁酮作为溶剂加入到石油蜡中，在较高温度的水浴中使丁酮和石油蜡完全互溶，随后将混合物降至规定的试验温度，在此温度条件下丁酮只溶解油而不溶解蜡，使得蜡与油完全分离，并将滤液中的丁酮蒸出，称重残留油的质量，计算蜡的含油量。

3. 方法概要

称取完全熔化均匀的石油蜡1.00g±0.05g，在70～90℃将其溶解在15mL丁酮溶剂中，先在冰-水混合物中冷却10min，将此混合物置于-34.5℃±1.0℃的冷浴中冷却至-31.7℃±0.3℃，使蜡完全析出，随后用过滤管滤出大约4mL滤液，并将滤液中的丁酮在35℃±1.0℃温度下用空气浴蒸出，称重残留油，计算蜡的含油量。

4. 影响因素及注意事项

加入丁酮溶剂后的石油蜡样在水浴中加热时应用搅拌棒充分搅拌石蜡和丁酮溶剂，使蜡样完全、快速地溶解在丁酮溶剂中，避免加热时间过长使溶剂沸腾、挥发，使溶剂损失量大于1%。互溶后的石蜡和丁酮必须按要求冷却，先在冰-水混合物中冷却10min，随后再放入-34.5℃±1.0℃的冷浴中。试管在放入-34.5℃±1.0℃的冷浴后，应先将糊状物剧烈搅拌，防止蜡结块或黏附在管壁，造成蜡包油。待蜡形成细粒结晶后用温度计不停地搅拌，直至糊状物冷至-31.7℃±0.3℃，应避免试管中的糊状物上下温度不均。蜡样在冷却过程中冷却温度和冷却速度必须完全符合方法要求。当冷浴温度高于方法要求的范围时，石油蜡在溶剂中的溶解度增大；当冷浴温度过低时，冷却速度增快，使溶液的黏度增高，影响石油蜡的正常结晶。当滤液压入称量瓶后，应马上进行称量，以避免溶剂损失，同时要避免因瓶壁过冷，凝固空气中的水分而增加重量。压入称量瓶的滤液应尽量控制在4mL左右，若滤液量偏大，应增加蒸发时间。吹干溶剂一定要按方法要求达到恒重，即连续两次称重差值不超过0.0002g。

第四节　石蜡光安定性测定法

SH/T 0404—2008

1. 适用范围

石蜡光安定性测定法适用于测定食品包装蜡、全精炼石蜡、半精炼石蜡产品的光安定性。

2. 测定原理

石蜡是高分子固体直链烷烃的混合物，它的化学安定性较强。但石蜡中总含有一些不饱和烃类和含氮、含硫有机物，这些烃类和含氮、含硫有机物在空气中受紫外线照射，以及在照射温度条件下会加速氧化作用，并产生游离基链式反应，最后导致石蜡颜色变深。由光照后的色号，来判断石蜡光安性的好坏。

3. 方法概要

将注满熔化蜡样的试样皿置入恒温室，在紫外光照度12.0mW/cm^2±0.3mW/cm^2、温度90.0℃±1.0℃条件下照射45min，然后按SH/T 0403—1992《石蜡色度测定法》所规定的步骤用色板比色仪测定试样颜色。以色号表示石蜡的光安定性。

4. 影响因素及注意事项

石蜡光安定性测定仪在使用前应用蘸有无水酒精的脱脂棉擦干净灯管表面上的指印和灰尘，擦干净石英玻璃片上表面的灰尘。待仪器预热至规定条件后，将紫外照度计探头置于仪器中使用皿槽内，检测测定仪照度是否在12.0mW/cm^2±0.3mW/cm^{2}内，防止照度未达方法要求而影响测定结果。紫外照度计应按期送计量部门进行检定，检定周期为两年。当仪器照度达不到要求值时应更换灯管。试样应在85℃±2℃的烘箱或水浴中加热熔化，并用滤纸进行过滤。将经过滤的试样注入试样皿中，试样皿、石英玻璃片应清洁干净，在烘箱内预热至85℃±2℃，装样时注意不能溢出，并应迅速将预热的石英玻璃片沿边推上，试验皿内的试样不能有气泡，若在照射过程中发现有气泡进入试样，试验作废。照射后的试样倒入经预热的比色皿后趁热立即测定色号，应避免蜡样在比色皿中部分凝结，影响测定结果。比色板是用有机玻璃制成，易老化，故应避光保存。每年需用重铬酸钾硫酸标准比色液检验有机玻璃比色板的色号，如相差超过一个色号，则应更换色板。

第五节　石油蜡针入度测定法

GB/T 4985—2010

1. 适用范围

石油蜡针入度测定法规定了通过测量标准针刺入深度，评价石油蜡硬度的方法。

石油蜡针入度测定法适用于针入度值不大于250的石油蜡。

2. 测定原理

在规定的条件下，标准针或锥在重力作用下垂直刺入蜡试样的深度，以 1/10mm 为单位。

3. 方法概要

加热试样至其冻凝点或熔点以上约 17℃，倒入成型器中，在控制条件下置于空气中冷却，然后用水浴将试样温度控制在试验温度，用针入度计测量其针入度，将针入度计的标准针在 100g±0. 15g 负荷下刺入试样 5s±0. 1s。

4. 影响因素及注意事项

用于石蜡针入度测定的试验室的温度应控制在 23. 9℃±2. 2℃。石蜡针入度仪在每次试验前必须检查仪器状况是否良好，测深机构是否灵活、正确，并调整测深机构在测定固定高度位置的读数，重复性应能保持固定不变；标准针连同撞杆和附加砝码的质量，是否符合规定，标准针连同撞杆的夹持是否可靠，打开按扭时，撞杆能否迅速无阻的自由落下，确认标准针针尖是否完好，标准针应定期进行针尖度的检查和称重，确保符合要求。用于成型时承托试样的黄铜板需加热至与熔化后蜡样相同温度，确保与其接触的蜡表面光滑平整。熔化试样时应防止过热、受热不均匀、受热时间过长，试样倒入盛样皿时不能有气泡，否则影响测定结果。蜡样倒入成型器后若未形成凸弯月面，可在半小时内不断倒入试样，务必形成凸弯月面，半小时后不可再添加蜡样，确保蜡模成型。在对蜡样进行针入度测定时，扎针位置的选取除需满足距成型器边缘至少 3. 2mm 外，还需保证四点间隔相等，最好是选对角扎，确保结果有代表性。

第六节 石油蜡嗅味试验法

SH/T 0414—2004

1. 适用范围

石油蜡嗅味试验法适用于评定食品包装蜡、全精炼石蜡以及半精炼石蜡等石蜡产品的嗅味强度。

2. 测定原理

由试验小组成员对样品嗅味强度给出一个嗅味评定值。

3. 方法概要

从蜡块上削下约 10g 薄片作为试样，放在无气味的玻璃纸上，然后由试验小组每位成员评定试样的嗅味，赋予与嗅味强度最相适应的数字等级号。另一种方法是把蜡片放入试样瓶中，每位小组成员在样品制备好的 15~60min 内作出嗅味评定，试验小组成员嗅味数字等级的平均值作为样品嗅味评定值。

4. 影响因素及注意事项

嗅味试验小组成员至少由 5 人组成，并应按要求经过严格筛选。选择试验小组成员时应遵循正确评定的一致性和个人的重复性，任何患有呼吸疾病的成员应排除在外。嗅味试验应尽可能在无气味的房间内进行，如有可能应尽量避免低的相对湿度，以免引起嗅觉迟钝。用于嗅味试验的蜡样应为一整块，并至少能制备 100g 蜡片。制备蜡片时，需先刮去蜡样表面，除去样品中杂质。蜡样品一定要制成薄片，应当从断面上得到，样品量约为10g，样品应放置在无气味的玻璃纸上或干净无气味的试样瓶中。当用玻璃纸时，样品制备好后应立即试验，作出嗅味评定；当用试样瓶时，应在试样制备好的15~60min内进行试验，作出嗅味评定。当重复闻试样时，由于“嗅觉疲劳”或试样组分挥发损失，试样嗅味强度将减弱。试验小组成员每人每次不能同时评定三个以上的试样，每组试验间隔时间不少于15min。在所有试验完成前，试验小组成员间不能讨论试验结果。

第七节　石油蜡水溶性酸或碱试验法

SH/T 0407—1992

1. 适用范围

石油蜡水溶性酸或碱试验法适用于石蜡和微晶蜡。

2. 测定原理

水溶性酸或碱试验是一种定性分析方法，它是将经检验呈中性的蒸馏水加入一定量的试样中，充分摇荡后将可溶于水的酸或碱的抽出液滤出，然后分别用甲基橙和酚酞指示剂进行酸碱颜色检查，由抽出液颜色的变化情况，判断有无水溶性酸或碱的存在。

3. 方法概要

试样与定量的蒸馏水混合加热至70℃，微晶蜡加热至高于滴点温度，经充分摇荡后，可溶于水的酸或碱即溶于水中，冷却后分出水层溶液。于两支试管中分别滴加甲基橙和酚酞指示剂，观察水溶液颜色的变化，判断水溶液中酸或碱是否存在。

4. 影响因素及注意事项

用于石油蜡水溶性酸或碱试验的锥形烧瓶和试管必须清洁干净，无水溶性酸或碱等物质存在。蜡样应具有代表性，用水对蜡样进行抽提时石油蜡需加热到70℃，微晶蜡加热至高于滴点温度，达不到要求温度，蜡样中的水溶性酸或碱很难抽提出。在检验水溶性酸或碱时，所加入的甲基橙和酚酞指示剂的量为1~2滴，要避免使用滴管尖嘴部已破损的滴管滴加，同时需注意指示剂是否在有效期内。

第八节　石蜡易炭化物试验法

GB/T 7364—2006

1. 适用范围

石蜡易炭化物试验法适用于按GB/T 2539《石油蜡熔点的测定(冷却曲线法)》测得的熔点在47~65℃的食品和医药用石蜡。

2. 测定原理

硫酸与石蜡中的烯烃、芳烃、氧、硫、氮等化合物作用后，生成带色的磺酸化物，然后与标准比色液比较，并根据颜色深度判定易炭化物的多少。

3. 方法概要

在70℃下将5mL熔化的试样与5mL无氮的浓硫酸进行反应，把反应后的酸层颜色与标准比色液进行比较，若酸层颜色不深于标准比色液，或试样和硫酸乳化液的颜色不深于标准比色液与白油按相同比例剧烈振荡而成的类似乳状液，则报告该试样“通过”试验。

4. 影响因素及注意事项

石油蜡易炭化物试验所用的比色管必须用重铬酸钾洗液进行清洗，再用蒸馏水冲洗干净。分析所用样品应在水浴中熔化，再用定性滤纸在70℃±2℃的恒温箱内过滤。放置装有试样和硫酸溶液的比色管的水浴温度应严格控制在方法规定范围内，若温度高会使反应后的酸层偏深；若温度低则会使反应会不完全，最终都会影响测定结果。比色管在水浴中的放置时间、石蜡和硫酸反应振荡的时间、速率、次数和振荡周期均要按试验条件严格控制。标准比色液、硫酸溶液应在有效期内使用，因硫酸极易吸水，若时间过长，则使浓度变小，影响测定结果。

第九节　石蜡中稠环芳烃试验法

GB/T 7363—1987

1. 适用范围

石蜡中稠环芳烃试验法方法适用于检验食品用石蜡中稠环芳烃，以紫外吸光度表示。

2. 测定原理

用二甲亚砜为溶剂，抽出石蜡中的芳烃，再用异辛烷反抽提出溶于二甲亚砜中的芳烃，测定紫外吸光度。

3. 方法概要

用二甲亚砜为溶剂，抽出石蜡中的芳烃，再用异辛烷反抽提出溶于二甲亚砜中的芳烃。浓缩至每毫升异辛烷中相当于含1g试样的浓度，测定其紫外吸光度。若测定值超过极限值，再用氢硼化钠处理，经氧化镁-硅藻土吸附，分离出稠环芳烃，再测定紫外吸光度。如测定值仍大于极限值，则报告未通过。无论是第一次或第二次测定值不大于极限值，则可报告通过。

4. 影响因素及注意事项

测定前试样应放在比其熔点高(15~20℃)恒温烘箱中熔化。由于试验灵敏度高，因此在操作中务必十分小心，避免污染引起误差。建议试验人员戴好干净的棉质手套进行操作。在试验中被测试的某些稠环芳烃易被光氧化，所以全部试验过程必须在柔和的光线下进行。只有当空白试验的紫外吸光度符合规定值时，才能进行试样中稠环芳烃测试，否则，须对试验所用试剂逐一进行指标检验，必要时做净化处理后再进行检验。

第十节　分析方法索引

分析方法索引见表15-6。

表15-6　分析方法索引

项　　目	试验方法	索引
熔点	GB/T 2539	见本章第二节
含油量	GB/T 3554	见本章第三节

续表

项目	试验方法	索引
颜色	GB/T 3555	见色度测定一章
光安定性	SH/T 0404	见本章第四节
针入度	GB/T 4985	见本章第五节
运动黏度	GB/T 265	见黏度测定一章
嗅味	SH/T 0414	见本章第六节
水溶性酸或碱	SH/T 0407	见本章第七节
易碳化物	GB/T 7364	见本章第八节
稠环芳烃，紫外吸光度	GB/T 7363	见本章第九节
石蜡中苯和甲苯含量测定法(顶空进样气相色谱法)	SH/T 0707	见色谱测定一章

第二部分

分析方法篇

第十六章　近红外光谱测定汽油辛烷值、族组成

近红外光谱(NIR)的波长范围为780~2500nm(12820~4000cm^{-1})，属分子振动光谱，包含的主要是含氢基团的倍频和合频吸收信息，它是一种间接分析技术，通过建立校正模型实现对未知样品的定性或定量分析，具有分析速度快、操作技术要求低、样品无需破坏等优点，近年来发展较快，在各行各业都得到了广泛的应用。本文介绍应用近红外光谱法测定汽油的芳烃、烯烃含量和研究法辛烷值。

1. 适用范围

适用建模时确定的样品种类和建模数据范围内的样品的辛烷值、芳烃和烯烃含量的测定。

2. 测定原理

近红外光谱区为780~2500nm的光谱区，主要是由于分子的非谐性振动使分子振动从基态向高能级跃迁时的吸收光谱，是含氢基团X-H(X为C、N、O、S等)振动的倍频和合频吸收，包含了大多数类型有机化合物的组成和分子结构的信息。不同基团(如甲基、亚甲基、苯环等)或同一基团在不同化学环境中的近红外吸收波长与强度都具有明显差别。因此，可以使用样品的近红外光谱，采用统计分析的技术(如多元线性、主成分分析、偏最小二乘法等)建立样品近红外光谱与待测成分含量间的线性或非线性模型。在对未知样品进行分析之前，搜集一批具有代表性的用于建立关联模型的校正样品，同时获得近红外光谱仪器测得的样品光谱数据和用经典分析方法测得的分析数据。建立了光谱与待测参数之间的对应关系(称为分析模型)，那么只要测得未知样品的光谱，通过建立的近红外模型，就能很快得到样品的分析结果。

近红外建模及样品分析的流程如下：

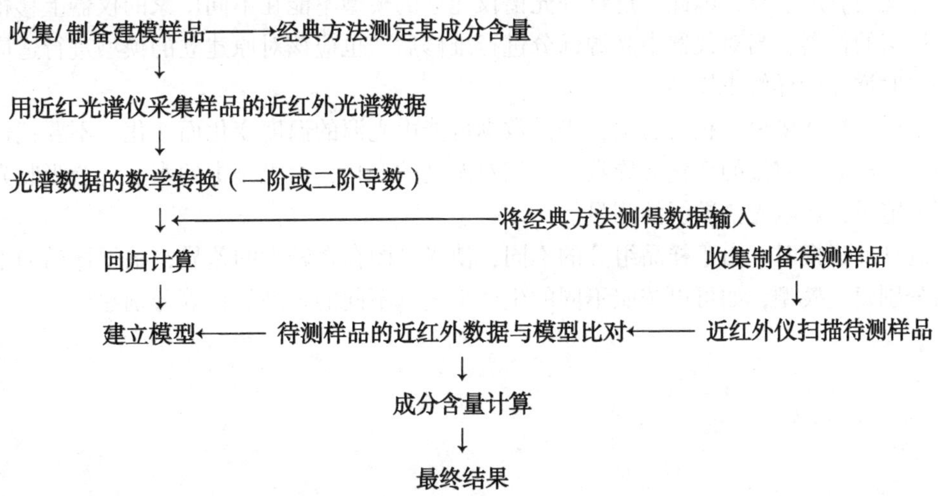

3. 方法概要

建立校正模型：选取需要建模的各种具有代表性的试样至少60个，利用近红外光谱仪对这些样品进行图谱采集，同时用相应参数的经典测定方法(汽油烃类组成：荧光指示剂吸附法 GB/T 11132；研究法辛烷值：GB/T 5487)测得各试样的芳烃、烯烃含量和研究法辛烷值。然后，选择参加建模的样品文件，利用偏最小二乘法(PLS)对处理过的谱图进行计算，分别建立芳烃、烯烃、辛烷值的校正模型。

校验：选取数十个未参加建模的样品同时用近光谱分析和标准方法分析，进行显著性检验和一致性检验。检验通过就表示模型建立成功。

测量：取适量的样品放入样品池中，选择对应的校正模型开始测量，测量结束后可直接读取烯烃含量、芳烃含量以及辛烷值。

4. 影响因素及注意事项

用于建立模型的样品要具有代表性，其组成应包含以后待测样品所包含的所有化学组分，分析数据要准确，为得到准确性高的基础数据，应多次测量取平均值；样品集中具有足够的样品数以能统计确定光谱变量与浓度(或性质)之间的数学关系；校正集中样品的浓度范围要覆盖使用模型进行分析的未知样品的浓度范围，通常校正样品的变化范围至少要大于参考测量方法再现性的5倍，且在整个变化范围内是均匀分布的，例如标准方法测定汽油研究法辛烷值的再现性为0.7个单位，则校正样本的变化范围至少为3.5个单位；对于简单的测量体系，至少需要60个有代表性的样品，对于复杂的测量体系，至少需要上百个有代表性的样品。

校正模型直接影响分析结果的准确性，因此要及时补充样本，不断完善模型，模型的适用性越广，数据的指导性也越好，但数据的精确度在一定程度上会有所下降；相反，如果模型适用范围较小，则分析结果的精度相对较高，但适用面会变窄，因此，有时需要建立宽范围和窄范围两种模型。仪器的一些微小的变动，在很多时候很难通过模型适用性判据作出判别，非常有必要利用定期验证样本的对比数据，集中(如2个月)对模型进行验证更新，以提高模型的预测准确性。为得到一致性测量的光谱，光谱的规范化采集十分重要。同一校正模型中的所有样品的光谱测量条件应尽可能保持一致。不同厂家的近红外分析仪产生近红外光谱的方式会有所差异，因此，近红外光谱仪建立的模型不能在不同厂家的仪器上移植，对于同一厂家的仪器，当对仪器中光源部分进行维修后，也应该对原建立的模型进行适应性确认，必要时增加标样修正模型。

测定时分析环境尽量相对稳定，光谱数据可能由光源的温度变化而变化。不要把仪器靠近热源或冷风处，室温的变化会导致空气相对湿度的变化，而光路中的水蒸气会吸收光源中的一部分能量，影响光谱数据的测量。

用近红外建模时，由于样品组分的不同，使光谱图存在较大的差异，根据样品的不同组分特点分别建立模型，如可以按照不同的生产工艺、不同的产品品种等分别建模。

第十七章 金属测定

第一节 概 述

金属元素广泛存在于原油及其制成品中，其来源主要有：一是原油在形成过程中从自然界中进入到原油中的金属元素，金属元素的种类和含量随原油产地的不同而不同；二是原油开采、加工过程中加入的添加剂中的金属元素，如汽油的含锰助辛剂；三是原油及其馏分油在加工过程中由加工设备腐蚀或催化剂磨损等带入的金属元素，这些金属元素的化合物一般都溶于水，金属元素化合物的存在会对油品的使用设备产生损害，会使炼油生产的二次加工装置的催化剂中毒，重金属元素还会使人体产生蓄积性中毒，油品中的金属元素含量测定十分重要。在非人为加入的情况下，原油及石油产品中的金属含量一般为百万分之一级别，或更小，金属含量分析属于微量分析的范畴，通常采用光谱法，常用的分析方法为原子吸收光谱法、等离子发射光谱法或经过萃取富集显色后，用分光光度法进行测定。检测各类油品中金属元素含量的意义如下：

汽油中的铅是是一种有毒有害的重金属，会随着汽车尾气被排至大气中，随空气被人们吸入体内，对健康造成危害，尤其是儿童，可影响他们的智力发育。为了净化汽车尾气，减少大气污染，保障人体健康，无铅汽油已取代有铅汽油，但为了控制人为地加入含铅物质来提高汽油的辛烷值，仍需对汽油中的铅含量进行检测和控制。测定轻质石油产品中的铅含量主要有两个分析方法，均为原子吸收光谱法，其中 GB/T 8020 为油样直接喷射法，SH/T 0242 则为对油样萃取破坏，把油品的铅元素富集到水相中，测定水相中的铅含量，前者所需样品少，测定速度快，但是检测限较高；后者所需样品量大，测定过程中需要萃取分离、富集，测定时间长，但检测限较低为前者的几百分之一。

在含铅化合物被禁止作为提高汽油辛烷值的添加剂后，人们又开发了甲基环戊二烯三羰基锰(MMT)作为汽油辛烷值改善剂，加入到汽油中，在提高燃油的辛烷值上有显著的作用。但 MMT 中的锰元素有可能沉积在发动机部件中，造成诸如催化转换装置的堵塞；汽油中含有金属锰的添加剂，随汽油燃烧后会以锰盐化合物的形式排出，人们若长期暴露在 MMT 的空气中，MMT 会进入人的大脑，这些沉积的 MMT，虽然也可以慢慢的排出体外，但是人体若长期过量地吸入含锰元素的化合物，会高于人体自身往外排泄的速度，产生蓄积效应，最终对人体产生不可逆转的伤害。轻质石油产品中的锰含量测定，采用油样直接喷射的原子吸收光谱法，检测限为 mg/L 级。

含铁化合物(如二茂铁)也可以提高汽油的辛烷值。由于含铁化合物燃烧后会在汽车尾气处理催化剂表面和排气系统中其他部件表面上沉积铁氧化物，从而使排气气流与催化剂及氧传感器之间形成一层物理屏障，使得尾气催化排污控制失灵，加重汽车尾气对环境的污染，我国在汽油产品标准中规定不得人为加入铁，但有些生产厂或销售部门仍向汽油中加入有机铁化合物以提高汽油的辛烷值。轻质石油产品中的铁含量测定采用油样直接喷射的原子吸收光谱法，检测限为 mg/L 级，由于铁是地球上存在最多、最广泛的金属元素，要特别注意避免分析过程中各个环节的污染问题。

石脑油在石油加工行业是重要原材料，可以作为重整料、乙烯裂解原料等，但石脑油中的砷、铅、铜等金属元素会使连续重整装置的贵金属催化剂中毒，一般精制石脑油的砷含量控制为≯10μg/kg，砷会与连续重整催化剂中的铂发生反应，会生成铂砷合金等化合物，铅、铜对催化剂是毒物，沉积在催化剂表面，使铂不可逆地失去脱氢活性，这不仅使产率降低，还会产生很多副反应，严重时导致装置无法正常生产。准确检测石脑油中的砷、铅、铜等金属含量，就显得尤为重要，由于砷元素具有易挥发性，用原子吸收光谱法测定难度较大，目前常用的是硼氢化钾-硝酸银分光光度法，即把油样中的砷元素萃取破坏后，用硼氢化砷发生砷化氢，在硝酸银-聚乙烯醇-乙醇中生成黄色银溶胶，用分光光度法测定，轻质石油产品中的铜含量测定采用了二乙基二硫化氨基甲酸铅与铜反应生成黄色络合物，用分光光度法进行测定。

汞是有剧毒性的微量元素，也是唯一在常温常压下呈液态的金属元素，具有挥发性和累积性，单质汞在常温下具有较高的蒸气压，因此，汞主要以蒸气态存在于大气中，在空气中传输扩散，最后沉降到水和土壤中，对环境和人体健康构成极大隐患。当石脑油作为乙烯裂解原料，需要控制其中的汞含量，以避免对乙烯裂解炉管的影响，通常情况下，石脑油中的汞含量为 ng/mL 数量级，UOP938 定义了测定石脑油中汞含量的分析方法，采用了对石脑油中的汞二步吸收富集法，然后用原子荧光光谱仪测定气相中的汞含量。

在原油的重质馏分油如蜡油、渣油中通常集中了原油中大部分的重金属元素，主要有铁、镍、铜、钒、钙、镁、钠、砷等几十种金属元素，根据原油产地的不同，其金属元素的种类和含量也有很大的差异。原油的重质馏分油通常用作催化裂化、加氢裂化装置的原料油，裂解后得到轻质油品，重质馏分油中金属元素种类和含量，都会对催化裂化、加氢裂化等生产装置的催化剂活性和选择性产生影响，甚至导致催化剂失活，直接影响产品的分布和收率，影响装置的开工周期和经济效益。因此有必要对重质馏分油的金属含量进行分析测定，根据装置工艺控制指标要求调和好进装置的原料油。重质馏分油中的金属元素通常都采用等离子光谱仪，对样品的处理方法分为有机溶剂溶解直接喷射法和样品灰化酸溶后的水样进样，SH/T 0715 规定了可以采用有机溶剂溶解后直接喷射法，也可以采用样品灰化酸溶后的水样进样法；SH/T 0706 测定重质原料油中的铝和硅两种元素，规定了采用样品灰化酸溶的水样进样法。

石油焦的用途之一是生产铝用预焙炭阳极，在炼铝工业中，石油焦中金属元素通过不同的方式直接影响炭阳极的质量，加速了阳极的炭耗，进而影响到铝的电解过程，最终焦中的金属会转移到铝产品中去，所以石油焦产品标准中限制金属元素含量。测定石油焦中的硅、钒和铁等微量元素有两种方法，一种为等离子光谱法，采用样品灰化酸溶后的水样进样；一种为压片后直接用 X 荧光光谱仪测定。

工业硫黄的铁会对以硫黄为原料的工艺装置产生结垢；砷燃烧后生成三氧化二砷，存在对人体伤害的风险，工业硫黄的砷含量测定采用了二乙基二硫代氨基甲酸银光度法，基于砷化氢被二乙基二硫代氨基甲酸银的吡啶溶液吸收后，生成紫红色胶态银溶液，其颜色深度与砷含量成正比，用分光光度法测定。工业硫黄的铁含量测定允许使用二种方法，一种为经典的邻菲啰啉分光光度法，把工业硫黄样品破坏后，把其中的铁元素溶于水溶液中，然后用邻菲啰啉分光光度测定。另一种为原子吸收光谱法，工业硫黄样品破坏后，用原子吸收光谱仪测定水样时中的铁含量。

第二节 汽油中铅含量的测定(原子吸收光谱法)

GB/T 8020—2015

1. 适用范围

汽油中铅含量的测定(原子吸收光谱法)适用于测定汽油中质量浓度范围为2.5~25mg/L的总铅量。本方法的测定结果不受汽油组成差别及不同类型烷基铅化合物的影响。

2. 测定原理

原子吸收光谱法是基于被测元素在蒸气状态时的基态原子对其原子共振辐射的吸收与元素的含量成正比的原理，进行元素定量分析的方法。每一种元素的原子不仅可以发射一系列特征谱线，也可以吸收与发射线波长相同的特征谱线。当光源发射的某一特征波长的光通过原子蒸气时，即入射辐射的频率等于原子中的电子由基态跃迁到较高能态(一般情况下都是第一激发态)所需要的能量频率时，原子中的外层电子将选择性地吸收其同种元素所发射的特征谱线，使入射光减弱。特征谱线因吸收而减弱的程度称吸光度 A，吸光度(A)与样品中该元素的浓度(C)成正比，即 $A=KC$，式中 K 为常数。

汽油中铅含量测定法为油样直接进样的原子吸收光谱法，铅的原子吸收光谱波长为283.3nm。通过测定一系列铅标准溶液的吸光度计算出吸光度与元素含量对应关系常数，把待测样品溶于有机溶剂中，直接进样得到样品的吸光度，根据吸光度常数，计算出样品中的铅含量。

3. 方法概要

根据预估的样品中的铅含量，在5个50mL容量瓶中配制4个铅工作标准溶液和一个铅空白溶液，以碘-甲苯溶液为稳定剂，以氯化甲基三辛基铵-MIBK溶液为稀释剂。在另一容量瓶中，取5.0mL汽油样品，加入碘-甲苯溶液稳定剂，以氯化甲基三辛基铵-MIBK溶液稀释至刻度。

测定时，使用铅空心阴极灯，调整波长至283.3nm，使用空白试剂(MIBK)，调节空气-乙炔流量和样品传输速率，得到蓝色的贫燃氧化火焰，用26.4mg/L的铅工作标准溶液，调整燃烧头高度使由光源发出的光从火焰中原子密度最大的地方通过，获得仪器最大响应，吸喷工作标准溶液，绘制标准曲线，吸喷样品溶液，从铅标准曲线中读出样品的铅含量。

4. 影响因素及注意事项

(1) 仪器操作注意事项

当需要扣背景操作时，要求氘灯能量与空心阴极灯的能量基本一致。可以通过调节空心阴极灯的灯电流来实现此要求。

装卸空心阴极灯时，切勿用手触摸灯顶部的石英窗，防止污染损坏。空心阴极灯长期放置不用时，每三个月通电点燃两小时以保持其性能。

(2) 安全注意事项

原子吸收光谱仪使用乙炔气为燃气，乙炔纯度必须大于99.6%，当乙炔钢瓶压力大于

0.6MPa 才可使用，钢瓶输出压力一般控制在 0.09MPa，不能大于 0.12MPa，否则乙炔会分解。输送乙炔管线应该采用不锈钢管、橡胶或铸铁管，不能用铜(银)含量大于 65%的铜(银)管，如纯铜(银)则会生成乙炔铜(银)，会发生爆炸。

当需要使用笑气(氧化亚氮)作为燃气时，雾化器的最佳化调节过程只能用空气-乙炔火焰，不得在笑气-乙炔火焰下做这样的调节，可在空气-乙炔火焰下调好后，再在笑气-乙炔火焰下使用。

(3) 样品分析要求

样品分析过程中加入碘和氯化甲基三辛基铵作为稳定剂，用以提高样品在甲基异丁基甲酮(MIBK)中的溶解稳定性；样品喷入原子吸收光谱仪时，每个样品进样完毕，应先吸空白液，然后再吸下一个样品，当样品分析完毕，要吸空白液 10~15min，以防燃烧头结炭。

方法中规定测定样品时需要检测质控(QC)样品，当实际的汽油样品中铅含量较小不能作为质控样时，可以在样品加入适量的铅标准溶液，测定其铅含量(多次测定取平均值)后作为质控样品。

第三节　轻质石油产品铅含量测定法(原子吸收光谱法)
SH/T 0242—1992(2004)

1. 适用范围

轻质石油产品铅含量测定法(原子吸收光谱法)适用于石脑油、无铅汽油等轻质石油产品。处理 500g 试样可测铅的最低浓度为 10ng/g。

2. 测定原理

原子吸收光谱法原理见本章第二节。

用一氯化碘萃取样品的铅，在萃取液中加入过量的碘化钾，生成碘化铅络合物，用甲基异丁基甲酮反萃取碘络合物，以空气-乙炔火焰原子吸收光谱仪测定。本方法同 GB/T 8020 主要区别在于本方法有汽油样品中的铅元素萃取富集过程，检测限较 GB/T 8020 低很多。

3. 方法概要

以硝酸铅为标准物，采用逐步稀释法，以甲基异丁基甲酮为溶剂，配制一系列 0.5~4μg/mL 的铅标准溶液，测定其吸光度，并建立吸光度与铅含量之间关系的标准曲线。

取 500g 左右样品于 1000mL 分液漏斗中，加入一氯化碘溶液，振荡后分层，收集下部水相萃取液，再分三次用水振荡洗涤油层，将每次洗涤液与萃取液混合。加热萃取液至沸腾，然后冷却至室温，转移至分液漏斗中，加入碘化钾、抗坏血酸、用水稀释至约 100mL，准确加入 10mL 甲基异丁基酮，振荡并萃取分层，取有机相作为测定溶液，喷入原子吸收光谱仪中测定其吸光度，与标准曲线比照后，得到样品中的铅含量。

4. 影响因素及注意事项

原子吸收光谱仪使用和安全注意事项见本章第二节。

新使用的玻璃器皿可能会含有可溶出的铅元素，在投入使用前应用铬酸洗液摇动洗涤 5min，再用水洗三次，再用按体积比为 1:1 的热硝酸洗涤 5min，最后用去离子水冲洗三次，以达到脱铅的目的。

此方法为萃取稀释法，在萃取过程中由于汽油样品轻组分较多，振摇过程中轻组分会大量挥发，要不定期地打开分液漏斗的放料口排气或采用带排气孔的分液漏斗，振荡结束后要使二相彻底静止分层后，才能够分液，避免乳化层引起的铅元素损失。

配制硝酸铅标准溶液前应先对硝酸铅在105℃下干燥1h，配制标准溶液时，应先用硝酸溶液溶解硝酸铅，再加入水稀释至刻度，以避免硝酸铅水解生成氢氧化铅沉淀，硝酸铅水解的反应方程式为 $Pb(NO_3)_2+2H_2O \xlongequal{} Pb(OH)_2\downarrow+2HNO_3$。

第四节 汽油中锰含量测定法(原子吸收光谱法)

SH/T 0711—2002

1. 适用范围

汽油中锰含量测定法(原子吸收光谱法)适用于汽油中锰含量的测定。测定范围为0.25～30mg/L，锰以甲基环戊二烯基三羰基锰(MMT)的形式存在。

本标准是测定汽油中一定浓度范围的MMT。至于其他浓度范围或其他物质中的MMT，或在汽油中以其他形式存在的锰化合物的测定均未做过试验。

本标准也同样适用于溴值大于20的汽油，而对于溴值大于50的汽油并未进行考察。

2. 测定原理

原子吸收光谱法测定原理见本章第二节。

汽油中锰含量测定法为油样直接进样的原子吸收光谱法，锰的特征谱线为279.5nm。通过测定一系列锰标准溶液的吸光度计算出吸光度与锰元素含量的对应关系常数，把待测样品溶于有机溶剂中，直接进样得到样品的吸光度，根据吸光度常数，计算出样品中的锰含量。

3. 方法概要

根据预估的样品中的锰含量，在4个50mL容量瓶中配制3个锰工作标准溶液和一个锰空白溶液(以溶剂油为空白样)，以碘-甲苯或溴-四氯化碳溶液为稳定剂，以MIBK溶液为稀释剂。在另一容量瓶中，取5.0mL汽油样品，加入碘-甲苯或溴-四氯化碳溶液为稳定剂，以MIBK溶液稀释至刻度。

测定时，使用锰空心阴极灯，调整波长至279.5nm，使用空白试剂(MIBK)，调节空气-乙炔流量和样品传输速率，得到蓝色的贫燃氧化火焰，用3.96mg/L的锰工作标准溶液，适当调整燃烧头与光源的角度，再调整燃烧头高度获得仪器最大响应，吸喷工作标准溶液，绘制标准曲线，吸喷样品溶液，从锰标准曲线中读出样品的锰含量。

4. 影响因素及注意事项

原子吸收光谱仪使用和安全注意事项见本章第二节。

本方法仅用于测定汽油中的甲基环戊二烯基三羰基锰(MMT)，而汽油中的MMT见光不稳定，会分解生成二氧化锰，使测定结果偏低，因此样品应避光保存。测定时由于吸光度可能会随着时间而发生变化，故应同时测定标准曲线和样品。

测定含MMT汽油时很容易发生堵塞吸液毛细管的现象，因此，每次测定完一个样品时，都需要吸取MIBK进行管路清洗。当测定样品的吸光度出现较大下降或吸液不畅时，要仔细检查毛细管中是否有细小颗粒物出现，如有需卸下毛细管，用仪器备用的细铜丝疏通清理掉颗粒物。

第五节　汽油中铁含量测定法(原子吸收光谱法)

SH/T 0712—2002

1. 适用范围

汽油中铁含量测定法(原子吸收光谱法)适用于汽油中总铁含量的测定，铁含量的测定范围为2.0~25.0mg/L。含有甲基叔丁基醚(MTBE)、甲基叔戊基醚(TAME)和乙醇的汽油同样适用。至于其他浓度范围或含有其他含氧化合物的汽油中铁含量的测定均未做过试验。

2. 测定原理

原子吸收光谱法测定原理见本章第二节。

汽油中铁含量测定法为油样直接进样的原子吸收光谱法，铁的特征谱线为248.3nm。通过测定一系列铁标准溶液的吸光度计算出吸光度与铁元素含量的对应关系常数，把待测样品溶于有机溶剂中，直接进样得到样品的吸光度，根据吸光度常数，计算出样品中的铁含量。

3. 方法概要

根据预估的样品中的铁含量，在4个50mL容量瓶中配制3个铁工作标准溶液和一个铁空白溶液(以溶剂油为空白样)，以碘-甲苯溶液为稳定剂，以MIBK溶液为稀释剂。在另一容量瓶中，取5.0mL汽油样品，加入碘-甲苯溶液为稳定剂，以MIBK溶液稀释至刻度。

测定时，使用铁空心阴极灯，调整波长至248.3nm，使用空白试剂(MIBK)，调节空气-乙炔流量和样品传输速率，得到蓝色的贫燃氧化火焰，用2.64mg/L的铁工作标准溶液，调整燃烧头高度获得仪器最大响应，吸喷工作标准溶液，绘制标准曲线，吸喷样品溶液，从铁标准曲线中读出样品的铁含量。

4. 影响因素及注意事项

原子吸收光谱仪使用和安全注意事项见本章第二节。

铁是大自然中最常见的金属元素，在采样、测定等各个环节中都要避免样品被污染，如采样口的铁锈，使用的试剂中的铁含量等。

第六节　石脑油中砷含量测定法(硼氢化钾-硝酸银分光光度法)

SH/T 0629—1996

1. 适用范围

石脑油中砷含量测定法(硼氢化钾-硝酸银分光光度法)适用于石脑油，也适用于重整原料油。其适用的范围为砷含量1~550μg/kg。

2. 测定原理

用硫酸和过氧化氢萃取试样中的砷。加热破坏萃取液中的有机物，硼氢化钾(或硼氢化钠)在酒石酸介质中产生新生态的氢，与酸性溶液中的砷化物反应，将试料中砷转变为砷化氢，用硝酸银-聚乙烯醇-乙醇溶液为吸收液，将其中银离子还原成单质银，形成黄色银溶胶，砷含量越大，溶液的颜色变得越深，在410nm处测量吸光度，根据吸光度的大小可以计算出石脑油中的砷含量。

化学反应式如下：

(1) $BH_4^- + H^+ + 3H_2O \longrightarrow 8[H] + H_3BO_3$

(2) $2As^{3+} + 6[H] \longrightarrow 2AsH_3 \uparrow$

(3) $6Ag^+ + AsH_3 + 3H_2O \longrightarrow 6Ag + H_3AsO_3 + 6H^+$

3. 方法概要

安装好砷化氢发生吸收装置见图 17-1。

建立标准曲线：在六支反应管中加入一系列砷标准溶液，加入酒石酸溶液，用蒸馏水稀释至 50mL。于六支洁净的吸收管中分别准确加入 5.0mL 吸收液。按图 17-1 连接好试验装置，并在反应管中各放入一片硼氢化钾片，立即塞紧橡胶塞，待反应完毕后，用 1cm 的比色皿在 410nm 处以吸收液为参比，分别测定各个标样的吸光度，建立砷含量与吸光度的关系曲线。

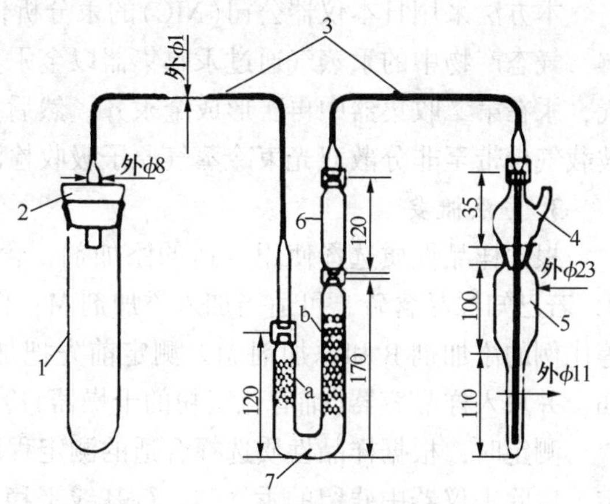

图 17-1 砷化氢发生器

1—反应管；2—3 号橡胶塞；3—导气管；4—通气塞；5—吸收管；6—脱胺管；7—U 形管；a—乙酸铅棉，5~7cm；b—吸收 2mL 二甲基酰胺混合液的脱脂棉 10~12cm

注：导气管、通气塞、脱胺管和 U 形管使用前应洗净烘干，脱胺管两端放少许脱脂棉。

样品测定：根据样品中砷含量的估计值，取适量样品于分液漏斗中，加入过氧化氢和硫酸溶液，振荡、静止分层，分出下部酸溶液于三角瓶中。再向分液漏斗中加入过氧化氢和硫酸，振荡、静止分层后，分出下部酸溶液与前次萃取液合并，再用水洗涤样品，洗涤液与萃取液合并。将盛有萃取液的三角瓶在电炉中加热至剩余 2~3mL，冷却后，以甲基橙为指示剂，用氨水调节 pH 值至溶液刚呈黄色，将三角瓶内溶液转移至反应管中，按建立标准曲线时同样的步骤至测定出吸光度，根据吸光度从标准曲线中读出砷含量，并计算出样品中的砷含量。

4. 影响因素及注意事项

采样及试验过程中所使用的玻璃器皿必须专用，测定砷的玻璃器皿使用完毕必须清洗干净后用铬酸洗液浸泡处理，目的是为了防止污染。测定时需要用酸萃取样品中的砷，在萃取过程中由于石脑油样品轻组分较多，振摇过程中轻组分会大量挥发，要不定期地打开分液漏斗的放料口排气或采用带排气孔的分液漏斗，振荡结束后要使水油二相彻底静止分层后，才能够分液，避免乳化层引起的砷元素损失。在电炉上蒸发萃取完毕的酸溶液时，加热功率必须逐渐加大，防止蒸发过快而导致损失，在产生白烟(三氧化硫)后更应控制好加热强度，防止砷的挥发损失，特别应注意一定要留下 2~3mL 残液，若蒸干会使砷大量蒸发损失；若残液过多会导致发生砷化氢反应时速度太快，整个消解过程务必在效果良好的通风柜内进行，并做好个人防护，防止酸液吸入呼吸道或溅到衣服和皮肤上造成伤害。测定前加入到吸收管中的吸收液直接用于比色测定，应定量准确量取。

第七节　液态烃中总汞和汞类的测定

UOP 938—2010

1. 适用范围

液态烃中总汞和汞类的测定适用于测定汞含量浓度为0.1~10000ng/mL的石油产品。

2. 测定原理

本方法采用日本仪器公司(NIC)的汞分析仪测定液态烃中的总汞，样品在仪器内加热分解，气态产物中的汞蒸气通过汞收集器以金汞齐收集，收集后，金汞齐被加热，释放出汞蒸气，汞在第二收集器中再次形成金汞齐。然后，金汞齐被加热至700℃释放出汞，气化的汞被载气携带至非分散双光束冷蒸气原子吸收检测器进行检测。

3. 方法概要

根据样品性质选择使用合适的添加剂，含挥发性物质的样品如汽油，可以选择添加剂B，若已知样品含硫，可适当加入添加剂M；低挥发性的烃类，如煤油及以上油品，应选择等比例的添加剂B和添加剂M。测定前先把加有添加剂的瓷舟放入750℃的马弗炉中锻烧2h，并放入样品容器(铺有硫黄粉的干燥器)冷却。

测定时，根据样品性质选择合适的测定程序，在不放入样品舟的情况下，按程序进行测定，以除去仪器中残留的汞气体，待基线平稳后，放入已锻烧的样品舟，按程序进行测定，测定至空白小于1ng/mL，随后取适量样品注入至样品舟中的添加剂下，按程序进行测定，从检测器得到的信号值与标样的信号值进行比较，计算出样品中的汞含量。

4. 影响因素及注意事项

本方法用于测定液态烃中的痕量汞含量，要特别注意避免污染，分析所用的玻璃器皿都要依次用1∶1硝酸、蒸馏水、丙酮清洗干净，不能使用金属容器作为样品容器，所有存在的汞都会吸附在金属上。添加剂在每次分析之前均应锻烧处理，以纯化添加剂，如果条件允许，应把测定仪至于独立的房间中，当仪器经过维修或更换石英管后，应反复进行空白试验，既便如此，也会在一段时间内出现样品测定结果不重复的现象，其原因可能为仪器系统中存在汞吸附平衡。

配制汞标准溶液时要使用L-半胱氨酸溶液，L-半胱氨酸可以防止汞在玻璃器具壁上沉积，配制系列标准溶液时可采用逐级稀释法。

当采集到的样品中含有明水时，汞在水中的溶解度大于油品，随时间推移，油品中的汞会转移至水相中。会使油样的测定结果不稳定。

石脑油汞含量分析时，一定要有预吸收过程，使样品中的轻组分缓慢挥发，防止缓冲液倒吸使高温状态下的石英管骤冷断裂。仪器在使用较长时间后，在冷原子光谱仪的测定池中会积聚白色结晶体，当分析数据稳定性差或异常时，应检查该部分。

汞分析仪对所在实验室环境要求较高，建议平时在实验室地面放置几个铺满硫黄的瓷盘，用以吸附空气中可能存在的汞蒸气。样品分析必须进行平行测定，并用和样品汞含量接近的汞标准样品进行回测，以排除因实验室环境原因造成的测定结果失真。

第八节 原油和残渣燃料油中镍、钒、铁含量测定法（电感耦合等离子体发射光谱法）

SH/T 0715—2002

1. 适用范围

原油和残渣燃料油中镍、钒、铁含量测定法（电感耦合等离子体发射光谱法）规定了用电感耦合等离子体发射光谱仪（ICP-AES）测定原油和残渣燃料油中镍、钒、铁含量的方法。本标准分为A法和B法。

方法A采用有机溶剂溶解样品方法。方法A是用校准曲线法对油溶性金属进行测试，并不适用于非油溶性颗粒的检测和定量分析。

方法B用于分析可酸解的样品。

本标准的测试含量范围取决于仪器的灵敏度、分析样品的取样量和稀释体积。

2. 测定原理

ICP-AES是电感耦合等离子体发射光谱的英文简称（inductively coupled plasma-atomic emission spectrometry）。电感耦合等离子体具有较高能量，当试样以气溶胶形式进入到等离子体的高温和惰性气氛中后，气溶胶微粒被充分蒸发、原子化、激发和电离，这些被激发的原子和离子很不稳定，当它们从高能态返回到稳定的基态时，就会发射出原子谱线和离子谱线，将样品的待测金属元素特征谱线的强度与标准溶液的进行比较，计算出样品中待测金属元素的含量。

3. 方法概要

方法A：用有机标样、矿物油、稀释剂制备校正标样，使其包含的金属元素含量接近于样品中的浓度，矿物油的浓度为10%（质量分数），用有机标样、矿物油、稀释剂制备工作标样，使其包含的镍、钒、铁含量约为10mg/kg，工作标样中矿物油的浓度为10%（质量分数），用稀释剂（有机溶剂）稀释样品，确保试样浓度为10%（质量分数）。在等离子光谱仪中分别测定工作标样和已稀释的样品，计算出样品中的金属元素含量。

方法B：根据样品中的金属元素含量，取适量样品于石英烧杯中，加入适量浓硫酸，加热消解，待消解结束后，把样品置于525℃的马弗炉中进行灰化，灰分用1+1硝酸溶解，用19+1硝酸定容，用无机标样溶液，以19+1硝酸溶液稀释制定工作标样和校正标样。在等离子光谱仪中分别测定工作标样和定容后的样品溶液，计算出样品中的金属元素含量。

4. 影响因素及操作注意事项

（1）等离子光谱仪使用要求

使用电感耦合等离子体发射光谱仪时需参考仪器的操作手册，确定合适的仪器参数。主要的仪器参数包括：元素分析波长（表17-1）；背景校正波长（可选择）；高频功率；雾化气流量；观测高度、蠕动泵速度等。

表 17-1 各元素推荐分析线

元素	常用分析线/nm	参考分析线/nm
V	311.0	268.7，289.3，292.4
Ni	221.6	230.3
Fe	259.9	238.2

等离子体发射光谱仪使用的氩气纯度必须在99.99%以上，如果氩气不纯会导致仪器无法点火或点火后易熄灭。一般等离子体发射光谱仪上装有氩气过滤器，应定期更换。使用循环水冷的仪器需定期清洗循环水过滤网，清洗后要打开循环水检查是否漏水。蠕动泵管用于样品进样，在使用一段时间后会老化而失去弹性，因此每次开机前须检查蠕动泵管，观察其是否需要更换。仪器雾化器作为进样系统中最精密、最关键的部分，需要定期的清理，特别是测定高盐溶液之后，如果不及时清洗，会造成雾化器堵塞，每次测定完以后，关机之前要把进样管放进稀酸溶液清洗一会。在测定有机溶液后，要根据异丙醇-无水乙醇-去离子水的顺序清洗。雾化器堵塞以后，要用手堵住喷嘴反吹，不要用铁丝等硬物去捅。炬管上积尘或积炭都会影响点燃等离子体炬和等离子体炬的稳定性，也影响发射功率，甚至会造成熄火。因此，要定期用酸洗、水洗，最后，用无水乙醇清洗并吹干，保持进样系统及炬管的清洁。

(2) 样品测定的要求

有机溶剂稀释直接进样法：称取有机样品时应搅拌均匀，必要时加热，应快速称取样品以防止重组分沉积。在稀释样品时确保溶液浓度为10%(质量分数)，必要时可补加空白油标，从而使样品与标样的基体效应一致。由于有机溶液直接进样，可以采用加氧装置在辅助气中导入适量氧气以降低积炭速率，维持等离子体长时间稳定，仪器高频功率应比进无机溶液时高，以维持等离子体。

灰化无机进样法：加酸消解时，应缓慢加热并进行搅拌，直至样品不再沸腾后，逐渐提高样品温度使其彻底消解。用硝酸溶解灰化后的样品时，要注意器壁上的灰分应全部被溶解。该方法测定时采用了强酸溶液，在整个分析过程中都应佩戴好防护用品。

铁是大自然中最常见的金属元素，在采样、测定等各个环节中都要避免样品被污染，如采样口的铁锈，使用的试剂中的铁含量，在样品消解时，要注意避免通风道内腐蚀后的铁锈落入到样品中。

第九节 燃料油中铝和硅含量测定法(电感耦合等离子体发射光谱及原子吸收光谱法)

SH/T 0706—2001

1. 适用范围

燃料油中铝和硅含量测定法(电感耦合等离子体发射光谱及原子吸收光谱法)规定了用电感耦合等离子体发射光谱仪(ICP-AES)和原子吸收光谱仪测定燃料油中铝含量及硅含量的方法。适用于测定的铝含量范围为5~150mg/kg，硅含量范围为10~250mg/kg。

2. 测定原理

原子吸收光谱法测定原理见本章第二节，电感耦合等离子发射光谱法测定原理见本章第八节。

燃料油中铝和硅含量测定采用样品灰化、酸解后的水溶液用原子吸收光谱仪测定铝和硅的吸收光谱强度或电感耦合等离子光谱仪测定铝和硅的发射光谱强度，与标样的光谱强度比较后，计算出样品中铝和硅的含量。

3. 方法概要

取一定量混合均匀的试样于铂坩埚内，用电炉加热至试样点燃，待试样中的可燃组分全部烧完后，然后将铂坩埚放入(550±25)℃的高温炉内加热灰化，取出铂坩埚冷却至室温后，在铂坩埚的残余物加入四硼酸二锂、氟化锂在(925±25)℃的高温炉内熔融，取出冷却至室温后，加入酒石酸-盐酸溶液缓慢加热至熔融物全部溶解，转移至容量瓶中，用水定容，用作测定。用铝标样和硅标样配制成一系列的铝标准校正溶液和硅标准校正溶液。

用原子吸收光谱法测定时，使用铝(硅)空心阴极灯，调整波长至309.3nm(251.6nm)，使用氧化亚氮(笑气)为燃气，用25mg/L的铝(硅)工作标准溶液，调整燃烧头高度获得仪器最大响应，吸喷标准校正溶液，绘制标准曲线，吸喷样品溶液，从铝(硅)标准曲线中读出样品的铝(硅)含量。

4. 影响因素及操作注意事项

1) 原子吸收光谱仪使用和安全注意事项见本章第二节；等离子光谱仪使用要求见本章第八节。

2) 样品在加热燃烧灰化时，若样品中含有水分发生鼓泡现象时有可能损失试样，应重新取样分析，并在新试样中加1~2mL的异丙醇加热，或加10mL甲苯-异丙醇溶液，使样品缓慢燃烧而使水分挥发除去。配制好的样品溶液中含有四氟硼酸(来自于助熔剂)，因此需把样品溶液在塑料容量瓶中定容，避免对玻璃器皿的侵蚀作用。

第十节 石油焦中硅、钒和铁含量测定法

SH/T 0058—1991(2006)

1. 适用范围

石油焦中硅、钒和铁含量测定法适用于石油焦。

2. 测定原理

石油焦样品在高温炉中灰化，灰分用无水碳酸钠在高温炉熔融，熔融物用热水溶解，过滤，硅盐、钒盐在水溶液中，铁盐留于沉淀中。采用了钼酸铵分光光度法测定水溶液中的硅含量，即在酸性条件下，硅与钼酸铵定量生成硅钼黄，用1-氨基-2-萘酚-4磺酸还原成硅钼蓝，用分光光度法测定。用氧化剂将溶液中的钒氧化成VO_3^-，在酸性条件下VO_3^-与磷酸、钨酸钠反应成稳定的黄色络合物，用分光光度法测定。对沉淀进行溶解后，在pH值为9~11.5的条件下，磺基水扬酸与铁生成黄色络合物，用分光光度法测定。

3. 方法概要

(1) 标准曲线制作

称取经煅烧的二氧化硅，加入无水碳酸钠在高温炉中熔融，取出冷却后，用热蒸馏水溶

解，转移至容量瓶定容，此溶液即为硅标准溶液母液，取不同体积的母液至一系列容量瓶中，加入酚酞指示剂，用硫酸调节 pH 值至酸性，加入新配制的钼酸铵溶液，放置 10min 后，再加入硫酸溶液和抗坏血酸溶液，用水定容，再显色 10min，在分光光度计上 760nm 处，以光径为 3cm 的比色皿，以空白溶液为参比，测定标样的吸光度，以吸光度为纵坐标，硅含量为横坐标，绘制标准曲线。

称取经煅烧的五氧化二钒，加入氢氧化钠溶液溶解，加入酚酞指示剂，用盐酸调节至弱碱性，转移至容量瓶中定容，此溶液即为钒标准溶液母液，取不同体积的母液至一系列容量瓶中，加入适量蒸馏水，然后向每个容量瓶中加入偏磷酸溶液摇匀，再加入钨酸钠溶液摇匀，用蒸馏水定容，再显色 10min，在分光光度计上 380nm 处，以光径为 3cm 的比色皿，以空白溶液为参比，测定标样的吸光度，以吸光度为纵坐标，钒含量为横坐标，绘制标准曲线。

称取基准试剂金属铁，加入硝酸溶液溶解，煮沸赶净氧化氮，转移至容量瓶中，用蒸馏水定容至刻线，摇匀，此溶液即为铁标准溶液母液。取不同体积的母液至一系列容量瓶中，加入适量蒸馏水，然后向每个容量瓶中加入适量硫酸铵溶液，再加入氨水，出现稳定的黄色后，再过量 1~2mL，冷却后，用蒸馏水定容，再显色 10min，在分光光度计上 430nm 处，以光径为 3cm 的比色皿，以空白溶液为参比，测定标样的吸光度，以吸光度为纵坐标，铁含量为横坐标，绘制标准曲线。

（2）样品测定

称取一定量的样品放于瓷舟中，在高温炉中煅烧灰化，冷却后，加入无水碳酸钠搅拌均匀，放入高温炉中，逐渐升温至 950℃后保持 1h，取出铂坩埚在空气中冷却，用热蒸馏水把铂坩埚中的熔融物溶解至塑料烧杯中，硅和钒盐溶解于水中，铁盐为沉淀，用滤纸把塑料烧杯中的溶液过滤至容量瓶中，用水定容，取适量容量瓶中的溶液，用建立标准曲线的步骤测定硅和钒的吸光度，从标准曲线中读出硅、钒的含量，计算出样品中的硅、钒含量。滤纸上的沉淀和铂坩埚上余留的红外沉积物用 1∶1 硫酸溶液溶解，可适当加热直至棕红色消失，把溶液过滤到容量瓶中，用蒸馏水定容，用建立标准曲线的步骤测定铁的吸光度，从标准曲线中读出铁的含量，计算出样品中的铁含量。

4. 影响因素及注意事项

试样的制备时，避免用铁制打磨机等器具，以防金属铁的带入，影响测定。试样测定时，应使用铂坩埚和塑料烧杯，不能使用玻璃器皿，以避免带入硅，影响测定结果。

第十一节　轻质石油产品中铜含量测定法(分光光度法)

SH/T 0182—1992(2000)

1. 适用范围

轻质石油产品中铜含量测定法(分光光度法)适用于烯烃含量小于 2%的汽油、喷气燃料等轻质石油产品。

2. 测定原理

用次氯酸钠将试样氧化破坏，用稀盐酸萃取分离铜。然后将试样溶解在微碱性溶液中，以柠檬酸铵作隐蔽剂，在异辛烷溶剂中，使二乙基二硫化氨基甲酸铅与铜离子生成黄色络合物，用分光光度法测定。

3. 方法概要

(1) 标准曲线制作

称取一定量的五水合硫酸铜固体用蒸馏水溶解后，定量移入到容量瓶中，用蒸馏水稀释至刻度，此溶液即为标准溶液母液。取不同体积的母液加入到一系列分液漏斗中，然后在每个分液漏斗中依次加入柠檬酸铵溶液，盐酸羟胺溶液，摇匀后加入酚酞-乙醇指示剂，用氨水调节 pH 值至溶液刚呈红色，用移液管定量加入显色液，剧烈振荡 5min，静置分层，把有机相用定性滤纸过滤至 3cm 的比色皿中，以异辛烷为空白，在 438nm 波长测定吸光度，以吸光度为纵坐标，铜含量为横坐标，绘制标准曲线。

(2) 样品测定

根据预计样品的铜含量取一定量的样品加入到分液漏斗中，加入次氯酸钠溶液，剧烈摇动，分二次加入 13%(质量分数)的盐酸溶液，剧烈振荡萃取样品中的铜，把二次的萃取液合并至分液漏斗中，按制作标准曲线的步骤测定吸光度，同时做空白试验，以样品吸光度减去空白吸光度的值，从标准曲线中查得对应的铜含量，计算出样品中的铜含量。

4. 影响因素及注意事项

采样及试验过程中所使用的玻璃器皿必须专用，使用完毕必须清洗干净，再用铬酸洗液处理，新使用的分液漏斗，必须用铬酸溶液浸泡，然后用热的 1:1 硝酸溶液振荡洗涤，用蒸馏水冲洗干净。用测定样品的步骤测定其吸光度，连续测定二次，测定值一致时才能使用。此方法为萃取浓缩法，在萃取过程中由于轻质油品轻组分较多，振摇过程中轻组分会大量挥发，要不定期地打开分液漏斗的放料口排气或采用带排气孔的分液漏斗，振荡结束后要使二相彻底静止分层后，才能够分液，避免乳化层引起的铜元素损失。

第十二节 工业硫黄砷的质量分数的测定(二乙基二硫代氨基甲酸银分光光度法)

1. 适用范围

工业硫黄砷的质量分数的测定(二乙基二硫代氨基甲酸银分光光度法)适用由石油炼厂气、天然气等回收制得的工业硫黄。

2. 测定原理

试样溶解于四氯化碳中，用溴和硝酸氧化。在硫酸介质中，用金属锌将砷还原为砷化氢，用二乙基二硫代氨基甲酸银的吡啶溶液吸收砷化氢，生成紫红色胶态银溶液，然后用分光光度计测定样品的吸光度，与标准曲线比较后，计算出样品中的砷含量，反应式如下：

$$AsH_3+6Ag(DDTC) = 6Ag+3H(DDTC)+As(DDTC)_3$$

3. 方法概要

(1) 标准曲线制作

向一系列定砷仪的锥形瓶中分别加入不同体积的砷标准溶液，向每一个定砷仪锥形瓶(见图 17-2)中加入 10mL 硫酸溶液，加水至体积 40mL，加入 2mL 碘化钾溶液，2mL 氯化亚锡溶液，摇匀，静置 15min，在每支连接导管中塞入少量乙酸铅棉花，以便吸收与砷化氢一同逸出的硫化氢，在 15 连球吸收管中量入 5.0mL 吸收液，静置 15min 后，向锥形瓶中加入

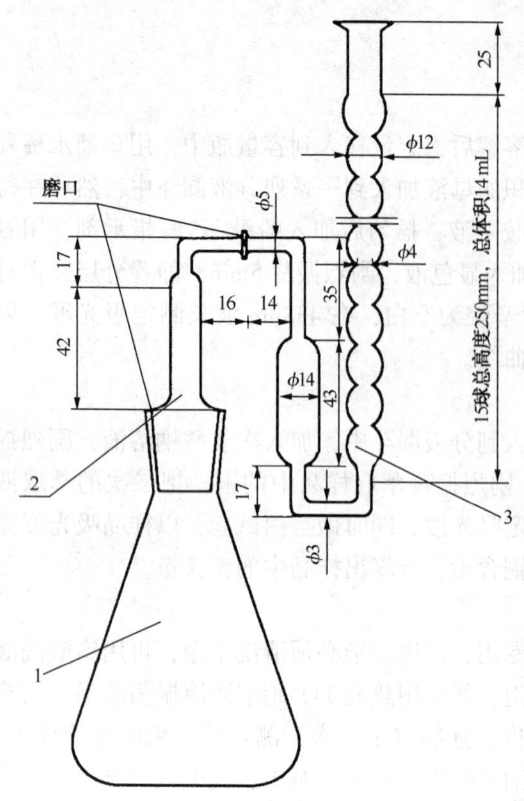

图 17-2　砷化氢发生器

1—锥形瓶：容积 100mL，用于发生砷化氢；2—连接导管：用于捕集硫化氢，并将砷化氢导入吸收器；3—15 连球吸收器：吸收砷化氢

5g 金属锌粒，发砷 45min 后，拆下 15 连球吸收管，摇晃吸收管使底部的红色沉淀溶解，用三氯甲烷或吡啶将吸收液体积补充至 5.0mL，在 540nm 处用 1cm 比色皿，以不加砷标准溶液的空白溶液为参比，测定各个 15 连球吸收管中溶液的吸光度，制作标准曲线。

（2）样品测定

称取 5g 试样，置于 400mL 烧杯中，加入适量溴-四氯化碳溶液，静置 45min，在轻微搅拌下，分 3 次加入 25mL 硝酸氧化完全，将烧杯置于沸水浴上加热，至溶液呈无色透明，以除去多余的溴、四氯化碳和硝酸，再把烧杯置于电炉上蒸发至逸出白色硫酸烟雾，以除去痕量的亚硝酸化合物，冷却后加水至 80mL。根据预估的样品砷含量，取适量上述溶液，按制作标准曲线的步骤测定吸光度，计算出样品中的砷含量。

4. 影响因素及注意事项

配制砷标准溶液时用氢氧化钠（50g/L）溶解三氧化二砷，需要完全溶解，切不可有残存颗粒，否则会使标样浓度不准。三氧化二砷微溶于水，是两性偏酸化合物，但易溶于碱生成亚砷酸盐。测定时所用的试剂氯化亚锡溶液、碘化钾溶液、二乙基二硫代氨基甲酸银吡啶溶液最好现用现配，且尽量置于棕色瓶中避光保存。试样溶解、氧化过程中加入溴、四氯化碳的量要适当，以试样完全溶解为宜。加入硝酸时，杯口的黄烟消尽后应将试样拿出水浴，以使试样能够充分被溴及硝酸氧化，否则会造成砷的氧化不完全而蒸发时逸出，致使测定结果偏低。溶液蒸发除去亚硝酸盐时，蒸发时只要有白烟冒出即可，切忌蒸干，反复进行三次以除去痕量的亚硝酸化合物。因为硝酸是氧化剂，对砷还原砷化三氢有干扰，影响测定结果。发砷时，加入连接管中的浸过乙酸铅的脱脂棉，其作用是吸收与砷化氢一同逸出的硫化氢，而不应阻碍砷化氢的通过，故该脱脂棉不能太湿，将脱脂棉用乙酸铅浸透，取出沥干，在室温下干燥后进行使用。由于吡啶易挥发，当砷含量较高时，反应剧烈，其挥发更大，且定砷仪 15 球吸收管也会有吸收液的微量损失，这些都会造成吸收液的损耗。吸收液的数量直接影响吸光度，因此，吸收液发生显色反应后要补足 5mL，然后进行吸光度测定。最后的吸收液要置于暗处，并在最短时间内完成比色过程，最迟不能超过 2h，因为吸收液对光敏感，时间过长或放置时间与标样不一致都会造成吸光度的差异，其结果也就有误差。砷化氢逸出的快慢，直接影响显色剂对砷的吸收率，影响砷化氢逸出速度快慢的因素有反应时的酸量和浓度、溶液的温度及锌粒大小和用量，锌粒是主要影响因素，故在测定时应使用粒径 0.5~1mm 或 5mm 的无砷金属锌，锌粒在潮湿的空气中表面易生成一层密碱式碳酸盐，使锌有防腐蚀的性能，锌粒在使用前要用

1:1 盐酸处理，再用蒸馏水洗涤，处理后的锌粒不能隔天使用。

由于加入锌粒后反应激烈，所以 5g 锌粒需分数次加入。方法中使用的定砷仪装置在加入锌粒时锌粒极易粘附，直接加时，稍有不慎易于在锥形瓶磨口处黏附。处理黏附的锌粒时，锥形瓶内的锌粒已与硫酸、砷离子发生了一系列化学反应，生成的砷化氢从锥形瓶口逸出，造成测定误差，而且在此过程逸出的砷化三氢会对人体造成伤害。建议对定砷仪进行必要的改进，在 100mL 锥形瓶稍上部增加一个带盖的外磨口并配置磨口盖。

第十三节　工业硫黄铁的质量分数的测定（邻菲罗啉分光光度法）

1. 适用范围

工业硫黄铁的质量分数的测定（邻菲罗啉分光光度法）适用于由石油炼厂气、天然气等回收制得工业硫黄。

2. 测定原理

试样燃烧后，其残渣用硫酸溶解，用氯化羟胺还原溶液中的铁，在 pH 值为 2~9 条件下，二价铁离子与 1，10-菲罗啉反应生成橙色络合物，用分光光度法测定络合物的吸光度，计算样品中的铁含量。

3. 方法概要

（1）标准曲线制作

在一系列容量瓶中分别加入不同体积的铁标准溶液，加入适量水，加入氯化羟胺溶液，加入乙酸-乙酸钠缓冲溶液，静止 5min 后，加入 1，10-菲啰啉（邻菲啰啉）溶液，用水稀释至刻度，静止显色 15~30min，在 510nm 处，用 1cm 比色皿，以不加铁标准溶液的空白溶液作为参比溶液，用分光光度计测定吸光度，以铁的质量为横坐标，对应的吸光度为纵坐标制作标准曲线。

（2）样品分析

于 50mL 瓷坩锅中称取 25g 试样，放在电炉上缓慢加热燃烧，完毕后移至 600℃的高温电炉中灼烧 30min。取出冷却，加 5mL 硫酸溶液，在电炉上加热使残渣溶解，蒸干硫酸。冷却后加 25mL 盐酸溶液、20mL 水，再加热溶解残渣，冷却后移入 100mL 容量瓶中，稀释到刻度，摇匀。根据铁含量大小，移取一定量的该溶液，用测定标准曲线的步骤测定其吸光度，最终计算出样品中的铁含量。

4. 影响因素及注意事项

测定铁含量的硫黄试样需磨碎至通过孔径为 600μm 的试验筛，应避免铁锈等杂质进行到样品中。在电炉上加热硫黄样品时必需缓慢进行，否则有爆炸的风险。若样品中铁离子含量较小，试样灰化以后的溶液无需稀释至 100mL，再在其中取适量溶液进行显色的稀释法测定，可直接将试样灰化后的溶液转移至 50mL 容量瓶中加入试剂进行显色反应。邻菲啰啉与二价铁离子生成稳定的橙红色络合物，在显色前加入的盐酸羟胺的目的是把三价铁离子还原为二价铁离子，其反应方程式为：$2Fe^{3+}+2NH_2OH \cdot HCl = 2Fe^{2+}+N_2+4H^++2H_2O+2Cl^-$。加入邻菲啰啉比色前，应调节溶液 pH 值为 2~9，溶液酸度过高反应速度慢，酸度太低，二价铁水解，影响测定结果。

第十四节 工业硫黄铁的质量分数的测定(原子吸收分光光度法)

1. 适用范围

工业硫黄铁的质量分数的测定(原子吸收分光光度法)适用于由石油炼厂气、天然气等回收制得工业硫黄。

2. 测定原理

试样燃烧后，其灼烧后的灰分用稀硝酸溶解，用原子吸收分光光度法测定溶液的吸光度，计算样品中的铁含量。

3. 方法概要

(1) 标准曲线制作

在一系列容量瓶中分别加入不同体积的铁标准溶液，加入适量水，加入适量硝酸溶液，用水稀释至刻度，在原子吸收光谱仪中，于波长 248.3nm 处，用不加入铁标准溶液的空白溶液调零，测定标样溶液的吸光度，以铁的质量为横坐标，对应的吸光度为纵坐标制作标准曲线。

(2) 样品分析

于 50mL 瓷坩锅中称取 25g 试样，放在电炉上缓慢加热燃烧，完毕后移至 600℃的高温电炉中灼烧 30min。取出冷却，加 5mL 硫酸溶液，在电炉上加热使残渣溶解，蒸干硫酸。冷却后加 25mL 硝酸溶液，再冷却后移入 50mL 容量瓶中，用水稀释到刻度，摇匀。测定其吸光度，最终计算出样品中的铁含量。

4. 影响因素及注意事项

原子吸收光谱仪使用和安全注意事项见本章第二节。

测定铁含量的硫黄试样需磨碎至通过孔径为 600μm 的试验筛，应避免铁锈等杂质进行到样品中。在电炉上加热硫黄样品时必需缓慢进行，否则有爆炸的风险。为了避免试剂和容器对样品铁离子的干扰，在测定样品时应同时测定空白溶液，最终以样品溶液的吸光度减去空白溶液的吸光度来计算铁含量。

第十五节 铝用炭素材料检测方法第 16 部分 微量元素的测定(X 射线荧光光谱分析方法)

YS/T 63.16—2006

1. 适用范围

铝用炭素材料检测方法第 16 部分(微量元素的测定 X 射线荧光光谱分析方法)适用于预焙阳极中钠、铝、硅、硫、钙、钛、钒、铁、镍含量的同时测定。其他铝用炭素材料也可以参照使用。

2. 测定原理

X 射线荧光光谱法是通过化学元素二次激发所发射的 X 射线谱线的波长和强度测量来

进行定性和定量分析。由光管发生的初线X射线束照射在试样上，试样内各化学元素被激发出各自的二次特征辐射，二次辐射到达分光晶体，只有满足衍射条件的某个特定波长的辐射在出射晶体时得到加强，而其他波长的辐射被削弱，随着分光晶体的旋转，不同元素的二次射线发生衍射，探测器吸收一个X射线光子就形成一个与光子能量成正比的电流脉冲，以单位时间内所测的光子数来评定X射线的强度。在定量分析时，首先测量系列标准样品的分析线强度，绘制出分析线强度对浓度的标准曲线，并进行必要的基体效应的数学校正，然后根据待测样品中元素谱线的强度求出元素含量。

3. 方法概要

将石油焦样品经过破碎处理后使其全部通过4mm孔径的筛，并于120℃下恒温干燥2h。再将破碎后的颗粒磨细至全部通过63μm孔径的筛，称取适量细磨以后的样品加入粘结剂混合研磨20s。取适量于压片机中压片，用压片后的样品放于X荧光光谱仪中进行分析，并与相同条件下建立的标准曲线比较，得到样品中的金属元素含量。

4. 影响因素及注意事项

X荧光光谱仪不能直接分析低熔点样品，如低熔点沥青、苯酚、油漆等，有些样品在室温下是固体，经射线照射会融化，如果滴到光管头上，会损坏仪器，如果需要分析，应放在液体杯内测量，分析液体样品和粉末样品时，必须在氦气模式下测量，绝对不能抽真空。在样品制样过程中压片时，压片效果不好或压片时样品堆积分布不均，或压片板(压片头)不洁净(或上面粘有前期样品)等，都会影响分析结果。当样品制好后，装入试样盒的位置不当，会给分析带来误差。样品测定时要按照方法中的计算公式确定好最小计数时间，样品测定所用的仪器操作参数应与使用的标准曲线的参数相同。

第十八章 馏程测定

第一节 概 述

石油产品除芳烃外主要是由多种烃类及少量烃类衍生物组成的复杂混合物，与纯物质不同，它没有恒定的沸点，其沸程表现为一很宽的温度范围，称为馏程。在规定的条件下，蒸馏100mL样品所建立的流出体积百分数与馏出温度$t_{馏}$之间的对应关系，即从初馏点到终馏点这一温度范围称为馏程。

馏程在石油产品检测中具有非常重要的地位，它可以粗略地评估石油产品的碳数范围，是石油产品分类的重要指标，如汽油、煤油、柴油都有不同的馏程控制指标。在炼油企业生产过程中，也需要通过馏程分析数据来指导分馏塔的操作。

当前，石油产品馏程分析技术可以分为二大类，一类为经典的蒸馏仪测定法，它又可以根据待测样品组分的轻重分为常压蒸馏和减压蒸馏；另一类为借助于色谱分析技术的模拟蒸馏法，由于模拟蒸馏具有样品使用量少、分析速度快、对环境的影响小等特点，在工艺控制分析时已逐渐取代经典的恩氏蒸馏法，当数据测定精度可以接受时，也可以取代经典的恩氏蒸馏法作为产品检验方法。它也可以根据待测样品组分的轻重分为普通模拟蒸馏和高温模拟蒸馏(指进样口温度较高)。通常情况下，可以根据样品预计的馏程范围、对分析数据的精度要求选择合适的分析方法，常用的分析方法有以下几种：

1. 常压蒸馏

适用于天然气汽油(稳定轻烃)、车用汽油、航空汽油、喷气燃料、特殊沸点的溶剂、石脑油、溶剂油、煤油、柴油、粗柴油、馏分燃料和相似石油产品的馏程测定。在常压条件下，对蒸馏烧瓶内的样品加热，使其蒸发，测定蒸发后的气体冷凝后的体积百分数与烧瓶内气相温度之间的关系，这个方法相当于一块理论塔板的精馏，只能给出近似地给出样品馏分的组成概况。

2. 模拟蒸馏测定

适用于沸点范围在55~700℃的石油馏分的馏程测定，模拟蒸馏以FID为检测器使用非极性色谱柱，先对一系列已知沸点的标准样品进行色谱分析，建立沸点与色谱保留时间的关系，然后分析样品，从色谱图中得到对应的累加面积及其保留时间，根据标样建立的沸点与保留时间关系，模拟计算出样品的馏程范围，必要时，可用恩氏蒸馏结果的样品来修正模拟馏程的计算模型，使其测定结果更接近于实际蒸馏。

3. 芳烃馏程测定

适用于沸点范围在30~250℃之间相关物料的馏程测定。芳烃类物料通常具有较窄的馏程范围，纯度很高的芳烃如苯、甲苯有固定的沸点，根据这些特点，芳烃馏程测定法对仪器、温度计、加热速度等条件作了更加精细的规范。

4. 减压蒸馏测定

适用于减压下测定液体最高温度达400℃时能部分或全部蒸发的石油产品的沸点范围，减压蒸馏测定时把样品蒸馏系统抽真空至一定压力，使样品在较低的温度下蒸发，再通过一定的换算公式把真空下的馏出温度换算成常压下的温度，它主要用于测定在常压下蒸馏时可能分解的石油产品及馏分的蒸馏特性。

第二节 石油产品常压蒸馏特性测定法

GB/T 6536—2010

1. 适用范围

石油产品常压蒸馏特性测定法适用于馏分燃料如天然汽油（稳定轻烃）、轻质和中间馏分、车用火花点燃式发动机燃料、航空汽油、喷气燃料、柴油和煤油，以及石脑油和石油溶剂油产品。本方法不适用于含有较多残留物的产品。本方法可以用手动仪器测定，也可以使用自动仪器测定，在有争议时，仲裁试验方法应按所指组别的手动仪器方法进行。

2. 测定原理

根据试样的组成、蒸气压、预期初馏点和预期终馏点等性质，选择合适的分析条件，按照规定速度蒸馏100mL试油，将生成的蒸气从蒸馏瓶中导出，系统地观察温度计读数和冷凝液体积，并确定其馏出或蒸发温度与馏出物体积百分数之间的数据关系以及回收体积等测定结果。恩氏蒸馏是在环境大气压下，约为一个理论塔板的精馏作用下进行，油中的烃类不是按照各自的沸点逐一蒸出，而是服从拉乌尔-道尔顿定律，当温度从低到高渐次气化的整个蒸馏过程中，以连续增高沸点的混合物的形式蒸出，也就是说，当蒸馏液体石油产品时，沸点较低的组分蒸气分压高，首先从液体中蒸出，同时携带少量沸点较高的组分，但也有一些沸点较低的组分留在液体中与高沸点的组分一起蒸出，换言之，在先蒸出的部分中低沸点组分较多，而在后蒸出的部分中高沸点的组分较多。所以初馏点、终馏点及中间各馏分点的蒸气温度，仅是粗略地确定油品的组成范围，而不代表其真实的沸点范围。

3. 方法概要

（1）确定样品组别

根据样品蒸气压和蒸馏特性分为5个组别，被测样品所属组别的特性见表18-1。

表18-1 组别特性

样品特性	0组	1组	2组	3组	4组
馏分类型	天然汽油				
蒸气压（37.8℃）/kPa（试验方法GB/T 8017）		≥65.5	<65.5	<65.5	<65.5
蒸馏特性，初馏点/℃				≤100	>100
终馏点/℃		≤250	≤250	>250	>250

（2）取样、样品储存和样品处理

根据样品的组别特性，按表18-2的要求进行取样、样品储存和分析前的样品处理。

表 18-2 取样、样品储存和样品处理

项 目	0 组	1 组	2 组	3 组	4 组
样品瓶温度/℃	<5	<10			
样品储存温度/℃	<5	<10[a]	<10	环境温度	环境温度
分析前样品处理后温度/℃	<5	<10	<10	环境温度或高于倾点 9~21℃[b]	环境温度或高于倾点 9~21℃[b]
取样时含水	重新取样	重新取样	重新取样	按 GB/T 6536 的 6.5.3 规定干燥	
重新取样后仍含水[c]	依照 GB/T 6536 的 6.5.2 规定干燥				

a 在特定情况下，样品也可以在低于 20℃下储存。见 GB/T 6536 的 6.3.3。

b 如样品在环境温度下为(半)固体，见 GB/T 6536 的 9.3.2。

c 如已知样品会含水，可省略重新取样步骤，直接按 GB/T 6536 的 6.5.2 和 6.5.3 干燥样品。

(3) 仪器的准备

蒸馏烧瓶规格、蒸馏用温度计编号、蒸馏烧瓶支板孔径、接收量筒和 100mL 试样的温度等规定条件见表 18-3。

表 18-3 仪器准备

项 目	0 组	1 组	2 组	3 组	4 组
蒸馏烧瓶/mL	100	125	125	125	125
蒸馏用温度计编号	GB-46	GB-46	GB-46	GB-46	GB-47
蒸馏用温度计范围	低	低	低	低	高
蒸馏烧瓶支板孔径/mm	A 32	B 38	B 38	C 50	C 50
试验开始时温度					
蒸馏烧瓶/℃	0~5	13~18	13~18	13~18	不高于环境温度
蒸馏烧瓶支板和防护罩	不高于环境温度	不高于环境温度	不高于环境温度	不高于环境温度	—
接收量筒和 100mL 试样/℃	0~5	13~18	13~18	13~18[a]	13~环境温度[a]

a 见 GB6536 的 9.3.2 中的特殊情况。

(4) 样品测定

严格按照表 18-4 的试验条件用接收量筒取 100mL 试样转移至蒸馏烧瓶中进行测定。

表 18-4 试验条件

项 目	0 组	1 组	2 组	3 组	4 组
冷凝浴温度[a]/℃	0~1	0~1	0~5	0~5	0~60
接收量筒周围冷却浴温度/℃	0~4	13~18	13~18	13~18	装样温度±3
从开始加热到初馏点的时间/min	2~5	5~10	5~10	5~10	5~15
从初馏点到					
5%回收体积的时间/s	—	60~100	60~100	—	—
10%回收体积的时间/min	3~4	—	—	—	—

续表

项　　目	0组	1组	2组	3组	4组
从5%回收体积到蒸馏烧瓶中5mL残留物的均匀平均冷凝速率/(mL/min)	—	4~5	4~5	4~5	4~5
从10%回收体积到蒸馏烧瓶中5mL残留物的均匀平均冷凝速率/(mL/min)	4~5	—	—	—	—
从蒸馏烧瓶中5mL残留物到终馏点的时间/min	不大于5	不大于5	不大于5	不大于5	不大于5

a 合适的冷凝浴温度取决于试样蒸馏馏分及其蜡含量，通常情况下只采用一个冷凝温度。冷凝器中蜡的形成缘于①馏出物液滴中出现的蜡颗粒；②蒸馏损失比按照试样初馏点所预估的高；③不稳定的回收速率；④用无绒的布擦除残留液体时出现蜡颗粒(见GB 6536的7.3条)。应使用能得到满意操作的最低温度。通常0~4℃的浴温范围适用于煤油和轻质中间馏分燃料；在某些情况下，中间馏分燃料、重馏分油和类似的馏分可能要保持冷凝浴温度在38~60℃的范围。

(5) 测定数据的记录

按表18-5或者根据样品的检测要求记录测定数据。

表18-5　测定数据记录

组别	数据记录
0组	如果未指明有特殊的数据要求，记录初馏点、终馏点和从10%~90%回收体积之间每10%回收体积倍数时的温度读数
1组、2组、3组和4组	如果未指明有特殊的数据要求，记录初馏点、终馏点和/或终馏点，在5%、15%、85%和95%回收体积时的温度读数，以及10%~90%回收体积之间每10%回收体积倍数时的温度读数

(6) 计算

将实测得到的温度读数修正到101.3kPa标准大气压，将实际损失百分数也修正到101.3kPa，报告为标准大气压下的回收百分数与温度读数之间的关系。若需要得到在规定蒸发百分数时对应的温度读数时，可以用计算法或图解法得到。计算法为先从每个规定的蒸发百分数之中减去观测损失，以得到相应的回收百分数，再用下式内插法计算所需的蒸发百分数下的温度值：

$$T = T_L + (T_H - T_L)(R - R_L)/(R_H - R_L)$$

式中，R为与规定蒸发百分数相应的回收百分数,%，等于规定蒸发百分数减去损失百分数；R_L为邻近并低于R的回收百分数,%；R_H为邻近并高于R的回收百分数,%；T_L为在R_L时记录的温度计读数,℃；T_H为在R_H时记录的温度计读数,℃。图解法为使用有均匀细刻线的图纸，将每个经大气压修正的温度读数，对其相应的回收百分数作图，在0%回收百分数处绘出初馏点。连接各点绘制一条平滑曲线，对每个蒸发百分数减去损失百分数得到其相应的回收百分数，从绘制的曲线中得到此回收百分数所对应的温度读数。

4. 影响因素及注意事项

试验用的蒸馏烧瓶要干净，瓶底不能有积炭，否则会降低其导热性，烧瓶要仔细检查是否有细小的裂纹，避免受热后裂纹破裂引起火灾；试验用温度计要定期进行零位校正和示值稳定性检验，测定前每次要用缠在拉线上的一块无绒软布擦拭冷凝管内壁，清除上次试验残留液，对于经常蒸馏含硫样品(如石脑油)的分析仪，要注意冷凝管内壁的腐蚀情况，冷凝管内部被腐蚀有坑点后会使初馏点测定结果不准。样品取样时需要根据样品组分的轻重用适当的方法减少轻组分的挥发损失。用0组分析时，装样品的瓶子应保持在低于5℃的温度下，用1组分析时，装样品的瓶子应保持在低于10℃的温度下，用2组、3组和4组分析时，在环境温度下采取样品，取样后立即用密合的塞子封好样品瓶。当样品需要储存时，用0组分析时，样品应在低于5℃的温度下储存；用1组或2组分析时，样品应在低于10℃的温度下储存；用3组或4组分析时，样品可在环境温度或低于环境温度的条件下储存。由于液体石油产品的体积受温度影响较大，若量取试样时的温度与接收馏出物时的温度相差较大，会使量入烧瓶的样品体积有较大误差，使测定结果产生较大误差，因此，量取试样的温度与接收试样的温度差不要超过5℃。用量筒取100mL试样时，要读准刻度，并尽可能地将量筒中的试样全部倒入蒸馏瓶中，将量筒直接放至冷凝管末端下部已控温的浴中，不得对量筒清洗或干燥，装入试样时，蒸馏烧瓶支管应向上，以防止液体流入蒸馏烧瓶的支管中。

分析时，应根据样品的蒸气压、初馏点和终馏点这3个参数值正确确定样品所属的组别，根据样品组别确定仪器准备条件和样品分析条件进行分析，选择了错误的测定条件，测定结果将不正确，喷气燃料测定馏程时，应根据其沸程范围的不同确定为第2组或第4组，但冷凝管温度均应设定为0~4℃。

蒸馏烧瓶支板由陶瓷制成，它只允许蒸馏烧瓶通过支板孔被直接加热，具有保证加热速度和避免油品过热的作用，蒸馏不同的石油产品要按标准要求选用不同孔径的支板。当使用温度计作为测温元件时，应将温度计紧密装在蒸馏烧瓶的颈部，水银球应位于蒸馏烧瓶颈部的中央，毛细管的低端与蒸馏烧瓶的支管内壁底部的最高点齐平，如图18-1所示。蒸馏过程中在烧瓶颈部会有一定的温度梯度，水银球过高或过低，将会引起测量温度偏低或偏高。

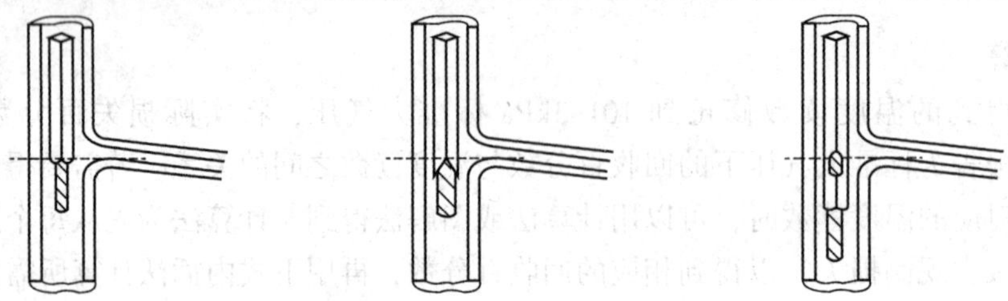

图18-1 温度安装示意图

把接收量筒放到冷凝管下方时，冷凝管的末端应位于接收量筒的中心，且伸入量筒中至少25mm，但不能低于量筒100mL刻度线，用于减少样品的挥发损失、避免影响馏出液的体积读数，用一块吸水纸或相似的材料将量筒盖严密，这块吸水纸应剪成紧贴冷凝管，避免冷凝管上的凝结水落入量筒内，在测定汽油馏程时，量筒的口部要用吸水纸或脱脂棉塞住，以减少馏出物挥发损失，使其充分冷凝。

恩氏蒸馏测定是条件性试验，从初馏点到终馏点整个测定过程应严格按方法中表18-5规定的条件进行测定，应严格控制加热速度，各种石油产品沸点范围不同，若对较轻的油品快速加热时，迅速产生的大量气体可使蒸馏烧瓶内压力高于外界大气压，导致温度测定值高于正常蒸馏温度，同时较快的加热速度，将引起过热现象，造成终馏点温度升高。反之，加热速度过慢，减慢了烧瓶内温度的变化趋势，减小了温度计的温度滞后，会导致初馏点、10%、90%点温度偏低。

当蒸馏烧瓶中残留液体约为5mL时，可以最后一次调整加热，使蒸馏烧瓶中5mL残留液体蒸馏到终馏点的时间不大于5min，由于蒸馏烧瓶中剩余5mL难以确定，可用观察接收量筒内回收液体的数量来确定。此时在蒸馏烧瓶内的气相物料、烧瓶瓶颈、支管和冷凝管中的物料约为1.5mL，如果没有轻组分的损失，蒸馏烧瓶中5mL的液体残留量可认为对应于接收量筒内93.5mL的量，再加上蒸馏过程中的轻组分损失值，对于汽油类样品，从接收量筒内92~93mL开始最后调整电压较为合适。当接近终馏点时，出现温度计的读数下降，但又迅速上升的现象，说明最后一次调整加热强度过大。

测定结束后，通常情况下造成馏出液体积过多的原因有量取试油时，液面高于100mL的标线；试油温度比规定回收温度低；测定前未擦净冷凝管或者凝结水流入量筒；所用的蒸馏瓶不干燥残留有上次测定的样品。造成馏出液体积过少的原因有量取试油时，液面低于100mL刻线；试油温度比规定回收温度高；向蒸馏烧瓶中加入试样时，从蒸馏烧瓶支管外流失或洒在蒸馏瓶外面；注入试油时，轻质馏分挥发损失；仪器连接处密封不好，造成油蒸气漏气损失，使馏出液体积减少。馏出液体积过多或过少，均会显著地影响90%以后馏出温度的测定值。

当使用自动仪器测定恩氏蒸馏时，可蒸馏甲苯，若其50%馏出温度在108.5~109.7℃之间时，可确定其温度测量系统符合要求。

95%点馏出温度是柴油产品的质量指标，无论使用自动分析仪器还是手工测定，都必须对接收量筒的95%点进行校验或检查确认。

第三节 石油产品馏程的测定（模拟蒸馏测定法）

ASTM D3710—2004/ASTM D2887—2013/ASTM D6352—2015

1. *适用范围*

ASTM D3710适用于测定沸程范围<260℃的汽油和石脑油组分。

ASTM D2887适用于测定沸程范围在36~538℃的煤油和柴油组分。

ASTM D6352适用于测定沸程范围在174~700℃的润滑油、基础油、渣油等组分。

2. *测定原理*

色谱模拟蒸馏就是运用色谱技术模拟经典的实沸点蒸馏方法测定各种石油馏分的馏程，它是基于样品中每一个组分都是按照它们的沸点次序流出色谱柱的假设。色谱模拟蒸馏的具体实现方式与工作原理为：首先用具有一定分离度的非极性色谱柱，分析一组正构烷烃混合物，得到保留时间与沸点的关系曲线，然后在相同条件下测定石油样品，获得对应百分收率的累加面积及保留时间，根据标样的保留时间与沸点的关系曲线可以计算出样品的百分收率与温度的关系曲线，再进行适当的修正后，得到样品的模拟蒸馏分析结果。

3. *方法概要*

以氦气为载气，FID为检测器，使用非极性色谱柱，按模拟蒸馏软件的要求设定好载气的流速、进样口温度、柱箱温度、检测器温度等测定条件，然后进行基线补偿分析，沸点-保留时间校准分析、参比样品分析，计算出模拟蒸馏参数。分析样品，把样品的数据与计算机储存的模拟蒸馏参数进行比较计算，得出样品的模拟蒸馏数据。

4. 影响因素及注意事项

对于ASTM D3710和ASTM D2887，基线补偿分析是指在与测定样品相同的操作条件下，不进任何样品的空白分析；对于ASTM D6352，基线补偿分析是指在与测定样品相同的操作条件下，以溶剂二硫化碳为样品的空白分析。测定样品时，用样品的峰面积减去同一保留时间下的空白峰面积，相当于减掉色谱数据中非样品切片的面积。如果没有进行基线补偿分析，初馏点和终馏点结果可能完全失真，因为，初馏点等于总的净面积≤0.5%部分的面积，终馏点等于总的净面积≥99.5%部分的面积，基线稍有变化，它们的结果可能有很大的变化。

模拟蒸馏测定时影响基线稳定的因素有：柱流失、溶剂淬火、进样垫流失、检测器噪音、漏气、载气纯度、仪器漂移等。对于能全部流出色谱柱的样品，进行1次基线补偿分析，测定10个样品都不影响分析的准确度。对于不能全部流出色谱柱的样品，例如，渣油等测定前必须进行2~3次基线补偿分析，直到基线完全稳定后才能下个样品的分析，否则，测定结果可能完全是错误的。

模拟蒸馏的校准混合物里含有一系列已知的正构链烷烃，分析这些正构链烷烃来建立保留时间与蒸馏温度曲线关系。校准混合物中正构链烷烃的沸点范围必须覆盖需分析样品的全部沸点范围。当在期间核查时，色谱仪测得的正构链烷烃保留时间超出允许的偏差值时可以通过适当调整载气的流速使组分的保留时间符合要求，不能通过调整程序升温方式的办法调整组分的保留时间或者更换新的色谱柱，色谱柱使用一段时间后其柱效无法满足分析的要求。

模拟蒸馏测定时对于室温条件下不完全处于液态的样品，需要用二硫化碳与样品按9∶1的比例溶解样品，对于不能全部流出色谱柱的样品，例如，渣油等必须用分析天平分别准确称取二硫化碳与样品的质量后混合均匀，需要用这些参数计算样品的模拟蒸馏数据。

含有水分的样品必须按GB/T 6536规定方法用无水硫酸钠干燥，否则，样品中水分在高温下汽化后会使色谱柱爆裂。

ASTM D3710或ASTM D2887测定性质差异较大的样品时，应分别建立不同的分析方法，例如，用ASTM D3710测定常减压汽油、催化汽油、焦化汽油时，需要用各自在GB/T 6536测定的数据与色谱蒸馏测定的数据相关联，分别建立蒸馏汽油、催化汽油、焦化汽油的分析方法。

第四节　工业芳烃及相关物料馏程的测定（第1部分：蒸馏法）

GB/T 3146.1—2010

1. 适用范围

工业芳烃及相关物料馏程的测定（第1部分：蒸馏法）适用于工业芳烃及馏程较窄且在30~250℃之间相关物料的馏程测定。

2. 测定原理

在环境大气压下，约为一个理论塔板的精馏作用下，将100mL工业芳烃及相关物料按照规定的条件进行蒸馏，将生成的蒸气从蒸馏瓶中导出，系统地观察温度计读数和冷凝液体积，确定其馏出物体积百分数与馏出温度之间的数据关系，即为芳烃的馏程。

3. 方法概要

用量筒量取100mL除去明水的样品，把量筒中试样倒入到蒸馏烧瓶中，使量筒悬垂在烧瓶上至少15s，把安装好温度计的蒸馏烧瓶放于加热炉上，量筒至于冷凝管的末端，对蒸馏烧瓶内的液体按规定的蒸馏速度进行加热，记录初馏点、各馏出体积的温度计读数、终馏点，使用下式对计算大气压补正值，在观察到的温度计读数上加上校准值：

$$c = [A + B \times (760 - p)] \times (760 - p)$$

式中，c 为大气压对温度计的校准值(℃)；A、B 为不同芳烃材料的校准常数；p 为校准到0℃的大气压(mmHg)。

GB/T 3146.1与GB/T 6536的主要区别点见表18-6。

表18-6　GB/T 3146.1与GB/T 6536主要区别点

方法名称	工业芳烃及相关材料馏程的测定（第1部分：蒸馏法）GB/T 3146.1—2010	石油产品常压蒸馏特性测定法 GB/T 6536—2010
蒸馏烧瓶体积	200mL	125mL(1组，2组，3组，4组)
样品	不分组	根据样品的组成、蒸气压和预期初馏点、终馏点分组
观察到温度值的大气压校正	不同的物料有不同的校正系数	用悉尼扬公式校正
冷凝管温度	控制在10~20℃	不同组别控制不同温度
油样温度和接收室温度	不作要求	不同组别不同的要求
温度计规格	ASTM 39C~ASTM 42C；ASTM 102C~ASTM 105C	ASTM 7C/7F、ASTM 8C/8F
初馏后的蒸馏速度	5~7mL/min	4~5mL/min

4. 影响因素及注意事项

若使用自动蒸馏温度传感器测量温度时，它应具有和同等的玻璃水银温度计一样的温度滞后性和精度，在安装新的自动蒸馏仪时，应使用已知馏程范围大约为1℃的甲苯标样来校正仪器的终馏点和温度范围。芳烃类组分馏程范围较窄，在测定时要更加关注温度计或温度传感器的校正值的准确性，在校正周期内可使用甲苯标样进行期间核查。使用自动蒸馏仪的终馏点传感器来判断终馏点时，终馏点传感器的末端应与蒸馏烧瓶的最低端相接触，终馏点传感器使用时间较长后，会发生末端变形的现象，会影响终馏点的测定结果。方法中没有规定量取样品的温度和接收量筒的温度，在实际测定过程中使这二个温度值相近，可控制在15~25℃之间，测定苯产品时，可用一薄片覆盖在接收量筒的口部，减少其挥发。

第五节　石油产品减压蒸馏测定法

GB/T 9168—1997

1. 适用范围

石油产品减压蒸馏测定法适用于减压下测定液体最高温度达400℃时，能部分或全部蒸发的石油产品的沸点范围。如有争议，以在相互同意的压力下的手工测定方法作为仲裁试验方法。

2. 测定原理

当加热温度超过400℃时，重质馏分易发生热分解或热缩聚，因此，对于较重的石油馏分需要在减压条件下蒸馏以降低其沸腾温度。在某个准确控制的规定压力下，用约一个理论塔板的蒸馏装置对样品进行蒸馏，得到减压条件下的样品馏出体积与蒸馏温度之间的关系值，再通过计算公式换算为馏出体积与常压下的蒸馏温度之间的关系。

3. 方法概要

将样品加热至全部熔化，如果有明显的水分，可取适量样品加热至80℃左右，用熔融的氯化钙进行脱水，根据样品在接收室温度下的视密度值，在蒸馏烧瓶中称取相当于200mL体积的样品，安装好蒸馏装置，确保系统各连接点无泄漏，启动真空泵，使蒸馏装置内的压力达到蒸馏所要求的压力为止，启动加热装置，使馏出物以6~8mL/min均匀的速度馏出，记录各回收体积百分数时以及终点时的馏出温度，记录系统压力，根据系统压力值和减压下的馏出温度值换算成常压下的温度值，报告为各回收体积百分数下的常压蒸发温度值。

4. 影响因素及注意事项

样品在装入蒸馏烧瓶前应完全呈现液态。如果样品中有可见的结晶，则应把它加热至某一允许温度，使晶体溶解。然后根据样品量的多少，黏度大小及其他因素，样品必须被剧烈搅拌5~15min，使其混合均匀。如果在70℃以上还有可见固体，则这些固体颗粒就是自然界中的无机物而不是样品的可蒸馏部分。可用过滤或倾析样品的方法将大部分固体除去。有些物质，像减黏裂化残渣和高熔点石蜡，在70℃时还不能完全变为液体，因为这些固体和半固体物质是烃类进料的一部分，所以它们不应被除去。蒸馏系统安装完毕后，应确认整个系统无泄漏，可以通过抽到指定的真空度后，关闭真空泵，观察系统压力是否有上升的情况来判断。当在蒸馏过程中观察至压力突然增加，并有白色蒸气出现和蒸气温度降低时，这说明被蒸馏的物质已经分解了，应立即停止试验，如果此时还没有观察到规格要求的馏出体积时，应重新取一份样品，并在更低的压力下重新蒸馏。对于通常的蜡油或渣油类样品，系统压力一般抽至为0.13kPa(1mmHg)或0.27kPa(2mmHg)。测定结束后，当蒸馏烧瓶中的温度降到一定值后，才能对系统进行泄压，泄压过程应该缓慢进行，当蒸馏烧瓶中含有热的油蒸气时，向其通入空气则会引起爆炸。

减压蒸馏测定时，蒸馏烧瓶底部容易积炭，在使用前应使用合适的方法除去蒸馏烧瓶底部的积炭，避免烧瓶底部局部过热破损。

第十九章　蒸气压测定

第一节　概　述

一定外界条件下，液体中的液态分子会蒸发为气态分子，同时气态分子也会撞击液面回归液态。这是单组分系统发生的两相变化，一定时间后，即可达到平衡。平衡时，气态分子含量达到最大值，这些气态分子撞击液体所能产生的压强，简称蒸气压(vapor pressure)。蒸气压是液体蒸发性能的一个指标，油品类石油产品没有固定的沸点范围，其蒸气压也没有固定值，通常情况下，油品中轻烃类组分含量高，其蒸气压高，如果没有特殊需要，初馏点高于80℃的油品蒸气压较低，一般不测定蒸气压。根据油品使用性能和安全储存的要求，液化石油气、石脑油和汽油产品都需要测定蒸气压。

液化石油气蒸气压测定采用计算法，测定出液化石油气的单体烃组成百分比，根据单体烃的蒸气压计算出液化石油气的蒸气压。

汽油、石脑油的蒸气压测定目前有三个分析方法，经典的雷德法是使用有气相室和液相室的蒸气压弹，当气液二相平衡时，测定气体室的压力值；石油产品蒸气压测定法(微量法)为自动仪器法，使用一个带压力传感器的小体积测试室，测定出仪器上的总蒸气压读数，用计算公式换算成干蒸气压等效值 *DVPE*；石油产品、烃类及烃类-含量化合物混合物蒸气压测定法(三级膨胀法)也为自动蒸气压测定仪法，在一带活塞的温控测试筒中，对样品进行三级膨胀，测得样品的总压，再减去溶解空气分压，即为样品的蒸气压。有关蒸气压的几个相关述语及它们的解释：

总压力：试验中测得的观察压力即样品分压与溶解空气分压之和。

绝对压力：不含空气样品的压力，从样品总压力中扣除溶解空气分压后所得结果。

溶解空气分压：溶解在液体中的空气由液相挥发到气相时产生的压力。

雷德蒸气压：采用规定的试验方法测定汽油和其他挥发性石油产品蒸气压，所得到的经修正以后的总压力读数。

干蒸气压等效值(*DVPE*)：由关联公式根据总压力计算而得。

雷德蒸气压当量(*RVPE*)：由关联公式根据总压力计算而得。

第二节　石油产品蒸气压测定法(雷德法)

GB/T 8017—2012

1. 适用范围

石油产品蒸气压测定法(雷德法)适用于测定汽油、其他易挥发性石油产品及易挥发性原油蒸气压的方法，不适用于液化石油气蒸气压的测定。

石油产品蒸气压测定法(雷德法)有A、B、C、D四个分析方法，其中A法适用于测定蒸气压小于180kPa的汽油(包括仅含甲基叔丁基醚的汽油)和其他石油产品。A法的改进步骤适用于35~100kPa的汽油和添加含氧化合物汽油的样品。B法及其改进步骤采用半自动水平浴测定仪，同样适用于测定A法及其改进步骤所适用的汽油和其他石油产品。C法适用于测定蒸气压大于180kPa的样品。D法适用于测定蒸气压约为50kPa的航空汽油。

2. 测定原理

试样在37.8℃下，在雷德式饱和蒸气压测定器中，即试样室与试样蒸气室的体积比约为1∶4时所测出的试样蒸气的最大压力，即为试样的雷德饱和蒸气压。

3. 方法概要

A法：将冷却至0~1℃样品从冷浴中取出，使其达到样品容器总容积的70%~80%，剧烈摇动样品瓶，使样品容器中样品达到空气饱和，将液体室(见图19-1)和样品转移的连接装置置于0~1℃冷浴中冷却，将气体室和压力表连接至于37.8℃±0.1℃的水浴中恒温，10min后，用试样转移接头把样品从样品容器转移至液体室，连接好液体室和气体室，倒置测定仪，使试样从液体室进入到气体室。在仍倒置的状态下，上下剧烈摇动测定仪8次后，把测定仪浸入37.8℃±0.1℃的水浴中，待压力恒定后，重复倒置摇动步骤多次，直至两次相邻的压力读数相同，记录压力表读数，这个压力为试样“未修正的蒸气压”。迅速拆下压力表，把压力表与压力测量装置相连，如果观察到差值，当压力测量装置的读数高时，把此值加到样品测得的压力表读数上；当压力测量装置的读数低时，从样品测得的压力表读数减去此值，把修正以后的结果作为样品的雷德蒸气压。

B法：将冷却至0~1℃样品从冷浴中取出，使其达到样品容器总容积的70%~80%，剧烈摇动样品瓶，使样品容器中样品达到空气饱和，将液体室和样品转移的连接装置置于0~1℃冷浴中冷却，将气体室与压力表或压力传感器(压力测量装置)连接，水平浸入在37.8℃±0.1℃的水浴中恒温，10min后，用试样转移接头把样品从样品容器转移至液体室，将液体室从水浴中中取出，并与压力测量装置断开，连接好液体室和气体室，在垂直状态下连接气体室与压力测量装置，使液体室和气体室组件向下翻转，让试样流进气体室，水平转动液体室和气体室组件，直至两次相邻的压力读数相同，记录压力表读数，这个压力为试样“未修正的蒸气压”。迅速拆下液体室和气体室组件，把仪器的压力测量装置与经校准的压力测量装置相连，如果观察到差值，当经校准的压力测量装置的读数高时，把此值加到样品测得值上；当经校准的压力测量装置的读数低时，从样品测得值上减去此值，把修正以后的结果作为样品的雷德蒸气压。

C法：由于待测样品的蒸气压高于180kPa，测定装置与A法不同，使用双开口液体室的仪器。无需样品空气饱和，将冷却后的样品从下部连接头转移至已冷却的液体室中，然后连接液体室和气体室，打开阀A，将测量装置浸入在37.8℃±0.1℃的水浴中，测出样品的未修正的蒸气压，经压力补正后，得到样品的雷德蒸气压。

D法：除了在气液室容积比上与A法有差异，该方法为3.95~4.05，A法为3.8~4.2外，其他操作步骤均相同。

4. 影响因素及注意事项

航空汽油的液体室与气体室的体积比与其他油品的不相同，在使用时要注意区分。采取测定蒸气压的样品一定要注意密封，采样时可采用把采样管线插入采样瓶底部的办法避免样

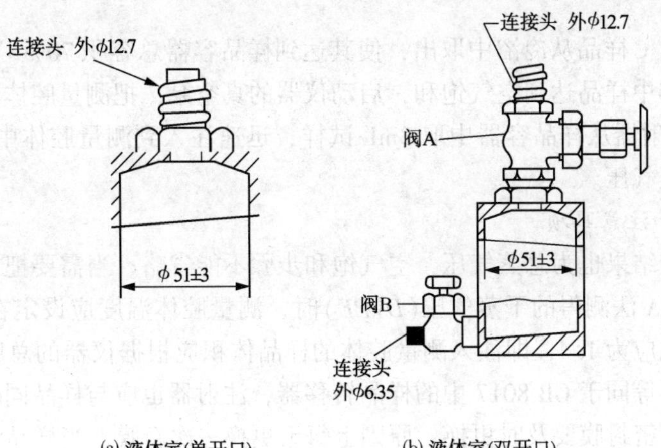

图 19-1 两种液体室

品的蒸气压损失，样品采取后应立即密封，此瓶样品在测定蒸气压前不得用于其他分析。测定前，装有试样的容器应置于冰水中，只有这样才能保证试样在转移时的温度保持在 0～1℃，如果转移试样温度偏高会使测定结果偏小；雷德蒸气压是样品的总压力，在转移至液体室之前必须剧烈摇晃，使样品空气饱和，否则会使测定值偏小。当使用 A 法、B 法和 C 法测定时，把样品从装样容器转移至液体室时，管线应插入到离液体室底部 6mm 处，以减少转移过程中的挥发损失。摇动蒸气压测定器时要倒转并剧烈摇晃，使试样与气相室达到平衡，蒸气压表头读数时，要保证垂直，并用手指轻弹表头，以保证读数的准确性，拆下蒸气压表头与校验装置连接前，不能甩动表头，使其内部的液体流出。在测定结束后，空气室与样品室一定要用 32℃左右的热水清洗干净，以避免影响下一个样品的测定，蒸气压表头不宜连续测定，使用一次后最好间隔 4h 再使用。由于乙醇汽油、甲醇汽油中的乙醇与甲醇能与水互溶，当测定此类汽油时，空气室恒温时要与水隔离。

第三节 石油产品蒸气压的测定(微量法) SH/T0794—2007

1. 适用范围

石油产品蒸气压的测定(微量法)规定了采用自动蒸气压测定仪，在减压条件下测定含空气的挥发性液体石油产品总蒸气压的方法。适用于沸点高于 0℃，且在 37.8℃、气液比为 4∶1 条件下蒸气压为 7～130kPa 的液体石油产品。

2. 测定原理

测定样品在恒温的真空测试腔中达到气液动态平衡，气液比为 4∶1 时的终点压力。压力是由一个小体积排量传感器测得，测定总压(样品分压和溶解空气分压之和)，测得的总蒸气压用关联公式转换为干蒸气压等效值(*DVPE*)，该值相当于 ASTM D4953 中 A 法测出的值。干蒸气压等效值(*DVPE*)与 ASTM D323(GB 8017)的雷德蒸气压(*RVPE*)的主要差异在于前者空气室恒温时对空气室密闭避免水和其他杂质进入，后者在空气室恒温时不密闭，空气室内有一定的水汽。

3. 方法概要

将冷却至0~1℃样品从冷浴中取出，使其达到样品容器总容积70%~80%，剧烈摇动样品瓶，使样品容器中样品达到空气饱和，启动仪器的真空泵，把测量腔体内的压力抽至真空至<0.1kPa，用注射器从样品容器中取3mL试样，迅速注入到测量腔体中，仪器自动测量，检测出试样的总蒸气压。

4. 影响因素和注意事项

该方法的测定结果也为总蒸气压，空气饱和步骤不能省略。当需要把方法的测定值转换至ASTMD4923中A法测得的干蒸气压(*DVPE*)时，测量腔体温度应设定在37.8℃，测量腔体内的气液室之比应为1:4，即注入测量腔体的样品体积应根据仪器的总腔体体积而定。本方法使用的注射器等同于GB 8017中的样品转移器，注射器也应与样品同时放入0~1℃的冷浴中冷却。仪器的密封膜要及时更换。原则上每天更换一次新膜，当样品测定结果出现异常时也应更换新膜确认，进样垫使用一段时间后，应进行更换，避免其泄漏，使系统真空度不能保持。

仪器使用时，每天用一已知挥发性的确定液体来校正仪器。根据本方法测定结果可以用公式计算出样品的干蒸气压，干蒸气压值略高于GB 8017 A法测得的雷德蒸气压，二者相差值通常不会大于雷德蒸气压的重复性限。

第四节　石油产品、烃类及烃类-含氧化合物混合物蒸气压测定法(三级膨胀法)SH/T 0769—2005

1. 适用范围

石油产品、烃类及烃类-含氧化合物混合物蒸气压测定法(三级膨胀法)规定了采用自动蒸气压测定仪测定易挥发性液态石油产品、烃类及烃类-含氧化合物混合物在真空中产生的蒸气。适用于测定沸点高于0℃、气液比4:1时37.8℃的蒸气压为7~150kPa之间的样品。

2. 测定原理

在不低于20℃的温度下，将一定体积的样品注入内有活塞并可进行温控的测试筒中。测试筒密封后，分三步将样品室体积膨胀原来的$X+1$倍，根据每一次膨胀后的总压值TP_x，可用公式计算出溶解空气分压(*PPA*)。在试样筒温度为37.8℃，测试筒体积为样品体积的5倍(相当于气液比为4:1)VP_x时，测得样品的总蒸气压，可以通过相关计算公式计算出样品的干蒸气压(*DVPE*)和雷德蒸气压(*RVPE*)。

$$RVPE = 1.017 \times DVPE - 2.50(\text{kPa})$$

3. 方法概要

将冷却至0~1℃样品从冷浴中取出，使其达到样品容器总容积70%~80%，剧烈摇动样品瓶，使样品容器中样品达到空气饱和，用待测样品将测试筒清洗三次以上，然后利用活塞将试样吸入测试筒中，关于进样阀，拉动活塞完成一级膨胀，每隔20s，观察压力值，三次读数相差在0.1kPa之内时，记录$TP_{x,1}$，按上述操作，测得二级膨胀的压力值$TP_{x,2}$和三级

膨胀的压力值 $TP_{x,3}$，按公式计算出 *DVPE* 和 *RVPE*。

4. 影响因素和注意事项

该方法的测定结果也为总蒸气压，空气饱和步骤不能省略，当需要把方法的测定结果转换至 ASTMD4923 中 A 法测得的干蒸气压(*DVPE*)时，测量腔体温度应设定在 37.8℃，测量腔体内的气液室之比应为 1∶4，即注入测量腔体的样品体积应根据仪器的总腔体体积而定。如果在此方法中使用注射器把样品转移至测量腔体时，注射器也应与样品同时放入 0~1℃的冷浴中冷却，并注意注射器的密封，不能有水分进入到注射器中。仪器使用时，每天用一已知挥发性的确定液体来校正仪器。

第五节 液化石油气蒸气压和相对密度及辛烷值计算法

GB/T 12576—2004

1. 适用范围

液化石油气蒸气压和相对密度及辛烷值计算法适用于用液化石油气的组成计算蒸汽压、相对密度和马达法辛烷值。不适用于按 SY 7509 测定残留物大于 0.05mL/10mL 的产品。马达法辛烷值仅适用于丙烯含量不大于 20%的混合试样。

2. 测定原理

把液化气蒸气压值近似等同于组成液化石油气的各组分的蒸气压值线性加和后的结果。使用色谱法测定液化气的组成，并计算出各组分的液体百分含量，加和各液体体积百分含量与其蒸气压的乘积，计算为液化石油气样品的蒸气压。

3. 方法概要

按照液化石油气色谱组成测定方法的要求，测出液化石油气中各组分的含量，并把它们转换成液体体积百分比，按下式计算出液化石油气的蒸气压，结果精确到整数。

$$x = \sum_{i=1}^{n} p_i \times c_i/100$$

式中 p_i——某组成在 37.8℃时的蒸气压(表压)，kPa；

c_i——试样中某组成的液体体积百分数，%。

试样中某组成的液体体积百分数，可以用气体体积百分数除以 15.6℃下的每摩尔气体体积数，再乘以相对分子质量，再除以密度得到，如果经换算后各组分液体体积百分数累加后，结果不等于 100，应使用归一化法处理，使累加值等于 100。

4. 影响因素及注意事项

该方法为计算法，其分析结果的准确性受液化气组成测定法的结果准确性控制，该方法的影响因素及注意事项见液化气组成测定法。

第二十章 胶质测定

第一节 概　　述

胶质是由于油品中的不饱和烃和氮、氧、硫等化合物氧化、叠合生成的。它是发动机燃料在使用时生成沉积物倾向的指标，一般说，燃料胶质越大，在发动机中使用时形成沉积物的数量也越多，当胶质超过一定数量时，会引起供油系统、活塞及燃烧室中积炭增加。胶质也是液体燃料储存过程中的重要质量控制指标。发动机燃料中化学成分含量不同，安定性也随之不同，安定性差的发动机燃料储存时在温度、阳光、空气中的氧及某些金属催化作用下，就会很快氧化缩合而生胶，因此在储存期间要定期测定胶质，了解氧化变质情况，并根据测定结果，确定继续储存还是立即使用，胶质也可以间接地判断油品中人为加入的非挥发性物质的量。根据油品的不同和测试程序的不同，胶质分为实际胶质、溶剂洗胶质和未洗胶质。实际胶质指航空燃料未经正庚烷洗涤的蒸发残渣，溶剂洗胶质含量指非航空燃料经正庚烷洗涤，除去洗涤液后的蒸发残渣量；未洗胶质含量指非航空燃料未经正庚烷洗涤的蒸发残渣量。对加有清净剂的汽油来说，未洗胶质含量愈低，反映加有该清净剂的汽油在燃烧室的沉积物愈少，间接说明该清净剂愈好。由于许多车用汽油人为掺进了非挥发性的油品或添加剂，用正庚烷把非挥发性的油品或添加剂抽提出来，以测得油品本身的胶质物质，即溶剂洗胶质，但要值得注意的是，当人为添加的非挥发分油品在发动机内不能完全燃烧时，溶剂洗胶质的测定值不能作为油品质量好坏的判断依据。

目前测定油品胶质含量的测定方法有两种，分别为 GB/T 509《发动机燃料实际胶质测定法》和 GB/T 8019《燃料胶质含量的测定(喷射蒸发法)》，两种方法主要异同点如下：

两种方法在测定原理、仪器主要操作条件上基本相同，GB/T 8019 方法中对航空和车用汽油使用空气喷射蒸发法，对喷气燃料使用蒸汽喷射蒸发法，空气或蒸汽通过一只带规定目数滤网的喷嘴喷射至样品表面，而 GB/T 509 都为空气喷射蒸发法，空气通过一直通喷嘴喷射至样品表面，喷射的均匀性和稳定性不如 GB/T 8019。

GB/T 8019 对车用汽油和非航空燃料增加了正庚烷洗涤残渣的测定步骤，测定结果分为溶剂洗胶质和未洗胶质，GB/T 509 测定时没有正庚烷洗涤残渣的步骤，它测得的结果从概念上等同于 GB/T 8019 的未洗胶质。

GB/T 8019 取样量为 50mL，测定过程使用了配衡烧杯进行空白试验，在测定结果中减去配衡烧杯的质量变化作为最终结果。GB/T 509 取样量为 25mL，无空白试验。两种方法的胶质杯冷却时间也有差异，GB/T 509 为 30~40min，GB/T 8019 为 2h 以上，除此以外在空气流速、测定结果的精密度等方面也有一定的差异。

第二节 燃料胶质含量的测定(喷射蒸发法)

GB/T 8019—2008

1. 适用范围

燃料胶质含量的测定(喷射蒸发法)规定了航空燃料的实际胶质以及车用汽油和其他挥发性馏分(包括含有醇类、醚类含氧化合物以及沉积物抑制添加剂的产品)在试验时胶质含量的测定方法，对非航空燃料残渣中正庚烷不溶部分的测定方法有明确的规定。

2. 测定原理

在控制加热浴温度、对样品表面喷射空气或蒸气流的条件下，对一定量的样品进行蒸发，蒸干后所得的残渣即为胶质，残渣经正庚烷抽提后不溶于正庚烷部分称为溶剂洗胶质，以 100mL 试样中残渣的质量(mg)表示。

3. 方法概要

在测定车用汽油、航空汽油的胶质时，预先将蒸发浴加热到 160~165℃，试验孔达到 150~160℃；在测定喷气燃料的胶质时，预先将蒸发浴加热到 232~246℃，试验孔达到229~235℃，测定胶质所用烧杯、配衡烧杯用胶质溶剂洗涤直至无胶质为止，并在 150℃的烘箱中至少干燥 1h，冷却 2h 后称重，此重量即为空杯重。将 50mL±0. 5mL 试样过滤至试样烧杯中，配衡烧杯中不放样品，把试样烧杯和配衡烧杯同时放入蒸发浴蒸发孔中，放上锥形转接器，保持(1000±150)mL/min 空气流速，使试验蒸发 30min±0. 5min，加热结束后，将烧杯和配衡烧杯从试验浴中转移到冷却干燥器中，放在天平附近至 2h 后称重，计算其实际胶质(未洗胶质)含量。对于未洗胶质含量不小于 0. 5mg/100mL 非航空燃料，向试样烧杯和配衡烧杯中加入 25mL 正庚烷并轻轻地旋转 30s，使混合物静置 10min，小心地倒掉正庚烷溶液，重复加入 25mL 正庚烷进行抽提，直至抽提液为无色，抽提次数最多不能大于三次，然后把烧杯、配衡烧杯放进试验孔温度 150~160℃蒸发浴中，此时不向烧杯吹气，使烧杯干燥 5min±0. 5min，放进冷却干燥器中，冷却 2h 后称重即杯加淋洗后胶质重量，计算车用汽油或非航空燃料的溶剂洗胶质含量。

4. 影响因素及注意事项

铜、铅等金属元素对油品胶质生成的倾向有明显的催化作用，故测定实际胶质的样品不能使用对油品有催化作用的铜、铅等金属制的采样器和试验瓶。试样胶质的测定结果与通入的空气或蒸汽的流速有关，空气或蒸汽流速大，蒸发时间短，生成胶质量小，测定结果偏小；空气流速小，蒸发时间长，生成胶质的量大，则结果偏大，要定期使用流量计检查各喷嘴出口的流量是否满足标准的要求。在引入空气或蒸汽流时应谨慎操作，避免样品飞溅，使测定结果偏低。试样的胶质与通入空气的净化程度有关，要对空气源进行过滤，避免将水分、固体细颗粒等杂质带入测定器中，铁锈等金属细颗粒会加速油品的氧化生胶，使测定结果偏高，当使用小型空气压缩机的气体作为空气源时，还需对空气压缩机吸入口的过滤系统进行确认，避免气源对测定过程的污染。

试样的胶质含量和蒸发浴的温度密切相关，胶质的生成速度随温度的升高而加快，故蒸发浴的温度过高，测定结果偏高；蒸发浴温度过低时，试油无法蒸干测定结果也偏高。故在测定车用汽油和航空汽油时，一定始终保持每一个蒸发浴试验孔的温度控制在 150~160℃范围内。在测定喷气燃料时，每一个蒸发浴试验孔的温度控制在229~235℃范围内。方法中使用的配衡杯是胶质测定时的空白试验，要选择合适的胶质杯作为配衡杯，清洗后的配衡杯不能带有可挥发的杂质，当需要测定汽油类样品溶剂洗胶质时，用正庚烷第二次抽提后，抽提液仍带色，则应进行第三次抽提，但最多不得多于三次以上的抽提，因为一些不能溶解的胶质可能会由于多次抽提而损失，使溶剂洗胶质结果偏低。当洗前胶质中可以显著地观察到液体时，不宜继续测定并报告溶剂洗胶质，因为胶质杯中的液体不管是否能溶解于正庚烷，都会随着正庚烷被倾倒掉，若必须报告溶剂洗胶质，则应该在报告溶剂洗胶质同时报告蒸发结束后仍有未蒸干的液体。

第三节　发动机燃料实际胶质测定法

GB/T 509—1988(2004)

1. 适用范围

发动机燃料实际胶质测定法规定了在试验条件下，测定燃料蒸发时形成胶质的方法，适用于汽油、煤油、柴油。

2. 测定原理

在控制加热浴温度、对样品表面喷射空气的条件下，对一定量的样品进行蒸发，蒸干后所得的残渣即为样品的实际胶质。

3. 方法概要

在测定汽油预先将蒸发浴加热到(150±3)℃，测定煤油时加热到(180±3)℃，测定柴油时加热到(250±3)℃。测定胶质所用烧杯，用胶质溶剂洗涤直至无胶质为止，然后放入预先加热到规定温度的蒸发浴的凹槽中经过15min，再将烧杯在干燥中冷却30~40min。然后，称量烧杯质量，称准至0.0002g。将烧杯再次加热，干燥，称量，直至连续称重的差数不超过0.0004g为止，此值即为空杯质量。将过滤后25mL试样两份，分别注入恒重好的胶质杯中，放在已加热到规定温度的蒸发浴的凹槽内后，通入空气，最初速度应为(20±2)L。试验汽油时的最初8min内，试验煤油或柴油时的最初20min内，将空气的速度逐渐增加到(55±5)L。保持空气流速，当油气停止冒出，而且烧杯底和烧杯壁呈现干燥的残留物或出现不再减少的油状残留物时，即为蒸发完毕。测定汽油或煤油时继续通入空气15~20min，测定柴油时继续通入空气30min，然后将烧杯取出，放在干燥器中冷却30~40min后进行称量，称量后，将烧杯重新放在油浴凹槽内，用上述相同的空气流速和规定的温度，通入空气(汽油及煤油)15~20min，或停止输入空气(柴油)，在250℃下烘30min。此后，将烧杯再放在干燥器中冷却30~40min后进行称量，如此重复处理带有胶质的烧杯，直至连续称量之间的差数不超过0.0004g为止，此质量为胶质杯加胶质质量，差减法计算出样品的胶质含量。

4. 影响因素及注意事项

铜、铅等金属元素对油品胶质生成的倾向有明显的催化作用，故测定实际胶质的样品不能使用对油品有催化作用的铜、铅等金属制的采样器和试验瓶。试样的胶质与通入的空气或蒸汽的流速有关，空气或蒸汽流速大，蒸发时间短，生成胶质量小，测定结果偏小；空气流速小，蒸发时间长，生成胶质量大，则结果偏大。试样的胶质与通入空气的净化程度有关，要对空气源进行过滤，避免将水分、固体细颗粒等杂质带入测定器中，铁锈等金属细颗粒会加速油品的氧化生胶，使测定结果偏高，当使用小型空气压缩机的气体作为空气源时，还要要对空气压缩机吸入口的过滤系统进行确认，避免气源对测定过程的污染。

试样的胶质含量和蒸发浴的温度密切相关，胶质的生成速度随温度的升高而加快，故蒸发浴的温度过高，测定结果偏高；蒸发浴温度过低时，试油无法蒸干测定结果也偏高。故在测定车用汽油和航空汽油时，一定始终保持蒸发浴试验孔的温度控制在 147~153℃范围内。在测定喷气燃料时，蒸发浴试验孔的温度控制在 177~183℃范围内。喷嘴流速也是胶质的测定结果准确性的重要因素，要定期使用流量计检查各喷嘴出口的流量满足标准的要求，每 300 次试验至少对流量计进行一次校正。

测定过程中对胶质杯恒重时，把恒重时间基本固定到某个时间长度，有助于保证恒重的效果，提高测定结果的稳定性。不同类型的试样测定胶质时的试验浴控制温度不一样，在控制胶质杯恒温时间满足 30~40min 情况下，测定汽油样品的试验浴温度较低，胶质杯恒温时间可短些，测定柴油样品的试验浴温度较高，胶质杯恒温时间应长些。

第二十一章　硫含量测定

第一节　概　　述

石油产品中的硫化物存在形式较多，通常包括硫化氢、硫醇类、硫醚类、二硫化物类、噻吩类、亚砜类、砜类等。

硫含量是表征用油机械不受腐蚀、减少油品对环境污染的指标，燃料中硫含量过高时，易腐蚀油品储运设备和用油设备的供油系统；硫化物燃烧后生成的二氧化硫和三氧化硫，排放大气中会污染环境，随着环境保护要求的日益提高，对石油产品中硫含量的限制值也越来越严格，油品中的硫含量从 20 世纪 90 年代的百分之几级到 2010 年以后的百万分之几级别，油品中的硫含量越来越低要求硫含量的分析技术水平越来越高。

在石油企业生产中，物料中的硫含量具有双重性，过高的硫含量会腐蚀设备还会造成催化剂中毒，过低的硫含量会增加催化剂积炭倾向，加氢催化剂在初次投用时，需要用硫化物对催化剂进行预硫化，使催化剂从强氧化态转变为硫化态，经过硫化以后，催化剂的加氢活性和热稳定性均会大幅度提高，使其活性和稳定性能满足装置生产需要。

为了提高某些润滑油的润滑性和抗氧化性，常常也会在润滑油里加入一些含硫的有机化合物，因此油品中的硫化物有时还会改善它们的使用性能。

根据目的不同，石油产品的硫含量检测可以分为检测产品中的总硫含量和检测某类硫化物的含量二种，测定总硫含量时不区分也不研究油品中硫化物的化学形式，仅测定硫单质在样品中的所占比例；测定某类硫化物的含量时，根据待测硫化物的化学反应特性进行检测，例如测定石油产品中硫醇含量时，可利用硝酸银与硫醇的化学反应特性，测定气体中的硫化氢含量，可利用硫化氢与醋酸铅的特定化学反应等。

石油产品硫含量测定的方法种类较多，一般来说，可以根据方法的方便性、待测样品的物理状态、样品中的硫含量大小来选择使用具体的分析方法，常见的硫分析方法为以下几种：

（1）燃灯法测定石油产品硫含量

灯法定硫是经典的硫含量分析方法，它的基本原理是用燃灯法使样品中的硫化物转换成二氧化硫，二氧化硫被强碱吸收，再用盐酸进行滴定吸收液，计算出样品中硫含量。此方法只能测定汽油、煤油、柴油类液体样品的硫含量，测定时间较长，样品称量的准确性和油品中的硫化物转换为二氧化硫的转化率是分析过程中十分关键的要素。

（2）X-射线荧光法测定石油及石油产品硫含量

X-射线荧光法一般用于液体样品的硫含量测定，最低检测限可以达到 10mg/kg，可以自动化分析。X-射线荧光法分为能量色散法和波长色散法，波长色散法是用分光晶体将荧光光束色散后，检测待测元素的特征 X 射线的波长和强度，从而测定出待测元素的含量，而能量色散法是借助高分辨率敏感半导体检测器与多道分析器将未色散的 X 射线荧光按光子能量分离 X 射线光谱线，根据各元素能量的高低来测定各元素的量。常用的波长色散 X-射线荧光法的测定方法为 GB 11140、SH/T 0842，能量色散 X 荧光光谱法的测定方法为 GB/T 17040、SH/T 0742。

(3) 紫外荧光法测定石油及石油产品硫含量

紫外荧光法方法适用于沸点范围 25~400℃的液态烃中的总硫含量测定，它的基本原理是在高温炉中使样品中的硫化物转换成二氧化硫，用紫外光照射二氧化硫，使其变成激发态的二氧化硫，当激发态的二氧化硫跃迁回基态，其发出的能量与二氧化硫含量成正比，方法的测定范围可以从 1~8000mg/kg，油品中硫化物转换为二氧化硫的转化率是影响分析准确性的主要要素。

(4) 库仑法测定石油产品硫含量

库仑法测定石油产品中的硫含量，通常适用于气体样品和常温下的液体样品，检测浓度范围为 0.5~100mg/kg。它的基本原理是在高温炉中使样品中的硫化物转换成二氧化硫，二氧化硫进入到库仑滴定池中，与碘三离子发生反应，减少的碘三离子由电解补充，电解的电量与进入池中的二氧化硫含量成正比，根据法拉第定律计算出样品中的硫含量，转化率是影响分析准确性的主要因素。

(5) 醋酸铅法测定样品中的总硫

醋酸铅法测定石油产品中的总硫，主要用于测定样品中 μg/kg 级的硫含量。待测样品通过氧和氢还原或直接氢还原后，其中的硫单质转换成硫化氢气体，硫化氢气体与醋酸铅色带发生反应，硫化氢的含量大小与醋酸铅的变色程度成正比，色带会生成棕黄色至黑色区间内的颜色，由光源和光电检测器对生成的颜色进行检测，与标样生成的黑度进行比较，计算出未知样品的硫含量。

(6) 固体样品的硫含量测定——红外光谱法

在石化行业中，红外光谱法一般用于催化剂、煤炭等固体样品的常量的硫含量测定。样品在高温炉中燃烧，其中的硫单质转换成二氧化硫，在红外检测器中，特定波长的红外光谱的吸收值与二氧化硫含量成正比，经光电检测管检测后，计算出样品中的硫含量。

(7) 深色石油产品硫含量测定法(管式炉法)

该方法一般用于重油类样品中的常量硫含量测定。样品中高温下燃烧，用过氧化氢和硫酸溶液将生成的亚硫酸酐吸收，生成的硫酸用氢氧化钠标准溶液滴定。该方法由于分析过程长，数据准确度难以保证，已经被 X 荧光法所取代。

第二节 石油产品硫含量的测定(燃灯法)

GB/T 380—1977(2004)

1. 适用范围

石油产品硫含量的测定(燃灯法)适用于测定雷德蒸气压不高于 600mmHg(约 79.99kPa)的轻质石油产品(汽油、煤油、柴油等)的硫含量。

2. 测定原理

试样中的硫化物在测定器的灯中完全燃烧，生成二氧化硫，用过量的碳酸钠水溶液吸收生成的二氧化硫，未反应的碳酸钠用已知浓度的盐酸溶液滴定，同时燃烧空白样品，并对空白试验的碳酸钠溶液用同一盐酸溶液进行滴定，滴定空白溶液消耗的盐酸量减去滴定吸收试样燃烧生成物的溶液所消耗的盐酸量，即为试样中硫化物与碳酸钠反应的量，这种测定法称为回滴法或称为剩余量滴定法。该法一般用于无适合指示剂或反应较慢的反应或者需要吸收以后才能测定的物质，燃灯法的反应式如下：

$$硫化物+O_2 \xlongequal{} SO_2$$

$$SO_2+Na_2CO_3 \xlongequal{} Na_2SO_3+CO_2$$

$$Na_2CO_3+2HCl \xlongequal{} 2NaCl+H_2O+CO_2$$

3. *方法概要*

试样的燃烧是在石油产品硫含量测定器中进行的，在安装测定器之前应将其洗净并干燥，然后按下面的方法把试样装入灯中。在灯上燃烧无烟的石油产品时，硫含量在0.05%(质量分数)以下的低沸点的产品时，其注入量为4~5mL；硫含量在0.05%(质量分数)以上及高沸点的产品时，其注入量为1.5~3mL；单独在灯中燃烧而发生浓烟的石油产品(含多量芳香烃或不饱和烃的高温裂解产品、催化裂化产品等)及高沸点的石油产品(柴油)，则取1~2mL注入预先连同灯芯及灯罩一起称量过的洁净、干燥的灯中，然后称重。往装有试样的灯内注入标准的正庚烷或95%乙醇或汽油，使成1:1或2:1，必要时成3:1比例，使所组成的混合液在灯中燃烧的火焰不带烟。仪器装完之后，开动水流泵，使样品燃烧后的气体能够全部流向吸收器，然后用不含硫的火苗将所有灯点燃，待灯中试样燃烧完毕后，拆开仪器并用蒸馏水洗涤收集器、烟道及吸收器上部，将洗涤的蒸馏水一并收集于同一吸收器中，加入溴甲酚绿-甲基红指示剂，用标准盐酸溶液滴定至红色，在测定样品时，以标准正庚烷或95%乙醇或汽油为空白样品，进行空白试验。

4. *影响因素及注意事项*

本方法一般只适用于测定硫含量不低于0.005%(质量分数)的样品。

测定过程中试样能否在测定器内完全燃烧，是保证分析结果准确的关键，燃烧过程中的火焰高度要始终保持在6~8mm，如果发生冒黑烟及未经燃烧而样品挥发，则使分析结果偏低，抽风速度、灯芯火焰的高度和必要时用乙醇、正庚烷稀释都是保证样品能够完全燃烧的手段，抽风速度对生成的二氧化硫吸收是否完全以及样品中的硫化物转化为二氧化硫的转化率有一定的影响，要保证吸收速度均匀，并且不能使燃烧过程冒黑烟。测定前加入每个测定器内的Na_2CO_3量要保证准确且一致，此值参与计算，它是直接影响测定结果的因素之一，如果加入量不一致，会造成分析结果的偏差。测定时要保证准确地称取试样量，准确地判断滴定终点，空白样和试样的终点颜色判断要一致。

测定环境中如果含有硫化物，对分析结果也有影响。因此标准中规定不许用火柴等含硫火苗点灯。试验完毕后要做空气空白，即滴定与空白试验同体积的0.3%Na_2CO_3水溶液，如所消耗的0.05mol/L盐酸溶液的体积和空白试验所消耗的盐酸的体积超过0.05mL，即证明空气中有含硫气体成分，试验作废，待通风后另行测定。

试验过程中使用的蒸馏水是否符合要求，测定器是否清洁对测定结果有影响，因此为保证分析结果的准确性，在试验前最好用指示剂对测定器及蒸馏水进行鉴定，鉴定结果为中性时，方可进行试验。

每次测定前必须要对吸收器中的玻璃珠进行仔细清洗，确保无残留，吸收器中的玻璃珠要有足够数量，使燃烧产生的气体有足够的吸收时间流经吸收瓶，生成的二氧化硫能与碳酸钠溶液完全反应。

第三节 石油和石油产品硫含量的测定(能量色散X射线荧光光谱法)

GB/T 17040—2008

1. 适用范围

石油和石油产品硫含量的测定(能量色散X射线荧光光谱法)适用于测定包括柴油、石脑油、煤油、渣油、润滑油基础油、液压油、喷气燃料、原油、车用汽油和其他馏分油在内的碳氢化合物中的硫含量。测定的硫含量(质量分数)范围从0.015%~5.00%。

2. 测定原理

能量色散X射线法是根据每个元素发射出的X荧光有不同的能量，根据能量高低来区分不同的元素。

当试样受到X射线照射时，由于高能粒子与试样原子碰撞，原子内层电子跃迁至外层，内层形成空穴，使原子处于激发态，这种激发态原子寿命很短，当外层电子向内层空穴跃迁时，多余的能量以X射线的形式放出。K层空缺时，电子由L层跃迁至K层，辐射出的特征X射线称为Kα线，Kα线的累积强度与样品中的元素含量成正比，对于硫元素而言，其Kα线的特征能量为2.3keV。

使用特定能量的X射线照射待测样品，测定能量为2.3keV的硫Kα特征谱线强度，并将累积强度与标样的强度比对，计算出样品以质量百分数表示的硫含量。

3. 方法概要

准备三至五个已知硫含量浓度的标准样品，一般以硫含量小于2mg/kg白油为稀释剂配入适量二正丁基硫醚作为标准样品，根据标样的硫含量范围，设定仪器操作条件，将标样装入样品盒中，测定每一个标样，建立硫质量分数与特征谱线累积强度相对应的标准曲线。在相同条件下，测定未知样品的特征谱线累积强度，与标准曲线相对照，获得用质量分数表示的样品硫含量。

4. 影响因素及注意事项

检测前要检查样品的状态，对于含有悬浮水的样品，在测定前要除去水或使样品均质化，如果在窗膜上有一层水，会降低硫的X射线强度，对结果产生较大干扰。装样用样品盒在使用前要保持清洁和干燥，原则上应一次性使用。装入样品时，对于常温下黏稠或凝固的油品，需先加热至具有足够的流动性后倒入到样品盒中，样品装到规定的深度并保证样品透视窗和液体之间没有气泡。在分析易挥发性样品时，为了避免样品盒变形，可用小针在样品盒上方扎一小孔，使微量的挥发性物质从小孔逸出，某些高芳烃含量的样品可能对膜有溶胀作用，倒入样品后应尽快分析，试验完毕尽快从仪器中取出样品盒。窗膜为X射线透明薄膜，一般包括聚酯薄膜、聚丙烯薄膜、聚碳酸脂薄膜和聚酰亚胺薄膜，不同的窗膜对硫的特征X谱线有不同的透射率，如果分析仪器要求根据硫含量大小选择不同的窗膜时，在建立标准曲线时，应根据标样的硫含量大小选择不同的窗膜，测定样品时应根据其硫含量大致范围选择合适的标准曲线，使用与建标准曲线时的标样相同的窗膜。窗膜上的褶皱或污染物会影响硫的 X 射线强度，为了确保得到可靠的测定结果，制样时必须确保窗膜是紧绷和干净的，拿取窗膜时应选择边缘部位。底膜的作用防止光谱室被样品污染，测定时 X 射线要通过底膜，要经常检查底膜，更换被污染或发生变型的底膜，避免影响分析结果。在更换底膜或新采购一批窗膜时，应采用标准样品对标准曲线进行校验，如果测定值超出方法的重复性，应重新制作标准曲线。结果计算时，不能采用标准曲线外延法计算样品中的硫含量。

当采购到不同供应商的样品盒时，应使用新样品盒重新建立标准曲线或者验证新样品盒对原标准曲线的适用性。为了节约成本，需要重复使用样品盒时，应对样品盒作好标记，曾经装过高硫含量样品的样品盒不能用于低硫样品的样品盒。

低能量的 X 射线易被空气吸收，检测限能达到 5mg/kg 的 X 荧光硫分析仪配置了氦气吹扫系统，用于吹扫检测器中的空气，在测定时应确保吹扫系统正常工作。

硅、磷、钙、钾和卤化物等的存在对硫测定结果有干扰，钼元素的 Lα 线特征能量为 2.29keV，样品中的钼含量较高，会对测定结果产生干扰，基体效应对测定结果会产生一定的影响，在制备标样和测试时应引起注意。

能量色散 X 射线荧光光谱仪检测的是单位体积中的硫浓度，制备工作曲线的标样温度与测试样品的温度应相近，否则会产生一定的偏差。能量色散 X 射线荧光光谱法的稳定性比较差，容易因时间变化而产生飘移，因此，要经常开展期间核查工作，最好每天用质量控制样品检查仪器的工作状态。

第四节 石油产品硫含量的测定法（波长色散 X 射线荧光光谱法）GB/T 11140—2008

1. 适用范围

石油产品硫含量的测定法（波长色散 X 射线荧光光谱法）规定了单相及室温条件下液体的、适当加热呈液态的或者可溶于烃类溶剂的石油和石油产品总硫含量的测定方法。适用于测定柴油、喷气燃料、煤油、其他馏分油、石脑油、渣油、润滑油基础油、液压油、原油、车用汽油、含醇汽油和生物柴油。硫含量的测定极限值为 3mg/kg。

2. 测定原理

波长色散 X 射线荧光光谱法根据不同元素激发出不同波长的 X 荧光进行测定，用分光棱镜对 X 荧光进行分光，并在特定位置安装检测器接受特定元素的 X 荧光。

当试样受到 X 射线照射时，由于高能粒子与试样原子碰撞，将原子内层电子逐出形成空穴，使原子处于激发态，这种激发态离子寿命很短，当外层电子向内层空穴跃迁时，多余的能量即以 X 射线的形式放出。K 层空缺时，电子由 L 层跃迁入 K 层，辐射出的特征 X 射线称为 Kα 线。测定 0.5373nm 波长下硫 Kα 谱线强度，将最高强度减去在 0.5190nm（对于铑靶 X 射线管为 0.5437nm）的推荐波长下测得的背景强度，作为净计数率与预先制定的校准曲线进行比较，从而获得以质量分数或毫克每千克（mg/kg）表示的硫含量。

3. 方法概要

准备三至五个已知硫含量浓度的标准样品，一般以硫含量小于 2mg/kg 白油为稀释剂配入适量二正丁基硫醚作为标准样品，设定仪器操作条件，将标样装入样品盒中，测定每一个标样在0.5373nm波长下Kα谱线强度，仪器自动测定背景强度，计算出净强度，建立硫质量分数与特征谱线累积强度相对应的标准曲线。测定未知样品时，根据未知样品的预测硫含量，选择一条能包含预测硫含量的标准曲线，采用与标样相同的方法，测定其特征谱线累积强度，与标准曲线相对照，获得用质量分数表示的样品硫含量。

4. 影响因素及注意事项

标准样品和试样之间的碳氢质量比的不同会导致测量结果的误差，为了避免基体物质不匹配导致的测定误差，尽可能使标样与样品的基体物质相近，例如本方法中未规定可以测定芳烃样品的硫含量，当测定高芳烃含量样品的硫含量，应采用稀释法，以减少其基体的影响。可参照待测样品芳烃化合物的比例，混合异辛烷和甲苯来模拟汽油，用此模拟汽油作为基体物质制成的标准测得的结果具有更好的精确性。磷、锌、钡、铅、钙、氯、氧、脂肪酸甲酯、乙醇、甲醇等都会对硫含量的测定产生干扰。如果待测样品所含干扰元素的浓度超过一定值时，应采用无硫溶剂进行稀释，以降低干扰元素的浓度，减少干扰元素的影响。当分析液体样品和粉末样品时，必须在氦气模式下测量，不能采用抽真空的办法。不能长时间把液体样品至于分析仪器中，液体杯的照射时间一般不能超过半小时。

仪器光管头上的铍窗一旦破碎，整根光管就报废，因此杜绝用任何物体碰光管头上的铍窗。如果有样品掉到铍窗上，只能用吸耳球将铍窗上的样品轻轻吹掉，不要用酒精棉花擦拭铍窗。

测定时关于样品膜、样品杯、样品加入方式和标准曲线的选择等注意事项可参照石油和石油产品硫含量的测定(能量色散X射线荧光光谱法)一节。

第五节　轻质烃及发动机燃料和其他油品的总硫含量测定法(紫外荧光法)

SH/T 0689—2000

1. 适用范围

轻质烃及发动机燃料和其他油品的总硫含量测定法(紫外荧光法)适用于测定沸点范围约25~400℃，室温下黏度范围约0.2~10mm^2/s之间的液体烃中总硫含量。适用于总硫含量在1.0~8000mg/kg的石脑油、馏分油、发动机燃料和其他油品。适用于测定卤素含量(质量分数)低于0.35%的液态烃中的总硫含量。

2. 测定原理

样品中的硫化物在高温、富氧氛围中被氧化成二氧化硫(SO_2)；二氧化硫被紫外光照射，吸收紫外光的能量后转变为激发态的二氧化硫(SO_2^*)，当激发态的二氧化硫返回到稳定态时发射荧光，荧光强度与二氧化硫含量成正比，由光电倍增管检测荧光强度，样品的信号值与标样的信号值比较后计算出样品中的总硫含量。

3. 方法概要

多种型号的紫外荧光硫仪器在基本测定原理和仪器构造上没有本质的区别，主要区别点在于仪器操作条件的设定方法，有的仪器固化了部分操作条件，有的仪器需要设定所有操作条件。

根据分析方法和仪器的要求，设定好进样器进样速度、入口氧气流量、入口氩气流量、裂解管氧气流量、炉膛温度、PMT 电压和仪器增益等需设定的仪器参数。根据待测样品的特点，选择一组合适的标准样品，逐个注入到分析仪器的气化段中，测定出它们的响应值，建立标样的硫含量与响应值之间关系的标准曲线，向仪器注入待测样品，根据待测样品的响应值，从标准曲线中查出样品的硫含量。连续测定三次样品，其结果在重复性范围内时，取三次的平均值作为样品的分析结果。

4. 影响因素及注意事项

仪器的氧氩比、样品进样量和进样速度应根据样品的硫含量大小、样品的黏度值大小进行优化设定，要达到每次进样时样品中的硫单质转化为二氧化硫有较高的转化率，且能保持基本相同，当使用垂直高温炉测定时，在样品进样口应放置适量的玻璃毛，使样品能够均匀、稳定的气化。

样品的进样方式有舟进样和注射器进样二种，常温下黏度较小的轻质油品宜采用注射器进样，常温下黏度较大的样品可采用舟进样方式或者对样品稀释后用注射器进样。当采用注射器进样时，每次进样后的针尖残留量有可能有差异，可采用回拉方法确定实际进样量，取样后，回拉注射器，使注射器中样品的最低液面落至10%刻度，记录注射器中液体体积，进样结束后，以同样的方式记录注射器针尖残留样品的体积，样品的实际进样量=进样前的样品体积-进样后残留样品的体积。当采用注射器进样时，允许有一定时间让针头内残留的液体先行挥发燃烧，表现为一个小峰或基线的波动，应该等基线重新稳定后，再进样分析。

当采用舟进样方法时，使用感量为±0. 01mg 的精密天平称量向舟内注入样品的注射器的重量，确定进样量。注射时要以缓慢的速度将试样注入到样品舟中的石英毛内，小心不要遗漏针头上最后一滴试样，在进样舟进入高温炉的汽化段之前，仪器的基线应保持稳定。进样舟从炉中退回之前，仪器的基线将重新稳定。当进样舟完全退回到原位置，等待下次进样时应至少停留 1min，使其冷却至室温，以免由于进样舟温度太高使样品挥发。如样品测定结果重复性较差或燃烧不完全等现象，要减慢舟在高温炉气化段的内移动速度或增加其在炉中入口端的停留时间，使舟中样品能够均匀气化，硫有稳定的转化率。

在相同条件下，基质不同硫含量相同的样品在高温炉中的燃烧性质会有差异，硫单质转化为二氧化硫的转化率也会有差异，应尽可能选择与样品基质接近的标样建立标准曲线，如柴油类样品可用以白油为基质的标样建立标准曲线，汽油类样品可用异辛烷为基质的标样建立标准曲线。

虽然仪器已经建立了标准曲线，但在每次分析都必须选择与样品结果接近的标样校验标准曲线，如差异值超出可接受范围，需重新做标准曲线。或者采用两点标样的内插法来测定未知样品的结果，不能采用单点标样的方法(即用标样和原点作为两点的内插法)来测定未知样品的结果。

仪器使用一段时间后，裂解管、裂解管出口尾管和后续的膜干燥器都会有积炭生成，应定期检查，并及时清除积炭，积炭会影响分析结果的重复性和准确性。膜式干燥器用于除去样品燃烧产生的水蒸气，如果其干燥效果变差，会使仪器的基线信号变差，干扰样品的测定结果，一般来说会使其测定结果变小。

样品中的不同硫化物在高温裂解炉中的氧化机理会有差别，在样品分析过程中，特别是当样品中硫含量超过 500mg/kg 时，更应引起足够的重视，避免不同形态硫化物的转化率不同，而使测定结果偏离样品中硫含量的实际值。

标准样品是数据溯源的基准，对新购置的每一批标样都要采用抽样检验的方法进行进货验收，避免不同批次标样对分析结果的影响。

第六节　轻质石油产品中总硫含量测定法(电量法)

SH/T 0253—1992

1. 适用范围

轻质石油产品中总硫含量测定法(电量法)规定了用电量法测定试样中总硫含量的方法，适用于沸点为 40～310℃ 的轻质石油产品。硫含量测定范围为 0.5～1000mg/kg，大于 1000mg/kg 硫含量的试样可经稀释后测定。本方法不适用于卤素含量大于 10 倍硫含量，总氮含量大于 10%，重金属含量超过 500mg/kg 的试样。

2. 测定原理

该方法是通过测量电解生成反应所消耗的离子所需的电量，根据法拉第定律计算结果的一种电化学分析法，称为库仑测定法。轻质石油产品中的总硫含量测定采用动态库仑法，又可以称为微库仑法。在测定过程中，电位和电流会根据溶液中离子浓度的变化趋势，自动进行调节，其准确度和灵敏度较高，适合于做微量分析。

微库仑硫测定系统一般有高温裂解炉、库仑滴定池和电子系统组成，库仑滴定池由参考-测量电极对和电解电极对组成，当系统处于平衡状态时，滴定池中保持稳定 I_3^-/I_2 比例，测量电极对测得溶液中的电位为 $E_{测}$，当仪器会给出一个与 $E_{测}$ 大小相同方向相反的电位 $E_{偏}$，称为偏压，使库仑仪处于平衡状态。当样品注入高温裂解管中时，样品在裂解管的汽化段被汽化，并由氮气携带进入燃烧段，样品中的硫化物在燃烧段与氧气在高温下燃烧后生成 SO_2 和少量 SO_3，被气体携带至滴定池中，SO_2 与电解液中的碘三离子 I_3^- 发生化学反应：

$$I_3^- + SO_2 + H_2O \longrightarrow SO_3 + 3I^- + 2H^+$$

电解液中的 I_3^- 被消耗而减少，使参考-测量电极对的电位发生相应的变化，不再等于仪器平衡时给定的偏压值，两者的差值作为库仑放大器的输入信号，经放大器放大后，向电解池中的电解电极对输出相应的电压，在电解阳极上电解产生 I_3^-，直至滴定池中的 I_3^- 浓度恢复到平衡状态时的值。库仑仪测量电解过程中消耗的电量，根据法拉第定律计算出样品中的硫含量。

法拉第定律：

$$W = \frac{Q}{96500} \times \frac{M}{n}$$

式中　W——析出的物质质量，g；

n——电极反应时每个待测元素得失的电子数；

M——待测元素的摩尔质量，g/mol；

Q——通过电解池的电量，C。

3. 方法概要

向库仑仪的滴定池注入适量的电解液，根据待测样品的硫含量估计值，设定好库仑测定仪的操作条件，主要操作条件包括：炉膛温度、氧气流量、氮气流量、偏压、积分电阻、增益等，待仪器稳定后，用注射器向高温裂解管中注入适量标准样品，用标样标称浓度值除以库仑仪测得的浓度值计算出仪器的硫转化率，一般来说，转化率达到 80%~120%，才能分析样品。

用微量注射器以适当的速度注入样品至裂解管中，库仑仪自动滴定，并计算出样品的硫含量。

4. 影响因素及注意事项

测定时可根据仪器状态、样品硫含量大小、样品性质从如下的推荐仪器操作条件范围内（此范围为常用范围，必要时可突破此范围）设定一个值作为初始条件，随后根据标准样品进样后的转化率进行精确设定仪器操作条件。

汽化段	600~750℃
燃烧段	800~900℃
氧气	40~160mL/min
氮气	60~200mL/min
偏压	140~160mV
采样电阻	2~10kΩ
增益	100~400

微库仑测定时应采用纯度为 99.999%的氧气和氮气作为燃气和载气，载气和燃气的纯度会影响基线的稳定性，分析时载气和燃气的比例应调至适当值，燃气与载气比过低时，会使样品燃烧不完全，石英管迅速积炭。燃气与载气比过高，使硫元素的氧化反应平衡向生成三氧化硫的方向移动，使转化率偏低。库仑测定的电解液质量是库仑测定时影响仪器稳定性的常见因素，配制电解液的水应采用新鲜的二次蒸馏水或去离子水，其阻值应大于 2 兆欧，取用电解液时应使用专用的注射器。电解液注入电解池后，应仔细检查滴定池内是否有细小气泡，气泡往往会存在于铂电极表面或者滴定池的侧臂处，可采用冲洗或向上排气法清除气泡。

微库仑测定时，输出的电信号均为毫伏级，仪器接地可减少感应电、导出静电，仪器接地不良是引起基线波动大的原因之一，应确保接地完好。

微库仑滴定分析的偏压值应根据样品中的硫含量大小而定。遵循“高含量、低偏压；低含量，高偏压”的原则。库仑硫测定时，若偏压过低，应采用向电解池体中注入新鲜电解液，并从侧臂排放旧电解液的方式来升高偏压。若偏压过高，则可以采用设定偏压值的方式来降低偏压，降偏压时要先将仪器的采样电阻调小，每次下降值不宜超过 1~5mV。仪器走基线时若出现下漂现象，可按下平衡键重新采偏压。

当采用注射器进样时，每次进样后的针尖残留量有可能有差异，可采用回拉方法确定实际进样量，取样后，回拉注射器，使注射器中样品的最低液面落至 10%刻度，记录注射器中液体体积，进样结束后，以同样的方式记录注射器针尖残留样品的体积，样品的实际进样量=进样前的样品体积-进样后残留样品的体积，应缓慢进样，进样速度不应该超过 0.5μL/s，启动键尽量在进样前几秒钟按下，使积分准确，进样完毕后要等到出峰完毕后再拔出注射器。分析过程中电解池的搅拌速度不宜过快或过慢，搅拌时不能把气泡带入到池内液体中。

在相同条件下，基质不同硫含量相同的样品在高温炉中的燃烧性质会有差异，硫单质转化为二氧化硫的转化率也会有差异，应尽可能选择与样品基质接近的硫标样建立标准曲线，如柴油类样品可用以白油为基质的硫标样建立标准曲线，汽油类样品可用异辛烷为基质的标样建立标准曲线。

微库仑测定时，首先应该分析与样品中硫含量同一数量级的标准样品，根据标样进样后的出峰情况来优化各项工作参数，要求标样的转化率应在100%±20%范围内且峰形无拖尾、超调、平顶等现象，如果回收率、峰形不能满足要求，则需重新调整参数再分析。当仪器使用标样测定完转化率后，测定样品时不能对操作条件进行改动，否则应重新用标样测定仪器的转化率，样品分析完成后，应再用标样验证仪器的稳定性，标样的回收率不在80%~110%范围内时，应重新调整仪器参数，在此之前的样品应重新分析。

标准样品是数据溯原的基准，对新购置的每一批标样都要采用抽样检验的方法进行进货验收，避免不同批次标样对分析结果的影响。

第七节　液化石油气总硫含量测定法(电量法)

SH/T 0222—2004

1. 适用范围

液化石油气总硫含量测定法(电量法)规定了用电量法测定试样中总硫含量的方法。适用于硫含量在10~10000mg/m^3 范围内的液化石油气。

2. 测定原理

测定原理同本章第六节。

3. 方法概要

液化石油气中总硫含量测定法(电量法)与轻质石油产品中总硫含量测定法(电量法)主要区别在进样品环节上。液化石油气中总硫含量测定法(电量法)需要把将液化石油气样品在60~80℃的水浴中汽化后，取一定量的气体样品定量进样，其余测定步骤均与轻质石油产品中总硫含量测定法(电量法)相同。

4. 影响因素及注意事项

1) 液化石油气汽化进样时，常见有二种方式，一种为直接汽化至仪器的定量管中，另一种为汽化至样品容器中，再用注射器从样品容器取出适量样品进行分析。无论使用哪一种方式，在汽化时要注意对汽化系统的清洁，避免汽化系统内的残留物影响测定，汽化时要缓慢稳定进行，尽可能地减少汽化歧视现象。若采用仪器自带的定量管进样时，定量管应有校验证书。若采用用注射器进样，测试前应先用样品气置换注射器3~5次，进样时需控制进样速度，保持2~3mL/min匀速进样。测定液化石油气总硫时，要注意与色谱组成之间的关系，当样品中有明显的C_5及以上组分时，要注意这些组分未汽化使硫含量测定结果偏低。

2) 其他影响因素和注意事项与本章第六节相同。

第八节　工业用轻质烯烃中微量硫的测定

GB/T 11141—2014

工业轻质烯烃中微量硫的测定规定了轻质烯烃(C_2~C_4)中的微量硫测定的紫外荧光法和氧化微库仑法。本方法中紫外荧光法适用于硫含量在0.2~100mg/kg的轻质烯烃的测定，氧化微库仑法适用于硫含量在 0.5~100mg/kg 的轻质烯烃的测定。

本方法测定时样品的汽化要求见本章第七节，紫外荧光法的测定原理和注意事项等见本章第五节，氧化微库仑法的测定原理和注意事项见本章第六节。

第九节　醋酸铅法测定石油产品中的总硫含量

1. 适用范围

醋酸铅法测定石油产品中的总硫含量适用于测定液化石油气、干气和沸点范围约 25~400℃的液体烃中总硫含量。测定范围为 5μg/kg~20mg/kg，最低检测限为 5μg/kg。

2. 测定原理

醋酸铅法测定石油产品中的总硫含量法测定时把样品中的硫元素还原生成硫化氢气体，硫化氢气体经过 5%的醋酸溶液湿润后，与醋酸铅色带发生反应生成硫化铅，色带黑度的深浅与硫化氢含量成正比，用光电检测器检测黑度，并与标样的黑度进行比对，计算样品中的硫含量。样品中的硫元素还原生成硫化氢有二种模式，一种为直接还原法，样品由注射器或气体进样器进入到裂解炉管中，与 H_2 混合，在 1200~1300℃的温度下，硫化物裂解还原生成硫化氢气体；另一种为氧化还原法，样品由注射器或气体进样器进入到裂解炉管中，与氧气混合，生成 SO_2 和 SO_3，再与 H_2 混合，在 1200~1300℃的温度下，还原生成硫化氢气体。

3. 方法概要

根据需要检测的样品，选择测定模式，一般来说，气体样品采用直接还原法，液体样品采用氧化还原法。设定仪器的裂解炉温度和氢气流量至指定值，待仪器各项参数达到指定值后，向仪器注入一系列标准样品，测定它们的黑度值，得到一条标准曲线。当需要建立 μg/kg 级的标准曲线时，可以采用标样在线自动稀释法来得到 μg/kg 级的标准样品。根据样品的预计硫含量值，选择一条合适的标准曲线使其能包含样品的待测值，在与标样相同的仪器条件下，测定未知样品的黑度值，与标准曲线相比较，得到样品的硫含量。

4. 影响因素与注意事项

色带色度的标准检测过程是检测一段时间内的色度，在测量软件上设置了响应时间，响应时间与相应信号成正比，方法设定后，不可更改响应时间。仪器气路中的醋酸溶液用于湿润生成气体中的硫化氢，醋酸液位应在上下刻度之间。测定时进样速度过快，会导致硫含量测定值偏高，进样速度过慢，会导致硫含量测定值偏低。

第十节　煤中全硫含量测定(红外光谱法)

GB 25214—2010

1. 适用范围

煤中全硫含量测定(红外光谱法)适用于褐煤、烟煤、无烟煤和焦炭。

2. 测定原理

SO_2 在 3.98μm 处存在一强烈的振动吸收峰，当一定强度的 3.98μm 附近的窄带红外光通过含有 SO_2 的混合气时，按照光的吸收定律，气体吸收红外光的能量与其浓度成比例，所以可以根据红外光被二氧化硫吸收后的能量变化来测量二氧化硫的浓度。

在1300~1350℃的高温下，固体样品(煤、催化剂、石油焦等)在氧气流中燃烧分解，样品中的硫单质大部分转化为二氧化硫，少量转化为三氧化硫。含二氧化硫的反应生成物，经过高氯酸镁吸收水分后，进入到红外检测池进行检测，得到样品的红外信号，与一系列标准样品的信号值比较后，计算出样品中的硫含量。

3. 方法概要

设定仪器炉膛温度至1300℃或1350℃，开启氧气流流量为3.5L/min。选取一系列标准样品，在燃烧舟中分别称取0.3g左右的标样，待仪器稳定后，将装有标样的舟推入到燃烧管的恒温区，样品在高温下燃烧，生成的含有二氧化硫气体经吸收水分后进入到红外检测池，仪器对检测到的信号自动积分，建立硫含量与积分信号相对应的标准曲线，通常可以根据硫含量的大小分别建立高、中、低硫含量标准曲线。

根据待测样品的预计硫含量值，选择合适的标准曲线，使用与标准曲线相同的条件，在燃烧舟中称取约0.3g样品，测定其红外峰面积，经与标准曲线比对后，得到样品的硫含量。

4. 影响因素及注意事项

本方法规定适用于煤炭和石油焦，在实际应用过程中，测定催化剂等固体样品的硫含量时也可以参照此方法进行。

二氧化硫与三氧化硫互相转换为可逆反应，测定样品时的仪器条件应与使用的标准曲线一致，当仪器改变操作条件后，应重新建立标准曲线，原条件下建立标准曲线应作废；同样道理，在每次测定时，都应保持炉温恒定，燃料室氧气流量稳定。高氯酸镁用于吸收燃烧后气体中的水分，若有三分之二的高氯酸吸水，应更换新的高氯酸镁，含水的样品进入到检测室时，会使测定偏小而且测定重复性变差。

新购置的用于装样的瓷舟应进行锻烧至无硫，瓷舟可重复使用。用瓷舟装样时，应使样品均匀分布在舟内，样品堆积不匀时，由于下层样品的延迟燃烧，会出现较为严重的拖尾峰。当样品中的硫含量超出一定值后，仪器检测信号结束的时间即峰结束时会迟于仪器规定的积分终止时间，表现为样品分析结束后，仪器信号还没有回到基线，此时可采用适当减少进样量的办法使所有信号值均能被积分。

第十一节　深色石油产品硫含量测定法(管式炉法)

GB/T 387—1990(2004)

1. 适用范围

深色石油产品硫含量测定法(管式炉法)适用于硫含量大于0.1%(质量分数)的深色石油产品，如润滑油、重质石油产品、原油、石油焦、石蜡和含硫添加剂等。不适用于含有金属、磷和氯添加剂以及含有这类添加剂的润滑油。

2. 测定原理

将试样在高温及规定流速的空气流中燃烧，样品中的硫单质转换为二氧化硫和少量的三氧化硫[反应式见式(21-1)]，用过氧化氢-硫酸溶液吸收，气体中的二氧化硫被溶液吸收并氧化生成硫酸[反应式见式(21-2)]，三氧化硫直接与水生成硫酸[反应式见式(21-3)]，硫酸吸收液用氢氧化钠标准溶液滴定[反应式见式(21-4)]，用吸收硫的氧化物的硫酸溶液消耗的氢氧化钠量减去空白的硫酸溶液消耗的氢氧化钠量来计算样品中的硫含量。

$$硫化物+O_2 \longrightarrow SO_2+SO_3 \tag{21-1}$$

$$SO_2+H_2O_2 \longrightarrow H_2SO_4 \tag{21-2}$$

$$SO_3+H_2O \longrightarrow H_2SO_4 \tag{21-3}$$

$$H_2SO_4+2NaOH \longrightarrow Na_2SO_4+2H_2O \tag{21-4}$$

3. 方法概要

根据样品的预计硫含量值，在瓷舟中称取一定的样品，在高温炉出口连接好已定量量入过氧化氢-硫酸溶液的接收器，将带样品的瓷舟放入到900~950℃的高温石英管中燃烧30~40min，待反应结束后，向接收器中加入1∶1的甲基红：次甲基蓝混合指示剂8滴，用氢氧化钠标准溶液滴定至红紫色变成亮绿色，以同样的条件进行空白分析，测定出空白溶液消耗的氢氢化钠量，用下式计算出样品中的硫含量：

$$x = \frac{16C(V_1 - V_0) \times 100}{1000 \times m}$$

式中 C——氢氧化钠标准滴定溶液的实际浓度，mol/L；

V_1——滴定试样燃烧后生成物时，消耗氢氧化钠标准滴定溶液的体积，mL；

V_0——滴定空白试验时，消耗氢氧化钠标准滴定溶液的体积，mL；

m——瓷舟中称取的样品质量，g。

4. 影响因素及注意事项

样品是否完全燃烧，燃烧产物是否被充分吸收以及测定系统的密闭性好坏是管式炉测定硫含量的关键因素。因此，在测定时要保持测试系统的密闭性、高温炉温度应达到规定值，以确保样品完全燃烧并避免反应生成的硫的氧化物泄漏至大气中，在整个试验过程中要严格控制空气流速为500mL/min，可以保证有足够的氧气参与反应，而且也不会因为空气流速过快，使硫的氧化物不能完全被吸收液吸收。与其他差减法分析一样，测定样品时的过氧化氢-硫酸吸收液量应与测定空白时的过氧化氢-硫酸量吸收液量一致，测定样品时的量比测定空白值时的量多0.1mL，就会使硫含量偏大0.02%(质量分数)(按取样量为0.2g计算)。

第十二节　汽油和柴油中硫含量测定法(单波长色散X射线荧光光谱法)

NB/SH/T 0842—2010

1. 适用范围

汽油和柴油中硫含量测定法(单波长色散X射线荧光光谱法)适用于测定单相的汽油、柴油以及炼油厂用于调和汽油、柴油的不同馏分油中的总硫含量。测定硫含量的范围为2~500mg/kg。

2. 测定原理

单波长色散X射线荧光谱法使用单色器生成待测元素的特征X射线(单色X射线)，照射在样品上，由待测元素发出的Kα线被安装在特定位置的检测器接受并计数，计数值与元素的含量成正比，单色X射线法激发减少了背景，简化了基体校正，因此它的检测限低于波长色散X荧光法。

当试样受到X射线照射时，由于高能粒子与试样原子碰撞，将原子内层电子逐出形成空穴，使原子处于激发态，这种激发态离子寿命很短，当外层电子向内层空穴跃迁时，多余的能量即以X射线的形式放出。K层空缺时，电子由L层跃迁入K层，辐射出的特征X射线称为Kα线。测定0.5373nm波长下硫Kα谱线强度，作为计数率与预先制定的校准曲线进行比较，从而获得质量分数或毫克每千克(mg/kg)表示的硫含量。

3. 方法概要

准备三至五个已知硫含量浓度的标准样品，一般以硫含量小于2mg/kg白油为稀释剂配入适量二正丁基硫醚作为标准样品，设定仪器操作条件，将标样装入样品盒中，测定每一个标样在0.5373nm波长下Kα谱线强度，仪器自动测定背景强度，计算出净强度，建立硫质量分数与特征谱线累积强度相对应的标准曲线，测定未知样品时，根据未知样品的预测硫含量，选择一条能包含预测硫含量的标准曲线，采用与标样相同的方法，测定其特征谱线累积强度，与标准曲线相对照，获得用质量分数表示的样品硫含量。

4. 影响因素及注意事项

单波长X荧光测定样品中的硫含量虽然可以简化基体校正，但当标准样品和试样之间的碳氢质量比相差较大时还会有误差，为了避免基体物质不匹配导致的测定误差，尽可能使标样与样品的基体物质相近。

X射线荧光分析时，增加计数时间可提高计数精度，减小样品测定结果的相对标准偏差值(RSD)，当样品中硫含量较低，为了达到预期精度，应增加计数时间。

测定时关于样品膜、样品杯、样品加入方式和标准曲线的选择等注意事项可参照石油和石油产品硫含量的测定(能量色散X射线荧光光谱法)一节。

第二十二章 色度测定

第一节 概 述

色度是检测液体石油产品中痕量杂质的一种灵敏度很高的定性方法，石油产品中的含氮、含氧、含磷化合物都会使石油产品产生颜色；烯烃含量高的石油产品，在放置一段时间后，会逐渐氧化生成胶体状物质，颜色越来越深。通常情况下，对于未加氢的石油产品来说，随着密度的增大颜色逐渐变深，加氢石油产品，其颜色深浅与加氢深度直接相关。

石油产品色度测定一般都采用目视比色，即把样品与一系列标准比色板或标准比色溶液进行比照，以最接近于某一标准色号的值作为样品的色号，常见的分析方法有以下几种。

1）外观测定是最常用的目视测定法，通过裸眼观察来判断样品中是否有明水和机械杂质。

2）赛波特比色适用于浅色石油产品的颜色测定。在赛波特比色专用测试仪中，将装有一定液柱高度试样的比色管与另一侧底部安装有标准比色板的未装试样的比色管在同一视野内进行比较，以颜色深浅报告样品的赛波特色号。

3）拉维帮比色适用于有色石油产品的颜色测定。同时在标准光源照射下，将注入样品容器中的样品与标准色板进行比较，报告样品的色号。拉维帮比色的标准色板的颜色范围从浅黄色到深红色，不适用目视为黑色的石油产品。

4）铂钴比色专用于芳烃的颜色测定，将一定液柱的样品与标准比色液进行目视颜色比较，标准比色液颜色从无色到浅黄色。

5）芳烃的酸洗比色，它是用于表征芳烃中不饱和化合物的一个目视分析方法，在常温下将芳烃与高浓度硫酸混合振荡，将酸层与标准系列比色液进行颜色比较，标准比色液的颜色从浅黄色到棕褐色。

第二节 石油产品赛波特颜色测定法(赛波特比色计法)

GB/T 3555—1992(2004)

1. 适用范围

石油产品赛波特颜色测定法(赛波特比色计法)适用于未染色的车用汽油、航空汽油、喷气燃料、石脑油、煤油、白油及石油蜡等精制石油产品。

测定赛波特颜色的色号范围为+30(最浅的颜色)～-16号(最深的颜色)，深于赛波特颜色-16号的石油产品可用GB/T 6540测定。

2. 测定原理

采用赛波特比色仪，在特定的光源照射下，透过试样液柱与标准比色板在同一视野内目视对比，调节试样在玻璃管中高度，使试样颜色明显浅于标准色板，报告试样的上一个液柱高度所对应的赛波特色号。

3. 方法概要

将试样注满比色管，放入比色管架中，在另一侧比色管架中放入空比色管，打开照明光源，从比色管上部目镜的左右视野中观察样品与色板的颜色深浅，根据样品的颜色深浅程度选择半厚标准色板、整厚标准色板一片或整厚板二片进行比较，当试样的颜色在二块色板之间时，通过放样口放出比色管中的适量样品，降低样品液层高与标准色板进行比较，直至试样明显浅于标准色板的颜色。报告试样的上一个液柱高度所对应的赛波特颜色号。

4. 影响因素及注意事项

赛波特比色仪使用前要对仪器的光源位置进行调整，使未放样品时左右视野内的颜色深浅一致，当调整结束后，应标记光源和比色仪所在的位置，使光源与比色仪之间的相对位置不再改变，改变它们的相对位置将会使测定结果出现严重偏差。比色管的光学性质对测定结果有较大影响，同样材质的比色管也会因批号不同造成光学性质差异，必须使用颜色匹配的比色管，当一根比色管破损时，需更换一对颜色匹配的玻璃管，赛波特比色的光源使用一定年限后，强度会发生变化，比色仪的视场会变暗、变黄，建议4~5年对灯泡的光强度进行检查，必要时更换新灯泡。测定时，当试样浑浊时可用多层定性滤纸过滤至透明，倒入比色管中的试样不能有气泡；需要测定石蜡等在常温凝固或半凝固的样品时，可将其加热到高于其凝点的8~17℃，熔化过程要控制在半小时以内，同时预热比色管，将样品注入比色管中，关闭比色管加热器，待样品热波消失后再测定赛波特比色。目视观察时，左右视野应处于相同的照度下，避免左右视野的照度不同影响观察效果，最好在暗室中进行测定。结果报告为所记录的颜色号应注明“赛波特颜色号××”。如果试样经过过滤，需写明“试样过滤”字样。当通过比色管观察时，样品与标准比色板有一定的色差，即使通过降低样品液面仍无法比较颜色深浅时，可在降低液面至颜色深浅最接近的条件下，观察样品与标准色板的亮度作为判断依据。

第三节 芳烃酸洗试验法

GB/T 2012—1989(2004)

1. 适用范围

芳烃酸洗试验法适用于芳烃。

2. 测定原理

石油苯类产品在规定条件下用浓硫酸洗涤，硫酸与苯类产品中所含的一些不稳定的物质发生氧化反应，使硫酸层颜色发生变化，酸层颜色的深浅与苯类产品含有的不稳定物质量相关，将酸层颜色与标准比色液进行比较，得到芳烃的酸洗比色值。

3. 方法概要

将适量样品注入比色试管中，将同体积的95%(质量分数)硫酸加入另一支比色试管中，均置于(20±1)℃的水浴中恒温后，将硫酸倒入到样品试管中剧烈振荡2min±5s，静置10min±5s，然后将比色管中的酸层与标准比色液的颜色作比较，报告样品的酸洗比色结果。

4. 影响因素及注意事项

测定酸洗比色的方法有 GB/T 2012 和 ASTM D848，两个方法在标准比色液的配制上有差异外，主要差异在使用的硫酸浓度，GB/T 2012 使用 95%(质量分数)的浓硫酸与样品混合，而 ASTM D848 使用 96%(质量分数)的浓硫酸与样品混合，实践证明，对于同一样品硫酸浓度差 1%(质量分数)得到的酸层颜色有较大差异，因此，在测定酸洗比色时，配制后的硫酸溶液应检测其浓度是否在方法要求的范围内。酸洗比色为定性试验，其检测灵敏度较高，测定时所用的玻璃器皿要清洗干净，若有可被强酸氧化的杂质，会使酸层变色，影响结果。测定前，试样必须经过过滤，弃去第一个 10mL 滤液，测定时，不要在直射阳光下进行试验，振荡时间、放置时间要严格执行分析方法的要求，酸层颜色会随时间增长而加深；目测比色时，比色管后面最好衬有白纸，以免受外界光线的影响。芳烃酸洗比色测定时温度对反应结果影响较大，所以试验过程中，必须严格控制温度。GB/T 2012 应控制水浴温度为 20℃±1℃，ASTM D848 应保持比色管温度在 25~29℃之间。

试验所用的每一支比色管包括配制标准比色液的比色管的尺寸、色泽要一致，配制好的标准比色液放置一段时间后，颜色变浅，会造成结果发生偏差，因此必须在分析样品同时配制标准比色液。配制标准比色液时使用的蒸馏水应确保其中无可被氧化的物质。可向蒸馏水中滴入 2 滴 $KMnO_4$溶液，颜色 5min 内不消失作为判断依据。而储备重铬酸钾溶液在两个月有效期内颜色不会变化，不会影响测定结果。

第四节 液体化学产品颜色测定法(Hazen 单位-铂-钴色号)

GB/T 3143—1982(2004)

1. 适用范围

液体化学产品颜色测定法(Hazen 单位-铂-钴色号)适用于测定透明或稍带接近于参比的铂-钴色号的液体化学产品的颜色，这种颜色的特征通常为“棕黄色”。

2. 测定原理

使用纳氏比色管，通过目测比较试样的颜色与标准铂-钴比色液的颜色，以最接近于试样颜色的标准铂-钴比色液的颜色来表示样品的颜色。

3. 方法概要

向纳氏比色管中注入试样至刻度线，置于比色管架中两个标准比色液之间，在日光或日光灯照射下，从上往下或比色管下部的反光镜中观察试样与比色液的颜色，以最接近的颜色作为样品的颜色。

4. 影响因素及注意事项

比色时在日光或日光灯照射下观察，并不是指在太阳光直射下观察，太阳光直射会产生反光效果使结果很难判断。测定时所用的每一支比色管包括标准液比色管的尺寸、色泽要相似，比色管应成套使用，一旦其中一只破损，整套更换。比色管的塞子不能互换，破损后，应连同比色管一起更换。标准比色母液和稀释溶液应放入带塞棕色玻璃瓶中，置于暗处保存。标准比色母液保存期 1 年，稀释溶液可保存 1 月，最好现配现用。

第五节　石蜡色度测定法

SH/T 0403—1992

1. 适用范围

石蜡色度测定法适用于石蜡。

2. 测定原理

石蜡产品色度测定的标准色板共分标准色板共分 1、2、3、4、5、6、7、8、9 个色号。比色时采用目测法，旋转比色板，由目测镜调节色板颜色与蜡样颜色相一致，此时比色仪的读数即为石蜡的颜色号。

3. 方法概要

将试样放在 85℃±2℃的烘箱或水浴中熔化，将过滤好的试样注入预热的比色槽中，旋转比色板，由目测镜调节色板颜色与蜡样颜色相一致，此时比色仪的读数即为石蜡的颜色。如果试样颜色找不到与标准色板确切匹配的颜色，而落在两个标准颜色之间，则报告两个颜色中较高的一个颜色。

4. 影响因素及注意事项

测定前，试样放在适当温度的烘箱或水浴中熔化，用滤纸过滤，比色槽亦在上述温度下预热，测定时比色仪的目测镜和标准色板用擦镜纸仔细擦干净。比色用的标准色板用有机玻璃制成，易发生老化变色，应定期用重铬酸钾溶液对标准色板进行校验，如校验结果相差超过 1 个色号，应更换色板。结果报告时，当两次平行测定之差符合规定精密度时，取两次结果中的大号数为测定结果，而不是取平均值。

第六节　石油产品颜色测定法

GB/T 6540—1986

1. 适用范围

石油产品颜色测定法规定了用目测法测定各种润滑油、煤油、柴油和石油蜡等石油产品的颜色。

2. 测定原理

在标准光源照射下，用一系列标准的玻璃圆片色板与液体石油产品的颜色进行比较，报告样品的色号。

3. 方法概要

将试样倒入试样容器中至指定刻度，放入目视比色仪中，在一个标准光源的照射下，与 0.5~8.0 值排列的标准颜色玻璃圆片进行比较，以相等的色号作为该试样的色号。如果试样颜色找不到确切匹配的标准比色板的颜色，而落在两个标准颜色之间时，则报告两个颜色中较高的一个颜色，并在色号前面加“小于”。

4. 影响因素及注意事项

测定时应将比色仪的格室盖子盖上，以隔绝一切外来光线。结果报告时不能报告为颜色深于给出的标准颜色，除非颜色比 8 号深，可报告为大于 8 号。测定时如果样品不清晰，可把样品加热到高于浊点 6℃以上或至浑浊消失，然后在该温度下测其颜色。

第二十三章 腐蚀测定

第一节 概　　述

石油产品在储存、运输、使用过程中都需要与金属材料接触，要求石油产品不腐蚀金属材料，以避免因腐蚀破坏设备原有的使用性能、避免腐蚀产物溶入油品中破坏油品的使用性能。石油产品腐蚀试验，是在特定的温度条件下使用特定的金属介质测定油品对金属介质腐蚀性的定性试验方法，是定性检验油品中是否存在硫醇、硫化氢、单质硫、二氧化硫等活性硫化合物、酸(碱)性物质等与金属发生化学反应的物质的方法。

石油产品对金属腐蚀的机理十分复杂，有对金属表面的化学腐蚀，也有电化学腐蚀。目前比较一致的结论是，石油产品中的硫醇、硫化氢、单质硫、二氧化硫等活性含硫化合物或酸性物质是产生腐蚀的主要根源，腐蚀试验是在特定的条件下进行，与油品实际所处的环境差别甚大，腐蚀试验仅表征了油品对金属材料的腐蚀倾向性，试验合格表示油品对金属材料的腐蚀倾向性小，并不能代表油品对金属材料绝对不腐蚀。

不同石油产品有其特定的用途，使用时环境也有较大的差别，为了能够更好地表征石油产品使用环境下对设备的腐蚀性，设计了多种腐蚀测定分析方法，常见的分析方法为：

1）石油产品铜片腐蚀试验法，用于测定液体石油产品对标准铜片的腐蚀倾向。

2）喷气燃料银片腐蚀试验法，用于测定喷气燃料在使用过程中对飞机发动机的银部件的腐蚀倾向。

3）液化石油气铜片腐蚀试验法，根据液化石油气在常温下为气相的特点，采用耐压钢瓶作为容器来测定其铜片腐蚀。

4）工业芳烃铜片腐蚀试验法，规定了试样在加热回流条件下，测定芳烃对铜片的腐蚀倾向。

第二节 石油产品铜片腐蚀测定法

GB/T 5096—1985(2004)

1. 适用范围

石油产品铜片腐蚀测定法适用于测定航空汽油、喷气燃料、车用汽油、天然汽油或具有雷德蒸气压不大于124kPa(930mmHg)的其他烃类、溶剂油、煤油、柴油、馏分燃料油、润滑油和其他石油产品对铜的腐蚀性程度。

2. 测定原理

油品含有腐蚀性物质时，会使铜片腐蚀变色，油品的腐蚀性越强，铜片变色越严重。在规定的温度下，若油品存在与铜发生化学反应的物质，会使铜片表面产生不同的颜色，与铜片腐蚀标准色板进行比较，可以确定油品对铜片腐蚀的程度，评价油品的腐蚀性。

3. 方法概要

在铜片腐蚀测定试管中，把一块已经磨光好的铜片浸没在一定量的试样中，根据不同的样品类别，将铜片腐蚀测定试管置于铜片腐蚀试验弹中，把试验弹放入指定温度的恒温浴中或者直接把铜片腐蚀试管放于指定温度的恒温水浴中，保持一定的时间，待试验周期结束后，取出铜片，经洗涤后与腐蚀标准色板进行比较，确定腐蚀级别。

4. 影响因素及注意事项

铜片的纯度直接影响试验结果，故一定要选择纯度大于99.9%的电解铜，并符合GB466《铜分类》中2号铜要求。铜片腐蚀试验所用洗涤剂要在50℃温度下，试验3h不使铜片变色的任何易挥发、无硫烃类溶剂，合适的溶剂有分析纯异辛烷等。试验用的铜片在最后磨光时应朝一个方向磨，在磨光后应立即放入溶剂中，避免用手直接接触，以免手汗等杂质影响铜片腐蚀，当铜片尺寸小于标准值时应立即更换。在取样时，如果在试样中看到有悬浮水(浑浊)，则用一张中速定性滤纸过滤试样，在试验期间，铜片与水接触会引起变色，使铜片评级困难。铜片腐蚀分析时，应严格按规定的温度和时间进行试验，试验的温度高低和铜片在样品中放置时间的长短都会影响实验结果，一般温度越高，放置时间越长，铜片的腐蚀性倾向越大。在试验期间应避免强光照射试管内的样品，强光对铜片腐蚀有催化作用。结果判断时，当重复测定的两个结果不相同，应重新进行试验。当重新试验的两个结果仍不相同时，则按变色严重的腐蚀级别来判断试样。

铜片腐蚀标准色板是全色复制品，由铝板经过四道色加工印刷而成，使用完后应加套并置于暗处，但长期使用仍会褪色，要定期检查色板的质量，检查方法是把色板和新色板放在散射光下，先从上方观察，然后从45°角进行观察，若比色板不如新色板鲜艳，则证明已经褪色，此色板不能使用。

第三节 液化石油气铜片腐蚀试验法

SH/T 0232—2004

1. 适用范围

液化石油气铜片腐蚀试验法适用于液化石油气。

2. 测定原理

液化石油气中的腐蚀性物质，在微量水存在下，会使铜片表面腐蚀变色，液化石油气的腐蚀性越强，铜片变色越严重。铜片的变色程度与腐蚀标准色板进行比较，可以确定液化石油气对铜片腐蚀的程度，评价其腐蚀性。

3. 方法概要

向试验圆筒中注入约1mL蒸馏水，润湿其筒壁，排出多余的水，用镊子夹住新磨光的铜片，挂于圆筒的挂钩上，把圆筒接于采样口，从入口取入适量样品，然后从出口排出样品，以清除试验圆筒中的空气，清除后关闭出口阀，从入口阀取样至充满试验圆筒，再打开入口阀，使高出浸入管末端上方的液体从试验筒中除去。立即将试验筒浸入至40℃温度的恒温水浴中放置一小时后取出铜片，与铜片腐蚀标准色板比较，确定液化气铜片腐蚀程度，用级表示。

4. 影响因素及注意事项

测定前，试验圆筒内壁必须用蒸馏水饱和，虽然液化石油气对水有一定的溶解力，但其中的溶解水含量却和生产工艺条件有关，液化气中的硫化物对铜片的腐蚀程度与容器的水分相关，为了使试验结果具有可比性，应在试验筒中加入水，内壁润湿后多余的水应从筒体内排出，否则会在铜片产生棕色的水渍，干扰腐蚀的判断。试验圆筒取样后，应从带内插管的入口处排放掉多余的试样。分析结束后，钢瓶应及时进行清洗，特别是分析过腐蚀不合格的试样后，应对钢瓶进行彻底清洗，可用无油氮气吹扫，避免污染下次样品测定。

铜片腐蚀标准色板是全色复制品，由铝板经过四道色加工印刷而成，使用完后应加套并置于暗处，但长期使用仍会褪色，要定期检查色板的质量，检查方法是把色板和新色板放在散射光下，先从上方观察，然后从45°角进行观察，若旧色板不如新色板鲜艳，则证明已经褪色，此色板不能使用。

第四节 喷气燃料银片腐蚀测定法

SH/T 0023—1990

1. 适用范围

喷气燃料银片腐蚀测定法适用于评定喷气燃料对航空涡轮燃料发动机燃料系统银部件的腐蚀倾向。

2. 测定原理

磨光的银片在规定的条件下浸入试样中，试样中腐蚀活性物质如硫化氢、单质硫和硫醇等对银片表面造成液相腐蚀，银片试验对燃料中的活性物质比铜片试验更为灵敏，试验结束后，取出的银片根据表面的光泽、颜色变化，分成五级来判断试样对银片的腐蚀程度。

3. 方法概要

在银片腐蚀专用试管中，将磨光的银片浸沉在250mL、50℃±1℃的试样中4h或产品标准规定的更长时间。试验结束时，从试样中取出银片，洗涤后评定腐蚀程度。

4. 影响因素及注意事项

银片腐蚀灵敏度很高，微量的硫化氢就能使银片产生点状腐蚀，仪器应放置在远离硫化物影响的地方，在采样及随后的样品处理过程中，要注意避免样品暴露在空气中，更不能暴露在直射或散射的阳光下，以防试样中的活性硫化物被氧化。样品采样容器最好用清洁的棕色玻璃瓶，马口铁容器对燃料的腐蚀性有明显影响不能作为样品容器，采样后样品应装满，上部空间不应大于5%，应立即加盖，储于阴凉处，最好低于4℃，并应尽快进行试验。在测定时，如果样品中有悬浮水(雾状)，会对银片的腐蚀反应过程有所影响，加剧化学腐蚀，使评定的级别产生较大的误差，所以悬浮水应在避光的情况下通过中速定量滤纸过滤除去直至清洁。银片腐蚀用的银片应采用符合规定尺寸，纯度为99.9%，试验用的银片的表面处理和磨光应按照要求进行，磨光后不许与手指接触，棱角被磨成椭圆形的银片不宜使用。最后磨光的银片，在1min内浸入试样。无论在试验前或后，银片不能接触水，因为接触水会产生渍斑，造成银片评级困难。试验用的试管应使用棕色耐热玻璃，能使试样严密遮光。样品试管和直形冷凝器要配套使用，确保二者紧密配合，以防止硫化物从接口处逸出，试验结束后，银片浸入异辛烷中，并立即取出，用定量滤纸吸干(不是擦干，以避免银片表面的腐蚀物被剥落)，按银片分级表来检查银片腐蚀情况，银片各个表面包括边角都应检查到，当银片表面为褐色时，应使用 GB/T 9169 的色板来区别银片腐蚀为 1 级或 2 级，浅于 GB/T 9169 色板 4 级的褐色均就应评为银片腐蚀 1 级。

第五节 工业芳烃铜片腐蚀试验法

GB/T 11138—1994(2004)

1. 适用范围

工业芳烃铜片腐蚀试验法规定了试样在加热回流条件下，对铜片腐蚀性定性试验的方法，适用于工业芳烃。

2. 测定原理

磨光的铜片浸入苯类产品中，在规定的条件下进行试验，试样中的活性腐蚀物质对铜片表面造成腐蚀。这些物质包括硫化氢、单质硫和硫醇等。试验结束后，取出的铜片与腐蚀标准色板进行比较，根据金属的光泽、表面状态的颜色变化，来判断试样的铜片腐蚀是否通过。

3. 方法概要

把一块已经磨光好的铜片，用碳化硅砂纸磨擦过的铜丝拴着放入平底烧瓶中。平底烧瓶中加入 200mL 试样，用铜丝调整铜片的位置使其全部浸入，将烧瓶放入(100±1)℃的恒温浴中，装上冷凝管回流 30min。试验完毕，用铜丝将铜片取出，与腐蚀标准色板比较来检查变色或腐蚀程度。铜片显示轻度失去光泽或比此外观好(符合腐蚀标准色板的 1b 或 1a)，则认为不腐蚀(通过)。其他所有变化则认为有腐蚀(不通过)。

4. 影响因素及注意事项

铜片试验所用的洗涤溶剂对测定结果有很大的影响，所用洗涤溶剂必须无腐蚀性物质存在，在试验条件下不对铜片产生腐蚀。试验用的铜片在最后磨光时应朝一个方向磨，在磨光后应立即放入溶剂中，避免用手直接接触，以免手汗等杂质影响铜片腐蚀，如果铜片的棱角呈现椭圆形，则这些部位可能更加容易腐蚀，应避免使用此类铜片。测定时，当试样中含有游离水时，需用滤纸过滤除去游离水，水会引起铜片局部的严重锈蚀，干扰腐蚀结果的判断。连接烧瓶和回流冷凝管的材料禁止使用橡胶制品，以避免橡胶中的硫化物溶出后污染试样。

第六节 铜片腐蚀快速测定法(80℃试验法)

1. 适用范围

铜片腐蚀快速测定法(80℃试验法)适用于快速测定发动机燃料中的活性硫或游离硫化物，用于生产装置过程控制样品的快速检验，不适合出厂产品质量检验。

2. 测定原理

石油产品中的活性硫化物对试验铜片的表面会产生不同程度的腐蚀，通过对腐蚀程度的判断来确定油品对金属腐蚀性的强弱，由于铜片腐蚀的标准试验法需要较长测定时间，不能快速判断工艺装置生产过程样品的腐蚀合格性，铜片腐蚀快速试验法采用提高试验温度来加速活性硫化物对铜片表面的腐蚀，以达到在较短的时间内判定出油品的腐蚀特性的目的。但由于铜片腐蚀试验的反应机理复杂，快速铜片腐蚀的测定结果与标准方法的结果会出现不一致的情况，用快速法测定合格的样品不能代表慢速法肯定合格。

3. 方法概要

将试样注入测定试管，约达 60mm 的高度，用镊子将磨光的铜片放入已装有试样的试管中，塞上软木塞后，若为汽油样品，所用的软木塞中间应钻一小孔，使轻组分能从小孔中逸出，将试管浸入在温度(80±2)℃的水浴中，试管中的试样液面必须低于水浴中的水面，放置 20min 后，取出铜片用石油醚或 120#溶剂油洗涤后观察铜片表面的颜色变化。

4. 影响因素及注意事项

铜片腐蚀快速试验法的影响因素及注意事项与本章第二节的基本相同，但由于铜片腐蚀快速测定法的水浴温度达到 80℃且没有使用试验筒，当样品中含有较多的碳五及以前组分时，样品会迅速挥发，不宜用此方法作为样品铜片腐蚀的快速测定法，当已证明使用铜片腐蚀快速试验法测定某些工艺装置的过程物料时，其结果经常性地有偏差，应放弃使用快速法，采用标准方法进行测定。

第二十四章 残炭测定

第一节 概 述

残炭是指石油产品经蒸发和热裂解后留下的残炭量，以提供石油产品生焦倾向的指标，它是石油产品在规定的试验条件下，受热蒸发，所剩余的碳质剩余物，其结果以质量分数表示，形成残炭的物质主要是油品中的胶质、沥青质和多环芳香烃及它们的叠合物。油品中的烷烃只起分解反应，不发生聚合反应，不会形成残炭，而不饱和烃和芳香烃在形成残炭的过程中起着很大的作用，芳香烃的残炭与其结构有很大关系，以多环芳香烃的残炭值最高。

石油产品残炭测定方法中，采用较多的是 GB/T 268 石油产品残炭测定法(康氏法)，它分为残炭和 10%蒸余物残炭，10%蒸余物残炭指的是测定对样品进行恩氏蒸馏后余下的 10%物料的残炭值。随着科学技术进步，开发出了由仪器自动分析的微量残炭技术，称为石油产品残炭测定法(微量法)，它具有试验条件易控制，测定结果重复性和再现性好的特点，对残炭超过 0.1%的石油产品的测定结果与石油产品残炭测定法(康氏法)等效，它在石油产品检测领域的应用已日益普遍。

第二节 石油产品残炭测定法(康氏法)

GB/T 268—1987

1. 适用范围

石油产品残炭测定法(康氏法)用于测定石油产品经蒸发和热解后留下的残炭量，以提供石油产品相对生焦倾向的指标。本方法一般用于在常压蒸馏时易部分分解、相对不易挥发的石油产品。对含有能生灰组分的石油产品(用 GB 508《石油产品灰分测定法》测定)则会得到残炭值偏高的结果，误差的大小取决于生成灰分的量。

2. 测定原理

把试样放在坩埚中进行分解蒸馏。残余物经强烈加热一定时间，进行裂化和焦化反应。在规定的加热时间结束时，坩埚内的残余物即为残炭。

3. 方法概要

根据样品预计残炭量的大小，称重一定的试样置于残炭坩埚中，把残炭坩埚置于残炭测定炉上，用喷灯加热试样，使油蒸气均匀燃烧，并在(13±1) min 内燃烧完成。燃烧完成后，用强火加热 7min，移开喷灯，趁热将坩埚移入干燥器内，冷却 40min 后称重，计算残炭量占样品量的质量百分数为康氏残炭值。

对于要求测定 10%蒸余物残炭的试样，则用恩氏蒸馏法获得样品的 10%蒸发残余物，从蒸发残余物中取一定量的样品按残炭测定步骤测定残炭值。

4. 影响因素及注意事项

康氏残炭测定器的正确安装对保证测定结果的精确度起着重要作用。仪器安装的错误会造成所测得结果很不理想，将外铁坩埚底装在低于铁制遮焰体的下平面很多，使喷灯和外坩埚底的距离缩短，由于喷灯火焰分为内焰和外焰，内外焰有较大的温差，缩短了距离就等于影响了喷灯对坩埚底部的正常加热。且因外坩埚是圆锥形的，装低时，使遮焰体和坩埚壁之间的空隙变小，也影响到喷灯火焰的正常上升。把铁圆罩底紧盖在遮焰体上而不垫以必要大小的石棉板，使空气无法进入，造成油蒸气燃烧时不均匀，难于控制火焰高度，这都对测得结果有直接影响。

样品的加热时间和加热强度对测定结果有较大的影响。加热过程分为预热点火、燃烧、强火加热三个阶段。在预热点火阶段置灯头于外铁坩埚底约50mm处，进行强火加热，但不允许冒烟，必须使预热点火期的加热时间控制在(10±1.5)min，自始自终保持加热均匀。因为预热点火期的加热强度会影响到燃烧期，如果加热强度过大，试样会飞溅出瓷坩埚外，使燃烧期的火焰超过火桥，造成燃烧期提前结束，使测定结果偏低。如果加热强度过小，使燃烧时间延长，延长时间越长，测出的残炭值的结果就越大。燃烧期的火焰高度控制在火焰高出烟囱，但不要超过火桥，如果罩上看不见火焰时，可适当加大喷灯火焰。油蒸气燃烧期阶段时间应控制在(13±1)min之内完成。强火加热使外铁坩埚底部和下部呈樱桃红色，并准确保持7min，如果加热强度不够，会影响到残炭的形成，造成结果偏高，总加热时间一定要控制在(30±2)min内，以确保分析数据的准确。

强火加热结束后，移开煤气喷灯，使仪器冷却到不见烟，移去圆铁罩和外、内铁坩埚的盖，用热坩埚钳将瓷坩埚移入干燥器内，这一段冷却时间的目的，是使坩埚的温度从700℃降至200℃左右，如不执行这一程序，刚一停止加热，就打开外铁坩埚盖，让空气进入坩埚，高温下的残炭与氧作用，立即燃烧而使结果果偏小；如果时间过长取出，因温度降至很低，坩埚中的残炭会吸收空气中的水分使测定结果偏高。

第三节 石油产品残炭测定法(微量法)

GB/T 17144—1997

1. 适用范围

石油产品残炭测定法(微量法)适用于石油产品，其测定残炭的范围是0.10%~30.0%(质量分数)，对于残炭超过0.10%(质量分数)的石油产品，测定结果与康氏残炭法(GB/T 268)测定结果等效；对于残炭小于0.10%(质量分数)、由馏分油组成的石油产品，首先用GB/T 6536方法制备10%(体积分数)蒸馏残余物，然后再用本标准进行测定。

2. 测定原理

将已称重的试样放入一个样品管中，在惰性气体(氮气)气氛中，按规定的温度程序升温，将其加热到500℃，在反应过程中生成的易挥发性物质由氮气带走，留下的炭质型残渣以占原样品的百分数报告微量残炭值。

3. 方法概要

根据样品的残炭值在样品管中称取适量的试样，若需测定10%蒸余物残炭，则用GB/T 6536制备10%(体积分数)的残余物部分，然后从残余物中称取一定量试样，把样品管置于样品管架上，在炉温低于100℃时，把样品管架放入残炭测定炉中，盖好炉盖，用高速氮气流吹扫去除炉膛内的氧气，然后在一定的氮气流速下，以10~15℃/min的速率将炉子加热到500℃，恒温15min，然后关闭炉子，在氮气流吹扫下自然冷却至250℃下，取出样品支架，连样品管一起在干燥器中冷却至室温，称重，计算残炭值。

4. 影响因素及注意事项

取样前将装入量不超过瓶内容积3/4的试样充分摇动，使其混合均匀，黏稠或含蜡的石油产品应预先加热后进行摇匀。固态样品也可用液态氮冷冻，然后打碎，取一小块放入样品管底部。样品的取样量对实验结果有一定的影响，应根据不同的样品种类预估残炭值，准确称取试样。例如对高残炭值样品，取样量过大时可能会炭化不完全，使测定结果偏高。测定时，初始加热速度过快，试样易飞溅出样品瓶，使测定结果偏低，也有可能因高温加速结焦反应，导致测定结果偏高。初始加热速度过慢，热反应时间长，测出的残炭值的结果就偏大。炉膛内的氧气的存在会使样品在高温下发生氧化反应，不但会影响残炭值，而且也会与挥发性的焦化产物产生一种爆炸性混合物，带来安全隐患，因此在升温前要有足够的通氮气时间，升温和恒温阶段不能停止通入氮气，试验结束后，温度降到250℃，从炉中取出样品管支架后，才可停止通氮气。

当测定结束后，样品管中的残炭表面不光滑有起泡的痕迹时，可判断样品出现了起泡或溅出，该试样的此次试验应作废。如果是因为试样含水造成这种情况，可在减压状态下缓慢加热，再用氮气吹扫以赶走水分。如果是样品本身原因，则可采用适当减少样品量的方法。每次测定结束后，样品管中会有结焦，应在高温炉中灼烧除去结焦，消除对下次试验的影响。

微量残炭测定时，可选择一个样品性质稳定，其残炭值已确定的样品作为参比样品，每批试验时都要包含一个参比样品，当参比样品的测定结果在其标称值的三倍标准偏差范围内时，可认为此批样品的测定结果可信。

第二十五章 低温性能测定

第一节 概 述

油品的低温性能常用结晶点、浊点、冰点、冷滤点、倾点、凝固点等来表示，不同的油品根据其本身的物性、其使用目的要求等选择一个或多个项目来测定，结晶点定义为试样在规定条件下，最初出现结晶时的温度，一般用于纯物质，用于表征其纯度；冰点定义为在规定的条件下，航空燃料经过冷却形成固态烃类结晶，然后使燃料升温，当烃类结晶消失时的最低温度值，它专用于航空燃料的测定，用于表征低温下燃料在飞机燃料系统中能否顺利地泵送和过滤的性能；凝固点定义为润滑油及深色石油产品在试验条件下冷却到液面不移动时的最高温度，它用于确定油品在不加热情况下适用的使用环境，也用于确定油品泵送时的适宜温度值，凝固点高低也是评估油品中含蜡量多少的指标，通常情况下，油品中含蜡量越高，越易凝固，油品中去除蜡成分，凝固点会明显下降；冷滤点定义为试样在规定条件下冷却，当试样不能流过过滤器或20mL试样流过过滤器的时间大于60s或试样不能完全流回试杯时的最高温度，它是评定柴油和民用取暖用油的极限最低使用温度的指标。由于冷滤点测定条件近似于使用条件，所以冷滤点可用来评定燃料系统中燃料正常流动的最低温度，冷滤点的高低与油品的低温黏度和含蜡量相关。通常情况下，同一油品的浊点温度高于冷滤点温度，冷滤点温度高于凝固点温度。倾点定义为在规定条件下，所观察到的样品能够流动的最低温度，倾点与凝固点相类似也是表征油品低温特性的指标，我国习惯于用凝固点，而欧美各国习惯于用倾点；浊点定义为在规定条件下，清澈的液体石油产品由于蜡晶体出现而呈雾状或浑浊时的最高温度，测试浊点的目的是为了确定油品从单一的液相转变为固-液二相共存时的温度。

油品在低温下失去流动性是以“黏温凝固”和“构造凝固”二种情况共同作用的结果。当温度降低时油品中的烃类组分黏度增大，当黏度增大到某种程度时，就会变成无定形黏稠的玻璃状物质而失去流动性，这种情况称为“黏温凝固”。另一种作用是由于蜡的影响，当油品中的蜡受冷时，随着温度的逐渐下降，会逐渐结晶析出，先是产生少量极微细的结晶，继续降温，则油品中的蜡结晶逐渐长大，当温度下降至一定值时，结晶大量生成，连接成网，形成了结晶骨架，这个结晶骨架把在此温度下尚处在液态的油品包在其中，使整个油品丧失流动性。这种现象称为“构造凝固”。当前国内现行有效的测试油品低温性能的方法和适用对象见表25-1。

表 25-1 测定低温性能的方法和适用对象

序号	方法号	分析方法名称	适用对象
1	SY/T 0541—2009	原油凝点测定法	原油
2	GB/T 26985—2011	原油倾点测定法	原油

续表

序号	方法号	分析方法名称	适用对象
3	GB/T 2430—2008	航空燃料冰点测定法	航空燃料
4	SH/T 0770—2005	航空燃料冰点测定法（自动相转变法）	航空燃料
5	GB/T 510—1983（2004）	石油产品凝点测定法	润滑油、柴油和重油
6	SH/T 0248—2006	柴油和民用取暖油冷滤点测定法	柴油和民用取暖油
7	NB/SH/T 0179—2013	轻质石油产品浊点和结晶点测定法	航空汽油、喷气燃料和柴油
8	GB/T 6986—2014	石油产品浊点测定法	石油产品、生物柴油和生物柴油调和燃料
9	GB/T 3535—2006	石油产品倾点测定法	润滑油、柴油和重油和残渣燃料油
10	SH/T 0771—2005（2004）	石油产品倾点测定法（自动压力脉冲法）	润滑油、柴油和重油（残渣燃料油除外）
11	GB/T 3145—1992	苯结晶点测定法	苯

测定油品凝固点的常用方法有二个，分别为 GB/T 510 和 SY/T 0541，SY/T 0541 在样品预处理、温度计插入深度、样品降温速度和结果判断等方面与 GB/T 510 有差异。

常用的冰点测定方法有二种，分别为 GB/T 2430 和 SH/T 0770。GB/T 2430 为经典的手工冰点测定法，把样品置于测定试管中，降温后出现结晶，再升温用目视观察结晶消失的温度为冰点；SH/T 0770 为自动相转变法，用一定波长的光照射样品表面，根据结晶生成和消失时，光学检测器接受到的散射光数量不同来判断油品的冰点值。

常用的倾点测定方法有三种，GB/T 3535《石油产品倾点测定法》，SH/T 0771《石油产品倾点测定法（自动压力脉冲法）》和 GB/T 26985《原油倾点测定法》。其中 GB/T 26985 专门用于测定原油的倾点，有最高倾点和最低倾点的区分，样品测定前的热处理方式与 GB/T 3535—2006 有差异，前者在测定最高倾点时要求将样品在水浴中加热至高于预计倾点 20℃，但不应高于 60℃；在测定最低倾点时要求将样品在压力容器中加热至（105±2）℃保持 30min，后者要求将试样加热至 45℃或高于预期倾点 9℃（选择较高者），二个方法的其余的测定步骤和要求相同。SH/T 0771 为自动压力脉冲法，不适合测定原油，其测定原理与 GB/T 3535 完全不同，试样以一定的速度降温，以一定的温度间隔向试样表面施加一定压力的脉冲氮气流，由光学系统检测液面是否产生波纹，把检测到试样表面产生波纹的最低温度记录为倾点。

国内常用的测定浊点的方法有 GB/T 6986《石油产品浊点测定法》和 SH/T 0179《轻质石油产品浊点和结晶点测定法》，前者等效采用 ISO 3015—1974 标准，后者则参照采用前苏联国家标准 rOCT 5066—56 标准。二个方法有较大的差异，使用的样品测定试验管规格不相同，冷却浴的温度要求不相同，前者在样品冷却时不搅拌，后者样品边冷却边搅拌，只有当观察浊点时才停止搅拌。

第二节　石油产品凝点测定法

GB 510—1983（2004）

1. 适用范围

石油产品凝点测定法适用于测定石油产品的凝点。

2. 测定原理

将试样在规定温度的冷浴中冷却，试样停止移动时的最高温度即为凝点。

3. 方法概要

将一定试样装在规定的试管中，加热至50℃±1℃，然后在室温下冷却至35℃±5℃，将试管置于比试样预期凝点低7~8℃的冷浴中，当试样达到预期凝固点后，将冷浴连试管一起倾斜45°，保持1min，此后，从冷浴中取出试管，垂直放置观察试管内的液面是否有过移动的迹象，当液面位置有移动时，应把油样与试管重新放入50℃±1℃的水浴中重新加热至50℃±1℃，然后再降低预期凝点温度进行测定；当液面位置不移动时，把油样与试管重新放入50℃±1℃的水浴中重新加热至50℃±1℃，然后再升高预期凝点温度进行测定，直至确定某试验温度能使试样的液面停留不动而提高2℃又能使液面移动时，取使液面不动的温度为试样的凝点。

4. 影响因素及注意事项

油品的凝点与油品的化学成分有关，正构烷烃的凝点随着链长度的增加而升高，异构烷烃的凝点较正构烷烃的要低，不饱和烃的凝点较饱和烃的凝点低。油品的凝固点与其热历史有关，测定时应严格控制冷浴温度，确保冷浴温度比试样的预期凝点低7~8℃，冷却速度太快，一般会导致结果偏低。一次观察结束后，应放入50℃±1℃的水浴中重新加热，恢复其中的石蜡形成结晶网络的能力，或者弃去此次试样，重新取样进行试验，彻底避免潜在的热历史对样品凝固点的影响，对于添加有降凝剂的柴油，不能采用再次加热的方式来测定凝固点，再次加热存在破坏降凝剂降凝效果的风险。当油样的试验温度低于-20℃时，应把装样试管在室温下升温至-20℃以上时，再放入50℃±1℃的水浴中重新加热。当试样温度冷却到预期的凝点需要倾斜45°时，倾斜动作不要太剧烈，防止人为破坏"结晶网络"。

在产品质量验收试验及仲裁试验时，只要试样的水分在产品标准允许范围内，不能对试样脱水后进行凝固点测定。当样品中含有较多水分时，试验前应用新锻烧的小粒状氯化钙或粉状硫酸钠进行脱水，取上层清液作为样品。测定凝固点时，不能对测定用样品进行过滤，过滤会使微量蜡成分残留在滤纸上，使测定结果产生偏差。

第三节 原油凝点测定法

SY/T 0541—2009

1. 适用范围

原油凝点测定法适用于含水质量分数不超过0.5%的原油。

2. 测定原理

在一定的冷却速度下，原油冷却至某一临界温度，直至将试管水平放置5s而试管内样品不流动时的最高温度，即为该原油的凝点。

3. 方法概要

将经预热至50℃±1℃后试样装入试管中，以0.5~1℃/min的冷却速度冷却试样至高于预期凝点8℃时，从冷却套管中取出试管使之微微倾斜，观察液面是否有移动的迹象，若液面移动，则平稳、迅速将试管放回到套管内继续冷却，每降2℃观察一次试样的流动性，直至液面无移动的迹象时，立即将试管水平放置5s，如液面不发生移动，记录该温度为原油的凝点。

4. 影响因素及注意事项

原油样品组分分布宽，测定前样品需做均匀性处理，使原油样品有较好的流动状态下，搅拌均匀，保证样品的代表性。分析过程中温度计插入试管深度与 GB 510 不同，水银球离试管底部 20mm±2mm，而 GB 510 规定水银球离试管底部 8～10mm。原油凝固点测定时，样品的冷却速度与热历史与测定结果有较大关联性，同一个样品不能连续加热进行重复测试，样品与冷却液的温度差应在 10～25℃之间，若试样与冷却液的温度差小于 10℃仍未凝固，应将试管与套管一并转移到下一级冷浴。

第四节 航空燃料冰点测定法

GB/T 2430—2008

1. 适用范围

航空燃料冰点测定法规定了喷气燃料和航空活塞式发动机燃料冰点的测定方法。

2. 测定原理

在规定冷却条件下，航空燃料经过冷却形成固态烃类结晶，然后使燃料升温，当烃类结晶消失时的最低温度，即为航空燃料的冰点。

3. 方法概要

取 25mL 试样倒入洁净、干燥的双壁试管中，装好搅拌器及温度计，将双壁试管放入有冷却介质的保温瓶中，不断搅拌试样使其温度下降，直至试样中开始呈现为肉眼能看见的晶体，然后从冷剂中取出双壁试管，使试样慢慢地升温，并连续不断地搅拌试样，直至烃类结晶完全消失时的最低温度即为样品的冰点。

4. 影响因素及注意事项

微量水会干扰喷气燃料冰点的测定，样品应保存在室温下密封容器中，尽量避免水气的带入，如有可能本测定应在空调室内进行。用无水乙醇、丙醇、异丙醇为冷却剂时，当冷剂中因空气中的水分渗入在低温下混浊时，会影响对结晶出现的判定，此时应更换冷剂。在分析过程中，当温度降至接近-10℃时出现云状物，继续降温云状物不再增加，此云状物是由于样品中微量水分引起，可以不考虑此类云状物，当试样中开始出现肉眼能看见的晶体时，此时的温度才为结晶出现时的温度。试验中搅拌器以 1～1.5 次/s 的速度不断地搅拌试样，且搅拌器的圈上部不得露出试样液面，下部不能触及底部，否则可能会影响结晶的生成。正常情况下，结晶出现的温度应低于结晶消失的温度，且这两个温度一般不大于 6℃，若出现二者温度相差超过 6℃，应重新取一份试样分析。

第五节 航空燃料冰点测定法(自动相转换法)

SH/T 0770—2005

1. 适用范围

航空燃料冰点测定法(自动相转换法)规定了喷气燃料冰点的测定方法，适用于测定冰点的范围为-80～+20℃。

2. 测定原理

自动冷却一个航空燃料试样，用一个与样品成锐角的光源照射样品，样品中未出现结晶时，反射光未射到光学检测器上，当样品中出现结晶时，固-液相界面分散了反射光束，使光学检测器接受到的反射光信号，信号值增大，对样品升温，结晶消失，光学检测器检测到的信息又回到初始值，以试样中最后的结晶消失时的试样温度为冰点。

3. 方法概要

用进样器量取 0.15mL±0.01mL 的试样注入样品杯中，用珀尔帖制冷器以 15℃/min±5℃/min 的速率冷却，用一光源持续照射样品。用光学阵列检测器监测样品反射的信号，以观察固态烃类结晶的形成。一旦烃类结晶形成，试样就开始以 10℃/min±0.5℃/min 的速率升温，直到最后的烃类结晶转变成液相，当试样中最后的结晶消失时的温度被记录为冰点。

4. 影响因素及注意事项

仪器应摆放于平稳无震动的平台之上，震动可能会引起错误信号造成误判，仪器所在房间湿度大时，有可能会导致此类仪器的异常测定结果。自动相转换法测定冰点所需的样品量少，测定过程中由仪器自动检测，更应避免水分带入到样品中，测定时的样品吹扫气必须经过干燥处理，需要定期活化干燥剂，否则吹扫气中的水分遇低温会形成冰晶，导致冰点测试结果偏离，或者仪器无法检测出正常的信号值。相转变法测定冰点时仅需要 0.15mL±0.01mL 样品，在每次测定前样品池要彻底清洗，清洗样品池时应用用塑料或纸杆的棉签，避免硬质材料对高光洁度的镜面磨擦损伤。测定结束后，应检查仪器检测到的光学信号曲线是否正常，若与正常曲线有差异时，应使用 GB/T 2430 对样品进行检测。按此分析技术设计的仪器对样品的适应性还需要进一步研究，部分样品会在此类仪器上测不出结果，或者测定结果偏高，应慎重判断此类仪器的测定结果。

第六节　石油产品倾点测定法

GB/T 3535—2006

1. 适用范围

石油产品倾点测定法规定了测定石油产品倾点的方法，同时也叙述了测定燃料油、重质润滑油基础油和含有残渣燃料组分的产品下倾点的试验步骤。

2. 测定原理

试样经预加热后，在规定的速率下冷却，每隔 3℃检查一次试样的流动性，记录观察到试样能够流动的最低温度作为倾点。

3. 方法概要

将试样装入测定试管中，插入倾点专用温度计，将试样加热到 45℃或高于预期倾点 9℃（选择较高者），根据试样的预期的倾点，把试样置于合适的冷浴中，在不搅动试样的情况下将温度降至预期倾点以上 9℃时，开始每隔一定温度（3℃）将试管倾斜一次，快速（不超过 3s）观察试样表面的流动性，当倾斜试管而样品不流动时，立即将试管放置水平位置 5s，并仔细观察试样表面是否流动，试样不移动的温度加上温度间隔（3℃）作为试样的倾点，当试样温度达到冷浴温度时，把试样移至下一级冷浴中测定，直至测定试样的倾点。

测定燃料油、重质润滑油基础油和含有残渣燃料组分的产品的下（最低）倾点时，在搅动的情况下，先将试样加热至105℃，再按倾点测定步骤进行测定。

4. 影响因素及注意事项

石油产品为沸程较宽的混合物，其热历史对倾点测定结果有影响，试样的预加热温度，测定过程中的冷浴的切换时机均应严格按照规程要求执行。装配测定试管时，温度计插入位置对测量结果有较大影响，要求温度计和试管在同一中心轴线上，且温度计的毛细管起点在试样液面下3mm处。在测定过程中尽量避免试样被扰动，取出试管观察时要求平稳、迅速操作。过度的扰动会破坏石蜡“结晶网络”，从而使测得结果偏低。对于倾点值较为明确的试样可以减少倾斜次数，减少对试样的扰动次数，提高测量精度。本方法规定每隔3℃观察一次试样的流动性，两次观察温度之间的温度点就成为该试样的检测盲点，因此需要重复多次试验来弥补对盲点温度的观察，不能采用加密观察点的办法如每隔1℃观察流动性来弥补温度盲点。

第七节　石油产品倾点测定法(自动压力脉冲法)

SH/T 0771—2005

1. 适用范围

石油产品倾点测定法(自动压力脉冲法)规定了使用自动仪器测定石油产品倾点的方法，适用范围是-57~51℃。不适用于原油倾点的测定。

2. 测定原理

系统加热试样至预设温度后，用一个与样品成锐角的光源照射样品，以1.5℃/min±0.1℃/min速率降温，每降1℃(或3℃)给试样表面施加一定压力的脉冲气流(氮气)，此时液面产生的搅动(波纹)会导致入射光在试样表面的漫反射，试样的流动性愈好，产生的漫反射信号愈多，试样完全凝固后，脉冲气流不能使液面产生波纹，入射光不会产生漫反射信号，用光学系统检测漫反射信号的强弱来判断试样的流动性，把检测到试样表面产生波纹的最低温度记录为倾点。

3. 方法概要

用进样器量取0.15mL±0.005mL的试样注入样品杯中，用珀尔帖制冷器以1.5℃/min±0.1℃/min的速率冷却，用一光源持续照射样品。用光学阵列检测器监测样品反射的信号，以观察固态烃类结晶的形成。一旦烃类结晶形成，试样就开始以10℃/min±0.5℃/min的速率升温，直到最后的烃类结晶转变成液相，当试样中最后的结晶消失时的温度被记录为冰点。

用进样器量取0.15mL±0.005mL的试样注入样品杯中，用珀尔帖制冷器以1.5℃/min±0.1℃/min的速率冷却试样，用一光源持续照射样品。根据所选择的1℃或3℃温度间隔，每降低1℃或3℃施加一次压缩脉冲氮气到试样的表面，用一组光学检测器检测试样表面的移动，当施加压缩脉冲氮气时观察不到试样表面的移动时，就是试样的不流动点，最后一次施加压缩脉冲氮气时可以观察到试样表面移动的温度被记录为倾点。

4. 影响因素及注意事项

仪器应摆放于平稳无震动的平台之上，震动可能会引起错误信号造成误判。自动相转换法测定倾点所需的样品量少，应避免样品的污染，在每次测定前要要彻底清洗样品池，清洗样品池时应用用塑料或纸杆的棉签，避免硬质材料对高光洁度的镜面磨擦损伤。测定结束后，应检查仪器检测到的光学信号曲线是否正常，若与正常曲线有差异时，应使用手工目测法对样品进行检测。测定时所用的氮气要干燥，氮气中的微量水会造成倾定结果偏高。脉冲氮气的压力和流速要适宜，否则会对液面造成过度扰动，破坏结晶网格，从而影响测量结果。当预设试样倾点与实际值相差太大时，对试样表面的扰动次数过多时，对测量结果有影响，应在预测的基础上，确定预设试样的倾点。

第八节　原油倾点的测定

GB/T 26985—2011

1. 适用范围

原油倾点的测定规定了测定原油倾点的方法，包括最高(上)倾点和最低(下)倾点。适用于倾点不低于-36℃、水含量(质量分数)不大于0.5%的原油。

2. 测定原理

原油样品经预加热后，在规定的速率下冷却，每隔3℃检查一次试样的流动性，记录观察到试样能够流动的最低温度作为倾点。

3. 方法概要

同本章第六节，当需要测定最低(下)倾点时，将50g样品倒入清洁的压力容器，加热至105℃±2℃，保持30min，再在室温下放置20min。从其中取试样进行倾点分析。

4. 影响因素及注意事项

同本章第六节。除此以外，原油样品沸程宽，取样时要确保轻组分不挥发。

第九节　柴油和民用取暖油冷滤点测定法

SH/T 0248—2006

1. 适用范围

柴油和民用取暖油冷滤点测定法规定了使用手动仪器和自动仪器测定柴油和民用取暖油冷滤点的方法。适用于馏分燃料，包括含有流动改进剂或其他添加剂，供柴油发动机和民用取暖装置使用的燃料的冷滤点测定。

2. 测定原理

试样在规定条件下冷却，通过规定真空度的抽滤装置抽滤，当试样不能流过标准过滤网或20mL试样流过过滤网的时间大于60s或试样不能完全流回试杯时的最高温度为试样的冷滤点。

3. 方法概要

取45mL试样至试杯中，安装好冷滤点测定组件，加热试样至35℃±5℃，然后将试样放入到-34℃±0.5℃的冷浴中，待温度下降至合适的值时，启动真空抽滤，试样通过过滤网进入吸量管，记录试样达到吸量管刻度标记的时间，当试样达到吸量管刻度标记时，停止抽滤并放空使样品返回到试杯中，试样温度每降低1℃，重复操作，直到60s时间试样不能充满吸量管，记录此次抽滤开始的温度即为试样的冷滤点。如果试样充满吸量管刻度标记处时间小于 60s，但是在停止抽滤并放空后，吸量管中的液体不能全部自然流回到试杯中，则记录此次抽滤开始的温度为试样的冷滤点。当试样降到-20℃时还未达到冷滤点，则应将试杯转移至-51℃±1℃的冷浴中继续试验，当试样降到-35℃时还未达到冷滤点，则应将试杯转移至-67℃±2℃的冷浴中继续试验，当试样降到-51℃时还未达到冷滤点，则停止试验并报告结果为"-51℃时未堵塞"。

4. 影响因素及注意事项

冷滤点测定时，测试样品在一定温度下通过一个 330 目的过滤网的能力，试样中小颗粒机械杂质的存在，会堵塞过滤网，造成结果偏高，试验前应将试样加热到 15℃以上，用不起毛的干燥滤纸过滤，以除去杂质。每次试验前都应使用放大镜检查滤网是否有堵塞现象，如有堵塞则废弃该滤网，建议根据测试样品的清洁程度定期更换滤网。当采购到新滤网时，应采用抽样检验的方法对滤网进行验收。在分析添加低温流动性改进剂的样品时，建议每次采用新样品进行测试，重复抽吸样品有可能导致错误的测试结果。在添加有低温流动性改进剂的样品时，较容易发生试样充满吸量管刻度标记处时间小于 60s，但是在停止抽滤并放空后，吸量管中的液体不能全部自然流回到试杯中的现象，此点即为样品的冷滤点。抽滤过程会影响样品中蜡的结晶生成过程，因此对于常规样品，在抽滤时中一定要提前 5~6℃并且每下降 1℃进行一次抽滤，要抽到试样达到刻度量管 20mL 刻度处才能停止，即使观察到抽滤速度很快能确保抽滤时间小于 60s 也要抽滤到刻度处。每次试验前用丙酮对系统清洗后，要用压缩风把测试系统干燥，如果系统中残留丙酮，微量的丙酮会使结晶不易生成而使样品的结果偏低。

无论是自动仪器还是手工仪器，应使用有证标准物质每年对仪器校正两次，应定期用已知冷滤点的质控样品对仪器进行验证，当试验结果的偏差超出标准规定的重复性时，应对仪器系统进行全面检查确认。

第十节　石油产品浊点测定法

GB/T 6986—2014

1. 适用范围

石油产品浊点测定法适用于测定在 40mm 层厚时透明、且浊点低于 49℃的石油产品、生物柴油和生物柴油调和燃料的浊点。

2. 测定原理

将清澈透明的试样放入仪器中，以分级降温的方式冷却试样，当试样中有蜡晶体形成时，试管底部会出现蜡晶体而呈现雾状或浑浊，通过目测或光学系统的连续监测，以试管底部首次出现蜡晶体而呈现雾状或浑浊的最高试样温度作为试样的浊点。

3. 方法概要

将试样注入浊点测定试管至刻度处，根据预计浊点温度值选择合适的温度计，使温度计和试管在同一轴线上，且温度计的水银球刚好接触到试管底部。把浊点测定试管置于 0℃±1.5℃的冷浴中，温度计读数每下降 1℃，在不搅动试样的情况下，迅速将试管取出，观察浊点，然后再放入套管，重复操作，直至试管底部出现蜡晶体而呈现雾状或浑浊时，记录温度计读数为浊点。按表 25-2 确定试样分级降温的冷浴。

表 25-2 分级降温的冷浴温度

序号	浴温设定/℃	适用的试样温度计读数范围/℃
1	0±1.5	开始~9
2	-18±1.5	9~-6
3	-33±1.5	-6~-24
4	-51±1.5	-24~-42
5	-69±1.5	-42~-60

4. 影响因素及注意事项

若待测样品在室温下不透明，应将样品加热到至少高于预期浊点 14℃，且不能超过 49℃，用无水硫酸钠脱水，并用干燥不起毛的滤纸过滤至透明。若在判断浊点结果时发现试管中试样呈现整管浑浊时，说明试样中可能含有微量的水分，应重新取一份试样进行脱水后再测定。

装样用试管要在确保内径、高度符合方法要求的前提下，还必须要求其在 45mL 处有标线，这样才能保证每次试样量的一致，避免由于试样量的差异，导致测定结果的偏差。浊点测定过程中不能将试管直接放入冷却介质中，测量的整个过程中必须要有套管，转移试管至下一个冷浴时，不能带套管一起转移。使用光学浊点测定仪检测试样浊点时，还需用有证标准样品(CRM)、标准样品(RM)、实验室间比对样品和能力验证样品等核查仪器，确保这些样品所测得的浊点结果在标称值或中位值的±1℃范围内。

第十一节 轻质石油产品浊点和结晶点测定法

NB/SH/T 0179—2013

1. 适用范围

轻质石油产品浊点和结晶点测定法规定了轻质石油产品浊点和结晶点的测定方法，本方法适用于测定航空汽油、喷气燃料和柴油等轻质石油产品。

2. 测定原理

试样在比其预期浊点低 15℃±2℃的冷浴中，在 60~200 次/min 的搅拌速度下进行冷却，当试样中有蜡晶体形成时，试管内出现蜡晶体而呈现雾状或浑浊，通过目测，以试样首次出现蜡晶体而呈现雾状或浑浊的最高温度作为试样的浊点，试样中出现肉眼可见的晶体时的温度为结晶点。

3. 方法概要

将试样混合均匀，如果试样含有游离水，在试样中加入新锻烧过的粉状硫酸钠或粒状氯化钙进行脱水，取上层清液用滤纸过滤，将试样分别倒入二支试验管中，安装好温度计，将一支试验管置于其预期浊点低 15℃±2℃的冷浴中，在 60~200 次/min 的搅拌速度下进行冷却，当试样温度达到预期浊点前 5℃时，将试管从冷浴中取出与另一支试管进行比较，把试样开始出现浑浊的温度记为浊点；降低冷剂温度比预期结晶点温度低 15℃±2℃，在 60~200 次/min 的搅拌速度下进行冷却，当试样温度达到预期结晶点前 5℃时，将试管从冷浴中取出与另一支试管进行比较，把试样开始出现结晶的温度记为浊点。

4. 影响因素及注意事项

测定时，冷却浴的温度应保持比预期的浊点和结晶点低 15℃±2℃，如温差过大，降温速度过快会造成测量结果偏高。样品的搅拌速度要均匀，防止搅拌器与温度计摩擦，以保证在整个降温过程中石蜡晶体能在一定条件下形成并析出，如实验所用的双壁玻璃试管没有焊闭，则应在内外管之间加入 0.5~1mL 无水乙醇，以防止试管夹层壁结霜，影响目视观察。如果需要重复测定时，应重新取样，使用清洁、干燥的试管进行第二次试验，不能采用对试管内的样品重新加热的办法进行第二次测定。

第十二节　苯结晶点测定法

GB/T 3145—1982

1. 适用范围

苯结晶点测定法适用于测定苯的结晶点。

2. 测定原理

纯物质有特定的结晶点，当苯被冷却到一定温度后，有固体结晶析出，结晶放热，温度回升，回升达到的最高温度即为样品的结晶点。

3. 方法概要

将混合均匀的试样倒入至小试管中至刻度，滴加 1 滴蒸馏水，剧烈摇动使水在样品中均匀，把带有温度计和搅拌器的软木塞插入小试管中，把小试管直接插入已降至 0℃的冰水混合浴中，在不断搅拌下使试样温度降至 6℃后，把小试管插入到大试管中，一并插入冷浴中，继续不断搅拌，观察到温度下降至一最低点，又升高至一最高点，恒定不少于 30s，以最高点的恒定温度为结晶点。测定值是含水的苯的结晶点，将含水试样的结晶点加上 0.09℃换算成不含水试样的结晶点，0.09℃的换算依据如下：

苯的结晶点，就是在 101.325kPa(1 个大气压)下，固相苯和液相苯达到平衡时的温度。当苯试样中含水时，因为在同温度下水的蒸气压比苯的蒸气压小，随着苯与水以悬浮混合状态所形成不分层溶液蒸气压的降低，也引起了苯晶体开始析出时温度降低。0.09℃这一数值，就是根据苯结晶温度 5.5℃时，100g 苯和水混合达到饱和时所溶解的水的克数，按下面结晶点降低公式推算出来的结晶点下降值。

$$\Delta T = K_f \frac{1000 \times g}{M \times G}$$

式中 ΔT——为含水苯试样的结晶点下降值,℃；

K_f——为苯的结晶点降低常数，通常为 5.12；

g——在苯结晶温度 5.5℃时，所取苯试样量和水溶解至饱和时水的质量，g；

M——水的相对分子质量；

G——苯试样的质量，g。

按上式计算 ΔT，应先确定 G 和 g 的数值。首先，分析时加入小试管中的苯试样量为 23mL，苯的密度 $\rho_{20}=0.879$，其质量 $G=0.879\times23=20.2$(g)。

当苯与水混合时，只有微量水溶解于苯中形成水在苯中的饱和溶液，在一定温度下，饱和溶液中苯与水两成分的比例为恒定值，已知在苯结晶点的 5.5℃时，苯试样中能溶解的水量为 0.0317%(质量分数)，在 20.2g 苯试样中溶解的水量则为：

$$100:20.2 = 0.0317:x$$

$$x = \frac{20.2 \times 0.0317}{100} = 0.00644(\text{g})$$

代入结晶点降低公式则得：

$$\Delta T = 5.12 \times \frac{1000 \times 0.00644}{18 \times 20} = \frac{32.46}{360} = 0.09(℃)$$

由于水溶解在苯中使结晶点降低，所以在换算为不含水的苯的测定结果，要加上 0.09℃。

4. 影响因素及注意事项

测定石油苯结晶点时采用小试管套入大试管的目的在于减少冷浴向小试管的热传导，使小试管内苯试样的温度下降速度为 0.4~0.8℃/min 之间，避免小试管直接放入冷浴中冷却速度过快，生成结晶时，结晶放热小于冷浴向小试管传递的冷量，使温度计温度不回升或者略微回升后又下降，分析失败。当苯的纯度不高时，结晶点温度与纯苯的结晶点值有较大的差异，表现为在结晶点温度计示值范围内无结晶点，此时应使用色谱法分析样品的组成，确认是否是由于纯度不高而使结晶点分析失败。

由于苯极易吸收水分，样品含水会使结晶点的分析结果偏低，为了修正不同的水分对样品结晶点的影响，使测定结果具有可比性，向小试管内的样品中加入一滴蒸馏水，使试样和水相互溶解达饱和状态，再对结晶点的降低值按饱和水进行修正。

测定过程中，搅拌速度至少要每秒一次，否则会引起样品局部降温过快而无法测出结晶点，当观察到温度计读数下降至一最低点，然后又升高至一最高点，此最高点温度必须恒定不少于 30s，否则须重新取样进行测试。

测定苯结晶点的温度计的温度显示范围较窄，分度细，不使用时必须垂直放置在冰箱中，否则非常容易破坏温度计的灵敏度。

在苯结晶点测定结果补正时，其中一个补正值为汞柱外露部分的温度校正值，它是指温度计汞柱受室温影响而上升或下降的值。

第二十六章 黏度测定

第一节 概 述

黏度是石油产品的重要质量指标，它是液体流动时内磨擦力的量度，黏度值随温度的升高而降低。它的表示方法一般分为两大类，一类是绝对黏度，绝对黏度可分为动力黏度和运动黏度；另一类是条件黏度，条件黏度是指采用特定的黏度计，所测定的条件单位表示的黏度。条件黏度分为恩氏黏度、赛氏黏度和雷氏黏度。

动力黏度是表示液体在一定剪切应力下流动时内磨擦力的量度，其数值等于液体流动的剪切应力与剪切速度之比，用符号 η 表示，在国际单位制以帕·秒(Pa·s)表示，习惯用厘泊(cP)为单位。

运动黏度是表示液体在重力作用下流动时内磨擦力的量度。其值为相同温度下，液体的动力黏度与密度之比，用符号 ν 表示，在温度 t 时的运动黏度以 ν_t 表示。其国际单位制以 mm^2/s 表示，习惯上用厘斯(cSt)，$1cSt = 1mm^2/s = 10^{-6}m^2/s$。

油品黏度与它的化学组成密切相关，它反映了油品中烃类的组成特性。油品黏度通常随着它的沸程增高而增加，同一沸程的馏分，因其化学组成的不同，黏度大小也不同。同一碳数时，烷烃黏度<异构烷烃黏度<环烷烃黏度；在单环和双环烃化合物中，环烷、环烷类芳烃黏度>芳烃黏度；但在三环及三环以上的化合物中，芳烃的黏度却高于环烷及环烷类芳烃的黏度。

黏度是评价油品流动性能的指标。在油品的流动和输送过程中，黏度是流速和压力降的主要影响因素，在工艺设计计算中，黏度是不可缺少的物理参数之一。

黏度可决定加工工艺条件，确定馏分的切割范围及判断润滑油的精制深度。润滑油精制中，多环短侧链的稠环芳烃及胶质除去越多，精制后油品黏度越小。通常，未经精制的馏分油黏度>经硫酸精制的馏分油黏度>用溶剂精制的馏分油黏度。

黏度是柴油、船用燃料油的重要质量指标之一，是船用燃料油划分牌号的依据。黏度对内燃机的启动性能、磨损程度、功率损失和工作效率等都有直接的影响，它可决定柴油在内燃机内雾化及燃烧的情况，黏度过大喷油嘴喷出的油滴颗粒大，雾化状态不好，空气混合不充分，燃烧不完全，影响发动机功率消耗；黏度过小，易挥发，易损失，同时会影响油泵润滑，增加活塞磨损。

黏度是润滑油重要的质量指标。在产品标准中，大部分润滑油的牌号是以运动黏度的平均值来划分。正确选择一定黏度的润滑油，可充分发挥润滑的作用，保证发动机处于稳定可靠的工作状况。

测定石油产品运动黏度的分析方法主要有 GB/T 265《石油产品运动黏度测定法和动力黏度计算法》，主要用于透明的轻质油品的黏度测定，测定开始时在记时开始点和记时结束点之间的毛细管中充满样品，样品从记时开始点在重力作用下自上而下流向记录结束点；GB/T 30515《透明和不透明液体石油产品运动黏度测定法及动力黏度计算法》，主要用于测定透明和不透明液体石油产品黏度测定，对于透明液体石油产品，测定开始前，在记时开始点和记时结束点之间的毛细管中充满样品，样品从记时开始点自上而下流向记录结束点；对于不透明液体石油产品，测定开始前，计时开始点和记时结束点之间的毛细管中没有样品，样品自下而上从记时开始点流向记时结束点 GB/T 11137《深色石油产品运动黏度测定法(逆流法)和动力黏度计算法》主要用于深色石油产品的黏度测定，测定开始前，计时开始点和记时结束点之间的毛细管中没有样品，样品自下而上从记时开始点流向记时结束点；SH/T 0739《沥青高温黏度测定法(旋转黏度仪法)》适用于测定沥青类样品的黏度，通过测定转子在样品中的扭距来计算样品的黏度；SH/T 0557《石油沥青黏度测定法(真空毛细管法)》适用于沥青的动力黏度，用规定的真空抽力，把沥青样品自下而上从记时开始点流向记时结束点。

第二节　石油产品运动黏度测定法和动力黏度计算法 GB/T 265—1988(2004)

1. 适用范围

石油产品运动黏度测定法和动力黏度计算法适用于测定液体石油产品(指牛顿液体)的运动黏度。

2. 测定原理

在某一恒定的温度下，测定一定体积的液体在重力作用下流过一个标定好的玻璃毛细管黏度计的时间，流动时间与黏度计毛细管常数乘积，即为该温度下测定的液体的运动黏度，黏度计毛细管常数由标油的已知黏度值与其流动时间之比测出。

3. 方法概要

根据样品预计的黏度值，选择合适的毛细管黏度计，将样品吸入至黏度计标线 b，将黏度计垂直放置于试验温度±0.1℃的黏度浴中，根据样品的试验温度要求恒温指定时间后，测定试样从黏度计标线 a 到标线 b 时的流动时间，重复测定至少四次，其中各次流动时间与算术平均值的差数应符合规程规定的要求，然后计算不少于三次流动时间的算术平均值，作为试样的平均流动时间计算试样的黏度值。

4. 影响因素及注意事项

试验前试样必须进行脱水及过滤，如果试样中有水，它不仅占有试油的体积，而且水的黏度小密度大，在较高的温度下会气化，低温时又凝结，影响液体石油产品在黏度计中的正常流动，使测定结果产生偏差。机械杂质混入试样中时，哪怕是微量的也会黏附在毛细管内壁，阻碍液体的正常流动，增长流动时间，使测定结果偏高，严重时会堵塞毛细管，影响黏度的测定。试样中存有气泡时，气泡进入黏度计毛细管后，会形成气塞现象，增大液体流动的阻力，使流动时间拖长，测定结果偏高。

测定黏度时必须使用检定合格的黏度计，否则会使结果产生较大偏差，当对样品的测定结果怀疑时，可以采用测定标油的办法对黏度计进行验证，以排除黏度计毛细管内部细微的变化对测定结果的影响。

试样在黏度计毛细管中的流动时间对测定结果有影响，在运动黏度测定时，必须选用合适的黏度计，使试样的流动时间不少于 200s，内径 0.4mm 的黏度计流动时间不少于 350s。油品的黏度随温度的升高而减小，随温度的降低而增大，微小的温度变化都会使测定结果产生较大的偏差，因此试验温度必须保持恒定到±0.1℃，试样在恒温浴中必须保持足够的恒温时间，使试样各个部分均能达到规定的温度，当测试温度与室温的温度差越大，达到恒温时间就越长，可在方法规定的恒温时间上延长时间。

黏度计安装时，必须用铅垂线调整成垂直状态，若黏度计倾斜就会改变样品受到的重力值使静压力减少及内摩擦力增大，影响测定结果的准确性，毛细管黏度计安装于恒温浴中，必须把毛细管黏度计的扩张部分浸入一半以上，防止试样试验中露出恒温浴液面使样品温度变化，影响测定结果。

从使用方法上区分，温度计可以分为全浸式温度计和局浸式温度计两种，全浸式温度计在测量液体时需要将玻璃温度计全部放入被测物中，局浸式只需浸入温度计上标明的指定位置即可，在选择使用温度计时，要确认温度计上的“全浸”和“分浸”标识，当使用全浸式温度计，如果它的测温刻度露出恒温浴的液面时，就应该使用依照下式计算温度计液柱露出部分的补正数Δt，试验时的浴温等于温度计观察值加上补正值。

$$\Delta t=k\times h(t_1-t_2)$$

式中 k——常数，水银温度计采用 $k=0.00016$，酒精温度计 $k=0.001$；

h——露出在浴面上的水银柱或酒精柱高度，用温度计的度数表示；

t_1——测定黏度时的规定温度，℃；

t_2——接近温度计液柱露出部分的空气温度，℃（用另一支温度计测出）。

第三节 深色石油产品运动黏度测定法（逆流法）和动力黏度计算法

GB/T 11137—1989(2004)

1. 适用范围

深色石油产品运动黏度测定法（逆流法）和动力黏度计算法规定了用逆流黏度计测定深色石油产品的黏度及通过测得的运动黏度计算动力黏度的方法。本标准适用于深色石油产品，但不适用于测定沥青的黏度。

2. 测定原理

同本章第二节，逆流法用于测定深色石油产品，GB/T 265 主要用于测定浅色石油产品。

3. 方法概要

根据样品预计的黏度值，选择合适的毛细管黏度计，将样品充满球至装样标线 a，将黏度计垂直放置于试验温度±0.1℃的黏度浴中，根据样品的试验温度要求恒温指定时间后，测定试样通过黏度计球 C 所需的时间，重复测定至少四次，其中各次流动时间与算术平均值的差数应符合规程规定的要求，然后计算不少于三次流动时间的算术平均值，作为试样的平均流动时间计算试样的黏度值。

4. 影响因素及注意事项

同本章第二节。

第四节 透明和不透明液体石油产品运动黏度测定法及动力黏度计算法

GB/T 30515—2014

1. 适用范围

透明和不透明液体石油产品运动黏度测定法及动力黏度计算法规定了采用玻璃毛细管运动黏度计测定液体石油产品运动黏度的方法，及其动力黏度的计算方法。本标准适用于透明和不透明的液体石油产品。

2. 测定原理

同本章第二节。

3. 方法概要

透明石油产品同本章第二节，不透明石油产品同本章第三节。

4. 影响因素及注意事项

同本章第二节。

GB/T 30515—2014 与 GB/T 265—2004 的主要区别点见表 26-1。

表 26-1 两个方法的主要区别点

内容		GB/T 30515—2014	GB/T 265—2004
恒温浴	15～100℃	±0.02℃	±0.1℃
	其他温度	±0.05℃	±0.1℃
样品处理	含水	滤纸过滤脱水	滤纸过滤脱水
	含机械杂质	75μm 的滤网过滤	滤纸过滤
流动时间		不少于 200s	流动时间不少于 200s，内径 0.4mm 的流动时间不少于 350s
结果计算		二次测定结果符合 GB/T 30515 的确定性要求时，取平均值计算为试样的运动黏度	重复测定至少四次，其中各次流动时间与其算术平均值的差数应符合如下要求：在温度 15～100℃测定黏度时，这个差数不应超过算术平均值的±0.5%，在温度-30～15℃测定黏度时，这个差数不应超过算术平均值的±1.5%，在低于-30℃测定黏度时，这个差数不应超过算术平均值的±2.5%，然后，取不少于三次的流动时间所得的算术平均值，作为试样的平均流动时间

第五节 沥青高温黏度测定法(旋转黏度仪法)

NB/SH/T 0739—2014

1. 适用范围

规定了用旋转黏度仪和采用恒温室测量从 38～260℃温度范围内恒定试验温度下沥青材料表观黏度的试验方法。

2. 测定原理

表观黏度指的是牛顿流体或非牛顿流体的剪切应力与剪切速率的比值。牛顿流体指符合牛顿公式的流体，黏度只与温度有关，与切变速率无关。非牛顿流体指不符合牛顿公式的流体，其黏度值受切变速率影响。

在规定的温度下，转子插入盛有沥青的样品筒中，转子在沥青中转动所产生的扭矩与沥青的黏度成正比，扭矩与仪器系数的乘积即为沥青的黏度，用 mPa · s 表示。

3. 方法概要

将仪器的恒温室温度设定至测试所需的温度，将转子和样品筒放入仪器的恒温室中恒温 15min，然后移出样品筒并加入预先加热好的沥青试样，用取样夹具将装好沥青的样品筒放入仪器恒温室中，挂好转子并垂直插入样品筒中心，平衡温度 15min。开启黏度仪，使旋转黏度计在一个速率下旋转并使在这个速率旋转产生的扭矩在仪器扭矩容量的 10%~90%之间，试样在这个速率下平衡 5min 后，仪器自动进行测量，每分钟记录一次黏度或扭矩，记录三个读数，扭矩乘以适当的因子得到黏度数值，以三个数据的平均值为测定结果。

4. 影响因素及注意事项

测定前，要检查仪器各个着力点是否着力，不得有悬空；高度控制器正好与炉膛上位置控制器的底部接触；黏度仪必须放置水平，即仪器的水准器气泡位于水准器中心处。待测定沥青的加热温度不得超过其软化点 110℃，测定时，开启黏度仪选择适合的转速，扭矩要控制在 10%~98%内，以 50%左右为最佳。

第六节 石油沥青黏度测定法(真空毛细管法) SH/T 0557—1993

1. 适用范围

石油沥青黏度测定法(真空毛细管法)适用于以真空毛细管黏度计测定 60℃时石油沥青的动力黏度。也可以用于测定黏度在 0. 0036~20. 000Pa · s 范围的其他物质。

2. 测定原理

在严格控制真空度和温度的情况下，测定一定体积的液体流过毛细管所需的时间。流动时间乘以黏度计校正系数即为液体的黏度，用 Pa · s 表示。

3. 方法概要

将水浴温度保持在试验温度的±0. 03℃范围内，选择流动时间大于 60s 的清洁干燥的黏度计，将黏度计预热到 135℃±5℃，向黏度计内装入已预先加热到 135℃±5℃的沥青样品，并使其达到装料线±2mm 的高度，把已装好样品的黏度计放入 135℃±5℃的烘箱中，使其保持 10min±2min，以赶出气泡，在 5min 内将黏度计外套管夹在架子上垂直放入水浴中，使最上面的计时标志刻度位于水浴液面下至少 20mm，建立 13339Pa±67Pa(300mmHg±0. 5mmHg)的真空系统，将黏度计与真空系统连接起来，恒温 30min±5min 后，打开通向真空系统管路上的调节阀，使沥青流入毛细管，测定弯月面前沿通过两个计时标志刻度所需的时间，精确到 0. 1s，报告两个计时标志刻度间第一个超过 60s 的流动时间，并注明这对计时标志刻度的标号，流动时间乘以黏度计校正系数即为所测沥青样品的黏度。

4. 影响因素及注意事项

测定前要检查真空毛细管黏度计，确保套管内以及毛细管内无残留物质。每支黏度计使用过10次后就要用铬酸洗液浸泡清洗。测定时要选择合适内径的真空毛细管黏度计，使试验温度下试样的最小流动时间大于60s。当把已装好样品的黏度计外套管以及毛细管从烘箱中拿出时，必须在5min内将黏度计外套管夹在架子上垂直放入水浴中，操作中要注意黏度计夹子要夹在黏度计外套管的两个卡口之间。要确保建立13339Pa±67Pa(300mmHg±0.5mmHg)的真空系统，如真空度太高不容易下降，可打开未连接黏度计的开关放空3~5s。如果不能把真空度抽至指定值，应检查数字真空调节器与黏度计之间的开关以及各连接处是否有泄漏。毛细管黏度计的校正系数直接关系到黏度测定的准确性，每一支毛细管黏度计的校正系数首次使用前都需进行确认。

第七节　透明和不透明液体运动黏度标准试验方法(自动黏度仪法)

1. 适用范围

自动黏度仪可测定透明和不透明的液态石油产品的运动黏度，测定结果符合ASTM D445的要求。

2. 测定原理

在某一恒定的温度下，测定一定体积的液体在重力作用下，流过一个标定好的玻璃毛细管黏度计，由热敏探头自动检测样品流过毛细管计时开始点和计时结束点，自动记录流经计时开始点和计时结束点的时间，流动时间与黏度计毛细管常数乘积，即为该温度下样品的运动黏度。

3. 方法概要

在仪器装样杯中盛放一定量的样品放于进样托盘中，启动仪器测定按钮后，仪器自动吸取样品至黏度毛细管内，待恒温一定时间后，释放样品的吸取力，样品在毛细管内自由下落，热敏检测探头检测到样品流过毛细管的记时开始点，仪器自动计时，当样品下落至毛细管的计时结束点时，热敏探头自动检测到该点，停止计时，样品的流动时间与黏度计毛细管常数的乘积，计算为样品的黏度。

4. 影响因素及注意事项

自动化黏度计的物理条件、测定过程应与被取代的手动黏度方法相一致，自动化黏度计中包括的任何黏度计、测温装置、温控仪、温控槽或计时器应符合ASTM D445-09第6节所述元件规格。取样前，仔细检查样品干净程度，严禁分析有杂质或任何颗粒的样品。黏度较大的样品需在样品盘中预热并静置5min后，才可分析，要避免带气泡的样品被吸入至测定毛细管中。分析结束后，应检查测定毛细管的干净程度，当发现毛细管中有未被清洗的污染物时，说明仪器清洗环节有故障或使用的清洗溶剂不适合样品，应排除故障或重新选择合适的清洗溶剂后，重新分析之前的样品。

第二十七章　闪点测定

第一节　概　述

闪点是指在规定试验条件下，试验火焰引起试样蒸气着火，并使火焰蔓延至液体表面的最低温度。它表示一定温度下油品挥发的烃类组分数量的定性量度，它是石油产品储存、运输和使用的一个安全指标。

闪点测定属于条件性试验项目，相同测试条件下的测定结果具有可比性，改变任何一个试验条件，如取样量、升温速度、油杯形状、点火时间间隔、初始点火时间等都会使闪点测定结果具有不可比性。闪点测定分为闭口杯法和开口杯法，闭口杯法指的是在样品在一个封闭的空间内加热，测定封闭空间内的气相组分着火时的最低温度，开口杯法指的是样品在敞口的空间内加热，测定开放空间内气相组分着火时的最低温度，蒸发性较大的石油产品如煤油、柴油多测闭口闪点，蒸发性较小的石油产品如润滑油、重油多测开口杯法闪点。目前常用的闭口杯法闪点测定有两种，宾斯基-马丁闭口闪点测定法和小刻度闭口杯法，二者的分析数据略有差异，同一样品，小刻度闭口杯法通常低 2℃左右。开口杯法闪点常为克利夫兰开口杯法。

第二节　闪点的测定(宾斯基-马丁闭口杯法)

GB/T 261—2008

1. 适用范围

闪点的测定(宾斯基-马丁闭口杯法)规定了用宾斯基-马丁闭口闪点测定仪测定可燃液体、带悬浮颗粒的液体、在试验条件下表面趋于成膜的液体和其他液体闪点的方法，适用于闪点高于 40℃的样品。40℃以下的喷气燃料也可用本标准进行测定，但精密度未经验证。

2. 测定原理

在宾斯基-马丁闭口闪点测定仪中，样品在连续搅拌下用规定的恒定速率加热，在规定的温度间隔，将一小火焰引入杯内，杯中的样品蒸气发生瞬间闪火，且蔓延至液体表面的最低温度即为样品在环境大气压下的闪点，再用公式修正到标准大气压下的闪点。

3. 方法概要

将样品倒入试验杯至刻度线，盖上试验杯盖，以恒定速率加热样品，并用规定的速率连续搅拌。当样品温度达到预期闪点值以下 23℃±5℃时，在中断搅拌的情况下，将直径为 3~4mm 的火源引入试验杯开口处，以后每升高 1℃点火一次(预期闪点高于 110℃时，每升高 2℃点火一次)，当火源引起试验杯内产生明显着火时，此时的样品温度记录为试样的观察闪点。

4. 影响因素及注意事项

闪点仪应安装在无空气流通的房间，放置在平稳的台面上。如果不能避免空气流，用防护屏围护在仪器周围，可防止明亮光线和空气流动造成试验结果的偏差。在测定闪点前，应先用轻质溶剂冲洗试验杯、试验杯盖及其他附件，以除去上次试验留下的所有胶质和残渣痕迹，再用清洁的空气吹干，除去残留溶剂，闭口闪点的油杯边缘不均匀、不规则时，会影响杯盖与油杯的密封性，此类油杯应废弃。采样或分样时，测定闪点的样品装入量应大于容器容积的50%，否则会由于轻烃的挥发而影响闪点的测定结果。取样时需在至少低于预期闪点28℃以下进行，测定40℃左右的低闪点样品时，需将样品冷却至10℃以下方可给试验杯加样。当样品中含有水分时，测定过程中，水分气化形成的水蒸气会在气相空间形成水分压，有时甚至会形成气泡覆盖于样品表面，影响样品的正常气化，推迟闪火时间，使测定结果偏高。当样品中含水较多时，加热时试样易突沸溢出杯外，造成测定无法进行，所以在把样品转移至闪点杯之前应采用适当的办法进行脱水。测定时，对于未知闪点的样品，应在油杯中的样品温度达到室温时，进行一次闪火试验；闭口闪点杯中加入油量超过刻度线时，液面以上气相空间容积小，加热后蒸发的气相组分多，使气相提前达到着火条件，测定结果偏低，反之，倒入闭口闪点杯的油量低于刻度线时，会使测定结果偏高。点火用的球形火焰用于给样品提供着火的能量，当点火用的球形火焰直径较规定的大，点火试验时距离油液面低，所测得的结果会偏低，反之则较正常结果偏高。当使用自动点火器作为点火器时，随着使用次数的增多，从表面上观察其仍能点火，但实际上它所能提供的能量已下降很多，会使闪点测定结果偏高，应优先考虑使有气体燃烧的火球作为点火源。闭口闪点的测定结果与加热速度有关，加热速度快时，单位时间给予样品的热量多，样品中的轻组分蒸发快，使油蒸气浓度提前达到着火条件，使测定结果偏低。加热速度过慢时，推迟了使油蒸气达到闪火温度的时间，使测定结果偏高。闭口杯闪点每次引入火焰试验，会影响油杯内的油蒸气的数量，因此，应严格做到闪点的每一次测定结果(观察到的闪点值)与最初的点火温度差值应在18~28℃之间，即扰动次数为定值，否则需重新更换试样进行试验，调整初始点火温度，直到获得有效的测定结果。

闪点测定时，应经常用与实际样品闪点接近的工作参比样品(SWS)对闪点仪器进行校验，有时需要使用多种工作参比样品以确保仪器的准确可靠。工作参比样(SWS)是由稳定的石油产品，纯烃或其他的稳定物质组成，其值由用有证标准样品(CRM)校验过的仪器上多次试验后获得或通过实验室之间的比对获得，有证标准物质应避光保存，储存温度低于10℃，当使用SWS进行校验时，其结果与给定值之差的平均值大于等于方法规定的再现性的$\frac{1}{\sqrt{2}}$时，应使用有证标准物(CRM)校准仪器，CRM校准满足要求，可认为仪器正常，CRM校准不满足要求时，应检查仪器和操作是否符合仪器说明书的要求，必要时将应将仪器送修。

第三节 石油产品闪点和燃点的测定(克利夫兰开口杯法)

GB/T 3536—2008

1. 适用范围

石油产品闪点和燃点的测定(克利夫兰开口杯法)规定了用克利夫兰开口杯仪器测定石油产品闪点和燃点的方法。适用于除燃料油(燃料油通常按GB/T 261进行测定)以外的、开口杯闪点高于79℃的石油产品。

2. 测定原理

将样品装在开口杯中，以一定的加热速度对样品升温，样品中的轻组分蒸发逸出量随着的温度升高而增加，用点火器火焰划过样品表面，液面上部蒸气闪火时的最低温度为样品的开口杯法闪点。继续升温，当点火器火焰使样品液面蒸气点燃并至少燃烧 5s 时的最低温度为样品的开口杯法燃点。

3. 方法概要

将样品装入试验杯中至指定刻度，先以 14～17℃/min 升高试样的温度，当样品温度达到预计闪点前 56℃时，调整加热速度，使样品达到预计闪点前 23℃±5℃时能控制升温速度为每分钟 5～6℃/min，并开始将点火器沿着试验杯内径扫过试验杯，样品温度每升高 2℃时重复一次点火试验，直至样品上方最初出现蓝色火焰时，记录温度计读数为样品的开口闪点。如需测定燃点，应继续按测定闪点条件进行试验，直到试验火焰引起试样着火并至少维持燃烧 5s 的最低温度即为样品的燃点。

4. 影响因素及注意事项

闪点仪应安装在无空气流通的房间，放置在平稳的台面上。如果不能避免空气流，用防护屏围护在仪器周围，可防止明亮光线和空气流动造成试验结果的偏差。在测定闪点前，应先用轻质溶剂冲洗试验杯、试验杯盖及其其他附件，以除去上次试验留下的所有胶质和残渣痕迹，再用清洁的空气吹干，除去残留溶剂。采样或分样时，测定闪点的样品装入量应大于容器容积的 50%，否则会由于轻烃的挥发而影响闪点的测定结果。取样时需在至少低于预期闪点 56℃以下进行，当样品中含有水分时，测定过程中，水分气化形成的水蒸气会在气相空间形成水分压，有时甚至会形成气泡覆盖于样品表面，影响样品的正常气化，推迟闪火时间，使测定结果偏高；当样品中含水较多时，加热时试样易突沸溢出杯外，造成测定无法进行，所以在把样品转移至闪点杯之前应采用适当的办法进行脱水。开口闪点杯中加入油量超过刻度线时，加热后蒸发的气相组分多，使气相提前达到着火条件，测定结果偏低，反之会使测定结果偏高。点火用的球形火焰用于给样品提供着火的能量，当点火用的球形火焰直径较规定的大，点火试验时距离油液面低，所测得的结果会偏低，反之则较正常结果偏高。开口闪点的测定结果与加热速度有关，加热速度快时，单位时间给予样品的热量多，样品中的轻组分蒸发快，使油蒸气浓度提前达到着火条件，使测定结果偏低。加热速度过慢时，推迟了使油蒸气达到闪火温度的时间，使测定结果偏高。开口闪点每次点火时点火杆划过样品表面，都会扰动样品挥发生成的油蒸气，因此应严格做到闪点的每一次测定结果(观察到的闪点值)与最初的点火温度差值小于 18℃，即扰动次数小于 9 次，否则需重新更换试样进行试验，调整初始点火温度，直到获得有效的测定结果。

开口闪点测定时，用工作参比样品(SWS)和有证标准样品(CRM)对仪器进行校验的要求同闭口闪点测定。

第四节　石油产品闪点和燃点的测定(开口杯法)

GB/T 267—1988(2004)

1. 适用范围

石油产品闪点和燃点的测定(开口杯法)规定了用开口杯测定闪点和燃点的方法。适用于测定润滑油和深色石油产品。

2. 测定原理

见本章第三节。

3. 方法概要

将样品装入内坩埚到规定刻度，先迅速升高试样的温度，当样品闪点达到预计闪点前60℃时，调整加热速度，使样品达到预计闪点前40℃时能控制升温速度为每分钟4℃±1℃，当样品温度达到预计闪点前10℃时，将点火器沿着坩埚内径扫过试验杯，样品温度每升高2℃时重复一次点火试验，直至样品表面的蒸气最初出现蓝色火焰时，记录温度计读数为样品的开口闪点。如需测定燃点，应继续按测定闪点条件进行试验，直到试验火焰引起试样着火并至少维持燃烧5s的最低温度即为样品的燃点。

4. 影响因素及注意事项

测定用仪器应安装在无空气流动的房间，并放置在平稳的台面上。如果不能避免空气流，最好用防护屏挡在仪器周围，可防止明亮光线和空气流动所造成试验结果的偏差。在测定闪点前，应先用溶剂油清洗试验杯，以除去上次试验留下的所有胶质和残渣痕迹，再在煤气灯上加热以除去溶剂残留。样品若含有水分，当测定时对样品加热至一定温度后，水分汽化形成的水蒸气会稀释油品蒸气，有时甚至会形成气泡覆盖于液面上，影响样品的正常气化，推迟闪火时间，使测定结果偏高。当样品含水较多时，加热时样品中的水分易发生突沸而使样品溢出杯外，造成试验无法进行，所以在取含水的样品之前，应在样品中加入新煅烧并冷却的食盐、硫酸钠或无水氯化钙进行脱水。测定时点火的火焰长度长或火焰距离油液面低，所测得的闪点值偏低，反之则偏高。样品的测定结果应进行大气压力补正，大气压力低于标准大气压力时，应用实测值加上一补正值作为样品的开口闪点或燃点，该方法中未要求大气压力高于标准大气压时的温度补正。

第五节　用小刻度闭口杯法测定闪点的标准方法

ASTM D3828—2016

1. 适用范围

用小刻度闭口杯法测定闪点的标准方法覆盖了采用小刻度杯仪测定闪点的程序。这个程序可以测定试样的实际闪点和特定温度下试样是否闪火。

2. 测定原理

在小刻度闭口杯中，用注射器将试样注入到闪点仪的试验油杯中，经过规定的时间，待样品达到指定温度后，引入试验火焰，观察是否发生闪火。它也是一种闭口闪点法，与闭口闪点法的主要区别在于闭口闪点法测定时样品置于油杯中后，对油杯进行加热，使样品连续温升，小刻度闭口杯法在一个温度点测试后，若样品不闪火，就必须重新更换试样试验。

3. 方法概要

根据样品的性质和预计闪点温度，用注射器取规定量的试样注入到闪点仪的试验杯中，加热试样至指定的温度，缓慢均匀地打开开关器，向油杯中试验火焰，在杯开口处仔细观察是否闪火，当出现大的火焰并迅速扩展到试样的整个表面时，认为试样闪火，若不闪火，从油杯中移走试样，注入新试样，在上个试验点升高5℃进行试验，直到观察到试样闪火，观察到试样闪火后，从此闪火温度减去5℃的温度开始每隔1℃进行闪火试验，直至观察到闪火，记录闪火时的温度，经温度、大气压校正后作为闪点。

4. 影响因素及注意事项

闪点仪应安装在无空气流通的房间，放置在平稳的台面上。如果不能避免空气流，用防护屏围护在仪器周围，可防止明亮光线和空气流动造成试验结果的偏差。在测定闪点前，应先用轻质溶剂冲洗试验杯、试验杯盖及其他附件，以除去上次试验留下的所有胶质和残渣痕迹，再用清洁的空气吹干，除去残留溶剂。当样品中含有水分时，测定过程中，水分汽化形成的水蒸气会在气相空间形成水分压，有时甚至会形成气泡覆盖于样品表面，影响样品的正常汽化，推迟闪火时间，使测定结果偏高，在把样品转移至闪点杯之前应使用氯化钙进行脱水。

第二十八章 溴价、溴指数测定

第一节 概 述

溴价、溴指数表明石油烃中能与溴反应的物质总量，是用来衡量物质的不饱和程度的指标，可用于间接表征油品中的烯烃含量，溴价、溴指数越高表示油品的不饱和烃含量越高，安定性越差。

溴价也称溴值，是指在试验条件下与100g试样起反应时所消耗的溴的克数，以gBr/100g表示。

溴指数是指在试验条件下与100g试样起反应时所消耗的溴的毫克数，以mgBr/100g表示。

应用于石油产品的溴价、溴指数测定方法种类较多，根据其终点判断方式不同，可概括为三类：容量滴定法、电位滴定法、电量滴定法。容量滴定法测定溴值采用手工滴定法，通过指示剂颜色变化目视判定终点，用消耗的滴定剂量计算出溴价。容量滴定法测定适用于汽油、煤油、柴油、石脑油等油品。但是对颜色较深样品如加氢原料、焦化汽柴油、润滑油等，油品的颜色会干扰终点颜色的判断影响分析准确性，最好采用其他分析方法。此外，由于直接滴定法化学反应过程缓慢，滴定耗时较长，最好分析溴值在50gBr/100g以内的样品，对工艺过程样品、原料类样品可以采用适当减小试样取样量来分析。

电位滴定法测定溴价、溴指数可以进行自动滴定，可在浑浊、有色溶液中进行，不需要指示剂，适用于汽油、煤油、柴油、润滑油等石油产品。电位滴定法测定溴价、溴指数的终点判定一般有四种形式：死停终点法、*E-V*曲线电位突跃法、一次微商曲线法、二次微商曲线法。

死停终点法是将两支相同铂电极插入被测溶液中，电极间加一个小电量电压，当试样中能与溴作用的物质反应完毕，溶液中有游离溴出现时，两支铂电极上分别发生氧化还原反应，使两个电极之间的电流突然变化，观察滴定过程中电流突然变化来确定滴定终点。*E-V*曲线电位突跃法是以滴定曲线上的拐点来判断终点。对滴定反应平衡常数小、复杂样品的电位滴定的电位突跃不明显，难以准确判定滴定终点的拐点，可以通过一次微商曲线和二次微商曲线确定终点。在实际操作中一次微商曲线制作麻烦，而通过二次微商等于零来计算终点更为方便，如果增加微机数模可以自动计算和查找终点，终点判定更为精准。

库仑滴定法测定溴价、溴指数是采用电解法生成的活性溴作为滴定剂的滴定分析法，与加入滴定剂的滴定法不同，它采用电解法在滴定池中产生滴定剂，测量电解消耗的电量，用法拉第电解定律来计算被测物质的含量。库仑滴定法也称为电量滴定法，它一般分为恒电位分析法和恒电流分析法两种方式，恒电流分析法应用更为广泛，测定溴价、溴指数一般采用恒电流库仑分析法，它给电解电极对施加一恒电流，电解生成活性溴作为滴定剂。库仑分析法不但可作常量分析，而且也可以进行微量分析，具有灵敏、快速和准确的特点。

微库仑分析法测定溴价、溴指数是在库仑滴定基础上发展起来的方法，它是一种动态库仑分析法，测定过程中电流和电位都不是恒定的，而是根据溶液中被测物浓度变化，应用电子技术自动调节电解电流，使测定准确度、灵敏度更高，更适合作微量分析。在微库仑滴定中，在没有样品进入滴定池时，指示电极和参比电极之间有一个信号，为了使这个信号不产生电解电流，在指示电极对之间串联了一个方向相反大小相等的电压，使放大器的输入信号为零，这个串联的电压叫偏压或终点电压，当被测物进入滴定池与滴定剂发生化学反应，溶液中滴定剂浓度发生变化，指示电极对的电位跟着发生变化，因而与外加偏压有了差异，这个信号被放大后，输出到电解电极对，电解产生滴定剂，当被测物质逐渐减小时，放大器的输入信号和电解电流均将逐渐减小，直至溶液中的滴定剂浓度恢复至初始状态，最终检测被测物质的量 W(g)。微库仑测定时，电解电流是一个随着时间而变化的可变电流，电流的大小由样品注入到电解池引起滴定剂浓度的减少值决定，到达滴定终点时，滴定剂浓度恢复到初始状态，电解过程自动停止，微库仑仪恢复平衡状态。通过电流对时间的积分，得出所消耗的电量，再根据法拉第电解定律求出试样的溴价或溴指数。

常用的溴价、溴指数测定方法为：

SH/T 1767　工业芳烃溴指数的测定(电位滴定法)，以冰乙酸：1-甲基-2-吡咯烷酮：甲醇：(1+5)硫酸按体积比 40：7.5：7.5：1 为滴定溶剂，用溴化钾-溴酸钾标准溶液为滴定剂，以电位滴定法测定工业芳烃的溴指数。

SH/T 0630　石油产品溴价、溴指数测定法(电量法)，测定溴价时以溴化锂：95%乙醇：苯(或二氯甲烷)：冰乙酸按体积比 1：9：8：2 为电解液，测定溴指数时以溴化锂：95%乙醇：苯(或二氯甲烷)：冰乙酸按体积比为 1：8.8：3：2 为电解液，用微库仑法测定石油产品的溴价、溴指数。

SH/T 0235　石油产品溴值测定法　用冰乙酸：硫酸溶液(26%)：甲醇：四氯化碳：氯化汞乙醇溶液(100g/L)按体积比 73：3：7：15：2 为滴定溶剂，以甲基橙为指示剂，用溴酸钾-溴化钾标准溶液进行容量滴定。

SH/T 1551 芳烃中溴指数的测定(电量滴定法)以冰乙酸：无水甲醇：溴化钾水溶液(119g/L)按体积比 4.3：1.8：1 混合，再在 1L 溶液中加入 2g 乙酸汞为电解液，用电量滴定的死停终点法测定芳烃的溴指数。

GB/T 11135　石油馏分和工业脂肪族烯烃溴值测定法(电位滴定法)以冰乙酸：1,1,1-三氯乙烷(可用三氯甲烷代替)：甲醇：(1+5)硫酸按体积比 40：7.5：7.5：1 为滴定溶剂，用溴化钾-溴酸钾标准溶液进行电位滴定。

GB/T 11136　石油烃类溴指数测定法(电位滴定法)以冰乙酸：1，1，1-三氯乙烷(可用三氯甲烷代替)：甲醇：(1+5)硫酸按体积比 40：7.5：7.5：1 为滴定溶剂，用溴化钾-溴酸钾标准溶液进行电位滴定。此方法与 GB/T 11135 区别在于使用的溴化钾-溴酸钾标准溶液的浓度为后者的十分之一。

第二节　石油产品溴价、溴指数测定法(电量法)

SH/T 0630—1996(2004)

1. 适用范围

石油产品溴价、溴指数测定法(电量法)适用于汽油、煤油、柴油、润滑油、蜡油及轻重芳烃等石油产品。其测定溴价的范围是0.1~300gBr/100g，溴指数的范围是0.2~1000mgBr/100g。

2. 测定原理

当试样注入含有可电解生成的溴的特殊电解液中，试样中的不饱和烃同电解液中溴发生加成反应：

$$R—CH═CH_2+Br_2 \longrightarrow R—\overset{H}{\underset{H}{C}}—\overset{H}{\underset{H}{C}}—H$$

反应消耗的 Br_2，通过电解阳极电解补充：

$$2Br^- - 2e \longrightarrow Br_2$$

测量电解补充 Br_2 所消耗的电量，根据法拉第电解定律，计算出试样的溴价或溴指数。

3. 方法概要

在仪器的阴极室和阳极室注入适量电解液，设定好仪器参数，启动仪器，待仪器电解平衡后，向仪器中注入已知溴价、溴指数的标准样品进行标定，当回收率达到100%±10%时，则认为仪器正常，可以分析样品。

在室温下，根据样品预计溴价、溴指数值的大小，取适量的样品注入仪器滴定池中，电解液中的溴与样品中的不饱和烃反应，减少的溴由仪器电解补充，以死停法检测终点，根据法拉第电解定律即可求出试样的溴价、溴指数。

4. 影响因素及注意事项

测定用的电解液配制要按方法要求顺序进行，需先溶解好溴化锂溶液，配制时切忌取完溴化锂溶液后立即加入冰乙酸，以免电解液中析出游离溴影响分析准确性。分析样品前最好分析空白，空白值最好控制在待分析样品重复性值的50%以内，如空白值总是很大，说明电解液需更换。测定时如果发现池中电解液浑浊，峰形拖尾严重或者分析结果重复性差，应更换新的电解液。更换电解液时阴极室、阳极室要同时更换，要注意确保电极浸没在电解液内。离子交换膜用于阴阳极之间的离子交换，要经常性检查其状态，当表面颜色发生变化或者阳极室电解液很容易发黄时应进行更换。用注射器取样时，应根据待测样品的溴价或溴指数，选择取样量，必须将进入注射器内的气泡赶走，称重取样量时用干净的滤纸擦干净针头，针头加上硅胶垫密封。进样时，将注射器针头竖直插入电解液，快速将样品推入，但不得将样品直接注射到指示电极表面，如检测信号产生平头峰时可适当减少进样量。为避免交叉污染和保持仪器具有足够的灵敏度，对于测定结果相差2~3个数量级的样品应使用不同的仪器进行测定。当测定样品时，应尽可能选择与样品组成相近、溴价(溴指数)值接近的标样对仪器进行标定，测定时，室温必须高于15℃，否则滴定时间长，结果偏低。

当外购新标样时，应使用当前标样对新购置的标样进行抽样检验，如果新标样的测定值与标称值超出方法重复性要求时，应查明原因采取措施再使用，或废弃此批新标样。

第三节 芳烃中溴指数的测定(电量滴定法)

SH/T 1551—1993(2004)

1. 适用范围

芳烃中溴指数的测定(电量滴定法)用于测定芳烃溴指数的电量法，适用于测定溴指数低于 500mgBr/100g 的试样。

2. 测定原理

同本章第二节。

3. 方法概要

在仪器的阴极室和阳极室注入适量电解液，设定好仪器参数，启动仪器，待仪器电解平衡后，在室温下，根据样品预计溴指数值的大小，取适量的样品注入仪器滴定池中，电解液中的溴与样品中的不饱和烃反应，减少的溴由仪器电解补充，以死停终点法检测终点，根据法拉第电解定律即可求出试样的溴指数。

4. 影响因素及注意事项

测溴价、溴指数所用分析器皿、注射器等不能用丙酮清洗。在开机前应先调整固定好滴定池位置，电极铂片方向相对，然后再启动仪器电源开关，调整好搅拌速度，在滴定过程中，不可随意改变搅拌速度，搅拌应均匀平稳。搅拌速度不匀，会使信号不稳，应检查搅拌装置或更换搅拌子。若搅拌子破裂后，会造成铁溶入电解液，污染指示电极，此时应及时更换新磁子和电解液并清洗指示电极。不同浓度范围注射器应分开使用，注射器体积进样时注意不能有气泡。进样时，将注射器针头插入电解液，快速将样品推入，但是不得将样品直接注射到指示电极表面。如果检测信号产生平头峰时可以适当减少进样量。测定过程中出现噪音大、信号波动大主要是指示电极被污染或者是参比电极有问题，应及时清洁处理或更换。当铂电极不灵敏时，除浸泡清洗外，还可以将电极洗净后放在玻璃细工灯火焰上烧 3min，待冷却后再使用。

电解液混浊、偏压不稳、仪器平衡时间太长或达不到平衡，峰形拖尾严重或者分析结果不平行，可能是电解液失效或是电极不灵敏引起的，可更换电解液或检查并清理电极接线柱，如发现电极接口有铜锈产生，要用砂纸及时打磨，避免接触不良。更换电解液时，用注射器吸出阳极室、阴极室和参考室内的电解液并依次加入适量新鲜的电解液(浸没铂片以上 5mm 左右)。使用甘汞电极做参比电极时，试验前应检查甘汞电极，电极内不能有气泡和明显固体结晶，有气泡时应排尽气泡，有明显 KCl 结晶应重新处理甘汞电极。使用中要经常检查甘汞电极内饱和氯化钾的液位，如液位低于电极支口下沿，要用注射器加入饱和氯化钾溶液至电极支口上沿，同时确保甘汞电极内无气泡，甘汞电极中有气泡或电极失效时，造成参考和测量开路，会发生基线信号过高或偏压显示超过 600mV 但电解液又不黄的现象，此时应更换新的甘汞电极进行试验。

样品中的硫化物对测定结果有干扰，当硫含量高于 0.05%(质量分数)时，将干扰溴价的测定，化学反应如下：

$$RSH+2Br_2+2H_2O \longrightarrow R_2SO_2\ (\text{R}_2\text{S}(=\text{O})_2) +4HBr$$

$$H_2S+Br_2 \longrightarrow S\downarrow +2HBr$$

$$RSR'+Br_2+H_2O \longrightarrow RR'S=O+2HBr$$

$$(HOCH_2CH_2)_2S+Br_2+H_2O \longrightarrow (HOCH_2CH_3)_2SO+2HBr$$

第四节　石油产品溴值测定法(容量滴定法)

SH/T 0236—1992(2004)

1. 适用范围

石油产品溴值测定法(容量滴定法)适用于石油产品。

2. 测定原理

把试样溶解于滴定溶剂中，在酸性环境下，滴加的溴化钾-溴酸钾溶液在氯化汞的催化作用下产生单质溴，试样中的不饱和烃同Br_2发生加成反应，达到反应终点时，溴使甲基橙指示剂褪色，红色消失，根据化学反应方程式计算出样品的溴值。反应方程式如下：

$$KBrO_3+5KBr+3H_2SO_4 = 3K_2SO_4+3Br_2+3H_2O$$

$$R—CH = CH_2+Br_2 \longrightarrow R—\underset{H}{\overset{H}{C}}—\underset{H}{\overset{H}{C}}—H$$

滴定用溴酸钾-溴化钾标准溶液的浓度采用间接滴定法测定，在溴酸钾-溴化钾溶液中加入碘化钾溶液，$KBrO_3$与KI在酸性环境下发生化学反应得到单质碘，反应生成的I_2用$Na_2S_2O_3$标准溶液滴定，其反应方程式为：

$$KBrO_3+6KI+6HCl = KBr+6KCl+3I_2+3H_2O$$

$$I_2+2S_2O_3^{2-} = 2I^-+S_4O_6^{2-}$$

通过反应方程式计算出溴酸钾-溴化钾标准溶液的实际浓度。

3. 方法概要

取适量试样溶解于滴定溶剂中，以甲基橙为指示剂，用溴酸钾-溴化钾标准溶液滴定至红色消失为止，用100g试样所消耗的溴的克数表示溴值。

4. 影响因素及注意事项

溴酸钾-溴化钾标准溶液应存放在棕色试剂瓶中。空白滴定时注意空白试剂消耗量一般不足一滴，当超过2滴时注意是否滴定溶剂中起催化作用的$HgCl_2$失效，需重新配制。溴与不饱和烃反应进行缓慢，所以滴定速度一定要慢，滴定时一定要充分摇动锥形瓶，如样品颜色较深，可以适当增加滴定溶剂，有助于观察终点变色情况。测定时要根据样品的溴价大小选择合适浓度的滴定剂，溴值大于或等于0.5gBr/100g时用0.5mol/L溴酸钾-溴化钾标准滴定溶液，溴值小于0.5gBr/100g时用0.1mol/L溴酸钾-溴化钾标准滴定溶液。

第五节　石油烃类溴指数测定法(电位滴定法)

GB/T 11136—1989

1. 适用范围

适用于测定终馏点在288℃以下，不含沸点低于-10℃轻油馏分的烃类混合物和溴指数为100~1000mgBr/100g的烃类物质。这些物质包括直馏的和加氢裂化的石脑油、重整原料油、煤油和航空涡轮燃料等石油馏分。

2. 测定原理

把试样溶解于滴定溶剂中，溴化钾-溴酸钾溶液在酸性环境下与其反应产生单质溴，试样中的不饱和烃同 Br_2 发生加成反应，反应方程式如下：

$$KBrO_3+5KBr+3H_2SO_4 = 3K_2SO_4+3Br_2+3H_2O$$

$$R—CH=CH_2+Br_2 \longrightarrow R—\underset{H}{\overset{H}{C}}—\underset{H}{\overset{H}{C}}—H$$

过量的溴会引起电位突跃，采用死停终点法或 $E-V$ 曲线法判断滴定终点，根据化学反应方程式计算出样品的溴指数。

3. 方法概要

借助冷却剂，通过滴定池的夹套循环冷却，使整个滴定过程维持在 0~5℃，根据样品的溴指数大小，取适量的样品溶解在滴定溶剂中，用溴酸钾-溴化钾标准溶液进行电位滴定。

4. 影响因素及注意事项

每更换一批滴定溶剂都要做两次空白试验，要求空白试验消耗溴酸钾-溴化钾标准溶液的体积小于 0.10mL。滴定过程中搅拌器要调至快速，但要注意防止气泡进入溶液中。当滴定曲线出现几个电位突跃时，应按最后一个计算结果。

第六节 石油馏分和工业脂肪族烯烃溴值测定法(电位滴定法)

GB/T 11135—2013

适用于 90%馏出温度在 327℃以下的石油馏分，如汽油、煤油和粗柴油范围的馏分。当 90%馏出温度在 205℃以下的石油馏分溴值最大值为 175gBr/100g，90%馏出温度在 205~327℃范围内的石油馏分溴值最大值为 10gBr/100g。

也适用于溴值在 95~165gBr/100g 范围内的各种脂肪族单烯混合物，如工业丙烯三聚物和四聚物、丁烯二聚物和混合壬烯、辛烯和庚烯。但是不适于加有醇、酮、醚和胺类等添加剂的油品，也不适用于正构 α-烯烃。

GB/T 11135 与 GB/T 11136 仅在滴定剂的浓度上有差别，相关的内容可参见本章第五节。

第二十九章　密度测定

第一节　概　　述

密度定义为单位体积物质的质量，密度可用于石油产品的定性试验，对于两种纯化学物质的混合物，可以由密度大致判断混合比例。密度值也可以大致判断产品的组成范围和原油的类型，油品中含碳、氧、硫、氮等元素越多，则其密度就越大，而含氢越多密度越小。密度也用于石油产品体积和质量之间的相互换算，用于石油产品的计量，生产部门根据密度值计算以质量计的加工量和产品产率，销售部门把密度值用于贸易结算。

大多数物体都有热胀冷缩的特性，在温度发生变化时，气体或者液体的体积有明显的变化，固体的体积变化则相应较小，因此，对于气体或者液体而言，报告其密度值时要同时报告相对应的温度值，一般国内贸易计量的密度值对应的温度条件为20℃。除了密度外，还有二个与密度密切相关的概念，都可以通过测出密度值后，通过数学计算得到：一个为相对密度，它的定义为物质的密度与取作标准的某一物质(例如纯水在温度4℃时的密度)的密度之比。另一个为API度，它是美国石油学会(简称API)制订的用以表示石油及石油产品密度的一种量度，其标准温度为15.6℃(60℉)，它和15.6℃时的相对密度(与水比)的关系：$API=(141.5/\text{相对密度})-131.5$，美国和中国把API度作为原油分类的基准，$API>31.1$时为轻质原油，$API$在31.1~22.3之间时为中质原油，$API$在22.3~10.0之间时为重质原油，$API<10$时为特重质原油。

对于一种石油产品，可根据其物性选择合适的密度测定方法。常温、常压下为气态的石油产品，如液化石油气、炼厂干气等，通常情况下采用色谱法测定组成，采用加和各组分的比例与其密度的乘积来计算其一定温度下的气态或液态密度，可采用的分析方法为GB/T 12576《液化石油气蒸气压和相对密度及辛烷值计算法》等。常温、常压下为流动或半流动的石油产品，可采用经典的密度计法测定，用密度换算表换算成指定温度下的密度，分析方法为GB/T 1884《原油和液体石油产品密度实验室测定法(密度计法)》和GB/T 1885《石油计量表》，也可采用U形振荡管法测定样品振动频率，再用振荡管常数计算出样品的密度的自动密度仪法测定，分析方法为SH/T 0604《原油和石油产品密度测定法(U形振荡管法)》，该方法有样品取样量少，数据重复性好，可全自动分析的特点，已有取代经典密度计法作为测定密度的常用方法的趋势。常压下为流动或半流动的液体化工产品，其密度测定可采用密度计法、自动密度仪法和比重瓶法，采用密度计法测定时，其不同温度下的密度换算公式与石油产品有区别。常温下接近于凝固的石油产品，如重质燃料油、沥青之类，其常温下黏度较大，虽加热至较高温度，测定时样品的黏度对密度计自由浮动的影响也很难忽略，使用自动密度仪器，仪器对样品加热到高温后的保温功能和测定结束后彻底清洗振荡管中的样品还有一定的缺陷，此类样品通常采用比重瓶法测定，分析方法为GB/T 8928《固体和半固体石油沥青密度测定法》；固体石油产品如石油焦之类，除了物料本身的多孔性外，测定时还需要排除颗粒与颗粒之间的空隙，此类样品密度测定通常采用比重瓶法，根据试样的质量与试样排开液体的体积之比来计算固体石油产品的密度，分析方法如 SH/T 0033《石油焦真密度的测定法》。

第二节　原油和液体石油产品密度实验室测定法(密度计法)

GB/T 1884—2000(2004)

1. 适用范围

原油和液体石油产品密度实验室测定法(密度计法)适用于测定雷德蒸气压(RVP)小于 100kPa 的易流动透明液体的密度，也可以使用合适的恒温浴，在高于室温情况下测定黏稠液体，还能用于不透明液体，读取液体上弯月面与密度计干管相切处读数，并用 GB 1884 方法中的弯月面修正值加以修正。

2. 测定原理

密度计法测定液体石油产品密度的原理是以阿基米德定律为基础。当密度计浸入液体时，排开一部分液体，同时受到一个自下而上的浮力作用，此时密度计排开液体的质量等于密度计的质量，密度计处于平衡状态，漂浮的液体石油产品中，密度计下沉深度等于密度计排开液体的体积，液体石油产品的密度大，浮力也大，密度计下沉深度浅；液体石油产品的密度小，浮力小则密度计下沉深度深，在密度计干管上，标出对应的密度值，即可用密度计测出液体石油产品当前温度下的密度，用“石油计量表”换算后，得到标准温度(通常为 20℃)下的密度值。

3. 方法概要

把样品加热到使它能充分流动，但温度不能高到引起轻组分损失，或低到样品中的蜡析出，然后小心地沿壁倾入温度稳定清洁的密度计量筒中，用合适的温度计或搅拌棒搅拌样品，待整个量筒中样品的密度和温度达到均匀，记录温度接近到 0.1℃，从密度计量筒中取出温度计，把合适的密度计放入液体中，让密度计自由地漂浮，当漂浮稳定后，对于透明液体，读取液体下弯月面与密度计刻度相切的那一点，对于不透明液体，读取液体上弯月面与密度计刻度相切的的那一点。记录温度计和密度计的读数，换算成标准温度(20℃)下的密度值。

4. 影响因素及注意事项

试验前样品的混合对测定结果有很大影响，混合试样的目的是使用于分析的试样尽可能地具有代表性。在加热处理样品时，尽可能避免样品中的轻组分损失，导致密度测定偏高；对蒸气压大于 50kPa 的挥发性原油和石油产品(如石脑油、汽油、溶剂油等)，样品应在原来容器和密闭系统中混合，混合前最好冷却至 20℃左右；对倾点高于 10℃的含蜡原油，在混合样品前，要加热到高于倾点 9℃以上。残渣燃料油加热到使它能充分地流动，但温度不能高到引起轻组分的损失，或低到样品中的蜡析出。对于一般原油加热到 20℃，或高于倾点 9℃以上中较低的一个温度，在确保样品流动性的前提下尽可能用更低的温度。样品倾倒至密度量筒时应缓慢进行，测定时环境温度最好不超过 25℃。

此方法只允许使用的是 SH/T 0316 系列的 SY-02、SY-05、SY-10 密度计，使用前要检查密度计刻度标尺是否处于干管中，刻度标尺是否有变色变质现象，如有类似情况的密度计应废弃。在每次试验前还应仔细检查密度计下端是否有细小裂痕，必要时采用两支密度计对测定结果进行比对确认。

密度计量筒应选用其内径至少比密度计外径大 25mm，其高度应使密度计在试样中漂浮时，密度计底部与量筒底部的间距至少 25mm，以保证密度计在试验过程中有充分的漂浮空间，防止密度计靠壁和落底，影响密度测定。

试验前要保证密度计、密度计量筒和温度计清洁干净，密度计擦拭后不要再握持最高分度以下各部分，以免影响读数。

试验时应保持分析场所没有空气流动，避免气流吹动密度计影响读数的准确。同时保持整个试验过程中环境温度变化不大于±2℃，以免温度变化大影响到测定结果的重复性，如环境温度变化超出此范围，试验应在恒温浴内进行，恒温浴的液面要高于密度量筒中的样品液面。

测定时，试样内或其表面禁止有气泡。应先用温度计或搅拌棒作垂直旋转运动搅拌试样，确保量筒内试样的密度、温度达到均匀，记录此时温度值，把合适的密度计放入试样，达到平衡位置时轻轻转动一下密度计再松开，当密度计离开量筒壁自由漂浮并静止时，读取密度计刻度值。读数时，先使眼睛稍低于液面位置，慢慢升到表面，先看到一个不正的椭圆，然后变成一条与密度计刻度相切的直线，密度计读数为液体主液面与密度计刻度相切的那一点。随后取出密度计，再次用温度计垂直搅拌试样，并记录此时的试样温度，与上次开始测量密度时的温度相差不得大于 0.5℃，否则应重新试验，透明液体与不透明液体的密度计读数方式不一样，因此对不透明液体要按 GB/T 1884 表 1 进行弯月面修正。

第三节　原油和石油产品密度测定法(U 形振动管法)

SH/T 0604—2000

1. 适用范围

原油和石油产品密度测定法(U 形振动管法)适用于在试验温度和压力下可处理成单相液体，其密度范围为 600~1100kg/m³ 的原油和石油产品。

2. 测定原理

不同密度的样品在 U 形振荡管中的振荡频率不相同，用水和空气作为标准样品，获得振荡管的振荡频率与密度之间的关系式，根据样品的振荡频率计算出其密度。

3. 方法概要

将试样管加热到合适的温度，用合适的注射器或自动取样器把试样注入试样管中，启动仪器自动测出样品在当前温度下的密度，根据换算公式计算标准温度(20℃)下的密度。

4. 影响因素及注意事项

自动密度仪在使用一段时间后，一般情况下为一周左右，需要用空气和水进行校验，检查其水值和空气值是否在合适的范围内，每天测定前，应测定干燥空气的密度值，如果其值超出允许范围，一般情况下是振荡管内部不干净或振荡管内部有水气，此时，应使用适当的溶剂进行清洗，然后使用干燥后的空气吹干振荡管，每次测定前要检查干燥空气用的干燥剂，当干燥剂变色后要及时更换，否则会由于振荡管中的空气不干燥而使仪器无法平衡，达不到测定样品的条件。

自动密度仪进样后，需要仔细检查试样管内是否有气泡、游离水等，如发现有，需对振荡管内的样品进行置换，重新取样，当测定高挥发性样品的密度时，可能会在振荡管中汽化产生气泡，可以采用降低振荡管的温度的方法测定其密度，为了防止因样品中含有气泡、游离水等影响密度测定结果，应采用做平行样(或2次以上测试)的方法进行分析。如果平行样(或多次测试)的结果符合测试方法关于重复性要求，说明该数次进样的样品是均匀且没有出现气泡或游离水。如测试结果超出重复性要求，检查超差原因。

第四节　液体石油化工产品密度测定法

GB/T 2013—2010

1. 适用范围

液体石油化工产品密度测定法规定了使用密度计、U形振动管和比重瓶测定液体石油化工产品密度的三种试验方法。

2. 测定原理

密度计法的测定原理见本章第二节，U形振动管法的测定原理见本章第三节。比重瓶法的测定原理为比重瓶的体积可用加满水后的质量除以水在测定温度下的密度测出，把样品装满比重瓶，称出比重瓶中样品的质量除以样品的体积(即比重瓶的体积)得到样品的密度。

3. 方法概要

密度计法方法概要见本章第二节，U形振动管法的方法概要见本章第三节。

比重瓶法测定的比重瓶分为两种，分别为毛细管塞比重瓶和带刻度双毛细管比重瓶。毛细管塞比重瓶法的方法概要为：将试样装入比重瓶，恒温至测定温度，通过比重瓶的毛细管排出多余的样品，擦干比重瓶外部的水分，称出比重瓶和试样的质量，减去比重瓶的质量，得到样品的质量，除以样品的体积，得到样品的密度。带刻度双毛细管比重瓶的方法概要为：用虹吸法将低于测定温度的样品装入比重瓶，直到液面达到毛细管刻度部分，将比重瓶放入恒温水浴中，恒温20min后，读取两臂中的液面刻度，然后将比重瓶从恒温水浴中取出，擦干，冷却至室温后称重，得到样品的质量，除以样品的体积，得到样品的密度。

4. 影响因素及注意事项

用密度计测定液体石油化工产品密度的方法与用密度计测定原油和液体石油产品密度的方法在遵循本章第二节的注意事项外，还需要注意以下几点

1）观察到的密度计读数需进行玻璃密度计膨胀系数修正。

$$\rho_t = \rho'_t \times [1 - 0.000023(t - 20) - 0.00000002\,(t - 20)^2]$$

式中　t——试样的温度，℃；

ρ'_t——在温度 t 时试样的视密度；

ρ_t——在温度 t 时试样的密度。

2）液体石油化工产品的视密度换算为20℃下标准密度按公式：$\rho_{20}=\rho_t+\gamma(t-20)$ 计算，不能采用由视密度查“石油密度换算表”的方式获取标准密度。在标准温度20℃或接近20℃时测定，可使标准密度结果最准确。

式中　γ——密度温度系数，γ 值是一个随苯类产品性质而改变的常数，纯苯的 γ 值

是1.05；

t——试样的温度，℃；

ρ'_t——在温度t时试样的视密度。

用比重瓶法测定液体石油化工产品密度时的影响因素和注意事项为：

测定比重瓶水值前，比重瓶和塞子必须先用铬酸洗液清除污染物，用水清洗，再分别用蒸馏水、无水乙醇冲洗，用干燥的空气吹干，测定水值时，测定温度为20℃±0.05℃，测定时必须用新煮沸并冷却至18℃左右的蒸馏水注满比重瓶，塞上毛细管塞，不能压入空气泡，将比重瓶置于20℃±0.05℃的恒温水浴，浸没至比重瓶颈中部，至少恒温1h。用滤纸片快速擦去毛细管塞顶部多余的水分，戴上防护帽。每一个比重瓶均有其固定的水值，在确定其水值时必须至少测定五次以上，极差在0.0005g以内时，取其平均值作为该比重瓶的水值。

测定试样时，苯及其芳烃类易挥发样品可以选用25mL和50mL的细管塞比重瓶。将试样注满比重瓶，置于20℃±0.05℃的恒温水浴，浸没至比重瓶颈中部，至少恒温20min。比重瓶中气泡升至试样液面，待液面不再变动时，塞上预先处于20℃±0.05℃的毛细管塞，滤纸片快速擦去毛细管塞顶部多余的试样，使毛细管中的试样在塞顶成弯月面，再戴上防护帽。

第五节　液化石油气蒸气压和相对密度及辛烷值计算法

GB/T 12576—2004

1. 适用范围

液化石油气蒸气压和相对密度及辛烷值计算法适用于用液化石油气的组成计算蒸汽压、相对密度和马达法辛烷值。不适用于按SY 7509测定残留物大于0.05mL/10mL的产品。马达法辛烷值仅适用于丙烯含量不大于20%的混合试样。

2. 测定原理

把液化气密度近似等同于组成液化石油气的各组分的密度值线性加和后的结果。使用色谱法测定液化气的组成，并计算出各组分的液体百分含量，加和各液体体积百分含量与其密度的乘积，计算为液化石油气样品的密度值。

3. 方法概要

按照液化石油气色谱组成测定方法的要求，测出液化石油气中各组分的含量，并把它们转换成液体体积百分比，按下式计算出液化石油气的15.6℃的相对密度值。

$$y = \sum_{i=1}^{n} d_i \times c_i / 100$$

式中　d_i——某组成在15.6℃时的相对密度；

c_i——试样中某组成的液体体积百分数，%。

试样在15.6℃的密度值y_i（g/cm³）按下式计算，结果精确到小数点后三位：

$$y_i = y \times \rho$$

式中　y——液化石油气的15.6℃的相对密度值；

ρ——水在15.6℃的密度，0.9990g/cm³。

试样中某组成的液体体积百分数，可以用气体体积百分数除以15.6℃下的每摩尔气体体积数，再乘以相对分子质量，再除以密度得到，如果经换算后各组分液体体积百分数累加后，结果不等于100，应使用归一化法处理，使累加值等于100。

4. 影响因素及注意事项

该方法为计算法，其分析结果的准确性受液化气组成测定法的结果准确性控制，该方法的影响因素及注意事项见液化气组成测定法。

第六节　石油焦真密度的测定法

SH/T 0033—1990

1. 适用范围

石油焦真密度的测定法适用于延迟石油焦(生焦)。

2. 测定原理

石油焦经煅烧后密度测定法，属于衡量法测定固体密度的比重瓶法。真密度的测定是利用注入比重瓶的有机液体(乙醇)来充满石油焦固体间孔隙，根据加入比重瓶内试样的质量及其排开无水乙醇的体积求出其真密度，计算公式导源于密度基本公式 $\rho_0=m/V$。

3. 方法概要

将煅烧过的粉碎粒度不大于0.1mm的石油焦试样置于密度瓶中，称取石油焦的质量，向比重瓶内注入约三分之一容积的无水乙醇，放在砂浴或水浴中煮沸3min，同时在烧瓶中煮沸另一份无水乙醇，在空气中冷却比重瓶和烧瓶中的无水乙醇，把烧瓶中的无水乙醇注入到比重瓶中至刻度，把比重瓶放入恒温水浴中恒温至(20±0.1)℃，称量其质量，根据预先测得的密度瓶体积(水值)和无水乙醇的密度，计算出石油焦的真密度。计算公式为：

$$\rho=\frac{m_4}{\dfrac{V\rho_1-(m_5-m_3)}{\rho_1}}=\frac{m_4\rho_1}{V\rho_1-(m_5-m_3)}$$

式中　m_3——盛有石油焦的密度瓶质量，g；

m_4——石油焦试样质量(m_3-m)，m 为密度瓶的质量；

m_5——盛有石油焦和无水乙醇的密度瓶质量，g；

V——密度瓶容积，cm^3；

ρ_1——20℃时无水乙醇的密度，g/cm^3。

4. 影响因素及注意事项

用于测定密度的石油焦，在煅烧后要加以研细、磨碎、过筛，取粒度小于0.1mm的石油焦作为测定样品，要尽可能保证颗粒大小一致。如果采用钢制机械粉碎石油焦时，需用磁铁脱除铁粉，否则将造成结果偏差。测定用的密度瓶的容积应至少每三个月标定一次。每批无水乙醇之间的密度会有一定的差异，因此对每批无水乙醇均必须测定密度。测定时，在砂浴或水浴上煮沸密度瓶内的无水乙醇时不要让无水乙醇逸出，以免带出试样使测定产生误差。密度瓶放入恒温水浴中恒温后，要仔细检查并调整无水乙醇的液面，使其与刻线一致。

第七节　固体和半固体石油沥青密度测定法

GB/T 8928—2008

1. 适用范围

固体和半固体石油沥青密度测定法规定了采用比重瓶法测定固体和半固体石油沥青密度的试验方法，本方法不适用于测定相对密度小于1.000的固体石油沥青。

2. 测定原理

在规定温度下，分别测得同体积石油沥青和水的质量，根据密度的基本公式计算出试样在规定温度下的密度和比重。

3. 方法概要

比重瓶测定沥青样品的比重由两个步骤组成，第一步骤为用水标定比重瓶，第二步骤为测定样品，当新使用的比重瓶标定过后，其标定值后续可作为固定值使用，无需每次测定样品时都标定。

比重瓶标定：称重清洁、干燥的比重瓶，将预先恒温至25℃±0.1℃的水注满比重瓶，放入水浴中恒温30min以上，取出比重瓶擦干水分，称重，此质量减去比重瓶的质量即为比重瓶中的标定值。

样品测定：加热样品使样品具有足够的流动性，然后将足量的样品注入到预先称重的比重瓶中，注入量约为比重瓶体积的3/4，随后将样品与比重瓶一起放入高于样品估计软化点100~110℃的烘箱内保持20~30min后，取出冷却至室温并称重，此质量减去比重瓶质量即为样品质量。把已经恒温至25℃±0.1℃的水注满试样比重瓶，放入水浴中恒温30min以上，取出比重瓶擦干水分，称重，此质量减去样品加比重瓶的质量为比重瓶中水的质量。用比重瓶标定值减去比重瓶中水的质量，即为与加入比重瓶中的沥青同体积的水的质量。用沥青重量除以同体积的水的质量，即为沥青的相对密度。

4. 影响因素及注意事项

比重瓶和塞子在使用前必须先用清洗去除污染物，用水清洗，再分别用蒸馏水、无水乙醇冲洗、用干燥的空气吹干。测定水值和样品比重时使用的水应是新煮沸的蒸馏水或去离子水，避免水中溶解二氧化碳等气体。测定过程中要仔细检查比重瓶内的样品和水，不能把气泡带入到样品或水中。在称量前擦干比重瓶外部和瓶塞顶部后，如果瓶塞顶部气孔中有小水珠形成，应认为是瓶内水分膨胀形成，是比重瓶内水的一部分，不能再擦干。沥青样品倒入比重瓶时，要加热至具有足够的流动性避免倒样时带入气泡；但加热不能使沥青局部过热，发生氧化、缩聚等反应，使样品密度发生变化。在某一温度下标定的比重瓶数据不能用于其他温度，例如在20℃±0.1℃温度下标定的比重瓶数据，不能用于25℃±0.1℃的沥青比重测定。

第三十章　酸度、酸值测定

第一节　概　述

石油产品的酸度、酸值用来衡量油品中酸性物质含量，是石油及石油产品的一项重要指标。主要用来反映石油及石油产品在开采、运输、加工及使用过程中对金属的腐蚀性。油品中的酸性物质包括有机酸、无机酸、酯类、重金属盐、铵盐以及其他弱碱、多元酸的酸式盐等，这些物质既有原油中固有的，也有在储存和使用条件下产生的。

酸度定义为中和100mL石油产品所需氢氧化钾的毫克数，以mgKOH/100mL表示。

酸值定义为滴定1g试样到终点时所需的碱量，以mgKOH/g表示。

强酸值定义为中和1g试样中强酸性组分所需的碱的量，以KOH计，单位为mg/g。

碱值定义为滴定1g试样到终点时所需的酸量，以mgKOH/g表示。

应用于石油产品的酸度、酸值测定方法依据其终点判断方式可分为两类：容量滴定法和电位滴定法、容量滴定法测定时采用手工滴定法，通过指示剂颜色变化目视判定终点。电位滴定法可以自动滴定也可以手工滴定，通过到达滴定终点时溶液电位的突变来判断终点，由于油品中的酸性物质种类较多，不同测定方法之间的结果不能用一固定的系数进行计算，但在通常情况下GB/258测得的酸度值是所有方法中最小的结果。常用的酸度、酸值测定方法为：

1）GB/T 258汽油、煤油、柴油酸度测定法，以95%乙醇为抽提溶剂，以氢氧化钾-乙醇溶液为滴定剂，以碱性蓝6B为指示剂，采用手工滴定法，指示剂颜色由蓝色变为浅红色(或黄色变为紫红色)时为滴定终点。

2）GB/T 264石油产品酸值测定法，与GB/T 258除结果表示方式不一样外其余内容均一样。GB/T 264表示为酸值，单位为mgKOH/g，GB/T 258表示为酸度，单位为mgKOH/mL。

3）GB/T 7304石油产品酸值的测定(电位滴定法)，以水:无水异丙醇:甲苯=1:99:100为滴定溶剂，也可以用三氯甲烷代替甲苯，使用三氯甲烷时的测定结果可能与使用甲苯获得的结果不相同，以氢氧化钾异丙醇溶液为滴定剂进行电位滴定，以pH值为11左右时的突跃点为滴定终点时的测定结果为酸值，以pH值为4左右时的突跃点为滴定终点时的测定结果为强酸值。

4）GB/T 4945石油产品和润滑剂酸值和碱值测定法(颜色指示剂法)，以水:无水异丙醇:甲苯=1:99:100为滴定溶剂，以对萘酚苯为指示剂，氢氧化钾异丙醇溶液为滴定剂进行手工滴定时，测得的结果为酸值；用沸水抽提样品中的酸性物质，以甲基橙为指示剂，氢氧化钾异丙醇为滴定剂进行手工滴定时，测得的结果为强酸值。

5）GB/T 12574喷气燃料总酸值测定法，适用于测定喷气燃料的总酸值，以水:无水异丙醇:甲苯=1:99:100为滴定溶剂，以对-萘酚苯为指示剂，在样品中不断通入氮气的情况下，用氢氧化钾异丙醇溶液为滴定剂进行手工滴定；此方法与GB/4945测定酸值所用的滴定剂、指示剂和终点判断方式均相同，二者区别在于GB/T 12574测定过程中需要用氮气吹扫样品消除二氧化碳对酸值测定的干扰，而GB/T 4945不需要在通氮情况下进行测定。

6) GB/T 18609原油酸值的测定(电位滴定法)，适用于原油的酸值测定，方法内容与GB/T 7304相同。

第二节　汽油、煤油、柴油酸度测定法

GB/T 258—1977(2004)

1. 适用范围

汽油、煤油、柴油酸度测定法适用于测定未加乙基液的汽油、煤油和柴油的酸度。

2. 测定原理

用沸腾的乙醇抽出试样中的有机酸，用氢氧化钾-乙醇溶液进行酸碱中和滴定，以乙醇层的碱性蓝6B指示剂从蓝色变成浅红色为滴定终点，碱性蓝6B的pH值变色范围为9.4(蓝)~14.0(红)。

3. 方法概要

取95%乙醇50注入锥形瓶内，回流煮沸5min，加入0.5mL碱性蓝6B(或甲酚红)指示剂，趁热摇动用氢氧化钾乙醇溶液滴定至从蓝色变为浅红色(或从黄色变为紫红色)，取适量样品加入到锥形瓶内，回流煮沸5min，加入0.5mL碱性蓝6B(或甲酚红)指示剂，在不断摇动下，趁热用氢氧化钾乙醇溶液滴定至95%乙醇层从蓝色变为浅红色(或从黄色变为紫红色)，根据消耗的氢氧化钾-乙醇溶液的体积，计算出试样的酸度。

4. 影响因素及注意事项

所用的抽提溶剂95%乙醇的纯度要合乎要求，必要时应加以提纯处理，以除去所含的酸、醛和其他干扰物，配制后的指示剂溶液对滴定终点指示不明显时，应对其用酸或碱进行中和处理，若处理后变色效果仍不明显应废弃此批指示剂。在滴定过程中，要不断摇荡迅速滴定，尽量缩短滴定时间，以减少空气中的二氧化碳对滴定过程的影响，滴定至终点附近时，应逐滴加入氢氧化钾-乙醇溶液，终点前改为半滴滴加，以减少滴定误差。指示剂是通过与滴定剂反应后改变结构而变色，每次滴定时所加的指示剂量要相同，不能加太多，以免增加指示剂消耗的滴定剂量，产生滴定误差。滴定终点判断准确与否对试验结果有很大的影响，在测定时，加入碱性蓝指示剂后，溶液显蓝色，逐渐加入滴定剂至快到终点，蓝色中出现红色，随着滴定剂的继续加入，溶液红色增加而呈蓝紫色，最后变为红色，应以乙醇溶液蓝色消失显浅红色为滴定终点，不同批号的指示剂在终点颜色变化程度上会有差异，新购买的指示剂要采用与原指示剂分析同一样品的办法进行数据比对，确定其终点颜色变化情况，确保测定结果的一致性。有些油品由于存在干扰物，会使滴定终点变色不明显，蓝色消退但不出现红色。遇到这种情况时，只能以蓝色明显消退为滴定终点，为了便于观察指示剂的变色情况，宜在锥形瓶下面铺白色瓷板，使滴定在白色背景下进行，当油品颜色的深度足以影响指示剂变色的判断时，不适合于此方法来测定酸度。

第三节　石油产品酸值测定法

GB/T 264—1983(2004)

GB/T 264 石油产品酸值测定法与 GB/T 258 除结果表示方式不一样外其余内容均一样，相关内容参见本章第二节。

第四节　石油产品酸值的测定(电位滴定法)

GB/T 7304—2014

1. 适用范围

石油产品酸值的测定(电位滴定法)适用于能够溶解和基本溶解于甲苯和无水异丙醇混合溶剂中的石油产品和润滑剂中的酸值的测定。可测定样品中那些在水中离解常数大于 1×10^{-9} 的酸性组分，离解常数小于 1×10^{-9} 的极弱酸不产生干扰，但水解常数大于 1×10^{-9} 的盐类将会参与反应。

2. 测定原理

以玻璃电极为指示电极，甘汞电极为参比电极，将试样溶解在滴定溶剂中，以氢氧化钾-异丙醇标准溶液为滴定剂进行电位滴定，将明显的突跃点作为终点，如果没有明显突跃点则以相应的新配水性酸和碱缓冲溶液的电位值作为滴定终点，以 pH 值为 11 左右时的突跃点为滴定终点时的测定结果为酸值，以 pH 值为 4 左右时的突跃点为滴定终点时的测定结果为强酸值。

3. 方法概要

取一定量混合均匀的试样并加入 125mL 滴定溶剂于烧杯中，插入电极使电极的下半部分浸入液面下，启动搅拌，用氢氧化钾-异丙醇标准溶液进行滴定，记录将试样溶液从初始电位值滴定到 pH 值为 4 的水性缓冲溶液所示的电位值时所消耗的氢氢化钾-异丙醇溶液的体积，该数值用来计算样品的强酸值，继续进行滴定，当电位值超过 pH 值为 11 的缓冲溶液的电位值为 200mV 时可结束滴定，以滴定曲线上的突跃点为滴定终点。以测定样品相同的方法测定空白滴定溶剂消耗的滴定剂的值，测定强酸值时以盐酸-异丙醇溶液作为测定空白的滴定剂，结果计算时应把盐酸异丙醇的空白值加到样品的测定值中；测定总酸值时以氢氧化钾异丙醇溶液作为滴定剂，结果计算时应把氢氧化钾-异丙醇溶液的空白值在样品的测定值中扣去。

4. 影响因素及注意事项

测定前样品要搅拌均匀，必要时进行加热后搅拌，再取样，以确保取样的代表性。称取试样量要根据样品的黏稠程度和样品的预计酸值大小确定，黏度大、酸值大的样品，取样量可相对少一些，以确保能充分溶解，保证滴定完全，电位滴定曲线要求弧度平滑，突跃明显、完整。对某些特别难溶的样品，用滴定溶剂直接完全溶解有困难，可采用先在称取了试样的烧杯中加 62. 5mL 甲苯，使试样溶解后，再加 1∶99 的水-异丙醇溶液 62. 5mL，混匀后再分析。滴定用电极要充分清洗，必要时需重新活化以确保灵敏性，并定期用标准缓冲溶液校验电极。每次分析完后应用滴定溶剂清洗电极，并用滤纸将电极上的液体吸干，在蒸馏水中放置 5min 再用无水异丙醇和滴定溶剂清洗后方可进行下一次试验。当新配滴定溶剂后，应测定滴定溶剂的空白值，在样品分析结果中扣除空白值。

第五节　石油产品和润滑剂酸值和碱值测定法(颜色指示剂法)

GB/T 4945—2002(2004)

1. 适用范围

石油产品和润滑剂酸值和碱值测定法(颜色指示剂法)适用于测定能在甲苯和异丙醇混合溶剂中全溶或几乎全溶的石油产品和润滑剂的酸性或碱性组分。它适用于测定在水中的离解常数要大于 10^{-9} 的酸或碱和离解常数大于 10^{-9} 的盐类。在水中离解常数小于 10^{-9} 的弱酸或弱碱对测定不干扰。

本方法不适用于测定含有多种碱性添加剂类型的润滑油的碱值，也不适用于测定某些由于指示剂呈现的终点不明显的复合油品或深色油品。

2. 测定原理

用适当的溶剂抽提出样品的酸性或碱性物质，利用酸碱中和反应，测定酸值时，用氢氧化钾-异丙醇溶液为滴定剂，以对萘酚苯为指示剂，终点判断为从橙色变为暗绿色；测定碱值时，用盐酸-异丙醇溶液为滴定剂，以对萘酚苯为指示剂，终点判断为从暗绿色变成橙色；测定强酸值时，用沸水抽提样品中的酸性物质，用氢氧化钾异丙醇溶液滴定，以甲基橙为指示剂，终点判断为红色变成黄色。

3. 方法概要

测定酸值或碱值时，在 250mL 锥形瓶中加入适量试样，加入 100mL 滴定溶剂和 0. 5mL 对萘酚苯指示剂，不断摇动直至试样完全被溶解，如果混合物为橙色，用氢氧化钾-异丙醇标准溶液进行滴定，滴定至橙色变为暗绿色且颜色能持续 15s，则认为是到达终点，如果混合物为绿色或暗绿色，用盐酸-异丙醇标准溶液进行滴定，滴定至暗绿色变为橙色，则认为是到达终点，记录氢氧化钾-异丙醇溶液或盐酸-异丙醇溶液的消耗值，按同样的方法进行滴定溶剂的空白试验，样品消耗的滴定剂量加上或减去空白消耗的滴定剂量作为计算样品酸值(碱值)的体积数。

测定强酸值时，在 250mL 分液漏斗中，分二次用沸水抽提试样，在分层后，将水相放入 500mL 锥形瓶中，在水相中加入甲基橙指示剂，如果溶液变成粉红色或红色，用氢氧化钾-异丙醇标准溶液滴定至溶液变成黄色，记录消耗的滴定剂量。如果溶液最初颜色不是粉红色或红色，则报告强酸值为零。在同样量的沸水中进行空白试验。样品消耗的滴定剂量加上或减去空白消耗的滴定剂量作为计算样品强酸值的体积数。

4. 影响因素及注意事项

试验的环境温度应在 30℃以下，因滴定溶剂蒸发气体易燃、有毒，试验必须在通风橱中进行，注意个人防护。滴定时要快摇快滴，尽量缩短滴定时间，以减少空气中二氧化碳对测定结果的影响。指示剂变色是由指示剂与滴定剂的反应实现，因此各次测定所加指示剂的量要相同，不能加太多，以免引起滴定误差。滴定终点判断是否准确对试验结果有较大的影响。在测定时，加入对萘酚苯指示剂后，溶液显橙黄色，到终点时转为亮绿色，并能保持15s，判断为终点。

第六节 喷气燃料总酸值测定法

GB/T 12574—1990(2004)

1. 适用范围

喷气燃料总酸值测定法适用于总酸值范围为0.000~0.100mgKOH/g的喷气燃料。

2. 测定原理

此方法的测定原理与GB/4945相同，测定酸值所用的滴定剂、指示剂和终点判断方式均相同，二者区别在于GB/T 12574测定过程中需要用氮气吹扫样品消除二氧化碳对酸值测定的干扰，而GB/T 4945不需要在通氮情况下进行测定。

3. 方法概要

称取100g试样溶解在100mL滴定溶剂中，在通风橱中以600~800mL/min流速通入氮气，在鼓泡3min后，继续通入氮气，用氢氧化钾-异丙醇标准滴定溶液进行滴定，以对萘酚苯指示剂的颜色变化确定终点。

4. 影响因素及注意事项

连续吹入氮气是为了避免空气中的二氧化碳对测定结果的影响，必须保持持续吹入氮气，其他影响因素和注意事项可参见本章第五节。

第七节 原油酸值的测定(电位滴定法)

GB/T 18609—2011

原油酸值的测定(电位滴定法)适用于原油的酸值测定，方法内容与GB/T 7304相同。相关信息参见本章第四节。

第三十一章 水分测定

第一节 概　述

在石油和液体石油产品中，水分以游离水、乳化水或溶解水等形式存在，对于固体石油产品而言，水分分为内水和外水。测定和控制石油产品的水分含量主要有两大目的：一是水分测定是石油产品贸易计量中必不可少的一个项目，水分含量高表示收到同样数量的油品时可用组分少，通常液体石油产品出厂前需检水尺，避免罐底沉降的水分被送至客户处；二是测定和控制水分避免水分影响使用设备或加工装置的性能，对于燃料型的石油产品，存在过多的水分时，除了由于水的蒸发吸热，降低燃料的热效率外，严重时还会损坏设备。对于原料型的石油及石油产品，水分的存在除了会使加工量受到影响外，还有可能使分子筛类催化剂中毒，使低温工况下工作的设备由于水的结冰而堵塞设备，由于水中溶解的无机盐、无机酸加快设备腐蚀速度。

石油及石油产品水分测定的方法可分为物理法、化学法和电容法。物理法测定为通过加热蒸馏，使水和低于水沸点的烦类组分从样品被蒸出，蒸出的水和烃类由于不相溶而实现分离，水分被计量；化学法是经典的卡尔费休法，有容量法和库仑法之分，容量法为使用滴定剂对样品中的水分进行滴定，用电位的突跃来指示滴定终点，库仑法为电解生成滴定剂对样品中水分进行滴定，根据法拉第定律计算出样品中的水分。电容法则是根据氧化铝层的电容变化与吸收的水分成比例的原理来测定样品中的水分，常用的水分测定方法为：

GB/T 8929 原油水含量的测定(蒸馏法)，把原油与不溶于水的溶剂混合加热，把水分从原油中蒸出，冷凝后从刻度接收器中读出原油的水分含量。

GB/T 260 石油产品水分测定法，把样品与无水溶剂混合蒸馏，把水分从油品中蒸出，冷凝后从刻度接收器中读出油品中的水分含量。GB/260 与 GB/T 8928 主要区别在于样品的取样量上。

SH/T 0246 轻质石油产品中水含量测定法(电量法)，以三氯甲烷:甲醇:卡氏试剂 3:3:1 为电解液，采用电量法测定油品中水分。

ASTM E1064 卡尔费休法库仑滴定法测定有机液体中水的标准试验方法与 SH/T 0246 方法相似。

SH/T 0023 石油焦总水分测定法，把石油焦样品置于烘箱，使其中的水分蒸发脱去，脱水后的石油焦样品的质量与原始样品的质量差即为石油焦中的水分。

电容法测定石油产品的水分含量，把样品通过经校验的氧化铝探头，以电信号的变化来测定样品中的水分，常用于气态样品。

第二节　原油水含量的测定法(蒸馏法)

GB/T 8929—2006

1. 适用范围

原油水含量的测定法(蒸馏法)规定了用蒸馏法测定原油水含量的方法。

2. 测定原理

在回流的条件下，将试样和不溶于水的溶剂混合加热，样品中的水与溶剂以共沸物的形式被同时蒸馏。冷凝后的溶剂和水在接受器中连续分离。水沉降在接受器的刻度管中，溶剂则返回到蒸馏烧瓶，刻度管中的水分值与样品称样量的比值即为原油的水含量。

3. 方法概要

根据原油预计水含量，取一定量混合均匀的样品，倒入蒸馏瓶中，加入溶剂油等抽提溶剂(对于黏度较大的样品应加入一定量的混合二甲苯以便于更好地溶解)，对蒸馏瓶进行加热蒸馏，溶解在油中的水分与抽提溶剂一起共沸蒸馏出来，并通过冷凝回流管冷凝回流到带有刻度的接受器中，控制加热速度使馏出物以每秒钟2~5滴的速度滴进接收器，持续蒸馏至接收器内的水体积在5min内保持不变后，读出水的体积，与取样量相除得到原油样品的水含量。

4. 影响因素及注意事项

油样必须有代表性，测定前应混合均匀。常用的方法有反复振荡混合法、循环混合在线取样法等。如果含水量大，且出现油相和水相分层时，应让原油充分静置分层，分别称重油相和水相，然后充分混合均匀油相后，从油相中取试样，待测出油相中的水含量后，根据油、水相的质量和油相水含量，计算出该样品的含水量。测定用蒸馏溶剂可以使用符合SH0005要求的油漆工业用溶剂油，发生争议时应用符合GB 3407中优级品要求的二甲苯。溶剂的水含量应通过空白试验进行确定。接收冷凝水的接收器刻度必须经标定合格，整套仪器应采用在溶剂中加入定量水进行蒸馏的回收试验，验收合格后方可投用。测定前，样品的取样量应根据样品中的预计水分大小而定，测定时水分≤1.0%时，应称取200g(或mL)油样；水分在1%~5%时，应称取100g(或mL)试样；5%~10%时只能称取50g(或mL)试样，然后在烧瓶中加入足够的溶剂，使烧瓶中油样和溶剂的总体积达到400mL，还应往烧瓶中投入几粒无釉磁片或玻璃珠，以便在瓶中液体加热至沸腾时能形成细小的空气泡，保证液体均匀沸腾不致发生突沸。

装配水分蒸馏仪时需确保所有接头的气密性和液密性，玻璃接头不得涂润滑脂，蒸馏过程中溶剂会溶解润滑脂，使接头失去密封性，蒸馏时，通过冷凝夹套的循环水温度保持在20~25℃。冷凝管顶部应安装一个内有干燥剂的干燥管，以防止空气中水分进入。

蒸馏过程中要控制好蒸馏速度，对于含水量多的油品蒸馏时，不能加热太快，速度太快，易产生爆沸冲油和造成火灾。在蒸馏的初始阶级加热应缓慢(约0.5~1h)，以防止暴沸和系统的水分损失。不能让冷凝液升到高于冷凝管内管的3/4处，初始加热后，馏出物应以大约每秒钟2~5滴的速度滴进接受器，如果太慢，溶剂气化量少，携带水分的能力降低，使结果偏低。除接受器外仪器的任何部位都看不到可见水，并且接受器内的水的体积在5min内保持常数时判断为蒸馏终点，可停止加热，让接受器和其内容物冷却至室温，用尖状小工具或聚四氟乙烯刮具把黏附在接受器上的任何水滴刮进水层里，读出接受器中水的体积，体积要估读至接近 0.025mL。当读数时若接受器中的水面呈倾斜状态时，则读取倾斜面的中间部位相对应的刻度线作为水分值。

第三节　石油产品水分测定法

GB/T 260—1977(2004)

1. 适用范围

石油产品水分测定法适用于规定石油产品的水含量，以百分数表示。

2. 测定原理

同本章第二节。

3. 方法概要

将 100g 试样和 100mL 溶剂油混合在蒸馏烧瓶中，在规定的仪器上进行蒸馏，溶解在油中的水分与抽提溶剂一起共沸蒸馏出来，在冷凝回流管被冷凝至带有刻度的接受器中，控制加热速度在使馏出物以每秒钟 2~4 滴的速度滴进接收器，由于水的密度比溶剂大，水沉积在接受器的下部，溶剂不断返回蒸馏瓶进行回流，持续蒸馏至接收器内的水体积不再增加，且接收器中的溶剂的上层完全透明时，停止蒸馏，冷却后读出水的体积，与取样量相除得到样品的水含量。

4. 影响因素及注意事项

样品要有代表性，在称量时，要充分的摇动使样品混合均匀。试样水分超过 10%时，可适当减少取样量，使蒸出的水不要超过 10mL。但试样量也不可太少，否则降低试样的代表性，影响测定结果的准确性。所用的蒸馏溶剂应为 80℃以上的直馏汽油或工业溶剂油，且在使用前必须脱水和过滤，否则会影响测定结果；对于高黏度样品测定水分时，必须用搅拌棒搅拌均匀或在试样瓶中上下颠倒摇匀，溶剂油可能不能很好地溶解试样，应采用二甲苯作溶剂并多加几粒沸石，充分摇匀后分析以防止油包水而产生突沸。

测定用的仪器要符合要求，水分接收器的刻度应经校验合格。测定时为防止空气中的水蒸气进入冷凝管，冷凝管上端要用棉花塞住，必要时外接一个干燥管。测定时要控制好蒸馏速度，如果太慢，溶剂气化量少，携带水分的能力降低，使结果偏低，如果太快，易产生突沸，加入几片无釉瓷片可防止突沸。对含水量高的样品，蒸馏时应缓慢进行，控制回流速度，以免产生突沸现象，影响测定结果。在停止加热后，如果冷凝管内壁沾有水滴，应用带橡皮或塑料头金属丝或细玻璃棒将水滴带到接收器中。冷却后读数时，当接受器中的溶剂浑浊，而且收集的水不超过 0.3mL 时，应将接受器放入热水中浸 20~30min，使之澄清再读数。结果报告时当试样的水分少于 0.03%认为是痕迹，在仪器拆卸后接受器中没有水存在，认为试样无水。

第四节　石油焦总水分测定法

SH/T 0032—1990(2006)

1. 适用范围

石油焦总水分测定法规定了石油焦总水分的测定方法，适用于延迟石油焦(生焦)。

2. 测定原理

石油焦总水分是指石油焦的全部水分。石油焦水分按测定条件的不同，可分为外在水和内在水。外在水是石油焦达到空气干燥状态以前的水分，外在水随生产、储存时的外界条件而变动，露天存放的石油焦遇雨天，水分会增加；在干燥的空气中长时间放置，水分会蒸发，使石油焦变成风干状态。内在水分是指石油焦达到空气干燥状态后，还留在石油焦内的水分。它随温度、水蒸气在空气中饱和程度、石油焦本身结构有关。石油焦的总水分为外在水和内在水的总和。

3. 方法概要

在称量过的干燥盘中，称取 250g 粉碎至小于 20mm 的试样，然后将盘中试样铺平，放入打开自然通风孔并调到(105±3)℃的烘箱中，干燥 180min，取出样品盘，在室温下冷却 10min 后称量，然后再放入烘箱中 20min，取出冷却 10min 再称量，使水分从石油焦中蒸发逸出，干燥后试样所失去的质量，即为石油焦水分质量，石油焦的总水分计算为水分质量与石油焦的称样量的比值。

4. 影响因素及注意事项

石油焦的取样和制样的操作要尽可能快，因为石油焦的外在水受环境影响较大，干燥天气水分易蒸发逸出，使测定结果偏小；雨天会使结果偏高。测定时，烘箱内不要同时放进过多试样，更不要在同一烘箱内放进水分相差很大的试样，以免影响干燥效果。当烘箱内有试样干燥时，不要放入另一个新的试样进行干燥。装有试样的蒸发皿不要在烘箱的底层，严禁与箱壁接触，以免局部过热或蒸发皿处的温度与温度计所指示的温度值不一致，造成测定结果的偏差。石油焦在采样和特别是制样过程中，要做好防止焦炭细粉吸入呼吸道的防护措施。

第五节 轻质石油产品中水含量测定法(电量法)

SH/T 0246—1992(2004)

1. 适用范围

轻质石油产品中水含量测定法(电量法)适用于轻质石油产品，测定水含量的范围从 1mg/kg 到 90%(质量分数)。

2. 测定原理

电量法测定微量水的原理，是基于在恒定碘的电解液中，以二个铂网电极为电解电极对，通过电解使溶液中的碘离子在阳极氧化为碘：

阳极： $$2I^- - 2e \longrightarrow I_2$$

所产生的碘与试样中的水反应：

$$H_2O + I_2 + SO_2 + 3C_5H_5N \longrightarrow 2C_5H_5N \cdot HI + C_5H_5N \cdot SO_3$$

生成的硫酸砒啶又进一步和甲醇反应：

$$C_5H_5N \cdot SO_3 + CH_3OH \longrightarrow C_5H_5N \cdot HSO_4CH_3$$

反应终点通过一对铂电极来指示，当溶液中的水分与碘离子完全反应，电解液中的碘浓度恢复到原始浓度时，电解即自行停止，根据法拉第电解定律即可求出试样中相应的水含量，用 2~5mL 试样可定量检出样品中 1mg/kg 的水。

3. 方法概要

向卡尔费休滴定仪中注入适量的电解液，设定好仪器操作条件，开始空白滴定，滴定至仪器空白值和漂移值小于规定值后，根据样品的预计水含量，抽取一定量的样品注入到电解液，仪器自动进行滴定，滴定结束后，自动计算出样品中的水含量。

4. 影响因素及注意事项

空气中的水分会对样品采样和样品测定产生干扰，采样用采样瓶或细口瓶盖子和瓶口的密闭性要好，使用前需用蒸馏水洗净，放在 120℃烘箱烘 3~4h，取出放在干燥器中，冷却至室温后备用。样品取回后应立即分析，防止空气中的水分溶入或遇冷后样品中的水分析出，造成结果偏差。样品测定前应注意观察样品和样品容器，若发现有乳浊现象或瓶壁有微小水珠析出，可采用在样品中定量加入乙二醇，把样品中的水分抽提至乙二醇溶液中，再测定乙二醇的水分含量，折算为样品的水含量。对于水含量小于 10mg/kg 的试样，最好用注射器从采样口直接采取样分析。采取样时应用试样反复冲洗注射器 5~10 次，进行样品分析时，严禁用手接触注射器柱塞和针头，以防污染。如果无法控制样品容器(如客户送样)，进行样品测定前需将试样剧烈摇晃，确保沉积在试样容器上的水分尽可能溶解在试样中，然后用注射器快速取样进行分析。当用注射器从样品容器中取样分析时，应缓慢回抽注射器柱塞，将样品取出，防止太快使注射器内进入空气形成气泡。将样品取出后，可将注射器针尖插入硅橡胶垫中，再推进柱塞进行定量。

电解池阴极室内电解液变为深褐色或出现沉淀时，应立即更换新电解液。为防止阴极室内碘的消耗造成的电解电流不稳定，电解效率下降，测定结果偏高等现象，应根据仪器使用频率的高低更换阴极室电解液，但至少每周更换一次。仪器在使用过程中因加入大量分析试样而将电解液稀释，从而造成电解液性能下降，电解效率降低，测定结果逐渐升高，误差增大。因此当分析 30~50mL 试样时就需要更换电解液。

为了避免空气中的水分影响测定过程，卡尔费休法测定水的电解池采用了密闭系统，当发现吸湿现象造成滴定终点长时间不能稳定需要较大的补偿电流时，应检查排气孔分子筛干燥管和磨口是否泄漏。如果需要，更换干燥剂和磨口真空润滑脂。此外，保持阴极室电解液和阳极室电解液在一个水平面，可减少含水的阴极室电解液通过半透膜向阳极室的扩散，降低吸湿现象的发生。仪器操作过程中可能出现的过终点现象，可以通过减少电解液中通入的二氧化硫的量或在电解池外罩上加一层黑纸降低光照的影响，来改进过终点现象。酮和醛类物质能与碘发生氧化还原反应，对分析过程有干扰，严禁使用酮和醛洗涤电解池和注射器。

电量法测定水时需要对库仑水分析仪进行定期校验。最好的办法是在每天试验前用质量控制标样进行测试，若质控标样的测定值与其已知量值之差在±5%以内，则说明仪器工作正常，否则需对仪器及电解液分别进行检查，排除各种影响因素直至标样结果符合要求后方可开始样品检测。在没有商品类的水含量质控标样时，也可直接向库仑水分仪中定量注入微量蒸馏水，若测定值与加入量之差在±5%范围以内，表明仪器工作正常。

当仪器预滴定时出现很深颜色时，说明指示电极对双铂片上有一层碘薄膜或者是黏附了一层有机物质，导致电极响应迟缓或增大两铂片间的电动势，使仪器始终达不到终点，电解出过量的 I_2，滴定杯的电解液颜色会很深，此时应取出电极清洁铂片表面。

当仪器的漂移值大于 10μg/min，并且保持稳定时，说明分子筛需要干燥，可将分子筛放在 160~300℃的烘箱中干燥 24h，通常情况下分子筛一至两个月干燥一次，或者在干燥管底部的分子筛下面放少许变色硅胶，作为干燥指示剂，当变色硅胶变色时取出分子筛干燥。

试样中的硫化氢、硫醇和二烯烃等在测定过程会和碘反应，使水含量的分析结果偏高，应使用以下计算公式扣除硫化氢和硫醇的影响，因油品中的二烯烃含量难以测定，测定结果中不扣除二烯烃的影响，扣除硫化氢和硫醇影响的计算公式如下：

$$x_1 = x - \frac{9s}{16} - \frac{9R}{32}$$

式中　x_1——扣除硫化氢和硫醇影响后的样品中的水含量；

x——仪器测得的样品水含量；

s——样品中以硫计的硫醇浓度，mg/kg；

R——样品中以硫计的硫化氢浓度，mg/kg。

第六节　卡尔费休库仑滴定法测定有机液体中水的标准试验方法

Q/SHPRD118—2011 附录 B ASTM E1064

1. 适用范围

本方法采用卡尔·费休库仑法，适用于大部分有机产品中水含量在0~2.0%(质量分数)的试样的测定。

2. 测定原理

参见本章第五节。

3. 方法概要

参见本章第五节。

4. 影响因素及注意事项

参见本章第五节。

第七节　气体中微量水分的测定(氧化铝传感器法)

1. 适用范围

气体中微量水分的测定(氧化铝传感器法)适用轻质液体油品、常温下为气体的样品中的微量水分的测定，受干燥剂性能限制，通常最低测至露点为-80℃。不适用于含氯气、氨气、氯化氢、二氧化硫等可引起氧化铝传感器损坏的样品。

2. 测定原理

被测气体通过由氧化铝电解质层及铝基体组成的电容式传感器时，气体中的水分被氧化铝层吸收，使传感器的电容量发生变化，由此测出露点和水含量。

3. 方法概要

连接微水仪与储样容器，若样品在储样容器内为低温液体时，应在微水仪与样品之间增加一闪蒸气化装置，使样品充分气化后进入到微水仪中，调节样品流量至微水仪规定值，待仪器充分置换读数稳定后，直接读出样品的露点或微量水分值。

4. 影响因素及注意事项

分析微量水分的样品采样时，应确保采样容器的水分含量小于待测样品的预计值。必要时可用干燥的无油氮气干燥采样容器；采样过程中必须保持采样接口干燥且采样容器与采样接口之间无泄漏，如有必要可用滤纸等吸水材料仔细擦拭采样容器与采样口的接口部位。雨天不宜采集测定微量水分的样品，若必须采集，则应增设防雨设施，确保采样容器和采样口不与雨水接触。

水分测定时用于进样的气路系统应该采用尽可能短的小口径管道，且不能有死体积，气路连接管和采样管道材质应采用干燥洁净的不锈钢管、铜管或壁厚不小于1mm的聚四氟乙烯管，不允许使用乳胶管、橡胶管或尼龙管等吸湿性或可渗透性连接管。所有接口都需保持密闭，如有泄漏即使管道气体压力大于大气压力，也有可能受空气中的水分影响而使样品测定结果变大。测定前，应使用露点低于-70℃的干燥氮气检查确认仪器，仪器显示其露点值低于-70℃时才能用于测定样品。

氧化铝法微水仪测定露点高于-35℃样品后，容易使氧化铝电解质层本底值难以干燥至本底值，失去使用性能，应避免测定此类样品，如测定时遇到此类情况时，应立即停止测定，把传感器置回干燥状态。在连续测定时，待传感器充分干燥后再进行下个样品分析，避免前一个样品的水分影响到下个样品。露点仪应把样品流速至于规定范围内，样品流速慢时所测得水含量偏大，样品流速快时，所测水含量偏小，测定时应避免酸性或碱性气体，因为传感器探头内的Al_2O_3是两性氧化物，它会与酸性或碱性物质发生反应而损坏。

第三十二章　色谱测定

第一节　概　述

色谱分析法是基于混合物各组分在体系中两相间的物理化学性能差异(如吸附、分配差异等)而进行分离和分析的方法，色谱分析法分为液相色谱法和气相色谱法。气相色谱法为流动相为气体(称为载气)色谱分析法，在石化样品的分析检验中，气相色谱法广泛应用于油品中组分的定性分析和油品中组分的含量测定，它适用于气体样品、液体样品，但当样品中含有较多沸点超过210℃以上的组分时，由于这些组分的同分异构体的种类多，气相色谱技术无法对这些组分完全分离，进行定性或定量。近年来，随着色谱分析技术的进步，开发出了用气相色谱法测定油品恩氏蒸馏的模拟蒸馏的技术。有关色谱理论和色谱技术的专业文献有很多，本章中不再介绍，本章中仅介绍炼油企业过程控制和产品分析的具体色谱分析方法及注意事项。

第二节　液化石油气组成测定法(色谱法)

SH/T 0230—1992

1. 适用范围

液化石油气组成测定法(色谱法)规定了用气相色谱法测定石油气 C_2～C_4 及总 C_5 烃类组成(不包括双烯烃和炔烃)的方法。适用炼油厂生产的液化石油气。

2. 测定原理

使用非极性填充色谱柱，液化石油气样品气化后进入到色谱仪中，按照沸点优先的原则，样品中的各组分进行分离，C_5 及以后的组分反吹为合峰，由热导检测器检测，采用带校正因子归一化法定量。

3. 方法概要

以邻苯二甲酸二丁酯填充柱或十二醇/多孔硅珠填充柱为色谱柱，设定好色谱仪柱温、载气流速等操作条件，应保证丙烷和丙烯峰有良好的分离度(R>1.5)。样品通过闪蒸汽化器或水浴中的加热盘管汽化后进入到色谱定量管中，通过阀切换，由载气把定量管中的样品带到色谱柱中进行分离，使用邻苯二甲酸二丁脂固定相为色谱柱时，当异戊烷组分从色谱柱中流出后，采用阀切换，使载气从色谱柱出口反向流向入口，其余 C_5 及以后的组分反吹为合峰，由热导检测器检测；使用十二醇/多孔硅珠色谱柱时，当顺丁烯组分从色谱柱中流出后，采用阀切换，使载气从色谱柱出口反向流向入口，其余 C_5 及以后的组分反吹为合峰，由热导检测器检测，使用色谱信号处理软件(通常为工作站)对信号进行积分，根据预先确定好的各组分的保留时间和校正因子，自动地计算出各组分带校正因子的面积归一化法结果。

4. 影响因素及注意事项

液化石油气组成测定时采样过程非常关键，不准用球胆采取试样，一定要使用钢瓶，以防止压力下降后样品中的轻组分在球胆内先汽化，进样时轻组分先进入定量管，造成轻组分测定结果偏大，当样品中存在 C_6及以上组分时，既使用钢瓶取样，也不能保证 C_6及以上组分与其他组分同等气化进入定量管，会使测定结果不准，因此，使用该方法的前提条件是样品中不存在 C_6及以上组分。

此方法用校正因子面积归一化法定量，它的优点是：①简便，准确。②不必要准确进样。③操作条件稍有变化时对结果没有影响。它使用的条件是：①样品中所有组分都出峰并被识别。②所有的组分都能测出峰面积且知道其校正因子。在对样品汽化时，C_2~C_4 样品的水浴温度或闪蒸气化器温度为40~60℃，含有 C_5 组分时，水浴温度或闪蒸气化器温度为60~80℃，确保样品充分气化且不产生汽化歧视。定量管取样时，可把定量管放空出口置于一水浴中，观察定量管放空出口的气泡应缓慢匀速，避免未完全气化的样品导入到定量管中，关闭样品钢瓶出口阀门后，应待定量管放空出口不再冒气泡即定量管内压力平衡后，才可以按启动按钮，把定量管中的样品导入到色谱仪中。

样品汽化用的盘管或闪蒸气化器在使用一段时间后，其内部会有结垢或水分等沉积的杂质，会影响样品的气化，应定期对汽化盘管或闪蒸汽化器的样品流路进行清理。

在对得到的色谱图进行处理时，如果两个以上的峰合在一起不能分离时，应按各组分的大致含量按比例计算混合校正因子，当在小组分相邻于大组分以合峰的形式出现时，取斜切线作为基线计算小组分的峰面积。

第三节 氢纯度的测定法

1. 适用范围

氢纯度的测定法主要用于生产装置过程控制，适用于炼厂气、天然气、循环氢、新氢等常量氢含量的测定。

2. 测定原理

以氮气为载气，样品气在通过13X 分子筛(或5A 分子筛)色谱柱后氢气与其他气体组分实现分离，由热导检测器检测，根据氢组分的峰面积或峰高，利用外标法定量。

3. 方法概要

将样品与定量管的进样系统相连，使样品进入到色谱定量管中，待定量管内气体被彻底置换成样品气体且压力平衡后，启动色谱仪，通过阀切换，由载气把定量管中的样品带到色谱柱中分离。

常见的色谱条件为：

色谱柱：填充柱，长2m，内径4mm；

固定相：13X 分子筛或5A 分子筛(40~60 目)；

柱温：40℃；

载气流量：100mL/min；

桥流：80mA。

4. 影响因素及注意事项

氢纯度测定时首要的影响因素是样品是否具有代表性，氢气相对分子质量小，渗透性强，容易从样品容器中渗透至外界，特别是样品中的氢含量在95%(体积分数)以上时，应遵循即采即测的原则，在采样回来后尽可能短的时间内完成测试，当氢含量高于97%(体积分数)时，采用测定样品中其他组分的含量差减法计算氢含量的测定方法的准确度优于此分析方法。氢纯度测定时可以采用单点标定，也可以采用建立标准曲线的办法，当单点标定时，使用的标样应接近于样品的氢纯度，使用标准曲线时，应关注其线性，氢含量与热导检测器的相应值之间的线性范围较窄。使用定量管进样时，要用样品气体充分置换定量管内的气体，置换结束后，应使定量管内压力平衡后再开启进样阀。

当分析气体中微量氢含量时，在氢气峰的后面可能会出现一个氧气的干扰峰，保留时间比较接近，容易误判为氢气峰。

第四节　车用汽油航空汽油中苯和甲苯含量测定法(气相色谱法)

SH/T 0713—2002

1. 适用范围

车用汽油航空汽油中苯和甲苯含量测定法(气相色谱法)规定了用气相色谱法测定车用汽油和航空汽油中苯和甲苯含量的方法。苯含量测定范围为0.1%~5%(体积分数)，甲苯含量为2%~20%(体积分数)。

采用1，2，3-三(2-氰基乙氧基)丙烷(TCEP)填充柱作分析柱时，不适用于含乙醇的汽油，甲醇也可能会引起干扰，采用改性聚乙二醇(FFAP)毛细管分析柱时，甲醇和乙醇的干扰不明显。

2. 测定原理

参见图32-1、图32-2，分析系统由一个六通阀、一根预柱和一根分析柱组成，预柱是一根装有非极性固定相(甲基硅酮)色谱柱，根据它对样品组分依沸点顺序分离的特点，实现苯和甲苯与重烃的预分离；分析柱是一根装填有强极性固定相1，2，3-三(2-氰基乙氧基)丙烷(TCEP)或改性聚乙二醉(FFAP)的色谱柱，实现苯、甲苯与小于辛烷的非芳烃化合物的分离。方法采用热导检测器或氢火焰离子化检测器检测，内标法定量。分析时先在样品中加入丁酮(MEK)作为内标物，然后把样品注入到进样口，样品由载气携式进入预柱，待样品中的辛烷组分从预柱流出并进入分析柱后，切换六通阀，使六通阀置于反吹状态，此时，预柱出口与载气连通，比辛烷更重的组分反吹出预柱；分析柱入口与另一路载气连通，在分析柱上，苯、甲苯、内标物(丁酮)与轻非芳烃分离后进入到检测器检测，色谱工作站记录峰信号并对峰面积进行积分，按照内标物计算公式计算出样品中苯、甲苯含量。

3. 方法概要

(1) 仪器条件建立

系统连接示意图见图32-2。色谱系统所用色谱条件见表32-1。

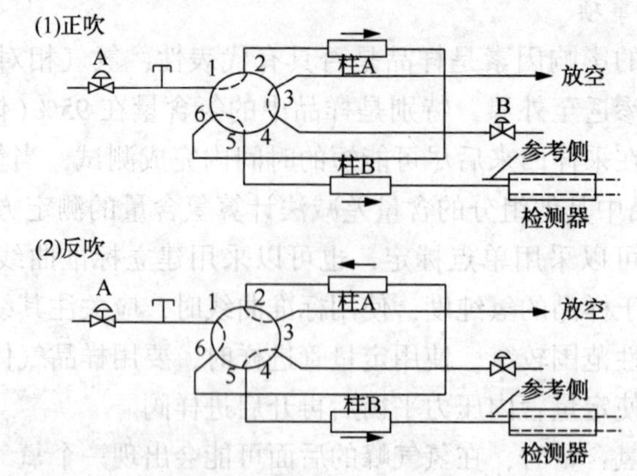

图 32-1 色谱柱正吹、反吹气路示意图

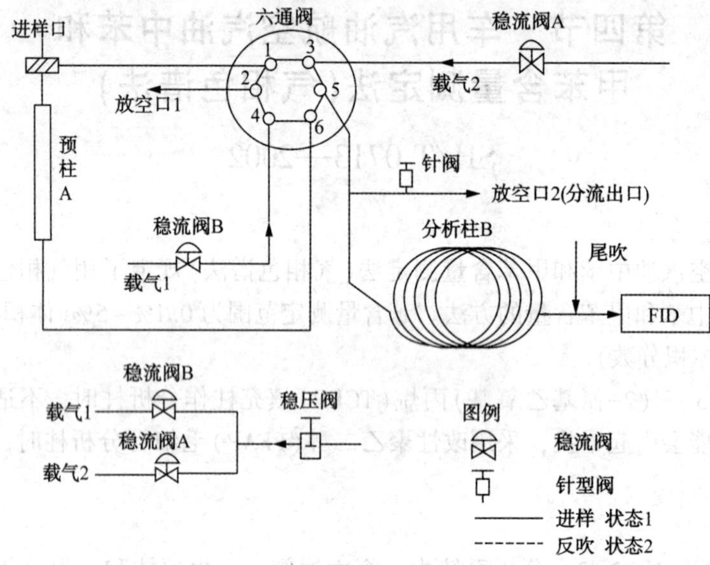

图 32-2 色谱系统气路示意图

表 32-1 系统色谱条件

	系统 1	系统 2	系统 3
检测器	热导检测器	火焰离子化检测器	火焰离子化检测器
色谱柱			
预切性	不锈钢柱	不锈钢柱	不锈钢柱
尺寸	柱长 0.8m、外径 3.2mm、内径 2.2mm	柱长 1.0m、外径 3.2mm、内径 2.2mm	柱长 1.0m、外径 3.0mm、内径 2.0mm
固定相	甲基硅酮，10%(m/m)	甲基硅酮，10%(m/m)	甲基硅酮，30%(m/m)
载体	Chromooeb W，60~80 目	白色硅烷化载体，60~80 目	白色硅烷化载体，60~80 目
分析柱	不锈钢柱	不锈钢柱	弹性石英毛细管柱
尺寸	柱长 4.6m、外径 3.2mm、内径 2.2mm	柱长 4.6m、外径 3.0mm、内径 2.0mm	柱长 50m、内径 0.25mm、壁厚 0.3μm
固定相	TCEP，20%(m/m)	TCEP，15%或 20%(m/m)	FFAP
载体	Chromooeb P，80~100 目	Chromooeb P，80~100 目	

续表

	系统 1	系统 2	系统 3
参考柱	任何柱或阻尼阀		
温度			
汽化室/℃	200	250	250
检测器/℃	200	250	250
色谱柱/℃	145	90	80
载气	氦气	氢气或氦气	氦气
气体线速/(cm/s)	6		
载气 1 流量/(mL/min)	约 30	约 40	约 0.8
载气 2 流量/(mL/min)	约 30	约 40	约 60
柱前压/kPa	约 200	约 350	约 350
分析柱流量/(mL/min)	约 30	约 40	约 0.8
分流口流量/(mL/min)	—	—	59
记录器范围/(mV)	0~1	0~1	0~1
记录纸速/(cm/min)	1	1	1
试样量/μL	2	0.5	0.5
全分析时间/min	8	15	15
反吹时间/min	约 0.75*	约 2.5*	约 0.75*

*对每个柱系统必须测定反吹时间。

确定反吹时间：色谱仪处于正吹状态下时，从进样口注入 1μL 含 5%(体积分数)异辛烷的正壬烷溶液，记录色谱图直到正壬烷出峰结束，测量从进样直到异辛烷出峰结束而正壬烷峰未开始出峰的时间，以秒为单位，此时，异辛烷已全部从分析柱流出，而正壬烷没有。此测定时间的一半可近似作为“反吹时间”并应在 30~60s 之间。再次向色谱仪中注入样品，在以上确定的“反吹时间”时，使六通阀切换至反吹状态。如此得到异辛烷色谱图中正壬烷峰应很小或看不到为止，如果有必要可进一步调整“反吹时间”，直到色谱图中异辛烷全部出峰而正壬烷很小或不出峰。在后续的校正和分析过程中，都必须照此确定的反吹时间进行操作。采用毛细管柱分析系统时，合适反吹时间的允许变化范围较小，在 5~10s 之间，必须小心选择。

（2）分析测定

1）标准曲线绘制：

a. 标准样品的配制：

按表 32-2 列出的苯和甲苯体积以异辛烷为溶剂配制一系列标准样品，获得 0~5%苯含量范围和甲苯含量范围 0~20%标准溶液。

表 32-2　配制标准样品所需的苯及甲苯的体积

苯		甲苯	
含量(体积分数)/%	体积/mL	含量(体积分数)/%	体积/mL
5.00	5.00	20.00	20.00
2.50	2.50	15.00	15.00
1.25	1.25	10.00	10.00
0.67	0.67	5.00	5.00
0.33	0.33	2.50	2.50

续表

苯		甲苯	
0.12	0.12	1.00	1.00
0.06	0.06	0.50	0.50

b. 校正混合物配制：

准确地量取1.0mL丁酮(采用FFAP毛细管柱时为4-甲基-2-戊酮)放入25mL的容量瓶中，分别用上述标准溶液稀释至刻度。

c. 色谱分析：

采用建立的色谱条件对每个校正混合物进行色谱分析，根据苯、甲苯和内标物所对应的色谱峰的面积、采用苯、甲苯含量作纵坐标，可获得苯和甲苯含量的标准曲线见图32-3。

2）样品的测定：

精确量取1.0mL丁酮(采用FFAP毛细管柱时为4-甲基-2-戊酮)放入25mL的容量瓶中，并加入待测样品至刻线，使其充分混合，从容量瓶中用微量注射器取样品注入到色谱进样口中，色谱工作站记录谱图，根据保留时间识别各组分，对峰进行面积积分，根据苯、甲苯与内标物所对应的色谱峰的面积比率，从校正曲线读出该比率相应的苯、甲苯液态体积分数。如果要求以质量为单位按下式计算。

$$w_{苯} = \left(\frac{\varphi_{苯}}{\rho}\right) \times \rho_1$$

式中 $w_{苯}$——苯的质量分数,%；

$\varphi_{苯}$——苯的体积分数,%；

ρ——试验在20℃下的密度，kg/m^3；

ρ_1——苯或甲苯在20℃下的密度，kg/m^3，苯为878.9kg/m^3，甲苯为867.0kg/m^3。

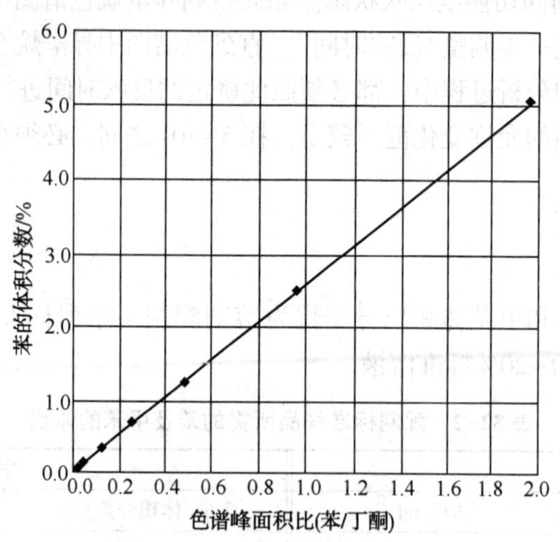

图32-3 苯含量的标准曲线

(3) 气相色谱图

气相色谱图见图32-4和图32-5。

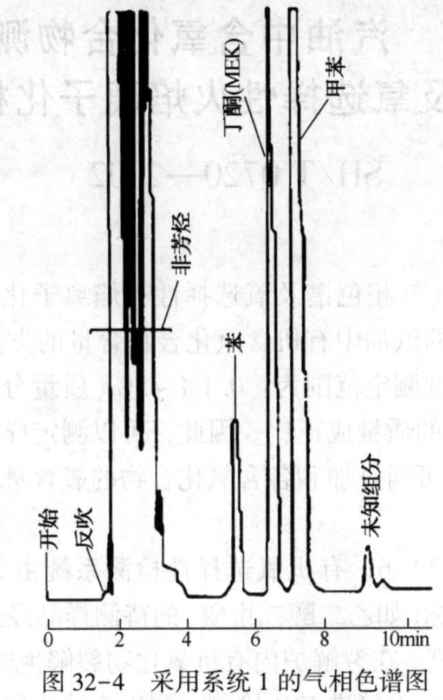

图 32-4　采用系统 1 的气相色谱图

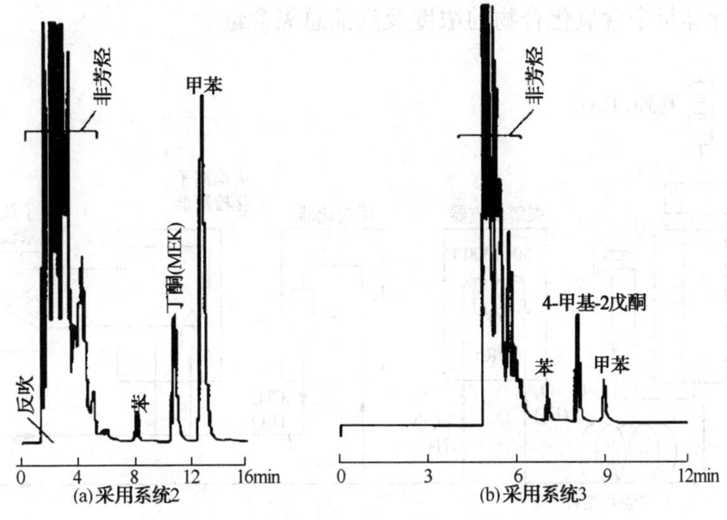

图 32-5　采用系统 2 和系统 3 的气相色谱图

4. 影响因素及注意事项

自制色谱柱时，要对色谱柱和载体作适当的脱活处理，防止发生不可逆吸附现象，使内标物有机酮减小或消失，造成分析方法的不准确。当采用 TCEP 填充柱作为分析柱时，车用汽油中添加的醚类化合物，包括甲基叔丁基醚、乙基叔丁基醚、叔戊基甲醚、二异丙醚等通过 TCEP 预柱放空，不影响测定，但甲醇和乙醇会干扰测定，当采用 FFAP 毛细管理柱作分析柱时，甲醇和乙醇的干扰较小，在分析过程要注意这一点。

用容量瓶配制样品和内标物的混合物时，必须准确定量和记录样品和内标物的配入量。

第五节 汽油中含氧化合物测定法（气相色谱及氧选择性火焰离子化检测器法）

SH/T 0720—2002

1. 适用范围

汽油中含氧化合物测定法（气相色谱及氧选择性火焰离子化检测器法）规定了用气相色谱法测定终馏点不大于220℃的汽油中有机含氧化合物含量的方法，待测含氧化合物的沸点不超过130℃。含氧化合物浓度测定范围为：0.1%～2%（质量分数）。由于使用的氧选择怿性检测器（O-FID）的响应与氧的质量成正比。因此，可以测定样品中任何能定性的含氧化合物的氧含量。汽油中总氧含量可通过加和各含氧化合物的氧含量得出。

2. 测定原理

参见O-FIDT系统流程图32-6，有机氧选择性检测系统由裂解反应器、甲烷化器和火焰化检测器（FID）组成。含内标（如乙二醇二甲醚）的待测样品经过非极性毛细管柱分离后进入由铂/铑毛细管组成的裂解炉，在裂解炉内有机氧化物裂解生成CO；然后在350～450℃甲烷转化器里被加氢转化成甲烷，直接进FID检测，测出汽油中每个含氧化合物和内标物的峰面积，用内标法计算每个含氧化合物的浓度及汽油总氧含量。

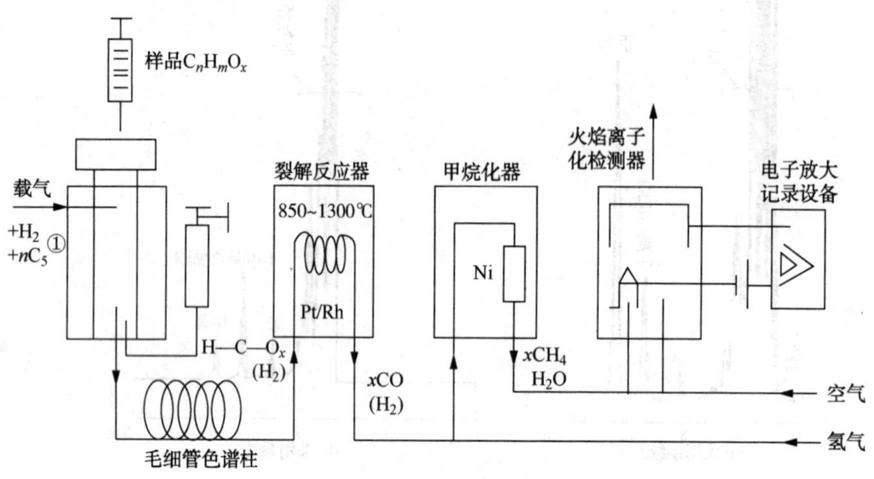

图32-6 O-FID系统流程图

①如有此设计。

3. 方法概要

（1）仪器及实验条件

表32-3为典型色谱操作条件。

表32-3 典型色谱操作参数

项　目	条　件
进样口	250℃
分流比	100∶1

续表

项　　目	条　　件
柱箱温度	初温：50℃(保持10min)；程序升温速率：8℃/min；终温：200℃
甲烷化转化器温度	350~450℃
反应器	850~1300℃
色谱柱载气	1mL/min
检测器气体	空气：300mL/min；氢气：30mL/min；辅助氢气：0.6mL/min
进样量	0.1~1.0μL

(2) 定性

采用分析已知各含氧化合物浓度的标准样品确定各含氧化合物的保留时间，典型色谱定性谱图见图32-7。

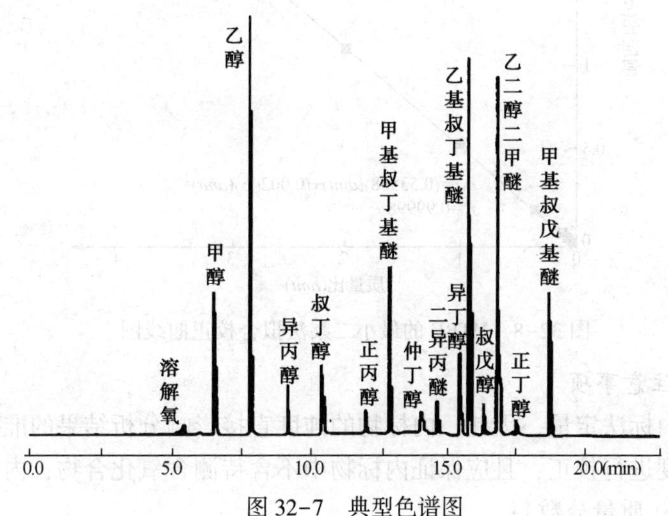

图32-7　典型色谱图

(3) 定量

采用内标法定量，建立内标物与汽油中含氧化合物的定量校正曲线。

校正样品制备：

按照纯物质的挥发性由低到高的次序，称取与待测试样中所含的含氧化合物种类相同、浓度相近的有机含氧化合物与一定质量的内标物混合，用未加含氧化合物的汽油稀释至一定质量，制备校正样品。每一个的含氧化合物组分的校正样品，应至少配制5个浓度的标样，把各个标样注入到色谱仪中，色谱系统对样品进行分离、定性和面积积分，建立各个含氧化合物的内标法定量校正曲线。计算公式如下：

$$rsp_i = (A_i / A_s)$$

式中　rsp_i——含氧化合物与内标物的响应比；

A_i——含氧化合物的面积；

A_s——内标物的面积。

$$amt_i = (W_i / W_s)$$

式中　amt_i——含氧化合物与内标物的质量比；

W_i——含氧化合物的质量；

W_s——内标物的质量。

$$rsp_i = (m_i)(amt_i) + b_i$$

式中 m_i——含氧化合物 i 的线性方程式的斜率；

b_i——含氧化合物 i 的线性方程式的截距。

MTBE 的最小二乘法拟合校正曲线见图 32-8。测定样品时，采用与建立标准曲线相同的步骤，测出样品中各组分的峰面积，根据标准曲线，计算出样品中的单个含氧化合物的含量。

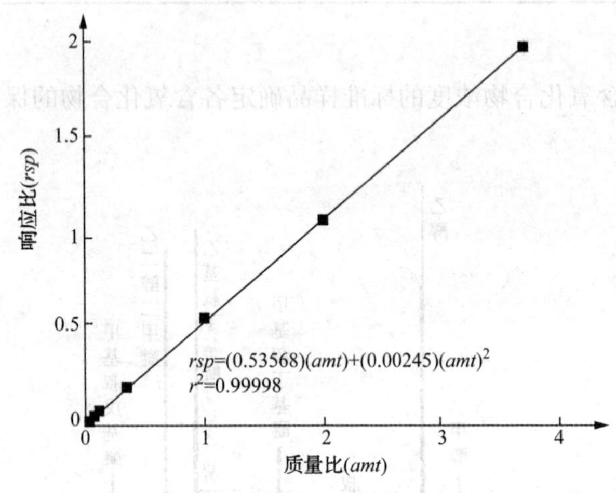

图 32-8 MTBE 的最小二乘法拟合校正曲线图

4. 影响因素及注意事项

由于分析采用内标法定量，因此，内标物的纯度直接影响分析结果的准确，在使用前一定要对内标物的纯度进行校正，且应保证内标物中不含待测含氧化合物，内标加入量应为样品的 2.00%~6.00%(质量分数)。

设定仪器条件时，必须调整进样量和分流比以使从柱中流出的含氧化合物的浓度范围在 0.1%~20%(质量分数)的线性范围内，当样品中个别氧化合物的浓度过高出现非线性时，可通过减少进样量，提高分流比或用不含含氧化合物的汽油稀释样品来降低浓度进行测定。

测定时，在确保进样量的情况下，依然会产生少量烃类干扰。对于含有较高沸点组分的样品，所选分析条件应保证沸点较高的烃类组分能从色谱柱中流出，以免干扰下一个样品的分析。当色谱峰的基线波动比较大，并出现一些鬼峰时，是由于裂解炉中积炭过多，烃类组分裂解不完全发生了穿透引起，此时要对裂解炉进行除炭，以保证分析的准确性。

第六节 汽油中某些醇类和醚类测定法(气相色谱法)

NB/SH/T 0663—2014

1. 适用范围

汽油中某些醇类和醚类测定法(气相色谱法)适用于测定汽油中的醇类和醚类含量。所测定的组分是：甲基叔丁基醚(MTBE)、乙基叔丁基醚(ETBE)、叔戊基甲基醚(TAME)、二异丙基醚(DIPE)、甲醇、乙醇、异丙醇、正丙醇、异丁醇、叔丁醇、仲丁醇、正丁醇及叔戊醇。单一醚的测定范围从 0.20%～20.0%(质量分数)；单一醇的测定范围从 0.20%～12.0%(质量分数)。质量分数小于 0.20%时，烃类会对某此醚类和醇类产生干扰。对于烯烃含量不大于 10%(体积分数)的汽油检测限为 0.20%(质量分数)，对于烯烃含量大于 10%(体积分数)的汽油，烃类干扰可能大于 0.20%(质量分数)。

本方法不适用于醇基燃料，如 M-85、E-85、MTBE 产品、乙醇产品及改性醇。甲醇燃料的甲醇含量和变性燃料乙醇中乙醇含量不在本方法测定范围。苯虽然能被同时检测，但不能被定量。

2. 测定原理

采用双柱阀切换系统对样品中的组分进行分离，先用强极性柱分离轻烃和含氧化合物，然后把含氧化合物导入到非极性色谱柱中，含氧化合物被分离，由氢火焰检测器或热导检测器检测，以 1，2-二甲基氧基乙烷(DME)为内标物的内标法定量。

参见图 32-9，将配有适当内标物 1，2-二甲基氧基乙烷(DME)的样品导入装有两根柱子及一个十通切换阀的气相色谱仪中。样品首先流入 TCEP 预切柱，其中的轻烃被放空，当甲基环戊烷流出后，将阀切换至反吹位置，让含氧化物进入 WCOT 分析柱。待苯和甲基叔戊基醚(TAME)从分析柱流出以后，把十通阀再切回到起始位置，将分析柱中的重烃组分反吹至检测器。记录色谱图，根据保留时间对组分进行定性，测定各组分的峰面积，采用内标法计算出每个组分的浓度，根据每个组分的浓度计算出样品中的总氧的质量分数。

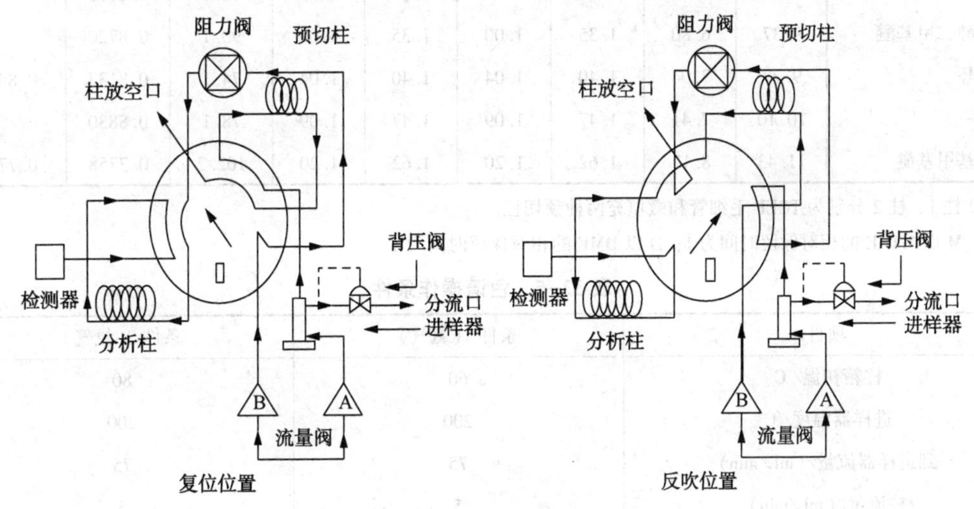

图 32-9　系统流程图

3. 方法概要

只要能分离表 32-4 中所显示的各种醚类和醇类的任何气相色谱系统均可用于此分析，色谱仪应具有一套柱切换和反吹系统，它能按表 32-5 所给的条件操作，载气流量控制器应能精确控制所需要的低流量(见表 32-4)。选用的色谱柱如下：

预切柱：TCEP 毛细管柱，长 20m，外径 0.60mm 及内径 0.35mm 的不锈钢管，管内添有 TCEP。或 TCEP 微填充柱，长 560mm，外径 1.6mm 及内径 0.76mm 的不锈钢管，填充 0.14～0.15g20%(质量分数)TCEP/Chromosorb P(AW)60～80 目(180～250μm)。

分析柱：WCOT 甲基硅酮柱，长 30m，内径 0.35mm 或 0.53mm，内涂 2.6μm 膜厚的交联甲基硅酮弹性石英毛细管柱。

表 32-4 与 TCEP/WCOT 柱设定条件的有关物理常数和保留特征

组分	保留时间①/min		相对保留时间				相对分子质量	相对密度 15.56℃/15.56℃	密度②(20℃)/(g/mL)
	柱 1	柱 2	柱 1		柱 2				
			M	D	M	D			
水	—	2.90	—	—	0.58	0.43	18.0	1.0000	0.9982
甲醇	4.09	3.15	0.66	0.44	0.63	0.46	32.0	0.7963	0.7913
乙醇	4.55	3.48	0.73	0.79	0.69	0.51	46.1	0.7930	0.7894
异丙醇	4.99	3.83	0.83	0.53	0.76	0.56	60.1	0.7899	0.7855
叔丁醇	5.58	4.15	0.90	0.60	0.82	0.61	74.1	0.7922	0.7866
正丙醇	5.88	4.56	0.95	0.63	0.90	0.67	60.1	0.8080	0.8038
甲基叔丁基醚	6.22	5.04	1.00	0.66	1.00	0.74	88.2	0.7460	0.7406
仲丁醇	6.99	5.36	1.12	0.66	1.06	0.79	74.1	0.8114	0.8069
二异丙基醚	7.38	5.76	1.17	0.79	1.14	0.85	102.2	0.7300	0.7235
异丁醇	8.13	6.00	1.31	0.87	1.19	0.88	74.1	0.8058	0.8016
乙基叔丁基醚	—	6.20	—	—	1.23	0.91	102.2	0.7452	0.7399
叔戊醇	8.64	6.43	1.28	0.95	1.28	0.95	88.1	0.8170	
乙二醇二甲基醚	9.37	6.80	1.35	1.00	1.35	1.00	90.1	0.8720	
正丁醇	9.77	7.04	1.40	1.04	1.40	1.04	74.1	0.8137	0.8097
苯	10.10	7.41	1.47	1.09	1.47	1.09	78.1	0.8830	
叔戊基甲基醚	11.43	8.17	1.62	1.20	1.62	1.20	102.2	0.7758	0.7707

① 柱 1、柱 2 分别为 TCEP 毛细管和微填充两种预切柱。

② M 以 MTBE 的相对保留时间为 1；D 以 DME 的相对保留时间为 1。

表 32-5 色谱操作条件

项目	条件 1(氦气)	条件 2(氮气)
柱箱初温/℃	60	80
进样器温度/℃	200	200
到进样器流量/(mL/min)	75	75
柱流量/(mL/min)	5	5
分流比	15 : 1	15 : 1
检测器温度/℃		
TCD	200	
FID	250	250
阀温度/℃	60	50
检测器气体:		
辅助气(氮气)/(mL/min)	3	
补充气(氮气)/(mL/min)	18	18
反吹时间/min	0.2~0.3	0.2~0.3

续表

项目	条件 1(氮气)	条件 2(氮气)
阀复位时间/min	8~10	12~15
进样体积/μL	1.0~3.0①	1.0
总分析时间/min	18~20	25~28

①样品量应如此调整，以便让从柱中流出的醇的质量分数在 0.20%~12.0%，醚的质量分数在 0.20%~20.0%范围之内，并使其处于检测器检测线性范围之内。在大多数情况中采用 1.0μL 的样品体积进样。

分析结果：定性采用标准样品的保留时间定性，典型色谱定性谱图见图 32-10。

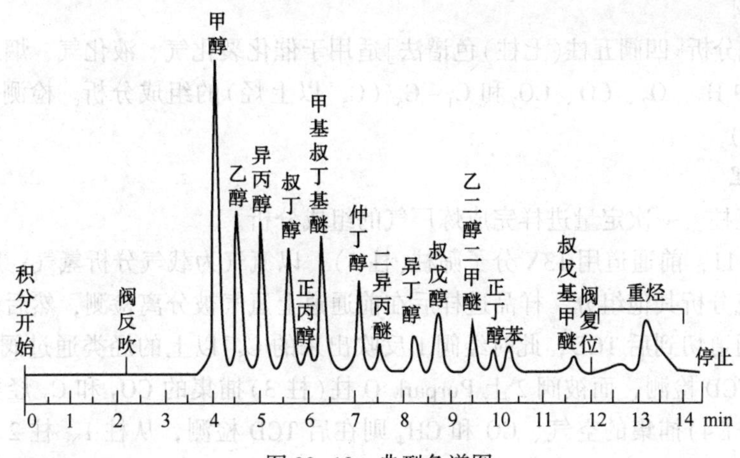

图 32-10　典型色谱图

定量：采用内标法定量，配制一系列多组分含氧化合物的标样，在每个标样中定量加入内标物，用微量注射器取 1~3μL 已配入内标物的标样，注入到色谱仪中，色谱系统对样品进行分离、定性和面积积分，建立各个含氧化物的内标法定量校正曲线。计算公式如下：

$$rsp_i = (A_i/A_s)$$

式中　rsp_i——含氧化合物与内标物的响应比；

A_i——含氧化合物的面积；

A_s——内标物的面积。

$$amt_i = (W_i/W_s)$$

式中　amt_i——含氧化合物与内标物的质量比；

W_i——含氧化合物的质量；

W_s——内标物的质量。

$$rsp_i = (m_i)(amt_i) + b_i$$

式中　m_i——含氧化合物 i 的线性方程式的斜率；

b_i——含氧化合物 i 的线性方程式的截距。

测定样品时，采用与建立标准曲线相同的步骤，测出样品中各组分的峰面积，根据标准曲线，计算出样品中的单个含氧化合物的含量。

4. 影响因素及注意事项

在分析柱入口串联一个阻尼阀，其主要目的是使阀切换前后的基线保持一致。由于系统提供阀切换时间自由度很小，所以阀切换时间点的准确选择十分重要，切阀时间过早会使轻烃不能完全放空，其残留部分进入到分析柱中，干扰含氧化合物的测定，切阀时间过晚会使部分醚类化合物在预柱中放空使测定结果偏低。本方法采用内标法定量，需要称取一定量的待测样品，然后配入内标物，汽油、醇类、醚类均易挥发，在样品配制时应使用带盖样品瓶进行称量，按照试剂的挥发性高低，由低到高的次序精确称量和混合的原则配置多组分含氧化合物校正标样，为了减少轻组分的挥发，冷却所有用于配置标样的化学试剂和汽油。

第七节　炼厂气组成分析[四阀五柱(七柱)色谱法]

1. 适用范围

炼厂气组成分析[四阀五柱(七柱)色谱法]适用于催化裂化气、液化气、烟道气等各种炼厂气和天然气中 H_2、O_2、CO、CO_2 和 $C_1 \sim C_5^+$($C_5^=$ 以上烃)的组成分析。检测范围 0.01%~100%(体积分数)。

2. 测定原理

采用四阀五柱，一次定量进样完成炼厂气的组成分析。

参见图 32-11，前通道用 13X 分子筛柱(柱 5)，以氮气为载气分析氢气；后通道所配系统以氢气为载气分析其他组分，样品进样后在前通道上氢气被分离检测，然后仪器按设定程序自动将信号通道切到后 TCD，此时经阀 1 反吹出来的 $C_5^=$ 以上的烃类通过阀 2、阀 3 的阻尼被反吹至后 TCD 检测，而被阀 2 上 Porpark Q 柱(柱 3)捕集的 CO_2 和 C_2 烃类和被阀 3 上 13X 分子筛柱(柱 4)捕集的空气、CO 和 CH_4 则在后 TCD 检测，从柱 1、柱 2 上馏出的 C_3、C_4 烃类以及 iC_5^0、nC_5^0，按预设定程序依次被重新切入流程，经色谱分离后，由后 TCD 检测。根据所确定的分析条件下各组分在相应色谱柱上的馏出时间来确定阀切换的时间程序，各个阀的状态切换按预设的时间程序由仪器自动完成。

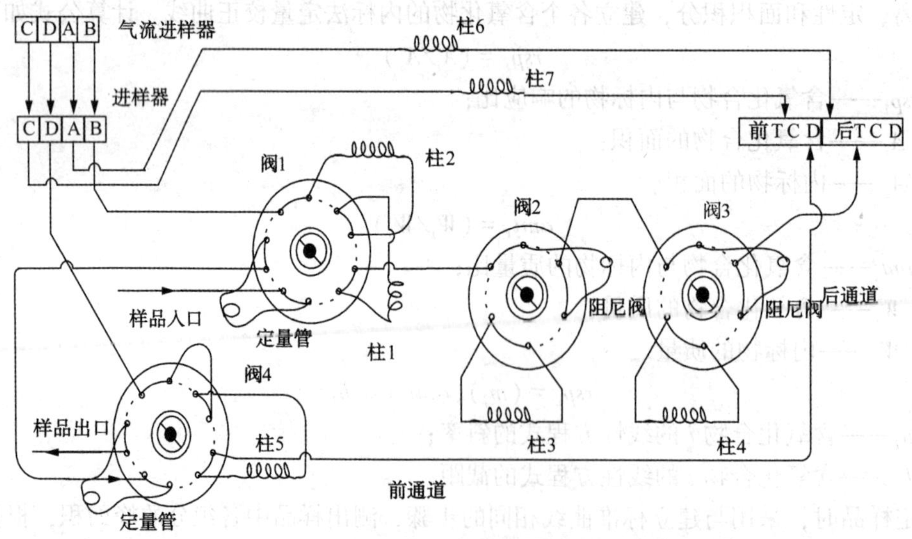

图 32-11　仪器系统流路图

3. 方法概要

(1) 仪器

1) 色谱仪配有两个十通阀、两个六通阀，两个 0.25mL 定量管和两个热导检测器及色谱工作站。

2）色谱柱：所有柱子均采用外径为 1/8in 的不锈钢管。

柱 1：长 0.6m，固定相为癸二腈。

柱 2：长 9 m，固定相为癸二腈。

柱 3：长 1.8 m，固定相为有机多孔聚合物 Porpark Q。

柱 4：长 3 m，固定相为 13X 分子筛。

柱 5：长 1.2 m，固定相为 13X 分子筛。

柱 6 和柱 7：参考柱，固定相为 OV-101。

（2）实验条件

参照下列条件调节气相色谱仪：辅助阀室温度 80℃；进样口温度 60℃；色谱柱温度 50℃；检测器温度 150℃；载气流速 30mL/min。

（3）分析测定

图 32-12 是应用本系统分析炼厂干气分离谱图，先在色谱仪中定量注入标准样品，确定每个组分的保留时间和响应因子，测定样品时用归一化法进行定量，定量公式如下式：

$$V_i = \frac{A_i \cdot f_{v_i}}{\sum_{n=i}^{n} A_i \cdot f_{v_i}} \times 100$$

式中 A_i——某组分峰面积；

f_{v_i}——某组分体积校正因子。

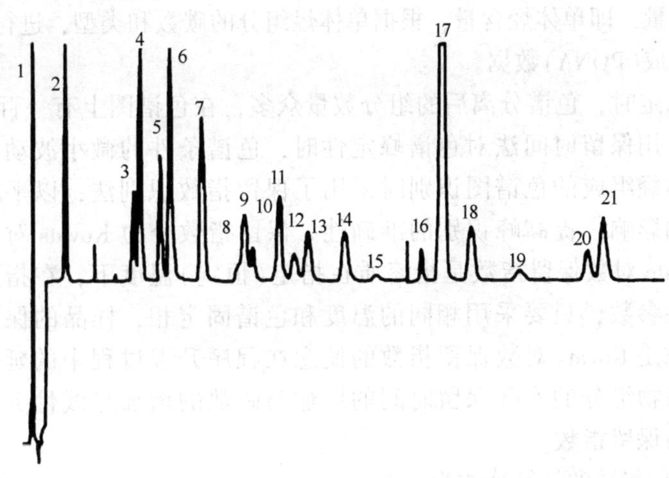

图 32-12　炼厂干气典型色谱图

1—H_2；2—C_6^+（反吹）；3—CO_2；4—丙烷；5—丙烯；6—异丁烷；7—正丁烷；8—丙二烯；9—1-丁二烯；10—异丁烯；11—反-2-丁烯；12—异戊烷；13—顺-2-丁烯；14—正戊烷；15—1，3-丁二烯；16—O_2/空气；17—N_2；18—甲烷；19—CO；20—乙烯；21—乙烷

4. 影响因素及注意事项

由于该方法采用的是程序升温法，氧化铝毛细管色谱柱和 5A 分子筛填充柱在程序升温时，色谱基线会随着温度的升高而上升，因此在分析过程中尽量用低程序升温速率，同时定期对色谱柱进行老化处理。载气中的水分会影响氧化铝毛细管色谱柱和 5A 分子筛填充柱的

活性，轻则影响组分的保留时间，重则可能导致氧氮分离效果不好，载气进入色谱仪前应干燥处理。为了保证 H_2S 峰不受水峰的干扰应选择合适的柱箱温度(初温)。样品中的水分及其他液体会直接导致色谱柱失效，在进样前，先要观测样品是否有明水，同时在气体进样端口装上干燥剂，以除去气体中的水分。由于样品中的 CO_2 会永久吸附在分子筛柱上，因此在 CO_2 组分进入分子筛柱前必须进行阀切换，避免 CO_2 组分进入分子筛色谱柱。

第八节　石脑油中单体烃组成测定法(毛细管气相色谱法)

SH/T 0714—2002

1. 适用范围

石脑油中单体烃组成测定法(毛细管气相色谱法)适用于不含烯烃(烯烃含量的体积分数小于2%)的液态烃混合物，包括烃类混合物98%的蒸发温度不应超过250℃的直馏石脑油、重整汽油和烷基化油等，测定单体烃组分含量大于或等于0.05%(质量分数)，正壬烷(沸点150.8℃)以后的组分作为一组峰测定，累加后报告为 C_{10}^{+}。

2. 测定原理

将具有代表性的样品导入含有非极性的甲基硅酮固定相的熔融石英毛细管色谱柱中，样品中的各组分按其沸点的低高顺序进行分离，用火焰离子化检测器检测馏出的组分，检测器的信号由计算机处理。将每一流出色谱峰的保留指数与已知的保留指数表进行对照，并结合标准谱图以鉴别每个色谱峰。用面积归一化法或校正因子归一化法进行定量。获得每一个色谱峰对应的组分含量，即单体烃含量，根据单体烃组分的碳数和类型，进行分类加和，可计算样品的碳数族组成(PONA)数据。

单体烃组成测定时，色谱分离后的组分数量众多，在色谱图上有一百多个峰，峰的保留时间非常接近，用保留时间法对色谱峰定性时，色谱条件的微小波动都会使峰识别错误，为此，在单体烃组成的色谱图识别时采用了保留指数识别法，以平滑色谱条件的微小变化对峰识别的影响，提高峰识别的准确性。保留指数分为Kovats对数保留指数和线性保留指数，Kovate对数保留指数是指溶质在指定(恒定)温度下，在指定的固定液上的气相色谱保留特性参数，只要采用相同的温度和色谱固定相，样品的保留指数为一特定值，线性保留指数是Kovats对数保留指数的概念在程序升温过程中的延伸，基于在程序升温条件下，同系物组分的实际保留时间的增加与碳数的增加呈线性关系，它是化合物相对于正构烷烃的保留指数。

Kovats对数保留指数的计算公式为：

$$I_{\text{iso}} = 100N + 100\frac{\lg t'_{\text{R(A)}} - \lg t'_{\text{R}(N)}}{\lg t'_{\text{R}(N+1)} - \lg t'_{\text{R}(N)}}$$

式中　I_{iso}——化合物A的Kovats保留指数；

$t'_{\text{R}(N)}$、$t'_{\text{R}(N+1)}$——碳数为 N 和 $N+1$ 的正构烷烃的调整保留时间；

$t'_{\text{R(A)}}$——化合物A的调整保留时间，刚好 $t'_{\text{R}(N)}$ 和 $t'_{\text{R}(N+1)}$ 之间。

线性保留指数的计算公式为：

$$I_{\text{prong}} = 100N + 100\frac{t_{\text{R(A)}} - t_{\text{R}(N)}}{t_{\text{R}(N+1)} - t_{\text{R}(N)}}$$

式中 I_{prong}——化合物 A 的线性保留指数；

$t_{R(N)}$、$t_{R(N+1)}$——碳数为 N 和 $N+1$ 的正构烷烃的实际保留时间；

$t_{R(A)}$——化合物 A 的实际保留时间，刚好介于 $t_{R(N)}$ 和 $t_{R(N+1)}$ 之间。

3. 方法概要

(1) 仪器及实验条件

气相色谱仪要求能够实现色谱柱温度从 35～200℃，升温速率 1℃/min 的程序升温，适合于毛细管柱的分流进样(如 200∶1)的闪蒸汽化进样口，载气系统最好配有电子流量控制系统(EPC)，保证柱流量和分流比的稳定性，火焰离子化检测器必须满足或优于下列各项指标：

操作温度　100～300℃

灵敏度　>0.015C/g

检测限　5×10^{-12}gC/s

线性范围　$>10^7$

色谱柱采用长 50m(内烃 0.21mm)键合(交联)甲基硅酮作为固定相，液膜厚度 0.5μm 熔融石英毛细管柱，符合这些规定尺寸的其他色谱柱也可应用，但必须满足用正辛烷计算的理论塔板数 $n=5.545\times\left(\frac{\text{正辛烷的保留时间}}{\text{正辛烷的半峰宽}}\right)^2$，大于 225000(以氦气为载气)或 240000(以氮气为载气)；计算 2-甲基庚烷和 4-甲基庚烷之间的分离度 $R=\frac{2(t_{R(\text{四甲基庚烷})}-t_{R(\text{二甲基庚烷})})}{1.699(W_{h(\text{四甲基庚烷})}+W_{h(\text{fg甲基庚烷})})}$($t_R$ 为保留时间，W_h 为半峰宽)，必须不小于 1.35(以氦气为载气)或 1.38(以氮气为载气)；在 35℃时 2，3，3-三甲基戊烷保留指数和甲苯的保留指数之差应在±0.4 范围。色谱仪的典型操作条件见表 32-6。

表 32-6 色谱仪的典型操作条件

项目	条件 1(氦气载气)	条件 2(氮气载气)
色谱柱升温程序		
初始温度	35℃±0.5℃	35℃±0.5℃
平衡时间	5min	5min
初温停留时间	30min	30min
升温速率	2℃/min	2℃/min
最终温度	200℃	200℃
终温停留时间	10min	10min
进样器		
温度	200℃	230℃
分流比	200∶1	200∶1
样品量	0.2～1.0μL	0.2～1.0μL
检测器		
类型	火焰离子化	火焰离子化
温度	250℃	250℃
燃气	氢气/(约 30mL/min)	氢气/(约 30mL/min)
助燃气	空气/(约 250mL/min)	空气/(约 250mL/min)
补偿气	氮气/(约 30mL/min)	氮气/(约 30mL/min)

续表

项目	条件 1(氦气载气)	条件 2(氮气载气)
载气		
类型	氦气	氮气
平均线速	约 23cm/s，35℃	约 12cm/s，35℃

(2) 定性

对样品的色谱峰组分定性采用保留指数法，先在谱图识别出特征峰，一般为正构烷烃峰和苯、甲苯峰等，对于少数仍未能识别的峰，可采用对照标准谱图定性，通常采用观察未知峰与前后峰之间的关系或未知峰的前面一簇峰和后面一簇峰的形状来识别。

(3) 定量

各组分的定量采用归一化法进行，定量计算公式如下：

$$w_i = \frac{A_i B_i}{\sum (A_i B_i)} \times 100\%$$

式中 w_i——组分 i 质量分数,%；

A_i——i 组分的峰面积；

B_i——i 组分的相对质量校正因子。除苯(0.9)和甲苯(0.95)外所有组分的校正因子为 1.00。

根据单体烃分析获得每一色谱峰所对应的组分信息，根据组分的碳数类型归属，进行分类加和获得样品的碳数族组成数据。直接加和获得的碳数族组成数据是样品质量分数，在实际工作中，往往需要得到体积分数的结果，可根据每一组分的密度换算。

4. 影响因素及注意事项

测定前为保证不同实验达到保留时的再现性，确保定性的一致性，在柱温为 35℃时调整载气流量，有甲苯进样，使甲苯的保留时间在 29.6min±0.2min(以氦气载气)或 55.0min±0.2min(以氮气为载气)范围内。石脑油样品有大量的高挥发性组分，样品需要冷却到大约 4℃时进行保存，在样品分析前，一直将样品保存在此温度内，测定时，将样品转移到预先冷却有盖的小瓶中，然后密封小瓶，此时可直接用于分析。对于以 C_5 组分为主的轻油样品，转移至进样小瓶中后应立即分析，但应仔细观察自动进样针的取样效果，会发生样品在自动进样针内气化而抽吸不到液体样品的情况。

样品中如果含有高于 150℃的烯烃，它与饱和烃或芳烃不能分离，使这些组分的测定结果偏高。醇类、醚类和具有相近挥发性的有机物也会与饱和烃或芳烃一起馏出，使测定结果偏高。

第九节 气相色谱法分析苯的标准试验方法

ASTM D4492—2010

1. 适用范围

气相色谱法分析苯的标准试验方法适用于纯度不低于 99.80%(质量分数)、非芳杂质不低于 0.005%(质量分数)、芳烃杂质不低于 0.001%(质量分数)、二氧杂环己烷不低于

0.0005%（质量分数）的试样的测定。

2. 测定原理

以一根强极性色谱柱（推荐固定相为交联聚乙二醇的熔融石英毛细管柱），将苯中的非芳烃、其他芳烃按极性强弱进行分离，用氢火焰离子化检测器检测，以正壬烷为内标物的内标法定量。

3. 方法概要

按照如表 32-7 的推荐的典型色谱操作条件运行色谱仪：

表 32-7　典型色谱操作条件

载气（He）线速/（cm/s）	22	检测器温度/℃	230
助燃气，空气/（mL/min）	400	分流比	200∶1
柱温/℃	70	进样量/μL	0.5
气化室温度/℃	200	补充气	He 或 N_2

1）测定相对校正因子：用与实际样品中杂质含量相近的标准样品在 50mL 容量瓶中与 50μL 正壬烷混合并定容，向色谱仪中注入配制好的含有内标物的混合物，标样中的各组分被分离、定性和面积积分，按下式计算相对校正因子：

$$F_i = \frac{A_s \times C_i}{A_i \times C_s}$$

式中　F_i——苯中杂质组分的校正因子；

A_s——内标物的峰面积；

A_i——苯中杂质 i 的峰面积；

C_i——苯中杂质 i 的质量百分含量；

C_s——内标物的质量百分含量。

2）分析样品：向 50mL 容量瓶中加入 50μL 正壬烷，用样品稀释至刻度，向色谱仪中注入配制好的含有内标物的样品，样品中的各组分被分离、定性和面积积分，按下式计算苯中每一个杂质的含量，总非芳烃以单一杂质计算：

$$C_i = \frac{A_i \times F_i \times C_s}{As}$$

式中　F_i——杂质的校正因子；

A_s——内标物的峰面积；

A_i——杂质 i 的峰面积；

C_s——内标物的质量百分含量。

苯的纯度 C，以%（质量分数）计，按下式计算：

$$C = 100 - \sum C_t$$

式中　$\sum C_t$——包括水分在内的所有杂质的总含量，用%（质量分数）表示。

典型的色谱图如图 32-13。

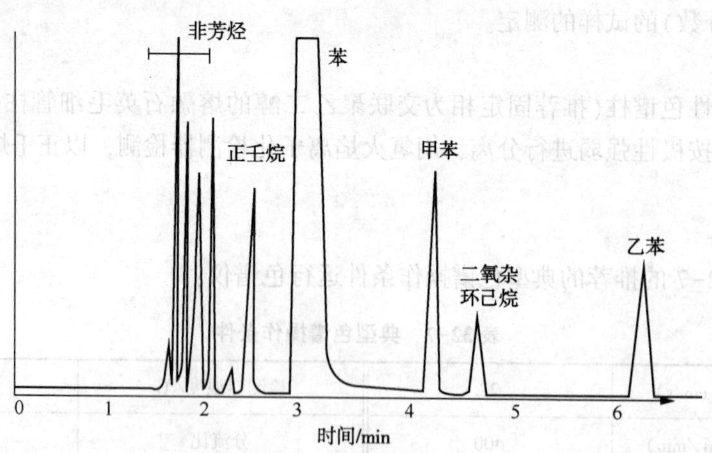

图 32-13 典型色谱图

4. 影响因素及注意事项

纯苯很容易被污染，因此采样器具必须专用、专放；采样手套也必须是新的或者是专用，用于分析苯样的注射器上要贴上明显的专用标识，防止误用。高纯度苯校准混合物的配制使用称量法，配制时先取高纯度苯，再依次加入甲苯、环己烷、乙苯、二氧杂环己烷等分别称重，每一杂质称准至0.1mg，计算其百分含量，各组分的称样量必须准确，在配制样品与内标物的混合物时，样品和内标物的质量必须准确称取，及时记录。一旦本方法分析得出的色谱杂质结果异常，首先要排除样品污染，必须使用新的采样器和样品瓶重新采样后进行分析确认，分析结果正常后再依次进行原因排查，查明样品污染的源头，进行原因分析、采取纠正措施，避免类似情况再次发生。结果报告时，纯度精确到0.01%，杂质含量精确到0.001%，二氧杂环己烷需要时可报告至0.0005%(质量分数)，计算苯纯度时除了扣除色谱法的杂质还要扣除水分含量。

第十节　毛细管气相色谱法分析甲苯的标准试验方法 ASTM D6526—2012

1. 适用范围

毛细管气相色谱法分析甲苯的标准试验方法适用于测定纯度(质量分数)达98%及以上甲苯中的典型存在的烃类杂质及样品纯度的测定方法。适用于0.0005%～1.600%(质量分数)的烃类杂质含量范围。

本方法可以测定碳六到碳八的芳烃、异丙苯、1，4-二氧杂环己烷和碳十二以下的非芳烃脂肪族烃类化合物。非芳烃作为一个组分报出。

2. 测定原理

以一根强极性色谱柱[推荐固定相为1，2，3-三-2氰基-乙氧基丙烷(TCEP)固定相的熔融石英毛细管柱]，将甲苯中的非芳烃、其他芳烃按极性强弱进行分离，用氢火焰离子化检测器检测，以带校正因子的面积归一化法定量。

3. 方法概要

按照如表32-8的推荐的典型色谱操作条件运行色谱仪。

表 32-8 典型色谱操作条件

载气(He)线速/(cm/s)	25	分流比	40:1
柱温/℃	70	进样量/μL	1.0
气化室温度/℃	150	补充气	He 或 N_2
检测器温度/℃	150		

1）测定校正因子：向色谱仪中注入与实际样品中杂质含量相近的标准样品，标样中的各组分被分离、定性和面积积分，按下式计算校正因子：

$$F_i = \frac{C_i}{A_i}$$

式中 F_i——苯中杂质组分的校正因子；

A_i——苯中杂质 i 的峰面积；

C_i——苯中杂质 i 的质量百分含量。

2）分析样品：向色谱仪中注入样品，样品中的各组分被分离、定性和面积积分，按下式计算甲苯中每一个杂质的含量，总非芳烃以单一杂质计算：

$$C_i = 100 \times A_i \times F_i / \sum_{i=1}^{n} (A_i \times F_i)$$

式中 C_i——组分 i 的浓度,%(质量分数)；

F_i——杂质的校正因子；

A_i——杂质 i 的峰面积。

典型的色谱图如图 32-14。

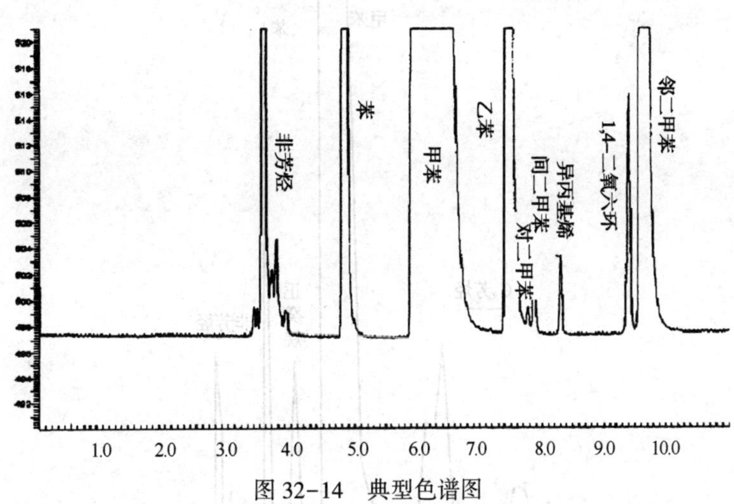

图 32-14 典型色谱图

4. 影响因素及注意事项

甲苯杂质的影响因素与注意事项与苯中杂质相类似，可参见本章第九节。

第十一节　甲苯中烃类杂质的气相色谱测定法

GB/T 3144—1982(2004)

1. 适用范围

甲苯中烃类杂质的气相色谱测定法适用于测定甲苯中的烃类杂质。其中包括苯，C_8芳烃及直至正壬烷的非芳烃。对每组杂质的测量范围是0.01%~1.00%(质量分数)。

2. 测定原理

以一根强极性色谱柱(推荐聚乙二醇1500为固定相涂渍在6201担体上的填充色谱柱)，将甲苯中的非芳烃、其他芳烃按极性强弱进行分离，用氢火焰离子化检测器检测，以正癸烷为内标物的内标法定量。

3. 方法概要

按照如表32-9的推荐的典型色谱操作条件运行色谱仪。

表32-9　典型色谱操作条件

载气(H_2)	调整到甲苯的保留时间在6~10min
柱温/℃	100
气化室温度/℃	180
进样量/μL	1
补充气	N_2

内标法的测定和计算过程参见本章第九节，典型的色谱图如图32-15。

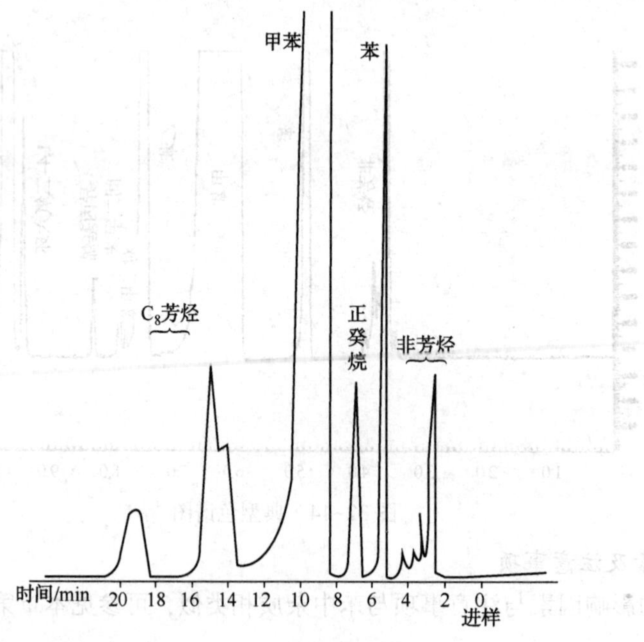

图32-15　典型色谱图

4. 影响因素及注意事项

甲苯中烃类杂质的影响因素与注意事项与苯中杂质相类似，可参见本章第九节。

第十二节 石油邻二甲苯纯度及烃类杂质含量的测定(气相色谱法)

SH/T 1613.2—1995(2004)

1. 适用范围

石油邻二甲苯纯度及烃类杂质含量的测定(气相色谱法)适用于石油邻二甲苯中的已知烃类杂质含量及邻二甲苯纯度的测定。杂质的最小测定浓度为0.01%(质量分数)，邻二甲苯纯度为90%以上，如果有未知杂质存在，则不能测定其绝对纯度。

2. 测定原理

以一根强极性色谱柱(推荐固定相为FFAP的毛细管柱、固定相为PEG20M的毛细管柱、固定相为PEG1500的填充柱、固定相为TCEP的填充柱)，将邻二甲苯中的非芳烃、其他芳烃按极性强弱进行分离，用氢火焰离子化检测器检测，以正十一烷为内标物的内标法定量。

3. 方法概要

按照如表32-10的推荐的典型色谱操作条件运行色谱仪。

表32-10 典型色谱操作条件

色谱柱	FFAP毛细管柱	PEG20M毛细管柱	PEG1500填充柱	TCEP填充柱
载气/(mL/min)	N_2，1	N_2，1	H_2，40	H_2，35
助燃气，空气/(mL/min)	400	400	400	400
柱温/℃	100	80	95	120
气化室温度/℃	200	200	200	200
检测器温度/℃	200	200	200	230
分流比	80:1	125:1	—	—
进样量/μL	0.2	0.2	0.2	0.2
补充气，N_2/(mL/min)	50	60	40	35

内标法的测定和计算过程参见本章第九节，典型的色谱图见图32-16~图32-19。

4. 影响因素及注意事项

石油邻二甲苯中烃类杂质的影响因素与注意事项与苯中杂质相类似，可参见本章第九节。

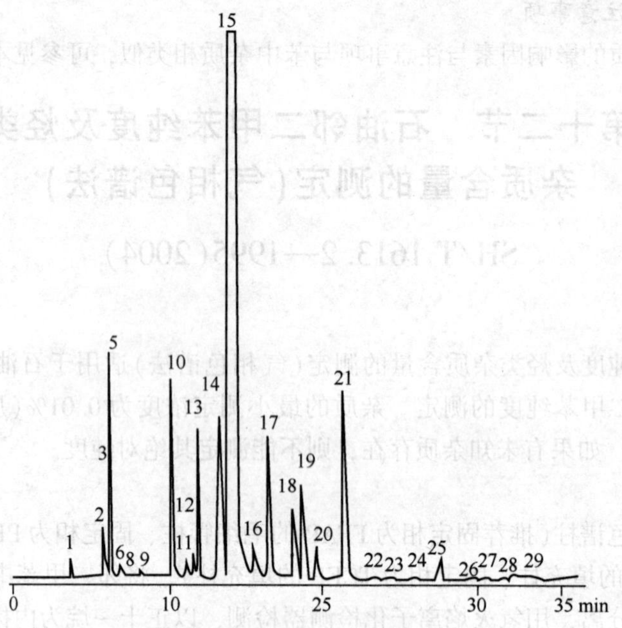

图 32-16　FFAP 柱典型色谱图

1—甲烷；2~8—非芳烃(包括苯)；9—甲苯；10—正十一烷；11—乙基苯；12—对二甲苯；13—间二甲苯；14—异丙苯；15—邻二甲苯；16—正丙苯；17—间乙基甲苯+对乙基甲苯；18—1，3，5-三甲苯；19—苯乙烯；20—邻乙基甲苯；21—1，2，4-三甲苯；22 及 26~29—碳+芳烃；25—1，2，3-三甲苯

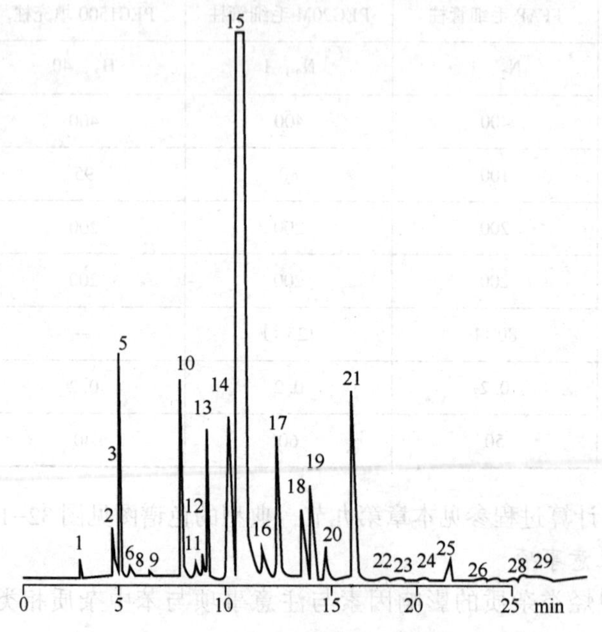

图 32-17　PEG20M 典型色谱图

1—甲烷；2~8—非芳烃(包括苯)；9—甲苯；10—正十一烷；11—乙基苯；12—对二甲苯；13—间二甲苯；14—异丙苯；15—邻二甲苯；16—正丙苯；17—间乙基甲苯+对乙基甲苯；18—1，3，5-三甲苯；19—苯乙烯；20—邻乙基甲苯；21—1，2，4-三甲苯；22 及 26~29—碳+芳烃；25—1，2，3-三甲苯

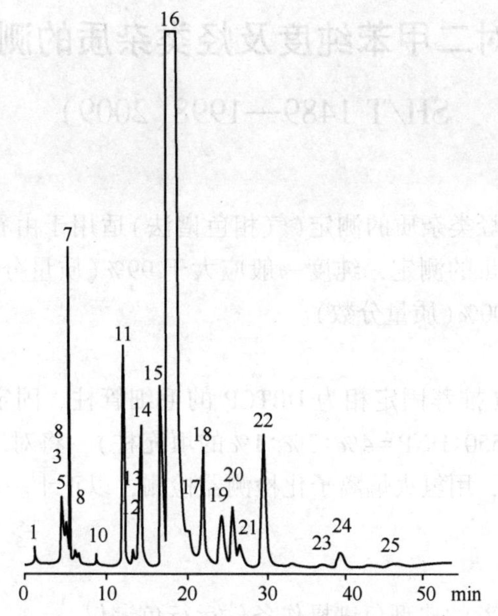

图 32-18　PEG1500 典型色谱图

1—甲烷；2~9—非芳烃(包括苯)；10—甲苯；11—正十一烷；12—乙基苯；13—对二甲苯；14—间二甲苯；15—异丙苯；16—邻二甲苯；17—正丙苯；18—对乙基甲苯+间乙基甲苯；19—1，3，5-三甲苯；20—苯乙烯；21—邻乙基甲烷；22—1，2，4-三甲苯；23—碳+芳烃；24—1，2，3-三甲苯；25—碳+芳烃

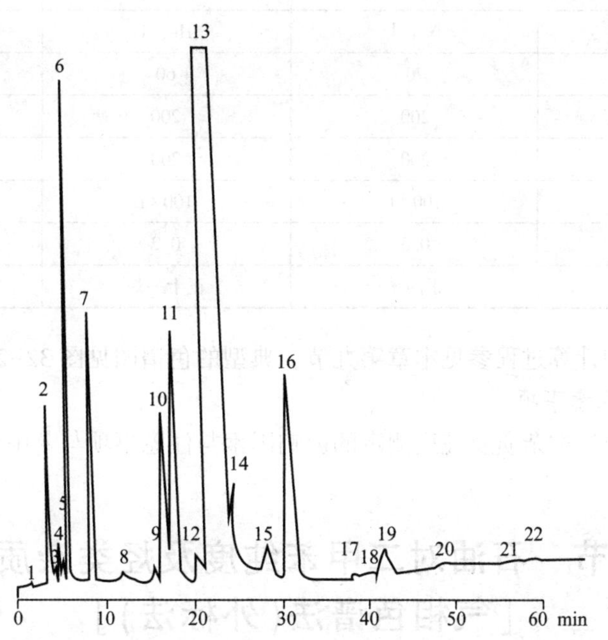

图 32-19　TCEP 典型色谱图

1—甲烷；2~5—非芳烃；6—正十一烷；7—苯；8—甲苯；9—乙基苯；10—对二甲苯+间二甲苯；11—异丙苯；12—正丙苯；13—邻二甲苯+对乙基甲苯+间乙基甲苯；14—1，3，5—三甲苯；15—邻乙基甲苯；16—苯乙烯+1，2，4-三甲苯；17~18 及 20~22—碳+芳烃；19—1，2，3-三甲苯

第十三节　石油对二甲苯纯度及烃类杂质的测定(气相色谱法)

SH/T 1489—1998(2009)

1. 适用范围

石油对二甲苯纯度及烃类杂质的测定(气相色谱法)适用于由石油精制得到的石油对二甲苯的纯度及烃类杂质含量的测定，纯度一般应大于99%(质量分数)，而杂质含量的测定范围一般在0.001%~1.000%(质量分数)。

2. 测定原理

以一根强极性色谱柱(推荐固定相为DBTCP的毛细管柱、固定相为PEG20M的毛细管柱、固定相为B-34:DC-550:DNP=4%:3%:1%的填充柱)，将对二甲苯中的非芳烃、其他芳烃按极性强弱进行分离，用氢火焰离子化检测器检测，以正十一烷或正丙苯为内标物的内标法定量。

3. 方法概要

按照如表32-11的推荐的典型色谱操作条件运行色谱仪。

表32-11　典型色谱操作条件

色谱柱	DHTCP毛细管柱	PEG20M毛细管柱	B-34:DC-550:DNP=4%:3%:1%填充柱
载气/(mL/min)	N_2，1	He，1	N_2，20
柱温/℃	70	60	70
汽化室温度/℃	200	200	200
检测器温度/℃	200	200	200
分流比	100:1	100:1	—
进样量/μL	0.3	0.2	0.1
内标物	正丙苯	正十一烷	正丙苯或正十一烷

内标法的测定和计算过程参见本章第九节，典型的色谱图见图32-20。

4. 影响因素及注意事项

石油对二甲苯中烃类杂质及纯度测定的影响因素与注意事项与苯中杂质相类似，可参见本章第九节。

第十四节　石油对二甲苯纯度及烃类杂质的测定[气相色谱法(外标法)]

SH/T 1486.2—2008

1. 适用范围

石油对二甲苯纯度及烃类杂质的测定[气相色谱法(外标法)]适用于测定纯度不低于99%(质量分数)的石油对二甲苯，以及浓度范围为0.001%~1.000%(质量分数)的C_1~C_{10}

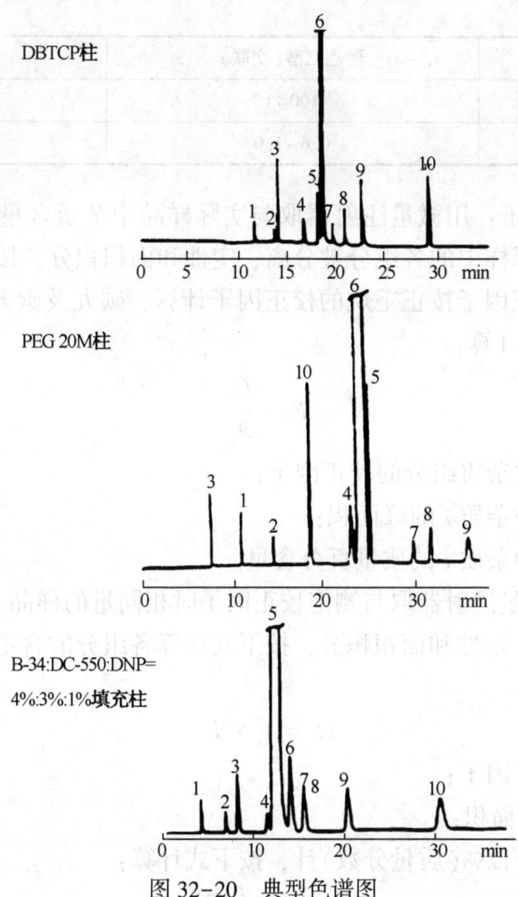

图 32-20　典型色谱图

1—苯；2—甲苯；3—正壬烷；4—乙苯；5—间二甲苯；6—对二甲苯；7—异丙苯；8—邻二甲苯；9—正丙苯；10—正十一烷

非芳烃、苯、甲苯、乙苯、二甲苯、C_9~C_{10}芳烃等烃类杂质。

2. 测定原理

以一根强极性色谱柱(固定相为聚乙二醇(交联)的毛细管柱)，将对二甲苯中的非芳烃、其他芳烃按极性强弱进行分离，用氢火焰离子化检测器检测，外标法定量计算。

3. 方法概要

按照如表 32-12 推荐的典型色谱操作条件运行色谱仪。

表 32-12　典型色谱操作条件图

色谱柱	聚乙二醇(交联)	聚乙二醇(交联)
长度	60m	50m
载气/(mL/min)	—	He，1.2
线速度(135℃)/(cm/s)	N_2，17，H_2，45，He，20	—
柱温/℃	60℃保持 10min，以 5℃/min 升至 150℃保持 10min	60℃(有对二乙苯等高沸点组分时，不宜使用等温条件)
汽化室温度/℃	270	270
检测器温度/℃	300	300

续表

色谱柱	聚乙二醇(交联)	聚乙二醇(交联)
分流比	100 : 1	100 : 1
进样量/μL	0.6~1.0	0.6~1.0

1）测定相对校正因子：用微量注射器取与实际样品中杂质含量相近的标准样品，向色谱仪中注入标准样品，标样中的各组分被分离、定性和面积积分，按下式计算各组分的校正因子，其中非芳烃的校正因子按正壬烷的校正因子计算，碳九及碳九以上芳烃(对二乙苯除外)的校正因子按异丙苯计算：

$$F_i = \frac{C_i}{A_i}$$

式中 F_i——对二甲苯中杂质组分的校正因子；

A_i——对二甲苯中杂质 i 的峰面积；

C_i——对二甲苯中杂质 i 的质量百分含量。

2）分析样品：用微量注射器取与测定校正因子时相同量的样品，向色谱仪中注入样品，样品中的各组分被分离、定性和面积积分，按下式计算各组分的含量，总非芳烃以单一杂质计算：

$$C_i = A_i \times F_i$$

式中 F_i——杂质的校正因子；

A_i——杂质 i 的峰面积；

对二甲苯的纯度 C，以%(质量分数)计，按下式计算：

$$C = 100 - \sum C_t$$

式中 $\sum C_t$——所有杂质的总含量，用%(质量分数)表示。

典型的色谱图可参见本章第十三节的 PEG20M 固定相色谱柱的谱图。

4. 影响因素及注意事项

外标法定量时与内标法、归一化法的最大区别在于测定样品时的进样量必须准确地测定校正因子时的进样量保持一致，测定试样时，试样温度应与测定校准混合物的温度接近，也是为了保证进样量一致的手段。内标法定量时，配制内标物与样品(标样)的混合溶液的称量、定容的准确性是影响分析准确性的关键。而归一化法定量时，必须保证样品中的所有组分均能出峰，且都能被定性和校正，样品的所有组分的信号均没有超出检测器的相应范围是要点。

该方法的其他影响因素和注意事项可参见本章第九节。

第十五节 石脑油中有机含氧化合物的测定(气相色谱法)

Q/SH 0565—2013 附录 A

1. 适用范围

石脑油中有机含氧化合物的测定(气相色谱法)本方法适用于测定石脑油中甲基叔丁基

醚(MTBE)、乙基叔丁基醚(ETBE)、叔戊基甲基醚(TAME)、甲醇、乙醇等各有机含氧化合物，各有机含氧化合物的测定测量范围为5~1000mg/kg。

2. 测定原理

本方法有两种方式：

一是采用双柱反吹技术(参见图32-21、图32-22)。将非极性柱和强极性色谱柱串联，样品首先进入非极性预切柱，轻烃和含氧化合物依次从非极性柱中流出，当样品中最后一个含氧化合物(叔戊基甲基醚)进入分析柱后，电磁阀开启，预切柱上重烃从分流出口被反吹，轻烃和含氧化合物则进入强极性分析柱中按极性强弱分离。通过火焰离子化检测器(FID)检测各流出组分，色谱工作站记录信号，进行面积积分，外标法计算各含氧化合物的含量。

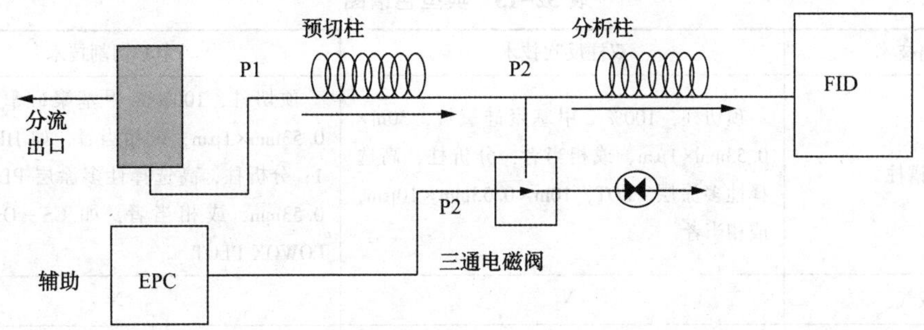

图32-21 气相色谱流程示意图(双柱反吹气相色谱系统)及双柱串联时的气体走向(三通电磁阀关闭)

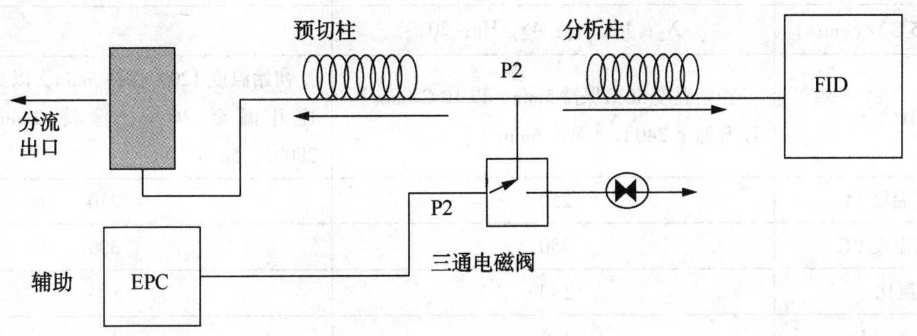

图32-22 气相色谱流程示意图(双柱反吹气相色谱系统)及切阀反吹时的气体走向(三通电磁阀打开)

二是采用中心切割技术，样品首先进入非极性预切柱，如图32-23，当样品中的C_6以前的轻烃从预柱流出后，PCM切换至图32-24，含氧化合物和烃类从非极性柱中流出进入到分析柱中，当样品中最后一个含氧化合物(叔戊基甲基醚)进入强极性分析柱后，PCM切换至图32-23，预切柱上重烃从空柱流出，强极性分析柱中的组分按极性强弱分离。通过火焰离子化检测器(FID)检测各流出组分，色谱工作站记录信号，进行面积积分，外标法计算各含氧化合物的含量。

3. 方法概要

本方法对气相色谱系统的要求较高，尤其是用于连接两根色谱柱及三通电磁阀气路的接头，死体积尽可能小，否则难以获得平稳的谱图，推荐使用微板流路控制技术的Deans Switch。典型色谱条件见表32-13。

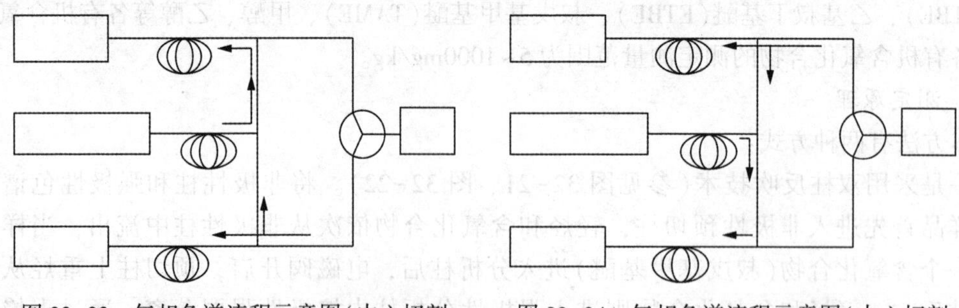

图 32-23 气相色谱流程示意图(中心切割气相色谱系统)(中心切割前或后)

图 32-24 气相色谱流程示意图(中心切割气相色谱系统)(中心切割时)

表 32-13 典型色谱图

分离技术	双柱反吹技术	中心切割技术
色谱柱	预切柱，100%二甲基聚硅氧烷，30m×0.53mm×1μm，或相当者；分析柱，高选择性多涂层 PLOT，10m×0.53mm×10μm，或相当者	预切柱，100%二甲基聚硅氧烷，30m×0.53mm×1μm，或相当者，如 HP-1、DB-1；分析柱，高选择性多涂层 PLOT，10m×0.53mm，或相当者，如 GS-Oxy-PLOT、LOWOX PLOT
载气	N_2	N_2
进样口压力	初始压力 6psi，保持 3.5min；以 80psi/min 程序降压至 1psi，保持 20min	初始压力 6psi，保持 3.5min；以 80psi/min 程序降压至 1psi，保持 20min
线速度(135℃)/(cm/s)	N_2：17，H_2：45，He：20	—
柱温/℃	初始温度 50℃保持 5min，以 10℃/min 程序升温至 240℃，保持 6min	初始温度 120℃保持 5min，以 25℃/min 程序升温至 260℃，保持 2min；后运行 280℃，5min
汽化室温度/℃	250	270
检测器温度/℃	250	300
分流比	2:1	5:1
进样量/μL	1.0	1.0
阀切换时间/min	3.5	打开时间 3.5min，关闭时间 4.2min

采用分析标准样品，确定各组分保留时间的方式来定性，采样外标定量法、外标法定量的计算过程参见本章第十四节。

4. 影响因素及注意事项

由于系统提供阀切换时间自由度很小，所以准确选择阀切换时间点十分重要，阀切换时间过早会使轻烃来不及放空而残留，干扰含氧化合物的测定，阀切换时间过晚会使部分醚类化合物放空使测定结果偏低，石脑油、醇类、醚类均易挥发，而本方法使用外标法定量，为保证定量的准确性和分析的重复性，应尽量采用全自动进样模式，减少人为的操作误差。本方法使用的高选择性多涂层 PLOT 柱，如 Lowox 是一种对氧化组分具有高选择性保留能力的特殊色谱柱，载气要脱除微量水和微量氧气，在室温条件下，如果载气中有微量的杂质，杂质将易停留在柱子的最开始部分，为了避免这一点，应在柱箱温度 200℃以上时通载气。

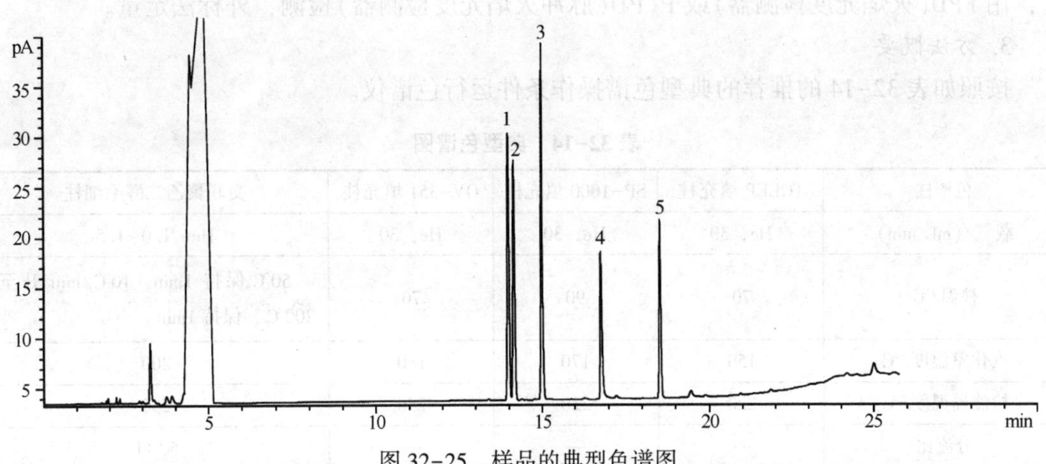

图 32-25　样品的典型色谱图

1—乙基叔丁基醚(ETBE)；2—甲基叔丁基醚(MTBE)；3—叔戊基甲基醚(TAME)；4—甲醇；5—乙醇。

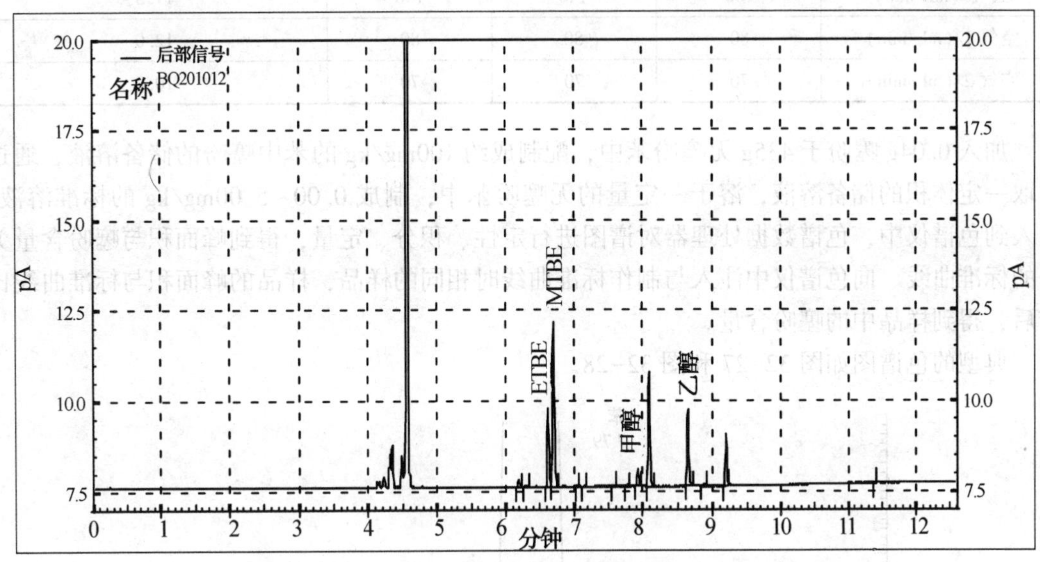

图 32-26　标准工作溶液的典型色谱图(中心切割)

第十六节　用气相色谱法测定苯中痕量噻吩

ASTM D4735—2015

1. 适用范围

用气相色谱法测定苯中痕量噻吩适用于精制苯中噻吩的测定，使用 FPD 范围是 0.80~1.80mg/kg，使用 PFPD 范围是 0.14~2.61mg/kg，对于 PFPD 定量限是 0.14mg/kg，检测限是 0.04mg/kg。

2. 测定原理

以一根极性色谱柱(推荐固定相为 TCEEP 的填充柱、固定相为 PEG/CW 的毛细管柱、固定相为 SP-1000 的填充柱、固定相为 OV-351 的填充柱)，将苯中的噻吩与其他组分分离，用 FPD(火焰光度检测器)或 PFPD(脉冲火焰光度检测器)检测，外标法定量。

3. 方法概要

按照如表 32-14 的推荐的典型色谱操作条件运行色谱仪。

表 32-14 典型色谱图

色谱柱	TCEEP 填充柱	SP-1000 填充柱	OV-351 填充柱	交联聚乙二醇毛细柱
载气/(mL/min)	He，30	He，30	He，30	He，1.0~1.5
柱温/℃	70	90	70	50℃保持 1min，10℃/min 升至 200℃，保持 1min
汽化室温度/℃	150	170	180	200
检测器温度/℃	220	220	250	250
分流比	—	—	—	50 :1
进样量/μL	4.0	4.0	4.0	1.0
氢气/(mL/min)	140	140	140	11.5
空气 1/(mL/min)	80	80	80	12.0
空气 2/(mL/min)	70	70	70	10.0

加入 0.04g 噻吩于 435g 无噻吩苯中，配制成约 100mg/kg 的苯中噻吩的储备溶液，通过抽取一定体积的储备溶液，溶于一定量的无噻吩苯中，制成 0.00~5.00mg/kg 的标准溶液，注入到色谱仪中，色谱数据处理器对谱图进行定性、积分、定量，得到峰面积与噻吩含量关系的标准曲线。向色谱仪中注入与制作标准曲线时相同的样品，样品的峰面积与标准曲线比较后，得到样品中的噻吩含量。

典型的色谱图如图 32-27 和图 32-28。

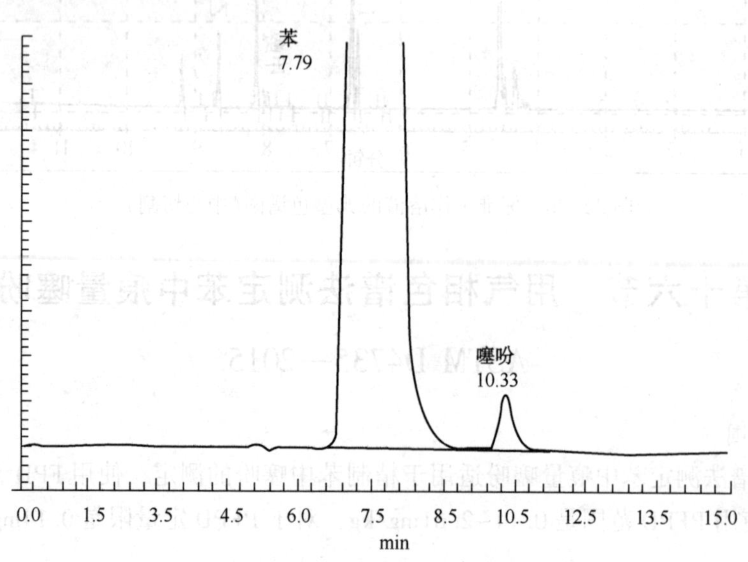

图 32-27 用 FPD 测得的苯中噻吩的谱图

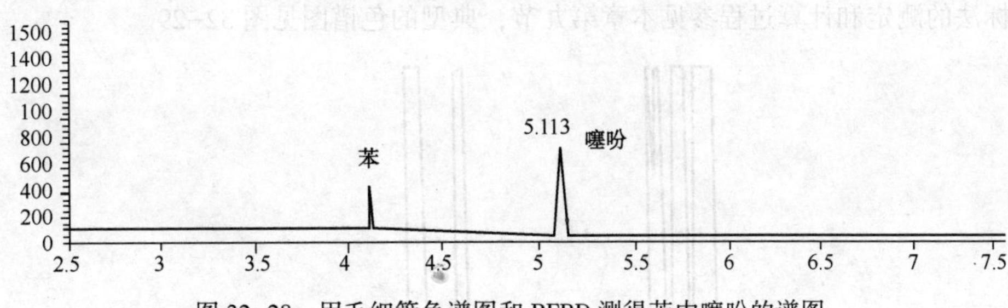

图 32-28　用毛细管色谱图和 PFPD 测得苯中噻吩的谱图

4. 影响因素及注意事项

硫化物具有较强的化学活性，气相色谱系统的管路内部应进行脱活处理，否则会由于吸收硫化物或与硫化物反应，使微量硫化物的测定产生较大偏差，测定苯中噻吩含量时采用外标法定量，样品的进样量与建标准曲线时的标样的进样量应该准确且一致。FPD 检测器为一种非线性幂律响应，PFPD 检测器可产生一个代表检测器响应平方根的信号，在建立标准曲线时要关注此种响应关系，且在测定样品时，不能采用标准曲线外延法来计算结果。若对噻吩采用峰高定量法时，空气流量和氢气流量对峰高有较大影响，要严格控制。

第十七节　烃类溶剂中苯含量测定法(气相色谱法)

GB/T 17474—1998(2004)

1. 适用范围

烃类溶剂中苯含量测定法(气相色谱法)适用于气相色谱法测定烃类溶剂中浓度范围为 0.01%(体积分数)~1.00%(体积分数)的苯含量。

2. 测定原理

试样先经过装有非极性固定相甲基硅酮的填充柱，各组分按沸点分离，当辛烷从非极性填充柱流出进入极性色谱柱后，阀切换，使非极性填充柱中辛烷以后的组分反吹出色谱柱，极性色谱柱中的组分按极性强弱进行分离，使苯和其他组分分离，用氢火焰离子化检测器检测，以丁酮为内标物的内标法定量计算样品中的苯含量。

3. 方法概要

按照如表 32-15 的推荐的典型色谱操作条件运行色谱仪。

表 32-15　典型色谱条件

色谱柱	甲基硅酮为固定液的非极填充性柱和 TCEP 为固定液的极性填充柱
载气/(mL/min)	He，30
柱温/℃	100
汽化室温度/℃	150
检测器温度/℃	150
进样量/μL	1
内标物	丁酮

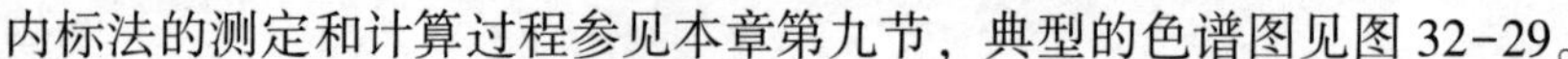

内标法的测定和计算过程参见本章第九节，典型的色谱图见图 32-29。

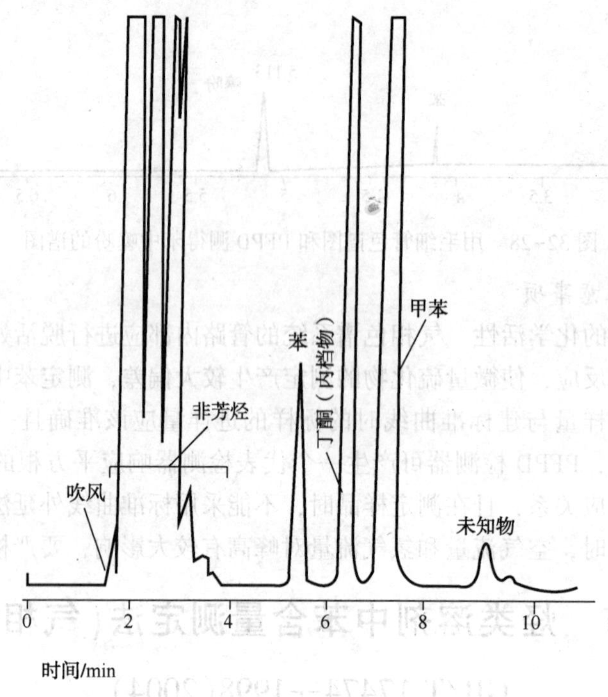

图 32-29　典型色谱图

4. 影响因素及注意事项

本方法采用了双柱阀切换系统，为了避免阀切换前后基线的波动，在阀切换后的分析柱前装有一阻尼阀，方法建立时应反复调节阻尼值，使基线平稳，建立方法时，应正确地确定反吹时间，当分析过程中发现色谱仪的载气流量发生变化或者发现样品分析的谱图中没有苯峰或内标物峰时，应检查色谱仪系统，确认是否是由于色谱条件(柱温、载气流速或柱效)等发生变化，使需进入分析柱的组分未能被切入分析柱。

内标法测定的影响因素与注意事项与苯中杂质相类似，可参见本章第九节。

第十八节　汽油中烃族组成的测定(多维气相色谱法)

NB/SH/T 0741—2010

1. 适用范围

汽油中烃族组成的测定(多维气相色谱法)适用于终馏点不高于 210℃的石油馏分中饱和烃、烯烃、芳烃和苯含量的测定，浓度范围适用于烯烃 0.5%~70%(体积分数)、芳烃 1%~80%(体积分数)和苯 0.2%~10%(体积分数)的石油馏分和成品汽油。

对于含有醚类或醇类等含氧化合物组分的汽油，醚类化合物随烯烃组分出峰，醇类化合物将随非苯芳烃组分出峰，此时应根据相关方法(如 SH/T 0663)测得的含氧化合物的类型和含量，对测定的烃族组成进行必要的校正。本标准不适合测定除苯以外的各烃族中的单体组分含量。

2. 测定原理

（1）原理

样品进入色谱系统后，分离模式见图 32-30。首先，通过极性分离柱将汽油分为脂肪烃组分和芳香烃组分两部分，脂肪烃组分通过烯烃捕集阱时对其中的烯烃化合物进行选择性保留，而其中的饱和烃则通过烯烃捕集阱，实现饱和烃和烯烃分离。当饱和烃从烯烃捕集阱中流出后，此时芳烃组分中苯尚未到达极性色谱柱的柱尾，通过阀切换使烯烃捕集阱脱离载气流路，此时，极性色谱柱中的苯通过平衡柱进入检测器检测，为缩短分析时间通过阀切换对其他芳烃组分进行反吹，直接测定除苯以外的其他芳烃的总量。当芳烃组分全部流出后，对辅助柱箱中的烯烃捕集阱加热至烯烃脱附温度，通过阀切换使烯烃捕捕阱重新进入载气流路，烯烃从捕集阱中脱附并进入检测器检测。

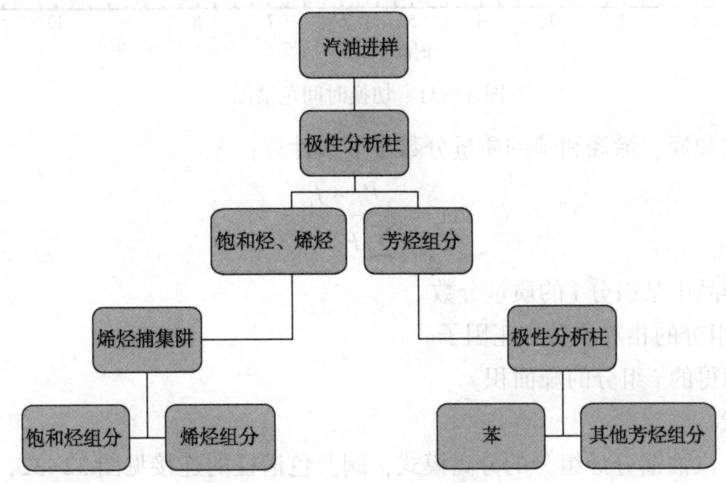

图 32-30 汽油馏分烃组成分离模式

（2）阀切换时间的确定

选择阀切换时间的原则是确保苯与脂肪烃组分以及甲苯的完好分离。时间选择在脂肪烃组分洗脱后及甲苯流出前。试验办法是当主柱箱和辅助系统开机稳定并达到初始设置温度后，在不通过捕集阱情况下，取一个汽油样品进样 0.1μL，观察脂肪烃与苯的分离，将脂肪烃回到基线的时间位置作为捕集阱关闭的时间，将苯流出后回到基线的时间作为极性柱反吹的时间。芳烃全部反吹出来回到基线后时间可设定烯的释放时间，见图 32-31。

（3）定量

以非苯芳烃为参比，用校正样品测得饱和烃、烯烃和苯的相对校正因子，计算公式如下：

$$f_i = \frac{m_i \times P_a}{m_a \times P_i}$$

式中 f_i——以非苯芳烃为参比的相对质量校正因子；

m_i——标准样品中饱和烃、烯烃或苯的质量分数；

P_a——测得的标准样品中非苯芳烃的峰面积；

m_a——标准样品中非苯芳烃的质量分数；

P_i——测得的标准样品中饱和烃、烯烃或苯的峰面积。

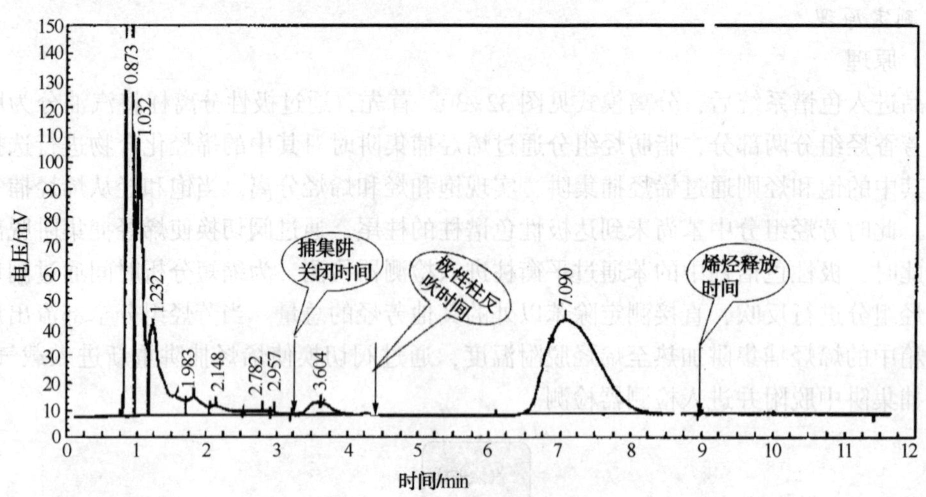

图 32-31　切换时间色谱图

样品中的饱和烃、烯烃和苯的质量分数按下式计算：

$$m_i = \frac{P_i \times f_i}{\sum P_i \times f_i}$$

式中　m_i——样品中某组分 i 的质量分数。

f_i——i 组分的相对质量校正因子。

P_i——测得的 i 组分的峰面积。

3. 方法概要

按图 32-30 汽油馏分烃组分的分离模式，阀及色谱柱的连接见图 32-32，进样时阀状态及载气流路见状态 1，取 0.1μL 汽油样品进样，经色谱仪汽化室汽化，通过六通阀进入主柱箱中的极性柱，分析过程中主柱箱保持恒温 105℃，在极性柱中，芳烃组分与饱和烃、烯烃组分分离，当饱和烃、烯烃通过位于辅助箱中的烯烃捕集阱时，在辅助箱初始温度 105℃下，烯烃组分被烯烃捕集阱选择性地保留，饱和烃则通过烯烃捕集阱，进入检测器检测，待饱和烃组分流出后，切换六通阀 3B(见状态 2)，烯烃捕集阱脱离载气流路，辅柱箱开始向 200℃升温，芳烃组分中的苯由极性柱经平衡柱进入检测器检测；为缩短其他芳烃组分的出峰时间，切换六通阀 3B，使极性柱开成反冲状态(状态 3)，经平衡柱进入检测器检测；当辅柱箱达到设定温度，切换六通阀 3B，烯烃捕集阱选择性保留的烯烃洗脱，并进入检测器检测，色谱出峰依次为饱和烃、苯、非芳烃、烯烃+含氧化合物如图 32-33。色谱工作站对谱图进行定性、积分和定量，得到样品中的烃类族组成数据。

4. 影响因素及注意事项

色谱仪使用的助燃气压缩空气要求纯度不小于 99.9，燃气氢气纯度不小于 99.9%，且需要使用分子筛、活性炭净化器脱除气体中的水和烃类物质。载气为高纯氮气或氦气，为保障烯烃捕集阱的使用寿命，除使用分子筛、活性炭净化器脱除气体中的水和烃类物质外，还须安装专门的脱氧净化器，确保载气中的氧含量在 1mg/L 以下。要经常检查脱氧管的状况，中间脱氧管两端出现变黑现象，说明与其相对应的前级脱氧管已吸附饱和，应及时更换。更换脱氧管时，要在惰性气体保护下进行，确保无空气进入管内，否则将影响脱氧管的使用效果。为防止样品中轻烃组分的挥发，采来的样品如不立即分析，应密封后，在冰箱内低温保存，分析前使试样温度达到室温。分析样品前需按样品的分析步骤将仪器空运行一遍，驱除色谱柱和烯烃捕集阱中的残留杂质，确保分析数据准确可靠。仪器应定期进行质量控制样品测定，来确认色谱系统和分离系统的可靠性，监测烯烃捕集阱的捕集能力，如测定结果超出允许偏差，应确定误差来源，进行必要的修正或维护。方法建立时，烯烃捕集阱的捕集温度和释放温度要控制好，在规程要求的范围内，较低的吸附温度会有利于含氧化合物的吸附，过高的吸附温度会使烯烃和含氧化合物穿透；适当的脱附温度可延长吸附柱的使用寿命。

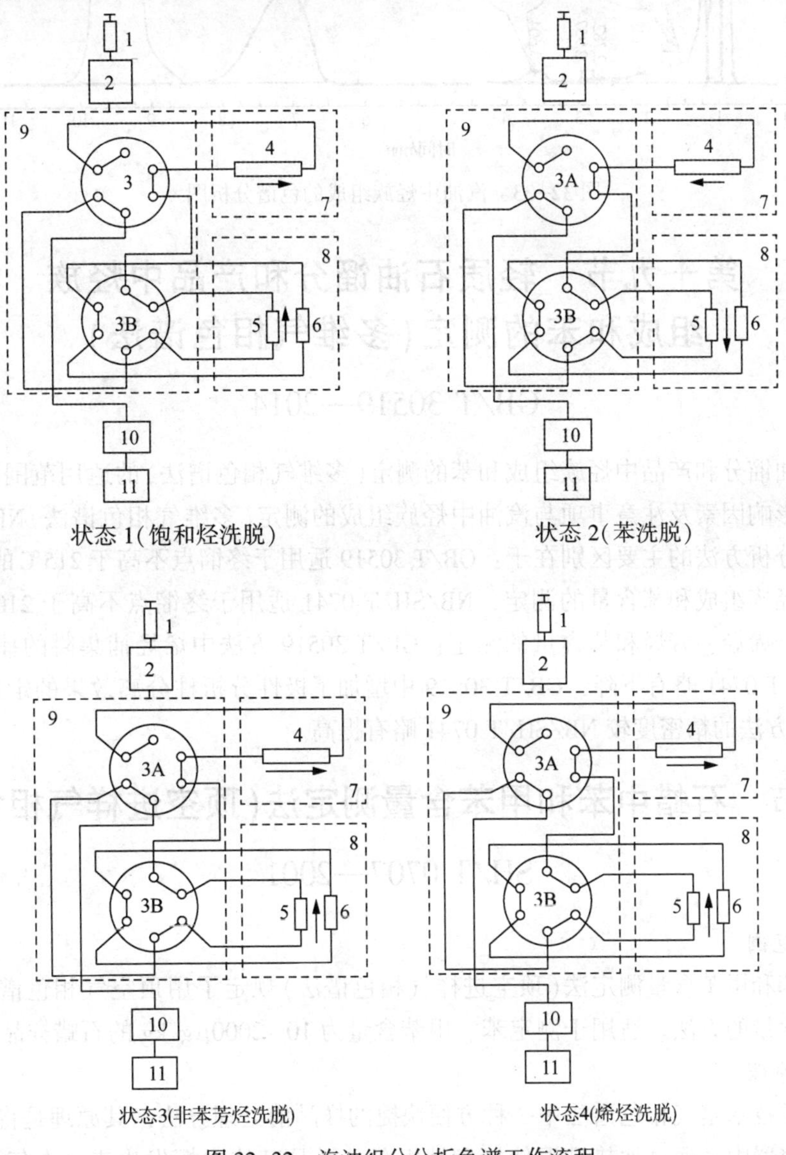

图 32-32 汽油组分分析色谱工作流程

1—进样器；2—汽化室；3A、3B—六通切换阀；4—极性分离柱；5—烯烃捕集阱；6—平衡柱；7—色谱柱箱；8—烯烃捕集阱温控箱；9—阀温控制箱；10—火焰离子化检测器；11—记录与数据处理单元

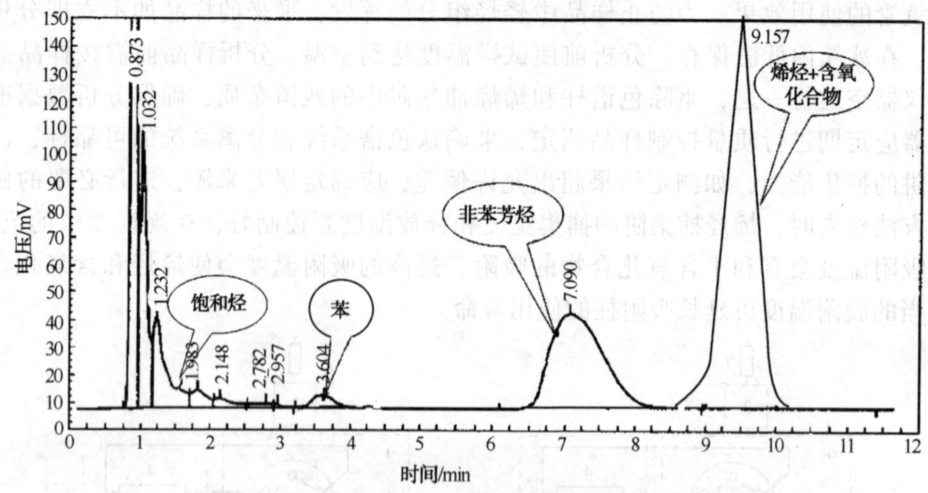

图 32-33 汽油中烃族组成的色谱分析图

第十九节 轻质石油馏分和产品中烃族组成和苯的测定(多维气相色谱法)

GB/T 30519—2014

轻质石油馏分和产品中烃族组成和苯的测定(多维气相色谱法)的适用范围、测定原理、方法概要和影响因素及注意事项与汽油中烃族组成的测定(多维气相色谱法)NB/SH/T 0741相似，两个分析方法的主要区别在于：GB/T 30519 适用于终馏点不高于 215℃的轻质石油馏分或产品的烃族组成和苯含量的测定，NB/SH/T 0741 适用于终馏点不高于 210℃的石油馏分中饱和烃、烯烃、芳烃和苯含量的测定；GB/T 30519 方法中烯烃捕集阱的捕集和释放温度较 NB/SH/T 0741 略有下降，GB/T 30519 中增加了极性分析柱分离效果的定量判断标准，GB/T 30519 方法的精密度较 NB/SH/T 0741 略有提高。

第二十节 石蜡中苯和甲苯含量测定法(顶空进样气相色谱法)

SH/T 0707—2001

1. 适用范围

石蜡中苯和甲苯含量测定法(顶空进样气相色谱法)规定了用顶空气相色谱法测定石蜡中苯和甲苯含量的方法。适用于测定苯、甲苯含量为 10~2000μg/kg 的石蜡样品。

2. 测定原理

顶空进样技术是气相色谱法中一种方便快捷的样品前处理方法，其原理是将待测样品置入一密闭的容器中，通过加热升温使挥发性组分从样品基体中挥发出来，在气液(或气固)两相中达到平衡，直接抽取顶部气体进行色谱分析，从而测定样品中挥发性组分的成分和含量。使用顶空进样技术可以免除冗长繁琐的样品前处理过程，避免基体对分析造成的干扰、减少对色谱柱及进样口的污染等。顶空气相色谱法一般分为静态法和动态法：静态顶空气相色谱法是在一个密闭恒温体系中，液气或固气达到平衡时用气相色谱法分析气相中的被测组分；动态顶空气相色谱也叫做吹扫-捕集(Purge-Trap)分析法，是用惰性气体通入液体样品(或固体表面)，把要分析的组分吹扫出来，使之通过一个吸附剂进行富集，然后再把吸附剂加热，使被吸附的组分脱附，用载气带到气相色谱仪中进行分析。本标准所采用的顶空进样方法为静态顶空气相色谱法，其定量分析的原理如下：

当样品上的蒸气压相当低时，色谱峰面积 A_i 的大小与液面上挥发性组分 i 的蒸气分压 P_i 成正比。即

$$A_i = C_i \times P_i \tag{32-1}$$

由式(32-1)可看出，对于一定量的样品来说，每种物质都有其特定的常数值 C_i，这个常数值取决于所使用检测器的特性。

蒸气分压 P_i 通常用下式表示：

$$P_i = P_{0i} \times X_i \times \gamma_i \tag{32-2}$$

式中　P_{0i}——表示组分 i 纯品的蒸气压；

X_i——表示样品中溶解组分 i 的摩尔数；

γ_i——表示溶解组分 i 的活度系数。

由式(32-1)和式(32-2)可导出气液平衡式：

$$X_i = A_i/(C_i \cdot P_{0i} \cdot \gamma_i) \tag{32-3}$$

式中　$1/(C_i \cdot P_{0i} \cdot \gamma_i)$——为一常数，即校正因子，可经实验确定。

由式(32-3)可看出，挥发性组分 i 的含量与色谱峰面积 A_i 的大小成正比，因此可以用标准曲线法(外标法)进行样品中挥发性组分 i 的定量分析。

3. *方法概要*

先根据 SH/T 0707 标准方法中的要求，设定合适的顶空进样器条件及色谱操作条件，做好仪器准备工作。然后在顶空样品瓶中按照 SH/T 0707 标准方法中的规定配制苯、甲苯浓度约为 2000μg/kg、1000μg/kg、500μg/kg、100μg/kg、50μg/kg、25μg/kg、10μg/kg 的一系列标准溶液，将配制好的一系列标准溶液样品放入顶空进样器中，按设定好的测试条件进样分析，分别记录各标准溶液中苯和甲苯的峰面积，以峰面积为 X 轴，与其相对应的标样浓度为 Y 轴，绘制苯和甲苯的工作曲线，计算出工作曲线的斜率和截距。

按 SH/T 0707 标准方法中规定，在顶空样品瓶中称取一定量的石蜡样品，按上述设定好的测试条件进行进样分析，分别记录苯和甲苯的峰面积，用标准曲线法(外标法)计算试样中苯和甲苯含量。

典型的含苯和甲苯的石蜡色谱图如图 32-34。

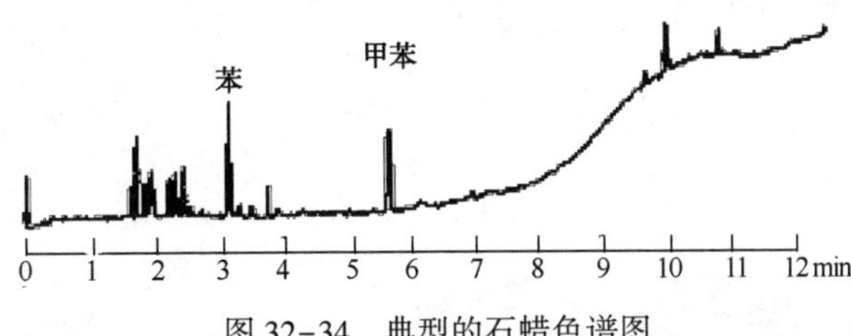

图 32-34　典型的石蜡色谱图

4. 影响因素及注意事项

测定前要检查顶空进样瓶，顶空进样瓶要保持干燥及清洁，以保证分析结果的准确性。顶空瓶加热温度、定量管温度、传输线温度应由小到大，传输线小于等于进样口的温度。由于进入顶空的载气同时进入色谱仪，所以用于顶空进样器的载气也应净化。进行时间设置时，样品充满定量管的时间应充分，定量管的平衡时间不应太长，进样的时间应足够长。顶空进样器上载气的进样压力必须高于柱头压，否则，样品的挥发性组分不能进入气相色谱仪。由于需要检测石蜡极微量的苯和甲苯含量，因此应根据气相色谱仪灵敏度来选择合适的顶空进样器定量管，确保仪器能够检测出含量为10μg/kg的苯、甲苯。标准溶液制备好后须当天使用，当天至少需配制一组顶空标样进行分析。每一标样只能使用一次。